应用型本科规划教材

电机与拖动

（第二版）

主　编　邵世凡

副主编　陈祥华　王雪洁

孙冠群　杜鹏英

ZHEJIANG UNIVERSITY PRESS
浙江大学出版社

图书在版编目（CIP）数据

电机与拖动 / 邵世凡主编. —2 版. —杭州：浙江大学出版社，
2016.3（2022.7 重印）
ISBN 978-7-308-15483-3

Ⅰ.①电… Ⅱ.①邵… Ⅲ.①电机 ②电力传动 Ⅳ.①TM3
②TM921

中国版本图书馆 CIP 数据核字（2015）第 316923 号

内 容 简 介

本书是为应用型本科院校学生编写的一本深入浅出的教材，内容包括直流电机及直流电机的电力拖动、交流电机、变压器、异步电动机及异步电动机的电力拖动等。书中力求遵循循序渐进的思想，讲清楚每章内容的学习思路和学习要点，教会学生如何掌握学习规律和方法。全书每章开始都给出内容提要和基本要求，以便学生能够迅速了解和抓住学习的重点。书中提供了很多图示和曲线，对问题给予了形象描述，便于学生理解书中的内容。在每章结束后，都留有思考题和练习题。

本书适合应用型本科院校自动化等相关专业的学生使用，也可供相关技术人员学习参考。

电机与拖动

主　编　邵世凡

丛书策划　樊晓燕　王　波
责任编辑　王　波（zjuwb@163.com）
责任校对　余梦洁　王文舟
封面设计　刘依群
出版发行　浙江大学出版社
　　　　　（杭州市天目山路 148 号　邮政编码 310007）
　　　　　（网址：http://www.zjupress.com）
排　　版　杭州好友排版工作室
印　　刷　广东虎彩云印刷有限公司绍兴分公司
开　　本　787mm×1092mm　1/16
印　　张　18.25
字　　数　440 千
版 印 次　2016 年 3 月第 2 版　2022 年 7 月第 2 次印刷
书　　号　ISBN 978-7-308-15483-3
定　　价　36.00 元

浙江大学出版社发行中心联系方式：（0571）88925591，http://zjdxcbs.tmall.com

应用型本科院校自动化专业规划教材

编 委 会

主 任　宋执环

委 员　（以姓氏笔画为序）

卫　东　马修水　王培良　石松泉

任国海　刘勤贤　那文波　肖　铎

邵世凡　庞文尧　胡即明

总　序

近年来我国高等教育事业得到了空前的发展,高等院校的招生规模有了很大的扩展,在全国范围内涌现了一大批以独立学院为代表的应用型本科院校,这对我国高等教育的全方位、持续、健康发展具有重大的意义。

应用型本科院校以着重培养应用型人才为目标,开设的大多是一些针对性较强、应用特色明确的本科专业,但目前所采用的教材大多是直接选用普通高校的那些适用于研究型人才培养的教材。这些教材往往过分强调系统性和完整性,偏重基础理论知识,而对应用知识的传授却不足,难以充分体现应用类本科人才的培养特点,无法直接有效地满足应用型本科院校的实际教学需要。

浙江大学出版社认识到,高校教育层次化与多样化的发展趋势对出版社提出了更高的要求,即无论在选题策划,还是在出版模式上都要进一步细化,以满足不同层次的高校的教学需求。应用型本科院校是介于研究型本科与高职之间的一个新兴办学群体,它有别于普通的本科教育,但又不能偏离本科生教学的基本要求,因此,教材编写必须围绕本科生所要掌握的基本知识与概念展开。但是,培养应用型与技术型人才又是应用型本科院校的教学宗旨,这就要求教材改革必须有利于进一步强化应用能力的培养。

在人类科技进步的历史进程中,自动化科学和技术的产生改变了人们的生产方式和工作方式,控制和反馈思想则一直影响着人们的思维方式。蒸汽机和电机的应用,延伸了人的体力劳动,推动了自动化技术的发展,催生了工业革命,使人类社会通过工业化从农业社会发展到工业社会。而现代信息技术的应用,则延伸了人的脑力劳动,引发了以数字化、自动化为主要特征的新的工业革命,使人类社会通过信息化从工业社会发展到信息社会。信息时代的自动化技术有了更加宽广的应用领域和难得的发展机遇。为了满足当今社会对自动化专业应用型人才的需要,国内百余所应用型本科院校都设置了自动化及相关专业。

针对这一情况,浙江大学出版社组织了十几所应用型本科院校自动化类专业的教师共同开展了"应用型本科自动化专业教材建设"项目的研究,共同研究目前教材的不适应之处,并探讨如何编写能真正做到"因材施教"、适合应用型本科层次自动化类专业人才培养的系列教材。在此基础上,组建了编委会,确定共同编写"应用型本科院校自动化专业规划教材"系列。

本套规划教材具有以下特色:

在编写的指导思想上,以"应用型本科"学生为主要授课对象,以培养应用型人才为基本目的,以"实用、适用、够用"为基本原则。"实用"是对本课程涉及的基本原理、基本性质、基本方法要讲全、讲透,概念准确清晰。"适用"是适用于授课对象,即应用型本科层次的学生。"够用"就是以就业为导向,以应用型人才为培养目的,讲透关键知识点,达到理论够用,不追求理论深度和内容的广度。突出实用性、基础性、先进性,强调基本知识,结合实际应用,理论与实践相结合。

在教材的编写上重在基本概念、基本方法的表述。编写内容在保证教材结构体系完整的前提下,注重基本概念,追求过程简明、清晰和准确,重在原理,压缩繁琐的理论推导。做到重点突出、叙述简洁、易教易学。还注意掌握教材的体系和篇幅能符合各学院的计划要求。

在作者的遴选上强调作者应具有丰富的应用型本科教学经验,有较高的学术水平并具有教材编写经验。为了既实现"因材施教"的目的,又保证教材的编写质量,我们组织了两支队伍,一支是了解应用型本科层次的教学特点、就业方向的一线教师队伍,由他们通过研讨决定教材的整体框架、内容选取与案例设计,并完成编写;另一支是由本专业的资深教授组成的专家队伍,负责教材的审稿和把关,以确保教材质量。相信这套精心策划、认真组织、精心编写和出版的系列教材会得到广大院校的认可,对于应用型本科院校自动化工程类专业的教学改革和教材建设起到积极的推动作用。

系列教材编委会主任

宋执环

2008 年 12 月

前　言

　　电机与电力拖动基础这门课程是工业企业电气自动化专业(一度简称为"工企专业")、电气工程自动化专业和自动化专业的必修课,是学习电力拖动控制系统、自动控制原理、计算机控制系统、运动控制系统等后续课程的基础。该课程是将原来的电机学与电力拖动系统两门课程合并为一门课程,因此,学时较多,且由于该课程教学的内容涉及高等数学、电路分析、磁路和机械原理等多方面的知识,要求学生有一定的基础和学习能力,所以学生学习的难度较大,同时,对讲授该门课程的老师也有一定的要求。

　　本书作为应用型本科规划教材之一,是专门针对以独立学院为代表的应用型本科院校自动化类专业开设的电机与电力拖动这门课程编写的。

　　本书的宗旨是,力求将复杂的问题讲得简单化一点,繁杂的问题讲得条理化一点,抽象的问题讲得形象化一点。书中力求遵循循序渐进的思想,讲清楚每章内容的学习思路和学习要点,教会学生掌握学习规律和方法,以及理论联系实际、解决实际问题的能力。

　　本书的特点是每章开始都给出内容提要和基本要求,以便学生能够迅速了解和抓住学习的重点。书中增加了很多图示和曲线,目的是对问题给予形象描述,便于学生理解书中的内容。在每章结束后,都留有思考题和练习题。

　　编写本教材的主要目的是为应用型本科学生编一本深入浅出的好教材。教材注重对学生思维能力的培养,使学生掌握正确的分析问题的方法,而不是掌握一些"死"知识。这是因为,当今时代,无论知识内容还是知识结构都在迅速地发生着变化。因此,正确的思维方式和分析问题的能力的培养就变得尤为重要。

　　本书由浙江科技学院的邵世凡和张震宇、浙江工业大学之江学院的陈祥华、浙江大学城市学院王雪洁和杜鹏英、中国计量学院的孙冠群、浙江海洋学院的计青山、浙江大学宁波理工学院的李英道共同编写。

　　教材共 10 章。邵世凡负责编写第 5 章和第 7 章;张震宇负责编写第 3 章;陈祥华负责编写第 6 章;王雪洁负责编写第 1 章和第 2 章;孙冠群负责编写第 9 章和第 10 章;杜鹏英负责编写第 4 章;计青山负责编写第 8 章;李英道负责编写电机实验部分。

　　全书由邵世凡担任主编,陈祥华、王雪洁、孙冠群和杜鹏英担任副主编。浙江大学林瑞光教授审阅了全书,并提出了许多宝贵的意见,在此表示感谢。因时间仓促,本书若有不足之处,敬请读者批评指正。

　　作者在第一版基础上对全书进行了部分修改。浙江大学出版社为本书提供了"立方书"功能,具体请参考本书末的立方书宣传页或咨询出版社。教师可以使用立方书平台功能开课,或扫描右侧的"参考资料"二维码获取本书的课程教学大纲、每章思考题与习题的参考答案等资源。

编　者

2015 年 10 月

目　　录

第 1 章　绪　　论

内容提要:本章主要介绍了电机及电力拖动系统的概念,按照功能用途概括了电机的分类,给出了电力拖动系统的基本运动方程,明确了该课程的性质和任务。为了进行后续章节电机原理及电力拖动知识的展开和学习,本章最后给出了整本教材所必需的电磁学的基本知识和几个基本定律。

1.1　电机的分类与应用

1. 电机的概念

电机是利用电磁感应原理设计的、用于实现能量(信号)传递和转换的电磁机械的统称。电机包括电动机、发电机和变压器。其中,发电机是将非电能形式的机械能转换为电能的装置,而电动机则是将电能转换为机械能的装置,变压器是将一种电能形式如电压、电流的幅值、频率、相位等替换成另一种电能形式的装置。电机与电力拖动基础这门课程主要包括电机学和电力拖动基础两方面的内容,电力拖动系统是以电动机为原动机,带动生产机械按人们规定的规律运动的系统。本章首先讨论电机的分类与应用。

2. 电机的分类

由于电机是驱动机械装置运动的主要动力源,它应用广泛、种类繁多、性能各异,分类方法也很多。电机可以根据不同的分类原则或方法进行分类,如图 1-1 所示。

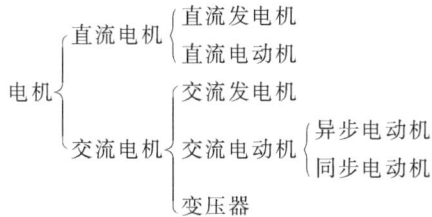

图 1-1　电机的分类

下面对上述分类作一归纳。

按输入或输出的电压、电流的特点来分,可分为直流电机和交流电机。

按能量转换的方向来分,可分为发电机和电动机。因此,也就有了直流发电机和直流电动机、交流发电机和交流电动机。

按工作方式来分,交流电动机又可分为异步电动机和同步电动机。

3. 电机的应用

根据电磁感应原理制成的发电机为人们提供了一种清洁能源,为人们的现代生活带来了光明和便利。电动机作为驱动机械装置运动的主要动力源,已经被广泛应用到人们生活的方方面面。特别是近年来随着家用电器走入人们的生活,如洗衣机、电冰箱、空调机、吹风机等,它们改变了人们的生活。

在工业生产中,电动机作为拖动各种生产机械的动力,是国民经济各部门应用最多的动力机械,也是最主要的用电设备。

在电力的传输过程中,变压器作为一种重要的能量转换的电磁装置被广泛地应用。由于其工作原理与交流电机相同,因此,人们也将其视为电机。其作用是将一种电压等级的电能转为另一种电压等级的电能。

总之,电机已经成为现代人们生活不可缺少的一个重要组成部分。

1.2　电力拖动系统

1. 电力拖动系统

电力拖动系统是指以电动机为原动机的机械拖动系统。电动机将电能转换为机械能,并以旋转或直线的工作方式输出能量,带动各种机械负载。

2. 电力拖动系统的组成

电力拖动系统主要由电动机、传动机构、生产机械、控制设备和电源等几个部分组成。其系统结构如图 1-2 所示。

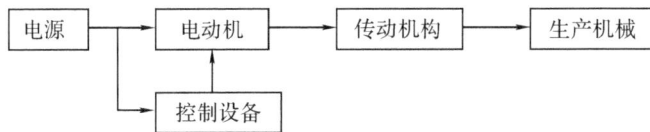

图 1-2　电力拖动系统结构

在电力拖动系统中,电源主要是向电动机以及控制设备提供电能;电动机的作用是将电能转换为机械能,通过传动机构变速或变换运动方式后,拖动生产机械工作;控制设备由各种控制电路、驱动电路以及控制计算机等组成,其作用是控制电动机的运行状态,以实现对生产机械运动的自动控制;传动机构是将高速运转的电动机轴与工作较慢的生产机械相连接并使两者能够很好地配合的必不可少的变速机械;生产机械是执行某一生产任务的机械设备,是电动机拖动的对象。

由于电力拖动系统具有控制简单、调节性能好、损耗小、污染少、电能可以远距离传送和自动控制等一系列优点,因此,大多数生产机械均采用电力拖动。

通过对生产过程的分析,在电力拖动系统的运行过程中,电机主要工作在以下几种状态下:静止工作状态、加速(启动)工作状态、匀速工作状态、减速(制动)工作状态以及调速过程中的过渡状态(见图 1-3)。

对电动机的工作过程的分析也将围绕着这几个状态进行。

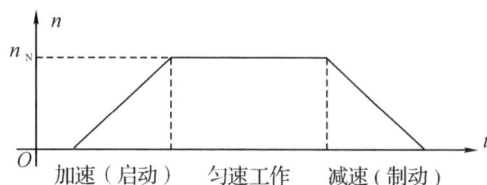

图 1-3 实际生产过程中的电动机工作过程及状态

1.3 电机中使用的材料和磁性材料的特性

1.3.1 电机中使用的材料

电机中使用的各种材料主要可分为以下几种。

1. 导电材料

导电材料主要是铜和铝。由于它们具有良好的导电特性,所以在电机中主要用于缠绕电机的绕组。

2. 导磁材料

导磁材料通常是指磁导率较高的铁磁材料,目的是通过使用这些材料,减少磁能在经过这些材料时的损耗,增加磁通量,提高磁场能量的传递效率。目前,电机中的定子和转子铁芯都是用高导磁材料制成的。

3. 绝缘材料

在电机中,绝缘材料是指涂抹在导体表面的绝缘漆或起隔离作用的绝缘材料。绝缘材料的质量高低、高温下的绝缘能力和耐压能力都决定了电机的等级和档次。绝缘材料是衡量电机好坏的一项重要指标。

1.3.2 铁磁材料的导磁性

铁磁材料具有高磁导率,主要有铁、钴、镍以及它们的合金。它们的磁导率都很高。所有非导磁性材料的磁导率都接近于真空条件下的磁导率 μ_0 ($\mu_0 = 4\pi \times 10^{-7}$ H/m),而铁磁材料的磁导率 μ_{Fe} 要比真空条件下的磁导率大几百甚至几千倍。对电机中所使用的铁磁材料而言,其磁导率 μ_{Fe} 为 μ_0 的 2000~6000 倍。

1.3.3 铁磁材料的磁滞性

铁磁材料的高磁导率,即磁阻小,使得大多数磁力线都被吸收并集中在导磁材料中,减少了在空气中的磁力线(漏磁通)。磁场强度或磁感应强度越强,导磁材料中的磁力线就越多、也就越密集,最终出现饱和。因此,我们有必要研究一下磁性材料中的磁场强度 H 与磁感应强度 B 的关系。

从量上分析,其关系表达式为

$$B = \mu H \quad \text{或} \quad H = \frac{B}{\mu}$$

(1-1)

式中：μ 为磁导率。

　　磁场强度 H 与磁感应强度 B 的关系曲线如图 1-4 所示,此关系曲线又称为磁滞回线。当磁场强度 H 为 0 时,磁感应强度 B 并不为 0,在磁性材料中出现剩磁现象,很难去掉。只有在改变电流的方向,使磁场强度 H 反向,且大小为 H_C 时,才能够抵消掉剩磁。因此,人们又称在磁性材料中出现的剩磁为顽磁。使顽磁为 0 的 H 值被称为校顽磁力。

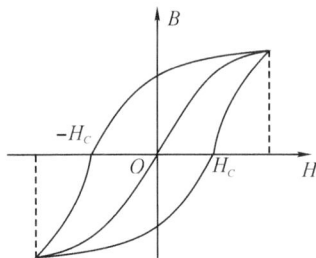

图 1-4　磁场强度 H 与磁感应强度 B 的关系曲线

　　从使用角度看,希望磁滞曲线越窄越好,即剩磁越少越好。这也就是为什么制造电机时,选择硅钢或铸钢等材料的原因,因为它们的磁滞回线长而窄,磁导率高。

1.3.4　铁磁材料的损耗

　　电机中的损耗主要有由电流在导电材料中引起的损耗(铜损)和磁场变化在铁磁材料中引起的损耗(铁损),同时还包括从空气中走的那部分磁力线,即漏磁。

　　铁磁材料中的损耗主要包括磁滞损耗与涡流损耗。

　　磁滞损耗主要是由于磁场的交替变化引起的。在磁场反复变化的过程中,铁磁材料反复地沿不同方向被磁化,而每次变化都要先校正或克服上一次磁化的剩磁,因此引起了不必要的损耗。

　　涡流损耗是指在磁场的交替变化过程中围绕着磁力线产生的涡流引起铁磁材料发热而散发掉的损耗。

　　显然,磁滞损耗的大小与磁场交替变化的频率 f 和磁通密度有关。而涡流损耗则与钢片的厚度 d 的平方成正比,与涡流回路的电阻成反比。这也是通常硅钢片做得非常薄、钢片表面适当地多掺些硅的原因。因为薄能减少涡流形成的截面,多掺些硅可以增加磁阻,从而达到抑制涡流产生的目的。

1.4　常用的几个基本定律

1.4.1　电生磁的基本定律——安培环路定律

　　当导体中有电流流过时,就会在导体或电流的周围产生磁场。磁场计算的依据是安培环路定律。安培环路定律可描述为:沿任意一条闭合磁路,对磁场强度向量进行线积分,结果等于该闭合路径所包围导体电流的代数和。用数学表达可描述为如下形式:

$$\oint_l H \cdot dl = \sum_{j=1}^{N} i_j \tag{1-2}$$

式中：l 为与电流垂直平面中的任意闭合路径；$i_1, i_2, i_3, \cdots$ 为被闭合路径所包围的 N 根导体中的电流,其正负值代表不同的电流方向。

　　安培环路定律又称为全电流定律,是研究电生磁的基本定律,电流的正方向和所产生磁场的正方向符合右手螺旋关系。

如果闭合磁力线是由 N 匝线圈中的电流 i 产生，且沿闭合磁力线 L 上的磁场强度 H 处处相等，则上式变为

$$HL = Ni \tag{1-3}$$

式中：Ni 称为安匝数，又称为磁路中的磁动势，用 F 表示，即 $F = Ni$，单位为 A（安匝）。

1. 磁路

电流在它周围的空间建立磁场，磁场的分布常用一些闭合线（磁力线）来描述，磁力线所经的路径称为磁路。磁动势可以看作是磁路中的电动势，磁力线可视为是由磁动势产生的。

2. 磁路的欧姆定律

将全电流定律的思想应用到闭合磁路上，则有

$$\oint_l H \cdot \mathrm{d}l = Hl = Ni \tag{1-4}$$

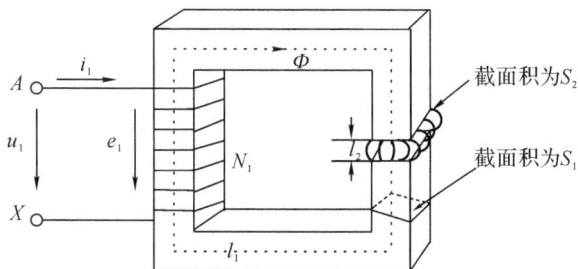

图 1-5 磁通与其感应电动势的正方向假定

假设在图 1-5 所示的铁磁回路中，铁芯的磁导率为 μ_{Fe}，铁芯的截面积为 S_1，磁路的平均长度为 l_1；而气隙的长度为 l_2，气隙横截面面积要比铁芯的截面积大，为 S_2，磁导率为 μ_0。则由于磁势 $F = Ni$，且 $H = B/\mu = \Phi/\mu S$，代入式（1-4）可得

$$F = Ni = Hl_1 + Hl_2 = \frac{Bl_1}{\mu_{\mathrm{Fe}}} + \frac{Bl_2}{\mu_0} = \Phi\frac{l_1}{\mu_{\mathrm{Fe}}S_1} + \Phi\frac{l_2}{\mu_0 S_2} = \Phi R_{m1} + \Phi R_{m2} \tag{1-5}$$

为了反映磁路的导磁能力，不妨定义 $R_{m1} = \dfrac{l}{\mu_{\mathrm{Fe}}S_1}$ 为铁芯磁阻，$R_{m2} = \dfrac{l_2}{\mu_0 S_2}$ 为气隙中的空气磁阻。

显然，磁阻的大小与磁路的结构尺寸以及所采用的磁性材料密切相关。磁路中的磁阻与铁芯的间隙的距离大小成正比，与铁芯的截面面积和磁导率成反比。由于 $\mu_{\mathrm{Fe}} \gg \mu_0$，所以，可以认为磁路中的磁动势几乎完全都降落在间隙两端了，磁路中总的磁阻几乎就等于间隙处的磁阻，是磁路中的最大损耗。因此，变压器铁芯安装时必须减少磁路中的缝隙。但也应看到其磁导率为 μ_0，它也将提高电流与磁通之间的线性度，降低磁饱和程度。工程中，人们也通常取 $S_1 = S_2$。

如果将磁动势 F 比作电路中的电动势，磁通 Φ 比作电路中的电流，磁阻比作电路中的电阻，则不难看出，磁路中的磁动势 F、磁通 Φ 和磁阻的关系与电路中的电压、电流和电阻的关系相似。因此，通常将式（1-5）看作是磁路中的欧姆定律。其等效图如图 1-6 所示。

由图 1-6 可以看出,和电路中的基尔霍夫定律一样,磁路也有类似的定律。即对有分支的磁路而言,在磁通汇合处的封闭面上磁通的代数和为零

$$\sum \Phi = 0 \tag{1-6}$$

表达式(1-6)反映了磁通的连续性原理,称为磁路基尔霍夫第一定律。

图 1-6　磁路中的欧姆定律等效图

同样,沿任一闭合磁路,磁压降的代数和等于磁动势的代数和,即

$$\oint H \cdot \mathrm{d}l = \sum Hl = \sum Ni = \sum F = \sum \Phi R_m \tag{1-7}$$

表达式(1-7)称为磁路基尔霍夫第二定律。

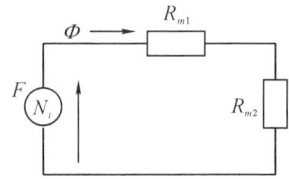

1.4.2　磁生电的基本定律——法拉第电磁感应定律

电机和变压器存在两种电势:一种是由电磁交变所感应的电势,变压器的电势即为此类,称为变压器电势;另一种是由于导体与磁场之间的相对运动所感应的切割电势,如电机绕组中的电势,称为运动电势。下面分别作介绍。

在图 1-5 中,设通入电流的线圈为 N 匝,线圈中电流所产生的磁场与线圈相交链,其总的磁通 $\Psi = N \cdot \Phi$。当线圈中的电流发生变化时,与线圈相交链的磁通 Ψ 也会发生变化,并会在绕制线圈的导线中产生感应电动势,以反对电流的变化。感应电动势的大小与交链磁通的变化率之间符合法拉第电磁感应定律,即

$$e = -\frac{\mathrm{d}\Psi}{\mathrm{d}t} = -N\frac{\mathrm{d}\Phi}{\mathrm{d}t} \tag{1-8}$$

式中:Ψ 为 N 匝线圈所交链的总磁通,单位为 Wb(韦伯)。表达式(1-8)中的负号表明,在图 1-5 中的关联方向条件下,感应电动势的实际方向总是与产生感应电动势的磁通或电流的变化方向相反。

当导体和磁场之间存在相对切割磁力线运动时也会在导体中产生感应电动势,表示为

$$e = B \cdot l \cdot v \tag{1-9}$$

式中:B 为导体所处的磁场密度,单位为 T;v 表示导体相对磁场的运动线速度,单位为m/s;l 为切割磁力线的导体有效长度,单位为 m。式中感应电动势与磁场、导体的运动速度的方向符合图1-7所示的右手定则,通常称右手为"发电机手"。

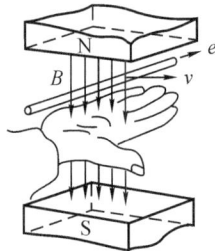

图 1-7　右手定则　　　　　图 1-8　左手定则

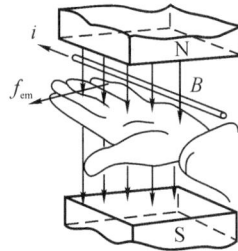

1.4.3　电磁力定律

电磁力定律描述的是电与磁之间相互作用产生力的基本定律,即通电导体在磁场中会受到力的作用。若在整个导体范围内磁场均匀,且磁场与导体相互垂直,则作用在导体上的电磁力的大小为

$$f_{em} = B \cdot l \cdot i \tag{1-10}$$

式中:f_{em} 为磁场作用在导体上的电磁力,单位为 N。电磁力的方向可用图 1-8 所示的左手定则确定。为方便记忆,也称左手为"电动机手"。

1.5　课程的性质及任务

本课程是电子信息类学科自动化专业和非电机专业、电气工程及其自动化专业及以电为主的机电一体化专业的一门重要的专业基础课,对应用型技术人才的培养起着重要的作用。它具有承前启后的作用,承前就是它需要掌握像"电路"、"电磁学"的基本知识,启后意味着它要为后续课程如"运动控制系统"(包括交流、直流调速以及位置伺服系统)等服务。随着电力电子学、计算机和自动控制理论的发展以及交流电机调速等控制技术的普及,电机在机电一体化工业中的作用也变得更加重要。

本课程的任务是使学生掌握电机与电力拖动的基本规律,同时从工作机械的运行要求出发,分析研究直流发电机、直流电动机、变压器以及交流发电机和交流电动机的基本结构、工作原理、运行特性及其应用;掌握交流、直流电动机的机械特性、调速原理及其启动、制动方法;具备使用电力拖动系统中电动机所必需的基本知识和能力;能够根据生产实际的需要,选择适当类型的电机,并对电动机拖动生产机械的过程进行分析计算,既要电机能够"转",又要拖得"动",并满足生产实际的要求。

小　结

电机是以电磁场作为媒介实现机电能量转换的装置,其运行原理涉及电磁学的基本知识和基本定律。全电流定律是电转换为磁的基本定律,电磁感应定律则反映了磁产生电的基本规律。另外,磁路也和电路相类似,也存在欧姆定律和基尔霍夫定律。这些定律为研究电机运行及拖动原理奠定了基础。本章从整体的角度,对电机及电力拖动所涉及的概念及其基础知识进行了概括和介绍,是整个课程的入门和总述。

思考题

1-1　变压器的电动势的产生原理是哪一个定律? 说明其原理。

1-2　根据功能与用途,电机可以分为哪几类?

1-3　一个电力拖动系统由哪些部分组成,各部分的作用是什么?

1-4　电机中涉及哪些基本电磁定律? 试说明它们在电机中的主要作用。

1-5　如果感应电动势的正方向与磁通的正方向符合左手螺旋关系,则电磁感应定律

应写成 $e = N\dfrac{\mathrm{d}\Phi}{\mathrm{d}t}$，试说明原因。

习　题

1-1　在求取感应电动势时，式 $e_L = -L\dfrac{\mathrm{d}i}{\mathrm{d}t}$、式 $e_L = \dfrac{\mathrm{d}\Psi}{\mathrm{d}t}$、式 $e_L = \dfrac{\mathrm{d}\Phi}{\mathrm{d}t}$ 以及式 $e = Blv$ 等，哪一个式子具有普遍的形式？这些式子分别适用什么条件？

1-2　如图 1-9 所示的磁路中，线圈 N_1、N_2 中通入直流电流 I_1、I_2，试问：

(1)电流方向如图 1-9 所示时，该磁路的总磁动势为多少？

(2)N_2 中电流 I_2 反向时，总磁动势又为多少？

(3)若在图中 a、b 处切开，形成一空气气隙 δ，总磁动势又为多少？

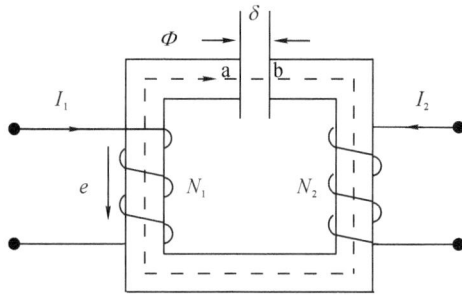

图 1-9　(习题 1-2)

1-3　如图 1-10 所示，当电流 i_2 产生的磁通 Φ 按正弦规律变化(即 $\Phi = \Phi_M\sin\omega t = \Phi_M\sin(2\pi ft)$)时，求其在线圈 N_1 上产生的感应电动势 e_1，各参数参考方向如图 1-10 所示。

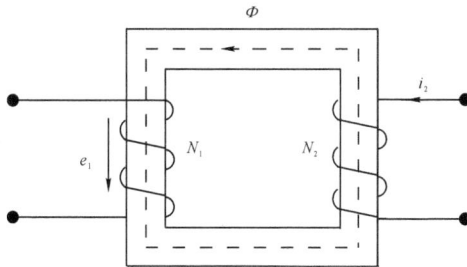

图 1-10　(习题 1-3)

1-4 如图 1-11 所示,当线圈 N_1 中的电流 i_1 减小时,标出线圈 N_1 和 N_2 产生的感应电动势 e_1 和 e_2 的实际方向。

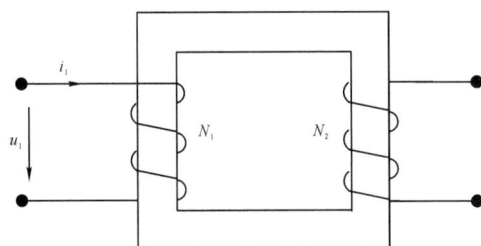

图 1-11 （习题 1-4）

第 2 章　直流电机

内容提要：本章介绍直流发电机和直流电动机内部的电磁关系,分析直流电机的工作原理,并介绍直流电机的结构和直流电机的铭牌(额定数据)。本章重点讨论直流电机的基本电压平衡的基本方程式和等效电路,并且根据基本方程式或等效电路,分析直流电动机和发电机的运行特性。

2.1　直流电机的工作原理

从原理上说,直流电动机与直流发电机是一回事,因此,一台直流电机既可以作为电动机,也可以作为发电机。电动机与发电机也可以视为直流电机在不同工作状态下的表现形式,只是能量的传递方向和转换形式不同而已。下面对直流电机的工作原理予以介绍。

2.1.1　直流发电机的工作原理

直流发电机最基本的工作原理是电磁感应定律,即导体做切割磁力线的机械运动,会在导体中产生感应电动势。

直流发电机的工作模型如图 2-1 所示。图中 N、S 是在空间固定不动的磁极(它既可以是永久磁铁,也可以是在铁芯上绕上励磁线圈并通入直流电流而形成的电磁铁),由于其固定不动,所以一般称这部分为"定子"。定子铁芯上的线圈称为定子线圈,其作用是产生恒定磁场,故又称该线圈为励磁线圈。

图 2-1 中 $abcd$ 是缠绕在能够转动的圆柱形铁芯上的线圈,由于这部分(铁芯与线圈)能够转动,亦称为"转子"。铁芯称为转子铁芯,线圈称为转子线圈。转子线圈是构成转子绕组的最基本元件,由于转子绕组的重要地位和作用,人们称其为电枢绕组。

当线圈构成的导体框在原动机的带动下沿逆时针(从换向片端向里看)方向以转速 n 的速度转动时,线圈中的有效导体部分 ab、cd 在磁场中做切割磁力线运动,根据右手(发电机手)定则,磁场将分别在 $abcd$ 线圈中产生感应电动势 e_{dc} 和 e_{ba}。导体 ab 处于 N 极下时,导体 ab 中的电动势是从 b 指向 a 的,即 a 点电位高,b 点电位低。而此时导体 cd 处于 S 极下,导体 cd 中的电动势则是从 d 指向 c 的,即 c 点电位高,d 点电位低。方向如图 2-1(a)所示。线圈中总的电动势为 $e_{da}=e_{dc}+e_{ba}$,其方向是由 d 指向 a。

当线圈旋转过 180°时,导体 cd 将处于 N 极之下,而导体 ab 则处于 S 极下。此时,根据右手(发电机手)定则,导体 cd 中的电动势是从 c 指向 d,即 d 点电位高,c 点电位低。而导

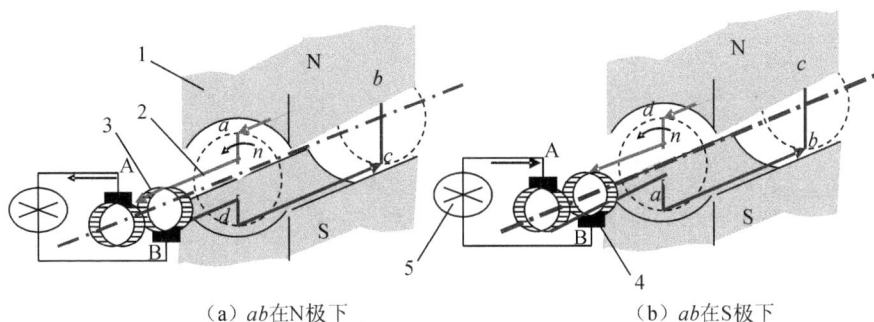

（a）ab在N极下　　　　　　　　　（b）ab在S极下

1.磁极；2.电枢线圈；3.金属环；4.电刷；5.灯泡负载

图 2-1　直流发电机的工作模型（一）

体 ab 中的电动势则是从 a 指向 b，即 b 点电位高，a 点电位低。方向如图 2-1(b)所示。线圈中的总的电动势为 $e_{ad}=e_{ab}+e_{cd}$，其方向是由 a 指向 d。

　　由此可见，随着转子的旋转，转子线圈或电枢绕组中的电动势的方向是在不断交替变化的。如果将导体中的感生电动势通过机械轴上的两个金属环（金属环与机械轴之间是绝缘的）经碳刷引出的话（见图 2-1），其输出的电动势波形将是交变的，换句话说，输出的电是交流电。

　　采用金属环的目的，一是保证线圈引出端在引出过程中不会与旋转轴发生扭麻花的现象；二是在转子高速旋转期间，能够与碳刷之间保持良好的接触。

　　怎样才能将这种交变的电动势转变为直流电动势呢？

　　通过仔细观察，我们不难发现：在转子线圈转动的过程中，无论电枢绕组的有效导体部分是 ab 还是导体 cd，每当它们旋转到 N 极下方或 S 极下方时，其电动势的方向都是固定不变的。如：当导体在 N 极下时，导体中的电动势方向都是从右指向左的；反之，在 S 极下方都是从左指向右的（见图 2-1）。也就是说，对于导体而言，随着导体位于不同的磁极下，导体中的电动势的方向是在不断变化的，而对于旋转到某一磁极下的导体而言，导体中电动势的方向却是固定的。

　　这一现象的发现使交变的电动势转变为直流电动势这一问题变得简单起来，只需将线圈首尾两端分别连接的两个金属环换成两个半圆环，并由这两个相互隔离或绝缘的半圆环重新组成一个环，如图 2-2 所示，使碳刷 A 只与到达顶部的或到达 N 极下方的半个环（也叫换向片）接触，碳刷 B 只与到达底部的或到达 S 极下方的半个环（换向片）接触，将线圈中的交变电动势通过碳刷 A 和 B 引出，在 A、B 两端得到的即为极性固定不变的直流电动势。其换向过程如下：

　　当有效导体 ab 旋转到 N 极下方时，如图 2-2(a)所示，导体 ab 中的电动势是从 b 指向 a 的，即 a 点电位高，b 点电位低。而导体 cd 中的电动势则是从 d 指向 c 的，即 c 点电位高，d 点电位低。即：碳刷 A 输出的电动势极性为正，碳刷 B 输出的电动势极性为负，或上正、下负。

　　当线圈旋转过 $180°$ 后，导体 cd 将处于 N 极之下，而导体 ab 则处于 S 极下，与 a 端相连的换向片和与 d 端相连的换向片也同时转动，见图 2-2(b)。导体 cd 中的电动势则是从 c 指向 d 的，即 d 点电位高，c 点电位低。此时，碳刷 A 连接的不是原来上面的半个环，而是原

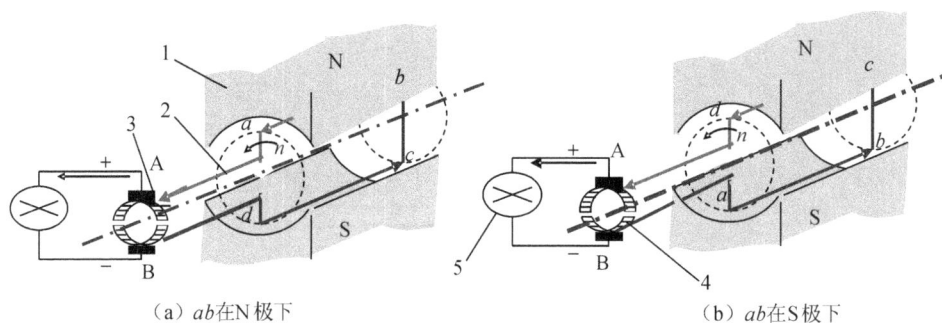

（a）ab在N极下　　　　　　　　　　　　　　（b）ab在S极下

1.磁极；2.电枢；3.电刷；4.换向片；5.灯泡负载

图2-2　直流发电机的工作模型（二）

来下面的半个环。由于导体 ab 转到了 S 极下方，导体 ab 中的电动势是从 a 指向 b 的，即 b 点电位高，a 点电位低，所以仍然是上正下负。根据这一现象，通过碳刷引出两个电极，即可得到固定不变的输出电动势极性，即一个能够发出直流电动势的直流发电机。

在这一过程中，正是与线圈的两端 a 和 d 分别相连的两个铜环（片）与两个固定不动的碳刷之间的交替换接，改变了流出或流入转子线圈的电流方向，在两个碳刷的输出端得到了方向不变的电动势。所以，将两个铜环（片）与两个固定不动的碳刷（有时也称为电刷）统称为换向器，而两个铜环（片）称为换向片。说明转子绕组内部电势电流是交流，通过换向器机械整流作用使输出的外部电势电流为直流。

2.1.2　直流电动机的工作原理

直流电动机的工作原理与直流发电机的工作原理恰好相反。当在电刷 A、B 引出端外接一个直流电源时，碳刷 A 接直流电源的正极，碳刷 B 接直流电源的负极，电路如图 2-3(a) 所示，电枢线圈 abcd 与电刷 A、B 相接触，且电流方向为 $a \rightarrow b \rightarrow c \rightarrow d$。根据电磁感应定律，电枢电流在磁场中受到磁场力 f_{em} 的作用。由左手（电动机手）定则，可以确定磁场力 f_{em} 的方向。该磁场力与转子半径之积即为电磁转矩（逆时针方向），当电磁转矩大于阻转矩（负载转矩以及其他摩擦引起的空载转矩等）时，转子将在电磁场力驱动或拖动下，逆时针方向旋转起来。这时，换向片也一同转动。

当电枢转过 180°时，如图 2-3(b) 所示，原来与碳刷 A 相连的换向片旋转到了碳刷 B 下，碳刷 B 下的换向片也旋转到了碳刷 A 下，线圈的有效导体部分 ab 在 N 极下旋转到 S 极下，cd 在 S 极下旋转到 N 极下，此时，通入电枢线圈的电流方向发生了变化，变成 $d \rightarrow c \rightarrow b \rightarrow a$ 的方向。但是，在同一磁极下的有效导体中的电流方向却没有变，因此，转子所受到的电磁力和电磁转矩的方向也没有变，电机转子仍然按逆时针方向转动，同一方向电磁力使转子能够连续不断地旋转。说明在换向器的机械逆变作用下，将外加直流电转变为转子绕组内部的交流电。

根据以上直流发电机和电动机的工作原理的分析，可以得出以下结论：

（1）直流发电机和直流电动机是可逆的。同一台电机，既可当发电机用，也可当电动机用，仅是外施条件不同而已，这是电机普适的"可逆原理"。

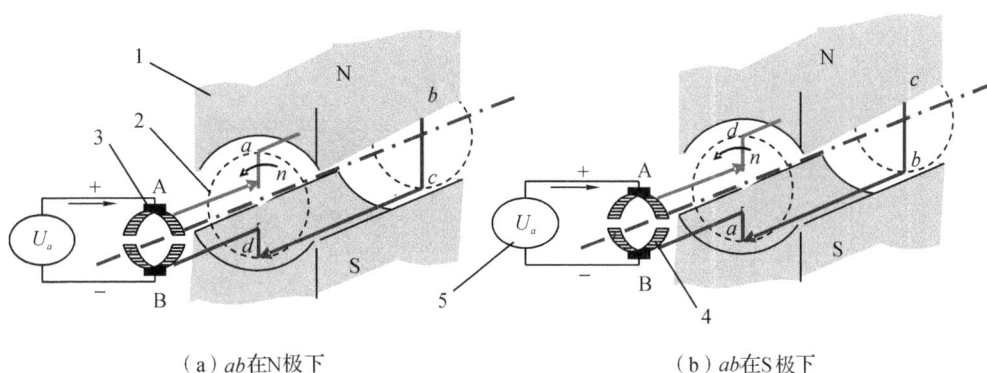

（a）ab在N极下　　　　　　　　　　（b）ab在S极下

1.磁极；2.电枢；3.电刷；4.换向片；5.电枢电源

图 2-3　直流电动机的工作模型

（2）电枢线圈有效导体中的电动势方向是交变的，而在同一磁极下，线圈有效导体中的电动势方向却是不变的。

（3）换向器和电刷的作用相当于整流电路中的整流器（或逆变器），不同的是，电机换向器是一种机械的整流器，且本身是可逆使用的。在发电机中，换向器的作用是将电枢线圈有效导体中的交变电动势变为方向一致的直流电动势，目的是获得直流电；而在电动机中恰恰相反，换向器的作用是将外部的直流电压转换为电枢线圈中的交变电压，而在同一磁极下却是不变的电枢电流，目的是让转子受到方向一致的力，驱动转子旋转。

2.2　直流电机的结构和额定值

2.2.1　直流电机的主要结构

直流电机的结构如图 2-4 所示，其由静止的定子部分和转动的转子部分以及定子与转子之间的气隙组成。定子部分主要包括机座、定子磁极、励磁线圈、碳刷、辅助换向磁极和辅助换向线圈；转子部分主要包括转子铁芯、转子线圈、换向器，风扇等转动部分。

1.定子部分

定子的作用是产生磁场以及作为电机机械的支撑，主要由主磁极、换向极、机座、端盖和电刷装置等组成。

（1）主磁极是由铁芯和励磁绕组组成，其通常被固定在电机机壳内壁的磁轭上。为了适应转子的形状需要，主磁极常比较宽厚，磁极表面为弧状，形状类似于蒙古人穿的靴子，所以有些书中又称其为磁靴。其作用主要是在气隙中产生一个比较均匀的磁场，提供足够的磁通量。主磁极通常是由电磁极来产生磁场的，因此，主磁极的铁芯一般采用 1.0～1.5mm 厚的硅钢板叠压而成。

为使主磁极产生的磁场均匀、对称，即产生磁场的励磁电流相等，主磁极对 N 极和 S 极的通电电流相等，N 极与 S 极的线圈绕组通常采用串联形式连接。

（2）换向极（又称附加极或间极）的作用是为了改善直流电机的换向，其装在相邻主磁极

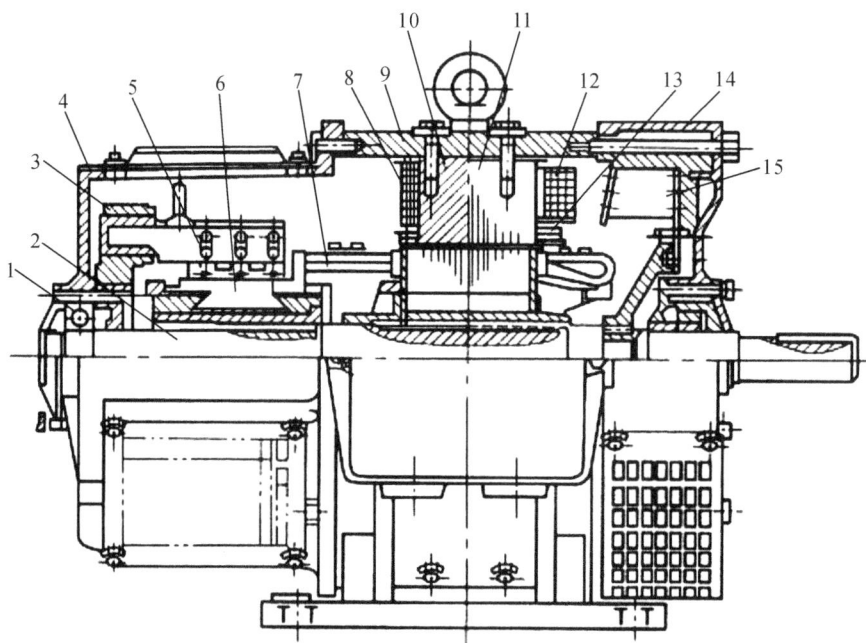

1.轴承;2.轴;3.刷架;4.前端盖;5.电刷;6.换向刷;7.电枢绕组;8.换向极绕组;9.机座;10.换向极铁芯;
11.主磁极铁芯;12.主磁极绕组;13.电枢铁芯;14.后端盖;15.风扇

图 2-4　直流电机的结构

的几何中心线上,与电枢绕组串联。容量为 1kW 以上的直流电机均应安装换向极。换向极也由铁芯和绕组组成。铁芯一般用整块钢或钢板加工而成。

图 2-5 所示的是多极机中的主磁极和换向极。

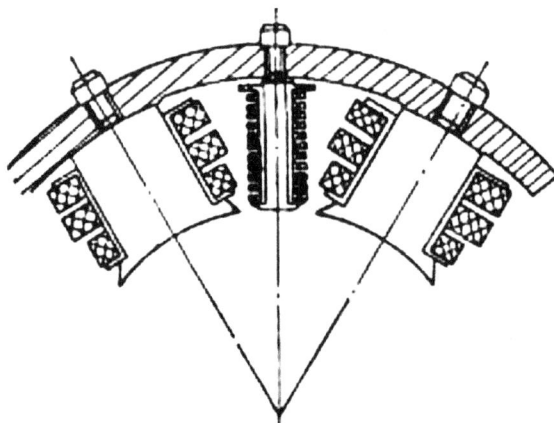

图 2-5　多极机中的主磁极和换向极

(3)机座。直流电机的机座既有固定作用又是磁的通路,因此需要机座有足够的机械强度和刚度,还要有足够的导磁面积从而使导磁性好。对于换向要求高的场合,机座采用薄钢板叠压而成,一般可采用普通钢板。

(4)电刷装置是固定在机座上的固定装置,通过带有弹簧的压紧装置与转子头上的换向器相连。在直流电机中,电刷装置的作用是把直流电压、电流引入或引出,电刷与换向器相配合,起到整流或逆变的作用。

2. 转子部分

直流电机的转子部分主要由电枢铁芯及其转轴、电枢绕组、换向器等组成。

(1)电枢铁芯是主磁极的一部分,通常用 0.5mm 厚的硅钢片叠压组成。转轴用于固定电枢铁芯且是电磁转矩的输出或输入轴,通常由碳钢制成。

(2)电枢绕组的作用是用来产生感应电动势和电磁转矩,是实现机电能量转换的关键部件。

(3)换向器。在直流发电机中换向器的作用是将绕组内的交变电动势转换为电刷端上的直流电动势;在直流电动机中,它将电刷上所通过的直流电流转换为绕组的交变电流。

直流电机的转动部分非常复杂,电能与机械能的转换也都集中在这里,因此,人们也称转动部分——转子为电机的神经中枢,简称电枢(armature)。

2.2.2　直流电机的额定值

为了保证电机安全而有效地运行,电机制造厂根据国家标准及电机的设计数据,规定电机在运行中的有关物理量(电压、电流、功率、转矩等)的保证值,称为电机的额定值。它是正确选择和合理使用电机的依据。额定值一般标志在电机的铭牌上,因此又叫铭牌数据。

(1)额定功率

额定功率 P_N 是指电机在额定运行状态时的输出功率,单位为 W 或 kW(瓦或千瓦)。对发电机,它是指引出端输出的电功率;对电动机,它是指转轴上输出的机械功率。

(2)额定电压

额定电压 U_N 表示在额定工作条件下电机出线端的电压,单位为 V(伏)。

(3)额定电流

额定电流 I_N 表示在额定电压条件下运行于额定功率时出线端的电流值,单位为 A(安)。

(4)额定转速

额定转速 n_N 表示在额定电压、额定电流下,电机运行额定功率时所对应的转速,单位为 r/min(转/分)。

此外铭牌上还标有额定励磁电压、额定励磁电流和绝缘等级等参数。另外,还有一些参数如额定效率 η_N、额定转矩 T_N、额定温升 τ_N 等,一般不标在铭牌上。

额定数据之间存在如下关系:

对于直流电动机,有

$$P_N = \eta_N U_N I_N \tag{2-1}$$

对于直流发电机,有

$$P_N = U_N I_N \tag{2-2}$$

例 2-1　一台直流发电机,其额定数据为 $P_N = 145\text{kW}$, $U_N = 230\text{V}$, $n_N = 1450\text{r/min}$, $\eta_N = 90\%$,求该发电机的额定电流和输入功率各是多少?

解　对于直流发电机,输出的是电功功率 $P_N = U_N I_N$,得

$$I_N=\frac{P_N}{U_N}=\frac{145\times10^3}{230}=630.4(\text{A})$$

所以,输入的机械功率为

$$P_1=\frac{P_N}{\eta_N}=\frac{145\times10^3}{0.9}=161(\text{kW})$$

例 2-2　一台直流电动机,其额定数据为 $P_N=22\text{kW}$,$U_N=110\text{V}$,$n_N=1000\text{r/min}$,$\eta_N=84\%$,求该发电机的额定电流和输入功率各是多少?

解　对于直流电动机,输出的是机械功率 $P_N=\eta_N U_N I_N$,得

$$I_N=\frac{P_N}{\eta_N U_N}=\frac{22\times10^3}{0.84\times110}=238(\text{A})$$

所以,输入的电功率为

$$P_1=\frac{P_N}{\eta_N}=\frac{22}{0.84}=26.19(\text{kW})$$

2.3　直流电机电枢绕组

直流电机的电枢绕组缠绕在电机的转子铁芯上,是直流电机的核心部分。电枢绕组按其绕组元件和换向器的连接方式不同,可以分为叠绕组和波绕组。其基本形式为单叠、单波、复叠、复波及混合绕组。本教材只分析单叠绕组和单波绕组,其他绕组形式请参考有关电机学的参考书。

2.3.1　电枢绕组的基础知识

1. 绕组及其作用

电枢绕组,即缠绕在转子上的铜线线圈或铜条,是直流电机最重要的部件之一。其作用就是提供较多的有效导体,以便在运动过程中切割磁力线产生感生电动势,或通过输入电流产生运动。电机的性能和参数与电枢绕组的结构密切相关。要了解直流电机的运行原理,就必须掌握电枢绕组的结构和原理。

2. 电机对绕组的要求

电枢绕组要有足够的有效长度,以产生足够的电动势并能够承受足够大的额定电流和过载电流。同时又要尽可能地节省有色金属和绝缘材料,并且要求制造工艺简单、运行可靠等。

3. 绕组的形式——缠绕方法

目前的绕组缠绕形式常用的有单叠绕组和单波绕组两种。

4. 绕组元件

电枢绕组实际上是由若干个相同的单匝或多匝线圈组成的。组成电枢绕组的这些最基本的单元——线圈,称为组成绕组的元件。每个线圈都有两个边,分别嵌入在不同的电枢槽内,我们将线圈嵌入电枢槽内并能够切割磁力线,产生感生电动势的直线部分称为有效边,而将槽外磁场外面的、只能起到连接作用、不产生感生电动势的部分,称为有效边两端的连接部分,或称端部,如图 2-6(a)所示。

显然,在转子表面上,能够产生感生电动势的有效边排列得越多越好,所产生的电动势若串联可提高绕组总的电动势,若并联则可提高转子的电流。但随着电枢线圈的增多,存在

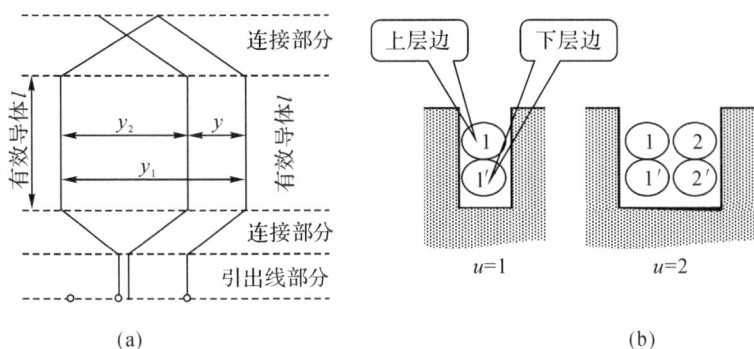

图 2-6　转子槽与线圈有效导体

一个问题,即在有限的电枢槽内应怎样放置这些线圈,于是就出现了各种叠绕技术:单叠绕组和单波绕组等。

5. 重要的概念与关系

(1)上层边与下层边

电枢绕组在排放时,分上下两层放置(见图 2-6(b))。每一个元件(线圈)的首端连接的边,如果放置在电枢槽内的上层,即称为上层边,则其尾端连接的那一边就放在另一个槽内的下层,称为下层边。循此规律,依此类推。

(2)虚槽

如果每个电枢槽中上下各放一个元件的有效边,这样每个槽中就有两个有效边。在按这种放置绕组方法的电机中,元件的总数和电枢槽总数是相等的。如果令 Z 代表电枢中实际的槽(沟)数,S 代表元件数,则有如下关系:

$$实际的槽数 Z \equiv 元件数 S \tag{2-3}$$

然而在大多数的直流电机中,都希望绕组中线圈越多越好,以产生更大的电动势,但槽又不能开得太多。解决这一矛盾的方法就是在每个槽的上下层中分别放置 2 个、4 个、6 个或更多的元件边。在这种情况下又怎样分析元件与槽的关系呢?

设想,如果将原来的每个槽中上下层各放 1 个元件边的情况视为一个基本槽——单元槽,用 u 表示,且记为 $u=1$。而将在每个槽中上下层各放 2 个元件边的情况视为 $u=2$,其他类推,即在相同数量的实槽条件下,等于增加了电机的槽数,这些槽数称为虚槽。如果用 Z_x 来表示虚槽数,元件(线圈)数用 S 表示。则有如下关系:

$$Z_x = uZ = S \tag{2-4}$$

当 $u=1$ 时,实槽数与虚槽数相等,等于没有增加槽。当 $u=3$ 时,相当于在原有的实槽中增加了 2 倍的线圈数量,放置在槽中,相当于实槽数增加到 3 倍,等效的槽数为 uZ——虚槽数(实际中没有这么多)。

(3)换向片数

换向片数是指换向器中的铜片个数。换向片实际上是直流电机电枢绕组中每个线圈首和尾的引出端,即每个换向片与两个不同线圈的首尾相连接,前一绕组元件的尾和后一绕组元件的首连接到同一个换向片上。所以,换向片数 K、元件数 S 和虚槽数 Z_x 是相等的,即

$$Z_x = S = K \tag{2-5}$$

①元件:指电枢线圈,分为单匝和多匝两种。线圈是构成电枢绕组的最基本元件,换句

话说,电枢绕组是由若干个线圈所组成的。

②极距:指相邻两个主极(N 极和 S 极)中心线之间的跨距,用 τ 表示。当转子表面被认为几乎被主磁极的表面所包围(裹)时,可用下式计算:

$$\tau = \frac{Z_x}{2p} \quad \text{或} \quad \tau = \frac{\pi D_a}{2p} \tag{2-6}$$

式中:Z_x 为电枢铁芯上的虚槽数;D_a 为电枢铁芯的直径;p 为主磁极的对数。

(4)线圈的节距

线圈的节距有第一节距、第二节距、换向节距和合成节距 4 种。

第一节距是指同一元件(线圈)的两个有效边之间的跨距,见图 2-6(a),记为 y_1。为使元件中的感应电动势获得最大,要求第一节距应等于或接近一个极距,即

$$y_1 = \frac{Z_x}{2p} + \varepsilon \leqslant \tau \tag{2-7}$$

式中:ε 是为了保证 y_1 为整数的分数。当 $y_1 = \tau$ 时,称为整距绕组;当 $y_1 < \tau$ 时,称为短距绕组;当 $y_1 > \tau$ 时,称为长距绕组。

第二节距是指某一元件(线圈)的下层边和与它相串联的(连在同一换向片上的)相邻元件上层边之间的跨距,称为第二节距,记为 y_2。

换向节距是指同一元件(线圈)的两个出线端所连接的两个换向片之间的距离,记为 y_k。根据单叠绕组的特点,单叠绕组换向器节距为

$$y_k = 1 \tag{2-8}$$

合成节距是指连接在同一换向片上两个相邻元件对应有效边之间的跨距,记为 y,见图 2-6(a)。由于虚槽总数总是与换向片总数相等,所以,每绕过一个元件时,在电枢上所跨越的虚槽数与换向片数都是相等的。所以有

$$y = y_k \tag{2-9}$$

由电枢绕组展开图 2-8(b)可知:

$$y = y_1 - y_2 \tag{2-10}$$

2.3.2 电枢绕组展开图与绘制方法

1. 电枢绕组的展开图

电枢绕组的展开图是分析电机内部的磁场分布与绕组的绕制方法、绕组分布、电流大小和方向与磁场之间关系的重要工具和途径。如果能够清楚地了解和掌握构成电枢绕组的多个线圈在转子表面上的分布情况以及布线原理,就能够通过电枢绕组的展开图对电机进行详细的分析,掌握绕组绕制、绕组电流的大小、方向与磁场分布的内在关系,从而能够应用电机和改进电机。因此,必须学会如何绘制电枢绕组的展开图。

所谓电枢绕组的展开图,是指在主磁极之间的几何中线处,假想在转子表面沿着转子轴线的方向剖开后,得到的包裹在转子表面上的绕组展开图,为了画好电枢绕组的展开图,下面通过例 2-3 进行说明。

例 2-3 已知:电机的磁极对数为 1,即 $p=1$,$Z_x=6$,转子为单叠绕组,元件数 S、换向片数 K、电枢槽数 Z 均相等,即 $S=K=Z=6$,试画出电枢绕组展开图。

解 根据已知条件可取

$$y_1 = \frac{Z_x}{2p} \pm \varepsilon = \frac{6}{2} = 3$$

由单叠绕组条件可知

$$y = y_k = 1$$

则有

$$y_2 = y_1 - y = 3 - 1 = 2$$

为了便于绘制绕组展开图,不妨根据以上数据,先编制一个转子线圈布置与连接次序图,如图 2-7 所示。

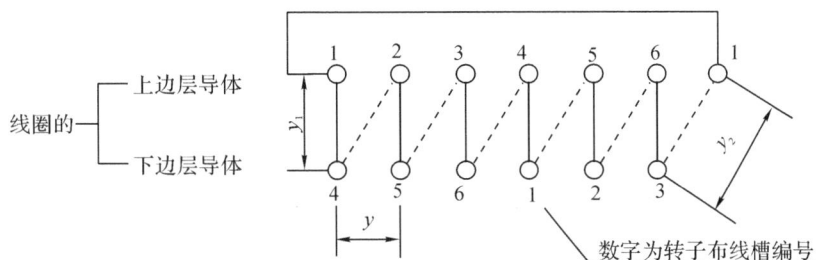

图 2-7　线圈布置与连接次序

根据电枢线圈布置与连接次序表就可以顺利地画出电枢线圈的展开图,如图 2-8 所示。

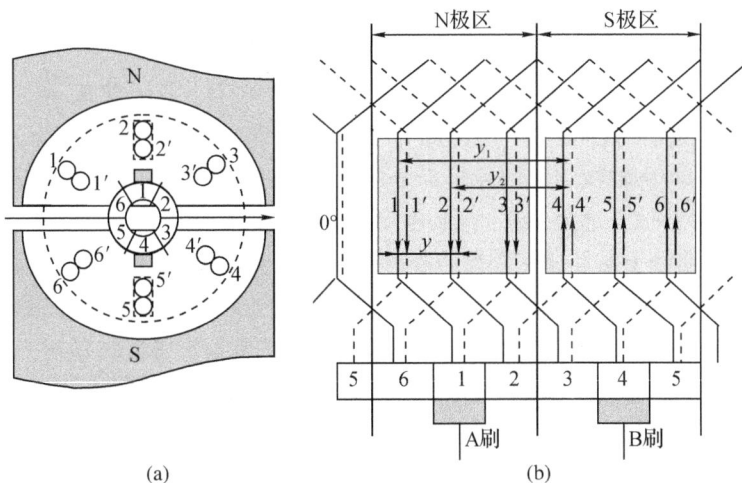

图 2-8　两极电枢线圈展开图

图 2-8(b)中虚线表示线圈的下层边。

2. 绘制电枢绕组的展开图的方法

总结例 2-3 中的绘图过程,可以归纳出电枢绕组展开图的绘制方法如下:

(1)计算出线圈的相关参数,如第一节距 y_1、第二节距 y_2、合成节距 y、换向节距 y_k、转子的虚槽数、磁极对数 p 等参数。

(2)首先,确定线圈有效边的长度 l 和有效边上、下两端连接部分在图中的高度,以及在下连接部分的下方引出线和换向片的高度,并画出各部分的分界线。在绘制电枢绕组展开图时,有效边长度与连接部分的高度以及其他各部分的高度比例可以自己确定,见图 2-9 中的水平虚线。

　　然后,根据转子虚槽的个数等间隔地画出一对对长度为 l 的线圈有效边(竖线)。每对有效边(竖线)中,一根为实线,另一根为虚线。实线表示上层有效边,虚线则表示下层有效边,如图 2-9 所示。

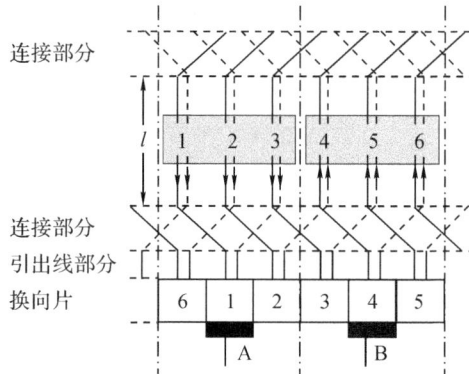

图 2-9　电枢绕组展开示意图

　　(3)根据计算出的线圈参数中的第一节距 y_1,确定第一个转子线圈的上层边与下层边的下线槽的编号。以例 2-3 为例,如果放置线圈上层边的转子槽的编号为 1,则放置该线圈下层边的转子槽的编号为 4。其计算方法如下:

　　　　线圈下层边的转子槽编号＝线圈上层边的转子槽编号＋第一节距 y_1　　　　　　(2-11)

　　(4) 在确定了放置线圈上、下层边的转子槽编号后,再确定两个上、下边槽之间的对称轴线,并以线圈的对称轴线与线圈连接部分的上边界线的交点作为线圈连接部分的折点。

　　一般来说,对称轴左边为上层边,上连接部分用实线画出,一端连到连接部分的折点,另一端则与上层边实线上端相连;下连接部分用实线画出,一端与上层边实线下端相连,另一端则与换向片的引出线相连。对称轴的右边为下层边,上连接部分用虚线画出,一端连到连接部分的折点,另一端则与下层边虚线上端相连;下连接部分用虚线画出,一端与下层边虚线下端相连,另一端则与换向片的引出线相连。同时,对称轴将作为换向片的分隔界线或轴线,并过线圈下连接部分的交叉点。

　　(5)在确定了第一个线圈的位置后,就可以根据线圈参数中的合成节距 y 确定第二个线圈的位置。确定相邻线圈对应边的转子槽编号的方法是:

　　　　相邻线圈对应边的转子槽编号＝前一个相邻线圈对应边的转子槽编号＋合成节距 y

　　　　　　　　　　　　　　　　　　　　　　　　　　　　　　　　　　　　　(2-12)

　　如:前一个相邻线圈对应边的转子槽编号是 1,且合成节距为 1,则右侧相邻线圈的对应边转子槽编号为 2。

　　相邻线圈的始边位置确定后,画出相邻线圈的方法同前。

　　两个相邻绕组的对称轴之间或对应边之间的间隔恰好是线圈合成节距 y 和换向片的宽度 y_k。也就是说,两条对称轴之间的宽度就是一个换向片的宽度。并在换向片的中线处画引出线部分。

(6)确定磁极与碳刷的位置。

一般情况下,磁极极距与线圈的第一节距相同,即磁极的阴影将均匀,或对称分布在转子表面上或展开图上,每个磁极的覆盖宽度为第一节距的宽度。由于转子是转动的,所以主磁极的位置可以在电枢绕组展开图上的有效导体部分任意确定。碳刷一般画在换向片的下方,一旦磁极位置确定后,每个磁极的中线就是碳刷的中心轴位置。

根据以上几条,就可以顺利地绘制出不同极数电机的电枢绕组展开图。由于电枢绕组展开图就是以后转子线圈实际"下线"的依据和分析电机的基础,所以,熟练地绘制电枢绕组展开图是非常必要的。

2.3.3　单叠绕组的电动势与电枢电流

1. 展开图分析

以图 2-8 为例。图(b)中的电枢绕组展开图是沿图(a)中的电枢的轴线径向割开后的展开图,磁极对数为 1,磁极数为 2,为 N 极和 S 极。两个电刷分别放置在主磁极 N 极和 S 极的轴线上。

从电枢绕组展开图 2-8(b)中我们可以看出:

(1)当电刷 A 与换向片 1 相连、电刷 B 与换向片 4 相连时,放置元件 1 上层边的线槽与电刷 A 位置上相差一个角度。

(2)元件 1 的首端与换向片 1 相连,尾端与换向片 2 相连,与此同时,换向片 2 又与元件 2 的首端相连,依此类推,直至元件 6 的尾端与换向片 1 相连,所以电枢绕组是一个闭合回路。

(3)每个元件的两个有效边分别处于不同的磁极下。

2. 电刷之间的电动势

(1)元件有效边中的电动势与电刷之关系

根据图 2-8 的分析可知:当发电机转子按逆时针方向转动时,从电刷 A 到电刷 B,元件 1 与换向片 1 相连,元件 1、元件 2、元件 3 之间相互串联后与换向片 4 相连,由于每个元件的两个有效边分别处于不同的磁极下,因此,每个元件中的电动势是相加的,而不是相互抵消的。所以,电刷 A、B 间的电动势为每个元件电动势之和,方向是从 B 指向 A,即电刷 A 输出高电位,电刷 B 输出低电位。而在电刷 A 与 B 之间,元件 4、元件 5、元件 6 也是相互串联的,由于元件 4、5、6 的首端和尾端分别处于磁极 S 和磁极 N 下,其电动势也为各元件电动势之和,方向仍然是从 B 指向 A。不妨用等效电路图进一步分析。

(2)元件电动势与电刷之关系等效电路图

如果每个元件有效边中的电动势用图 2-10 中的箭头表示,则电刷 A、B 之间的电动势在经过电刷前后变化的等效电路图如图 2-10 所示。在图 2-10 中,K 表示换向片,K 的下标表示换向片的编号。

图 2-10(a)所示是电刷 A 与换向片 1 相连,电刷 B 与换向片 4 相连时的情况。

图 2-10(b)所示是电刷 A 与换向片 1 和 2 相连,电刷 B 与换向片 4 和 5 相连时的情况。此时,电刷 A 将第 1 个线圈短路,电刷 B 将第 4 个线圈短路。

图 2-10(c)所示是电刷 A 与换向片 2 相连,电刷 B 与换向片 5 相连时的情况。

经过换向后,元件 1 中的两个有效边的电动势方向由 $d_4{}'$ 指向 d_1 变为由 d_1 指向 $d_4{}'$,而

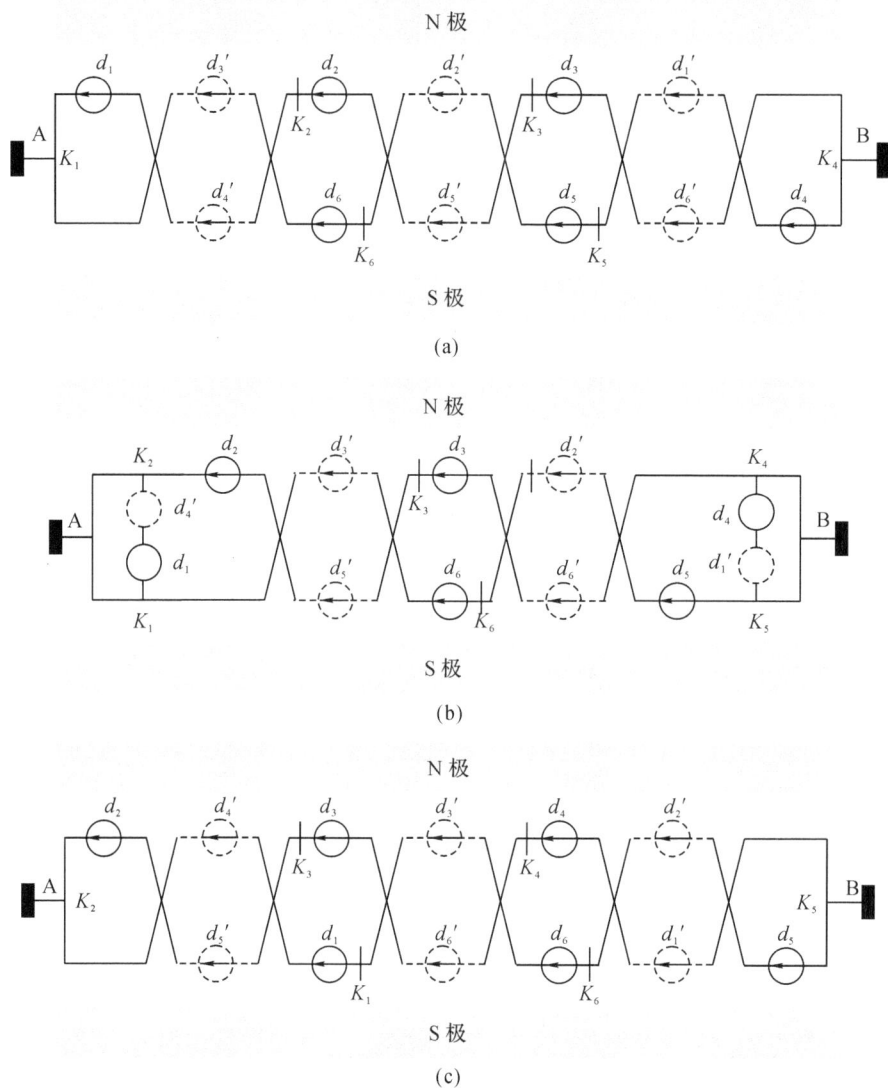

N 极

(a)

N 极

(b)

N 极

(c)

图 2-10　元件有效边中的电动势与电刷之间关系等效电路图

元件 4 中的两个有效边的电动势方向也由 d_4 指向 d_1' 变为由 d_1' 指向 d_4（即元件 1 和元件 4 中的电动势方向换向了）。应当注意到,虽然在电刷下的换向片每换一个,就有一个元件中的电动势发生换向,但是两个电刷之间的总的电动势,除了在换向期间有所下降（或波动）外,其大小、方向总是保持不变的。

这种换向作用使得元件中的电动势的交替变化转变为碳刷两端方向单一的电动势,这就是换向器的作用,它相当于一个整流器。

即使电机定子上的磁极对数增加,也只是这个原理过程的多次重复。电枢线圈以电刷为界构成电枢绕组,两个电刷将转子表面上的转子线圈分为两个绕组;两个电刷之间输出的电动势为电刷之间串联线圈的电动势之和;通过两个电刷输出和输入的电流称为电枢电流

I_a,是两个电刷之间并联的电枢绕组中的电流(也是线圈电流)之和。

下面通过一个 4 极电机的实例来说明单叠绕组展开图的画法和电动势与电流的关系。

例 2-4　一台直流发电机的磁极对数 $p=2$,电枢槽数 $Z=16$,极距 $\tau=Z/2p$,元件数 S、换向片数 K、电枢槽数 Z 均相等,即 $S=K=Z=16$。试画出发电机单叠绕组的展开图。

解　根据已知条件可取

$$y_1=\frac{Z_x}{2p}\pm\varepsilon=\frac{16}{4}=4$$

由单叠绕组条件可知

$$y=y_k=1$$

则有

$$y_2=y_1-y=4-1=3$$

为了便于绘制绕组展开图,根据以上数据先编制转子线圈布置与连接次序图,如图 2-11 所示。

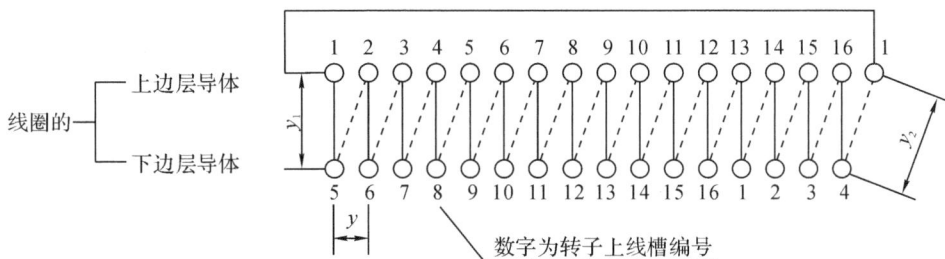

图 2-11　转子线圈布置与连接次序

转子线圈布置与连接次序表从第一个元件开始,绕电枢一周,把全部元件的边都串联起来后,又回到第一个元件,构成闭合回路,形成了一个网将转子所包围。假想在磁极之间的几何中线处,沿转子轴向将转子表面剖开,画出单叠绕组展开图如图 2-12 所示。

图 2-12 中 n 代表了转子的旋转方向,数字 1~16 代表转子槽的编号,实线表示线圈的上层边,虚线表示线圈的下层边。

由图 2-11 和图 2-12 可见,电刷短接元件为元件 1、5、9、13,得并联直流电路图如图 2-13 所示,可见并联支路的对数与主磁极对数相同,即 $a=p$。单叠绕组为保证两电刷间感应电动势为最大,电刷放置在换向器表面主磁极的中轴线位置上,线圈换向过程中总是同时有 4 个线圈被电刷所短路。

通过对 2 极电机和 4 极电机的电枢绕组展开图的绘制与分析,可以看出,单叠绕组具有以下几个特点:

(1)电刷数等于主磁极数 $2p$,电刷位置为使支路感应电动势最大,应对称地分布在各个主磁极的中轴线上,使 $y_1=\tau$。电刷间电动势为电枢绕组电动势 E_a,等于并联支路电动势。

(2)同一磁极下的元件串联在一起组成一个支路。若设支路对数为 a,则存在以下关系:

$$a=p \tag{2-13}$$

(3)流经电刷输出的电流为电枢电流 I_a,等于各并联支路电流之和,若每条支路的电流

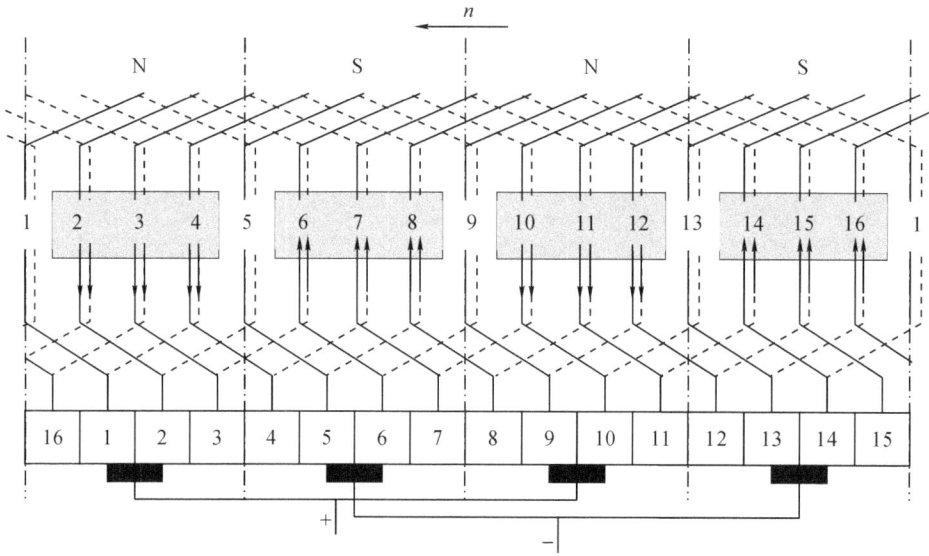

图 2-12 转子线圈单叠绕组展开图

为 i_a，则两者之间存在以下关系：

$$I_a = 2ai_a \qquad (2\text{-}14)$$

2.3.4 单波绕组

1. 单波绕组绕法特点和绕组节距

单波绕组是电枢绕组的另一种绕制方法。这种绕组的基本特点是同极下的若干个线圈（元件）采用跨越式连接。即在同极性磁极下，其中一个线圈的一端连接着换向片，跨越几个槽后与其相连的另一端也与相对应的换向器上的换向片相连接，同时，也是在同一个换向片上

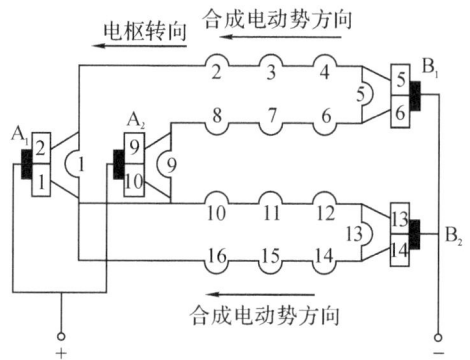

图 2-13 单叠绕组并联直流电路图

与下一个相隔若干个槽的另一线圈相连接，这样，经过几个线圈（或 p 个）的串联，最终回到起始换向片的左侧或右侧。当线圈向右绕行时，最后一个线圈的一端将回到起始换向片的左端相邻的换向片，所以也就称之为左行绕组，如图 2-15(a) 所示；反之亦然。

由单波绕组绕制方法的特点可以看出，相串联的 p 个线圈（元件）所跨过的换向片总数 py_k 应比换向器中换向片的总数多一片或少一片。如换向器中换向片的总数为 K，则每个单个线圈所跨过的换向片的个数（节距）为

$$y_k = \frac{K \pm 1}{p} = \text{整数} \qquad (2\text{-}15)$$

式中：y_k 为单波绕组的换向器节距，它决定了线圈的另一端相对起始端的换向片位置；p 为绕电枢一周所串接的线圈个数。

单波绕组的合成节距：$y = y_k$

单波绕组的第一节距：$y_1 = \dfrac{Z_x}{2p} + \varepsilon$

单波绕组的第二节距：$y_2 = y - y_1$

根据这些节距就可以画出单波绕组的展开图的支路图。

2. 单波绕组的展开图的支路图

下面通过一个单波绕组实例来说明如何画单波绕组的展开图的支路图。

例 2-5 设：单波绕组电机，$p=2$，$S=Z_x=15$，不交叉绕组。要求画出单波绕组的展开图的支路图。

解 首先分析：要画出单波绕组的展开图的支路图，必须先计算出单波绕组的各个节距。

由条件可知，不交叉绕组的各个节距为

$$y = y_k = \frac{K-1}{p} = \frac{15-1}{2} = 7$$

$$y_1 = \frac{Z_x}{2p} \pm \varepsilon = \frac{15}{4} \pm \varepsilon = 3$$

$$y_2 = y - y_1 = 7 - 3 = 4$$

根据以上节距值，完全可以确定绕组在电枢上线槽分布次序图（见图 2-14）。

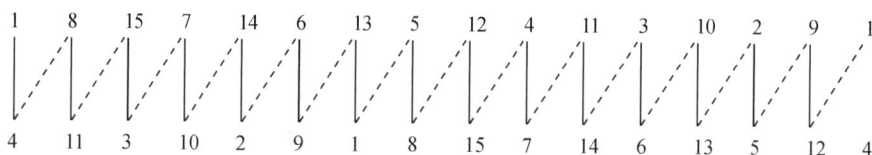

图 2-14 绕组在电枢上线槽分布次序

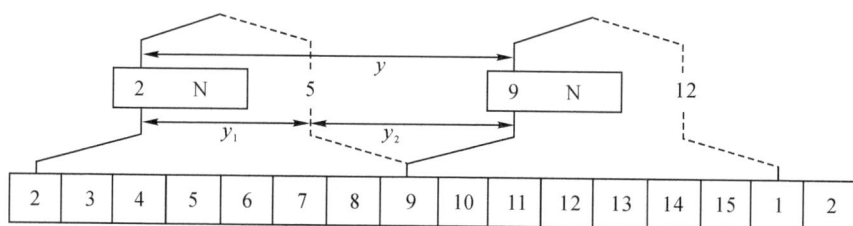

（a）左行单波绕组的线圈连接图

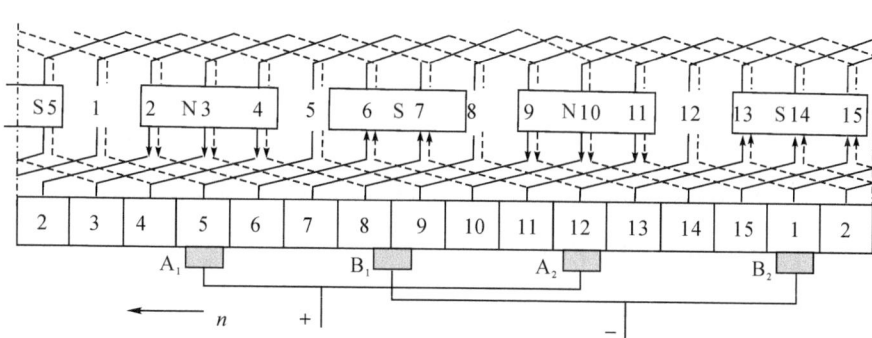

（b）单波绕组展开图

图 2-15 单波绕组的连接图与展开图

可以看出,单波绕组的连接图与展开图(见图 2-15)有如下特点:

(1)在波绕组中,电刷的安置原则也和在叠绕组中一样,即要求正、负电刷之间获得最大电势。因此,电刷也必须安置在主磁极轴线下的换向片上,从而使得单波绕组的电刷数也等于磁极数。

(2)从绕组展开图(见图 2-15(b))可以看出,元件 5 被两个正极性电刷所短路,而元件 1、9 则被两个负极性电刷所短路,这个情况与叠绕组有所不同。虽然两种情况下被电刷所短路的元件的感应电动势都等于零或接近等于零,但是,在叠绕组中,某一短路元件是被同一电刷所短接,会形成环流。而在单波绕组中,多个短路元件是被多个电刷所短接,这些短路元件的电势大小相等而方向相反,串联起来后互相抵消,合成电势为零,不形成环流。

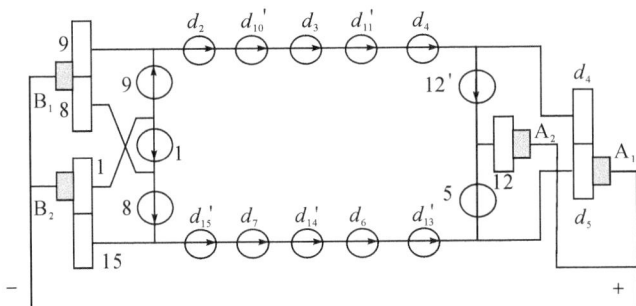

图 2-16　单波绕组的展开图的支路图

例如图 2-16 所示瞬间,元件 9 和元件 1 串联后被电刷 B_1 短路。因为在该瞬间元件 1 的下层边和元件 9 的上层边,以及元件 1 的上层边和元件 9 的下层边,所处磁场的极性相同,位置一样。所以这两个元件的电势大小相等而方向相反,串联起来后互相抵消。

(3)从图 2-15 可以看出,单波绕组呈现出连接规律:不管它的极数是多少,总是先将上元件边在 N(或 S)极下的所有元件串联构成一条支路,然后将上元件边在 S(或 N)极下的所有元件串联而构成另一条支路。因此,它的并联支路数恒等于 2,即 $2a=2$,或 $a=1$。这是单波绕组的重要特点之一。

(4)由于单波绕组只有两条支路,那么从理论上讲只需要安置两个电刷就可以了。但实际上除个别情况外,大都仍采用 $2p$ 个电刷(即电刷数等于磁极数,称为全额电刷)。这是因为电刷数增多,不仅对支路电势的大小无影响,而且还可减少每个电刷通过的电流,于是电刷与换向器的接触面积可以减小。当换向器的直径不变时换向器的长度可以缩短,从而节省用铜量。

一般说来,电流较小而电压较高的电机,大都采用并联支路数较少的绕组形式(例如单波绕组)。而电流较大、电压较低的电机,大都采用并联支路数较多的绕组形式(例如单叠绕组)。

2.3.5　直流电机的抽象模型

1.直流发电机的抽象模型

结合上述分析,特别是通过元件电动势与电刷之关系等效电路图(见图 2-10)中的形象分析,在直流发电机中,电刷、磁路、元件电动势之间的关系完全可以归纳为一个发电机的抽象模型,如图 2-17 所示。抽象模型体现了这样一个事实:元件中的电动势经过电刷就换向;

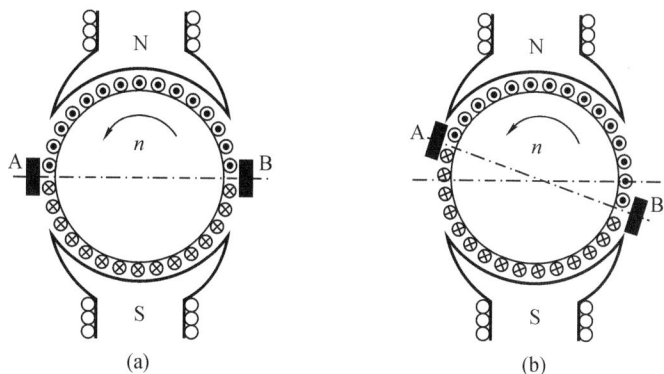

图 2-17　直流发电机抽象模型

同一磁极下的有效导体中的电动势方向是一致的或相同的,且符合右手定则——发电机手。所以,在抽象模型中,将电刷置于两个主磁极的几何中性线上,如图 2-17(a)所示。

当发电机的转子在原动机的带动下做逆时针旋转时,根据右手定则,图 2-17 中线圈导体中的箭头方向就代表了电动势的方向。由于发电机电枢绕组经电刷输出的电流方向总是与电刷两端的电动势方向一致,所以图 2-17 中电枢绕组箭头的方向也代表了电枢电流的方向。此时,电刷 A 电位高,电刷 B 电位低,在绕组中,$\odot$ 表示电枢电流从电刷 A 流出,$\otimes$ 表示电枢电流从电刷 B 流进,如图2-18(a)所示。

请注意直流电机抽象模型只适合于分析电刷、磁路、元件电动势之间的关系用,不能等同于实际电机。

通过发电机模型可以看出,当电刷位置不正常时,绕组的上、下部存在元件电动势相互抵消的现象,从而造成电刷间电动势减小,如图 2-17(b)所示。可见电刷位正常时,电刷间电动势最大。

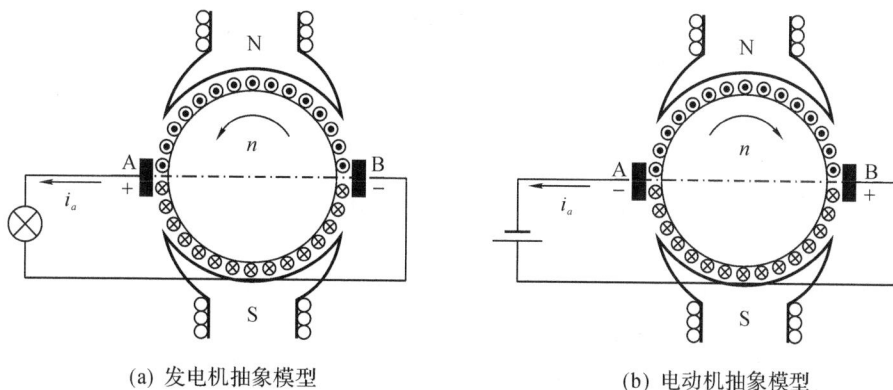

(a) 发电机抽象模型　　　　　　　　　(b) 电动机抽象模型

图 2-18　直流电机抽象模型

2. 直流电动机的基本工作原理分析

直流电动机与直流发电机的工作过程是相反的,但原理是一样的。发电机输入机械能,产生电能;电动机输入电能,输出机械能。这也就是说,发电机的抽象模型也可以作为电动机的抽象模型,统称为直流电机抽象模型。因此,我们不妨再次使用发电机模型来分析电动机的工作原理。

如果将电刷 B 接正电位,电刷 A 接负电位,这样一来,模型图中的箭头方向就代表着从电枢外部通过电刷 B、换向器进入绕组的电流方向,在电枢绕组中,箭头 ⊙ 和 ⊗ 分别代表电枢电流流出与流入的方向,如图 2-18(b)所示。此时,根据左手定则——电动机手可以判定,转子的转动方向是顺时针旋转。此时,所产生的反对电枢电流变化的电动势 E_a 也是与发电机相反的,在 N 极下,电动势 E_a 的方向是指向纸内的,而在 S 极下,电动势 E_a 的方向是指向纸外的。

从 B 刷送入的直流电流,沿上面一条支路走完 N 极下的所有上层导体,方向皆为指向纸外;沿下面一条支路走完 S 极下的所有下层导体,方向皆为指向纸内,但最终都从 A 刷流出。

通过以上分析,得到两个关于直流电机的重要概念:

(1)导体中的电流方向是以电刷轴线为界的;

(2)导体的电动势方向是以磁极的中性线为界的。

当电动机槽数很多时,换向时短路掉 1、2 两个线圈,对电动机影响不大,只要励磁安匝不变,电枢表面气隙中的磁密度不变,导体中的电流再不变,则各导体产生的转矩就不变。此时,如果刷位正常,所有的导体转矩方向都一致,没有抵消现象。

如果电动机是在电磁转矩作用下转起来的,导体像走马灯一样依次由碳刷这一侧的支路转到碳刷另一侧的支路,支路中的电流方向也依次随之改变,则不管模型中的转子转速 n 是零还是不等于零都是对的,而且旋转方向与电磁转矩的方向一致,都是顺时针的,说明电机是处在电动状态。

2.4　直流电机的磁场

2.4.1　直流电机的励磁方式

根据主磁极的方式不同,直流电机可分为永磁直流电机和普通电励磁的直流电机。永磁直流电机主要适用于小功率电机,而大部分直流电机则采用后一类励磁方式。

根据主磁极励磁绕组供电方式的不同,直流电机分为他励直流电机和自励直流电机两种。根据电枢绕组和励磁绕组的连接关系,自励直流电机又分为并励直流电机、串励直流电机和复励直流电机,如图2-19所示。励磁绕组与电枢绕组并联的直流电机称为并励直流电

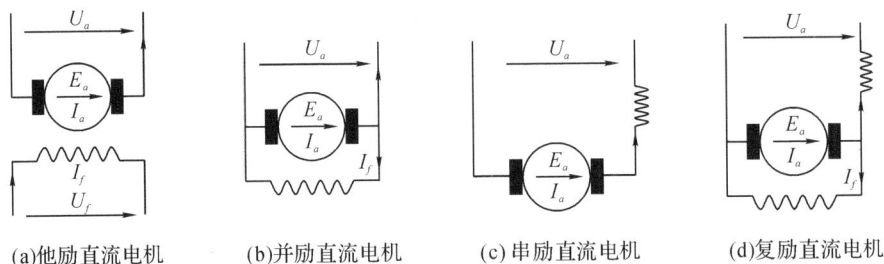

(a)他励直流电机　　(b)并励直流电机　　(c)串励直流电机　　(d)复励直流电机

图 2-19　直流电机的励磁方式

机;励磁绕组与电枢绕组串联的直流电机称为串励直流电机;如果励磁绕组分为两部分,一部分绕组与电枢并联,另一部分与电枢串联,则该直流电机称为复励直流电机。

不同的励磁方式决定了直流电机各自不同的特点和不同的机械特性,使得不同励磁方式的电机有着各自不同的用途。

2.4.2　直流电机的空载磁场

1. 空载时直流电机的磁场分布

空载是指直流电机电枢电流(输入或输出)为零时的运行状态。空载时,直流电机的内部总磁场(即气隙磁场)完全是由主磁极的励磁电流所建立的,该磁场也称为主磁场。

磁力线所经过的路径称为磁路。直流电机中的磁路一般可以划分为以下 5 个部分:

(1)气隙;

(2)电枢齿槽部分;

(3)电枢磁轭;

(4)磁极极身及磁靴;

(5)定子磁轭。

根据磁路回路磁压环路定律,磁路中的磁动势为

$$F_0 = N_f I_f = \sum HL \tag{2-16}$$

式中:N_f、I_f 分别是励磁线圈的匝数和励磁电流。

图 2-20 所示的是一台四极直流电机空载时的磁场分布。由图可以看出,直流电机空载时,励磁绕组产生两种磁通:主磁通和漏磁通。由 N 极出来的磁通,大部分经过气隙进入电枢齿部,然后经过电枢磁轭到另一部分的电枢齿,又通过气隙进入 S 极,然后经过定子磁轭回到原来出发的 N 极,形成闭合回路。这部分磁通同时交链励磁绕组和电枢绕组,电枢旋转时,能在电枢绕组中产生感应电动势,或产生电磁转矩,这部分磁通称为主磁通,用 Φ_m 表示。另一部分磁通不和电枢绕组相交链,仅交链励磁绕组本身,不能在电枢绕组中感应电动势及产生转矩,称为漏磁通,用 Φ_σ 表示。Φ_m 和 Φ_σ 是由同一个励磁磁动势所建立的,由于主磁通磁路的气隙小,磁导较大,漏磁通磁路的气隙较大,磁导较小,所以 Φ_m 比 Φ_σ 大得多。下面研究一下主磁通在气隙中的磁通密度分布。

在极靴下,气隙小而均匀,气隙中沿电枢表面上各点磁场密度较大,磁靴下的磁场密度是均匀分布的;而在极靴之外气隙很大,在其磁靴的边沿处,磁场密度逐渐变弱,在两磁极之间的几何中线上,磁场密度降至为零。

如果设磁力线进入转子表面处的磁场密度为负,磁力线穿出转子表面处的磁场密度为正,则直流电机空载时的气隙磁场密度沿转子表面圆周的分布波形如图 2-21 所示。图 2-21 表明,在转子表面的气隙中,气隙磁场的密度是均匀分布的。

2. 直流电机的磁化曲线

所谓磁化曲线是指主磁通 Φ_m 与产生主磁通的励磁电流或磁动势之间的关系,即 $\Phi_m = f(F_f)$ 或 $\Phi_m = f(I_f)$ 的函数关系。

由直流电机的结构图可知,主磁通是由励磁线圈中的励磁电流产生的,因此,要改变磁通,则需改变励磁电流;反之,通过调整励磁电流可以调整或控制电机的主磁通。它们两者

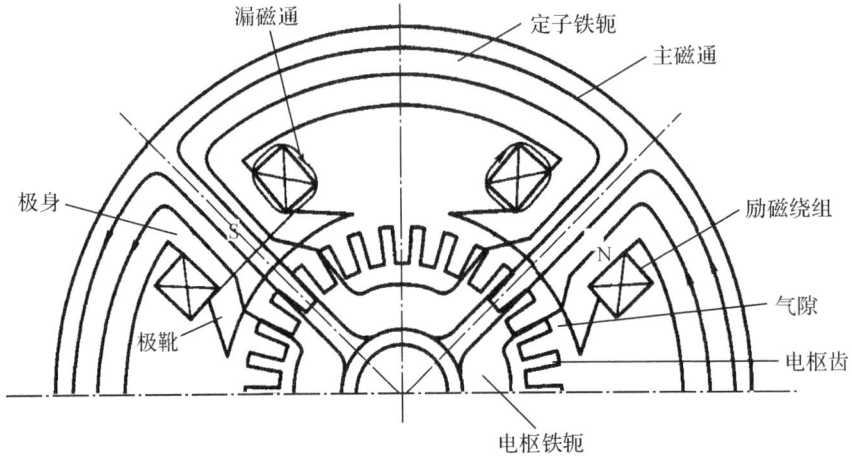

图 2-20　四极直流电机空载时的磁场分布

之间的关系曲线称为磁化曲线,如图 2-22 所示。

　　通过曲线可以看出,在励磁电流较小时,磁靴、磁路(铁芯)没有饱和,磁阻也较小。因此,磁通与励磁电流之间呈线性关系,即若增加励磁电流,主磁通也相应地按比例增加。

　　随着励磁电流的增加,主磁通也相应地增加,但已不那么明显;磁阻变大,速度趋缓,并逐渐趋于最大,出现饱和现象。磁化曲线是一条具有饱和特点的曲线,它表明了电机磁路的非线性特性。电机的磁化曲线可通过实验或电机磁通计算而得。

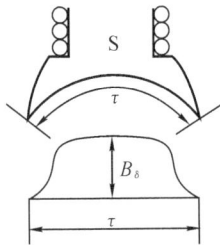

图 2-21　直流电机空载时的气隙磁场密度分布

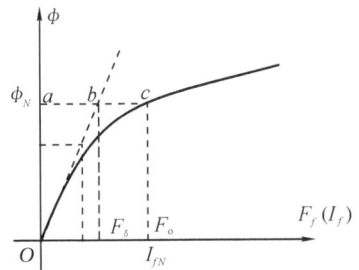

图 2-22　磁化曲线

磁化曲线的饱和程度可以用饱和系数 K_S 来表示:

$$K_S=\frac{F_0-F_\delta}{F_0}=\frac{bc}{ac} \tag{2-17}$$

对于直流电机,一般 K_S 取 0.15~0.35。

　　由于磁化曲线的饱和特点,当 Φ_m 较大时,铁磁材料的饱和特性使 F_f 迅速增大,呈现非线性特性。为了有效地利用材料,提高电机的运行性能,直流电机规定运行磁通额定值的大小取在磁化曲线开始弯曲的地方(c 点),对应的 Φ_N 是指在空载额定电压时的每极磁通,对应的励磁电流为额定励磁电流 I_{fN}。

2.4.3　直流电机的电枢反应

1. 电枢反应及影响

为了说明电枢反应,我们分别以磁通、磁密与磁动势三种方式进行分析,并以前述的直流电机抽象模型为例(电刷在两个磁极之间的几何中线上)。

这里首先假设电机内的磁路没有饱和,仍具有线性特性,以便我们在分析中能够应用叠加原理。

当电机空载时,电机的磁路中只有励磁电流产生的主磁通存在,如图 2-23(a)所示。

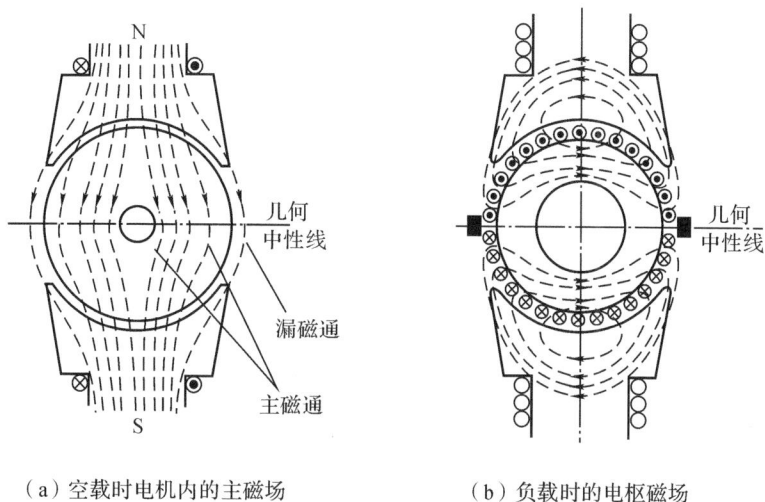

（a）空载时电机内的主磁场　　　　　　　（b）负载时的电枢磁场

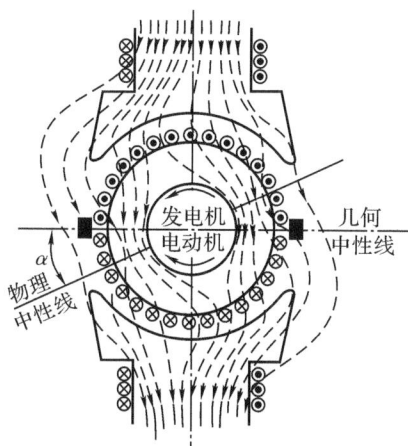

（c）合成磁场

图 2-23　直流电机的电枢反应

当电机带负载后,电枢绕组中就有电流流过,在电机磁路中也会产生磁通,由电枢电流产生的磁动势称为电枢磁动势,它所产生的磁场如图 2-23(b)所示。带负载时的气隙磁场将由励磁磁动势和电枢磁动势共同作用所建立,此时电枢磁动势对主磁通产生影响,这种影响称为电枢反应,如图 2-23(c)所示。图中,以主磁极的中心线分界,在 N 极下,电枢磁场左侧的一半与励磁磁场方向相同,形成相互叠加;电枢磁场右侧的一半与励磁磁场方向相反,相互抵消;而在 S 极下,正好相反。由此引起电枢反应的影响如下:

(1)使气隙磁场畸变。使得磁场的物理中心线(磁场的对称轴线)与几何中性线(磁极间的平分线)分开,发生了偏转;被电刷短路的换向线圈中的电动势不为零,增加了换向的困难。

(2)电枢反应对主磁通有去磁作用。在 N 极,即一半磁极(图 2-23 的左上方)磁通增加,一半磁极(图 2-23 的右上方)磁通减小;在 S 极,正好相反。在磁路不饱和时,增加与减小的磁通相同,每极磁通不变;当磁路饱和时,则增加得少,减小得多,每极磁极比空载时略有减少。此时,在电枢绕组中感生出的电动势和电磁转矩也随之减小。显然,由电枢反应产生的影响具有去磁作用。

2. 气隙磁场密度分布

再进一步分析,如果假想在图 2-23(c)中的左侧几何中线处,沿转子轴的径向将转子的表面剖开,并沿水平方向从左至右展开,就能够得到图 2-24 所示的展开图。如果设磁力线穿出转子表面的方向为磁动势的正方向(见图 2-24(a)中的磁密度曲线 1),相对应的磁密度也为正;反之亦然,转子表面处的电枢绕组电流 I_a 在转子表面的气隙中所产生的磁密度分布情况如图 2-24(a)中曲线 2 所示。将电枢电流所产生的气隙磁密度曲线与主磁极所产生的气隙磁密度曲线(见图 2-24(b)中的曲线 3)进行叠加,将得到图 2-24(b)所示的合成磁密度曲线 4。

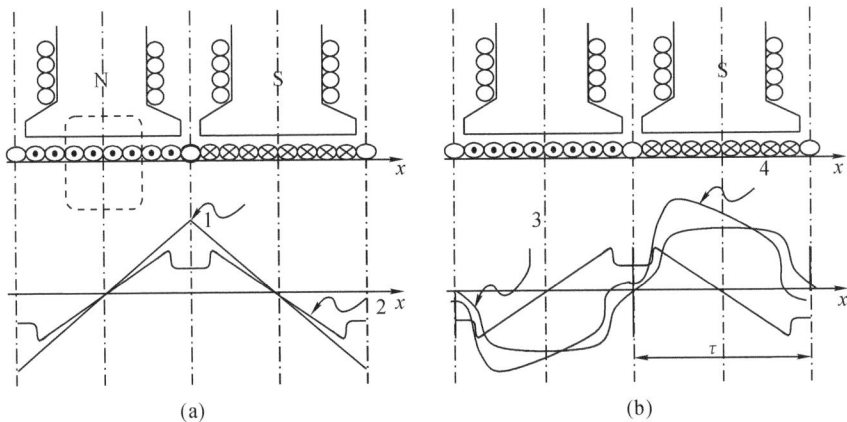

图 2-24 直流电机的电枢反应时的气隙磁密度的分布

3. 气隙磁密度曲线的分析

(1)绘制电枢电流所产生的气隙磁密度曲线的方法

绘制电枢电流所产生的磁密度曲线的方法是,以主磁极的轴线与转子表面的展开线的交点为圆心,围绕圆心做一对称的闭合路径,如图 2-24(a)中 N 磁极下的虚线围成的路径。由安培定律可知

$$\oint H \cdot \mathrm{d}l = \sum i_a \tag{2-18}$$

随着虚线圆由圆心出发,沿 x 轴向两侧扩大,包围的电流增多,其磁场密度也在近似线性地增长,但到了两极之间或几何中线处,磁场密度会有一定程度的下降。于是可以绘制出电枢反应磁场密度分布曲线,如图2-24(a)所示的曲线 1。

(2)绘制主磁极产生的气隙磁密度曲线的方法

首先确定磁场密度的正方向,都以磁力线流出转子表面的磁场密度的方向为正方向。然后参照图 2-21 中的磁场密度的分布和方向,画出完整的主磁场密度分布曲线图。由图 2-24(b)中的合成磁场密度曲线 3 可知,空载时,电机中的气隙磁场密度的分布是均匀的。

(3)绘制合成气隙磁密度曲线的方法

将图 2-24 中的电枢电流所产生的气隙磁密度曲线 2,与主磁极所产生的气隙磁密度曲线 3 进行叠加,将得到合成磁场密度曲线 4。

(4)气隙合成磁密度曲线分析

在图 2-24(b)中,合成磁密曲线 4 表明,由于电枢反应的存在,电机中的磁场密度是由主磁场密度与电枢有效密度相互叠加形成的,其结果是使磁场密度分布发生严重的畸变。转子的左上方和转子的右下方磁场密度明显变大,而转子的右上方和转子的左下方磁场密度明显变小。这与图 2-23(c)中反映出的磁场由于电枢反应的存在而使整个磁场发生了扭曲是一致的,即不再是均匀分布的。

4.气隙磁密度的磁动势矢量分析方法

气隙磁密度还可以利用磁动势矢量来分析。如果用 F_a 表示电枢磁场的磁动势,用 F_f 表示主磁场的磁动势,则通过磁力线表示的电枢反应磁场和主磁极磁场可以看出,分别代表两个磁场的磁动势是正交的,而且,由两者合成的磁动势 F 反映了气隙中合成磁场的大小和方向。

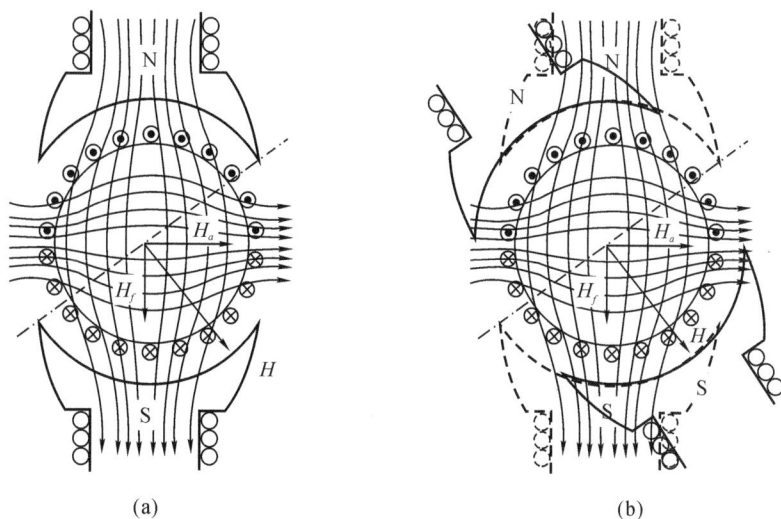

(a)　　　　　　　　　　　(b)

图 2-25　合成磁动势矢量

可见,用磁动势矢量分析同样可以看出,气隙磁场在电枢绕组中有电流后,由于电枢反应的存在,使气隙中的磁场发生了扭曲,相当于主磁极逆时针旋转了一个角度。其几何中线也自然地旋转了一个角度,不再是在原来的位置了(见图 2-25)。

2.5　直流电机的电枢电动势、电磁转矩和电磁功率

2.5.1　直流电机的电枢电动势

电枢电动势 E_a 是指直流正负电刷之间的电动势,也是电枢绕组中每条并联支路的感应电动势。下面将从电机的结构或磁路原理的角度,依据电磁感应定律来分析电动势的产生以及电动势与其他参数之间的关系。

由电磁感应定律可知,无论是发电机还是电动机,运动导体的有效部分在做切割磁力线运动时,在导体中都会产生感生电动势,当 B_δ 与 v 相互垂直时,其中一根有效导体产生的电动势 e_x 的计算公式为

$$e_x = B_\delta l v \tag{2-19}$$

式中:l 为电枢绕组中元件(线圈)的有效导体的长度;v 为电枢外圆周上导体沿切线方向的线速度;B_δ 为主磁场在气隙之间的磁场密度——磁密。

绕组电动势是指两个电刷之间每一条并联支路的电动势,它等于两个电刷之间一条支路内各元件(线圈)电动势的总和。由于电枢反应的存在,使气隙间的磁场分布不均匀,e_x 的大小随 B_δ 的大小变化而变化,计算起来不方便。因此,我们引入一个平均磁密和平均感生电动势的概念。即对一个磁极下的气隙磁密取平均值,得到一个等效的平均磁密 B_{av},如图 2-26 所示。于是有

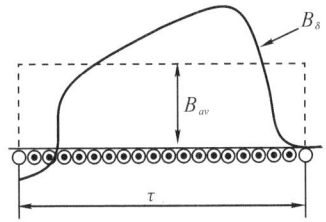

图 2-26　磁密分布曲线与平均值

$$B_{av} = \frac{1}{\tau} \int_0^\tau B_\delta \mathrm{d}x = \frac{\Phi}{\tau l} \tag{2-20}$$

在平均磁密 B_{av} 的作用下,一根有效导体中产生的平均电动势 e_{av} 为

$$e_{av} = B_{av} l v \tag{2-21}$$

式中:B_{av} 为平均磁场密度;l 为有效导体的长度;v 为有效导体切割磁力线的线速度。

由于电机的转速通常用 n 转/min 来表示,所以线速度 v 可以写为

$$v = \frac{2\pi R}{60} n = \frac{\pi D}{60} n = \frac{2p\tau}{60} n \tag{2-22}$$

而在两个电刷之间的绕组(或支路)电动势为

$$E_a = \frac{N}{2a} e_{av} = \frac{N}{2a} B_{av} l v \tag{2-23}$$

式中:N 为转子线圈的有效导体数;$N/2a$ 为一条支路中有效导体的个数。

将式(2-21)、式(2-22)分别代入式(2-23)中,两个电刷之间的绕组电动势为

$$E_a = \frac{pN}{60a} \Phi n \tag{2-24}$$

或

$$E_a = C_e \Phi n \tag{2-25}$$

其中

$$C_e = \frac{pN}{60a} \tag{2-26}$$

式中:C_e 为电机的结构性参数,即电机结构一定,C_e 也就基本被确定了。由此,我们得出下列结论:

(1)对已制成的电机,电枢电动势 E_a 与主磁通 Φ 和转速 n 的乘积成正比。

(2)对已制成的电机,电枢电动势 E_a 与主磁通 Φ 的大小有关,但与其气隙磁通密度分布无关。

(3)改变电刷的位置,将等效于改变磁通。

(4)无论是发电机还是电动机,上述结论都是正确的。

2.5.2　直流电机的电磁转矩

这里可以看作是从电机的结构或原理的角度出发,分析电磁力矩的产生以及它与其他参数之间的关系。

无论是发电机还是电动机,只要电枢绕组通过电流,在磁场中,线圈的有效导体部分都要受到磁场力的作用。因此,计算过程也是一样的,每一根有效的带电导体所受到的磁场力和电磁力矩分别为

$$F_x = B_\delta i_a l \tag{2-27}$$

$$T_x = F_x R = B_\delta i_a l \frac{D}{2} \tag{2-28}$$

与电动势的分析方法相同,仍采用平均值的方法,于是有

$$F_{av} = B_{av} i_a l \tag{2-29}$$

$$T_{av} = F_{av} R = B_{av} i_a l \frac{D}{2} \tag{2-30}$$

式中

$$B_{av} = \frac{\Phi}{\tau l} = \frac{\Phi}{\frac{\pi D}{2p} l} = \frac{2p\Phi}{\pi Dl} \tag{2-31}$$

$$i_a = \frac{I_a}{2a} \tag{2-32}$$

总的电枢绕组的电磁力矩为

$$T_{em} = \sum_{x=1}^{N} T_x = N T_{av} = N B_{av} i_a l \tag{2-33}$$

将式(2-31)、式(2-32)分别代入到式(2-33)中,化简后得

$$T_{em} = \frac{pN}{2\pi a} \Phi I_a \tag{2-34}$$

或

$$T_{em} = C_T \Phi I_a \tag{2-35}$$

式中,C_T 为结构性力矩参数,

$$C_T = \frac{pN}{2\pi a} \tag{2-36}$$

C_T 与电动势表达式中的 C_e 之间的关系为

$$\frac{C_T}{C_e} = 9.55$$

即

$$C_T = 9.55 C_e \qquad (2\text{-}37)$$

2.5.3 直流电机的电磁功率

电磁功率是通过电磁感应作用完成电功率和机械功率转换的一个中间物理量,表示为

$$P_{em} = E_a I_a = T_{em} \Omega \qquad (2\text{-}38)$$

式中:T_{em} 为电磁转矩;Ω 为电机轴头机械角速度(单位为 rad/s)。

对于电动机,电枢将从电源吸收的电功率 $U_a I_a$ 转换为电磁功率 $E_a I_a$,并通过电磁感应转换为轴上的机械功率 $T\Omega$;对于发电机,原动机的机械功率 $T_{em}\Omega$ 在克服了电磁转矩的制动作用的过程中转换为电磁功率 $E_a I_a$,再由电磁功率转换为电功率,也等于通过电磁感应作用在电枢回路输出的电功率 $U_a I_a$。由此可以看出,机械功率、电磁功率和电功率三者有如下关系:

对于发电机,有 机械功率——→电磁功率——→电功率

对于电动机,有 电功率——→电磁功率——→机械功率

2.6 直流电动机的运行原理

2.6.1 他励直流电动机稳态运行的基本方程式

他励直流电动机,顾名思义,其励磁是由另一个独立电源为励磁绕组供电的电动机。其特点是,在励磁回路电流 I_f 不变的情况下,主磁通 Φ_m 为恒定值。这使得 $C_e\Phi$ 或 $C_T\Phi$ 也为常值。

稳态运行时,各参数的参考方向如图 2-27 所示。电动势 E_a 的正方向与电枢电流 I_a 相反,为反电动势;电磁转矩 T_{em} 的正方向与转速 n 相同,是驱动转矩;轴上的负载转矩 T_2 及空载转矩 T_0 均与 n 反向,是制动转矩。图中 R_a 为电枢回路电阻,r_f 为励磁回路电阻;I_a 与 I_f 分别为电枢电流和励磁电流,U_a 为电枢端电压。

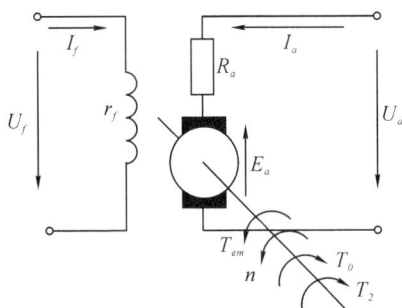

图 2-27 他励直流电动机稳态运行的电路图

在稳态运行状态下,电动机的转速 n 匀速运转,各个物理量之间达到一个平衡,而且是一个稳定的平衡。那么在这一过程中,都存在哪些平衡关系呢?

1. 转矩平衡方程式

由牛顿运动第二定律 $F = ma$ 和线速度与角加速度之间的关系 $a = R\dfrac{\mathrm{d}\Omega}{\mathrm{d}t}$ 可知,电动机运行过程中的动力学表达式为

$$T_{em} - T_0 - T_2 = J \frac{d\Omega}{dt} \qquad (2\text{-}39)$$

当电动机的工作处于平衡状态时，表现为匀速运动，没有加速度，输入转矩与负载转矩和空载转矩达到平衡或相等。此时，电动机处于一种动则恒动、静则恒静的状态。电动机的动转矩等于零，其数学表达式为

$$\Delta T = T_{em} - T_0 - T_2 = 0 \qquad (2\text{-}40)$$
$$T_{em} = T_0 + T_2 \qquad (2\text{-}41)$$

此时电动机输入的拖动转矩（能量），主要用于克服或补偿电动机的自身机械损耗 T_0 和平衡负载力矩 T_2，以维持电动机处于平衡状态或匀速运转状态。

2. 电枢回路的电压平衡方程式

电动机的电能来源是从电枢回路两端输入，然后经过磁场，再转换为机械能的。输出机械能的同时，消耗着电能，并通过磁场反映到电路中，表现为在电枢绕组中反对或抵消电流增长的感生电动势。由于该电动势与电枢电流和端电压的方向都相反，所以又称为反电动势。由图 2-27 可以看出，其平衡关系方程式如下：

$$U_a = E_a + I_a R_a \qquad (2\text{-}42)$$

式中：U_a 为电枢回路的端电压；E_a 为电枢回路内的感生电动势；R_a 为电枢回路的总电阻；I_a 为电枢回路的电流。

其中，感生电动势为

$$E_a = C_e \Phi n \qquad (2\text{-}43)$$

式中：n 为电动机的轴头机械转速。

式(2-43)表明：电枢回路中的感生电动势是机械能通过磁场在电路中的反映。对于他励电动机，当励磁电流为恒定值时，电枢回路中的感生电动势与电动机轴头转速近似为线性关系。

至此，应当注意以下几点：

(1)对于他励直流电动机，在电枢电压恒定不变的情况下，电动机的电枢电流 I_a 的大小是由负载决定的。譬如，在某一负载下电机已经达到平衡状态，即动转矩 $\Delta T = T_{em} - T_L = 0$，此时，若负载发生变化则有如下过程发生：

$$T_L \uparrow \rightarrow \Delta T \downarrow = T_{em} - T_L < 0 \rightarrow n \downarrow \rightarrow E \downarrow \rightarrow I_a \uparrow (= U_a - E_a \downarrow) \rightarrow T_{em} \uparrow \rightarrow \Delta T \downarrow = T_{em} - T_L = 0$$

由此可见，由于电枢电流随着负载的变化而变化，使得电机在一个新的条件下重新达到平衡。

(2)电枢回路中的电流方向是由 $U_a - E_a$ 的差值决定的。当 $U_a > E_a$ 时，可以判定电机为电动机或工作在电动状态。反之，当 $E_a > U_a$ 时，电枢电流的方向相反，可以判定电机为发电机或工作在发电状态。

(3)在励磁电流恒定不变的情况下，电枢电动势与转速为线性关系。

3. 功率平衡方程式

在平衡状态下，由电压平衡方程式(2-42)可以看出，只要在电压平衡方程式两边同乘电枢电流 I_a，就可得到输入电功功率与电磁功率之间的一个平衡方程式：

$$P_1 = U_a I_a = E_a I_a + I_a^2 R_a = P_{em} + p_{Cua}$$

或

$$P_1 - p_{\text{Cu}a} = P_{\text{em}} \qquad\qquad (2\text{-}44)$$

式中：P_1 为输入的电功功率，$P_1 = U_a I_a$；$p_{\text{Cu}a}$ 为消耗在电枢回路电阻的铜耗，$p_{\text{Cu}a} = I_a^2 R_a$；$P_{\text{em}}$ 为电磁功率，$P_{\text{em}} = E_a I_a$。

　　由上式可以看出，通过电枢回路输入的电功率在补偿了电枢绕组回路的铜损后，都转换为电磁功率了。采用同样的方法，如果在转矩平衡方程式（2-41）两端同乘以一个机械角速度，则可以得到电磁功率与输出机械功率之间的平衡方程式：

$$P_{\text{em}} = T_{\text{em}}\Omega = T_0\Omega + T_2\Omega = p_0 + P_2$$

或

$$P_{\text{em}} - p_0 = P_2 \qquad\qquad (2\text{-}45)$$

式中：P_2 为轴上输出机械功率，$P_2 = T_2\Omega$；p_0 为电机本身的空载损耗，$p_0 = T_0\Omega = p_{\text{Fe}} + p_{\text{mec}} + p_{\text{ad}}$。

　　上式表明：电磁功率克服了空载功率损耗后，能量都转换为输出的机械功率了。空载损耗包括铁损耗 p_{Fe}、机械摩擦损耗 p_{mec} 以及附加损耗 p_{ad}。

　　式（2-44）与式（2-45）完整地描述了电动机的功率平衡关系和能量转换过程。于是可以得到如下功率关系式：

$$P_1 - p_{\text{Cu}} - p_0 = P_2 \qquad\qquad (2\text{-}46)$$

$$\sum p = p_{\text{Cu}a} + p_0 = p_{\text{Cu}a} + p_{\text{Fe}} + p_{\text{mec}} + p_{\text{ad}} \qquad\qquad (2\text{-}47)$$

　　为了形象地描述电动机功率之间的平衡关系和能量传递关系，可以利用能量流程图——能流图来描述电动机的功率平衡关系。图 2-28 所示为他励直流电动机的能量流程图。

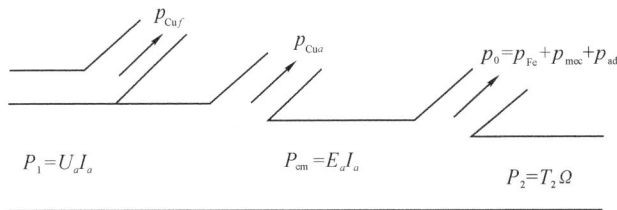

图 2-28　他励直流电动机的能量流程图

　　在图 2-28 中，所有损耗功率都用小写的 p 表示，能流图上下的宽度随着损耗的增加变得越来越窄，形象地反映出能量在传输过程中的损耗和流失（或分流）；另外，通过能流图还可以看出，电枢回路输入的电功率 P_1 不包括励磁功率或励磁回路的损耗 $p_{\text{Cu}f}$。它们之间用一条实线隔开，表明是他励直流电动机的能流图。由此，可以联想，如果是并励直流电动机能流图将会是什么样呢？同学们不妨试画一下。

　　对于并励电动机，总的损耗中应增加励磁损耗这一项，即

$$\sum p = p_{\text{Cu}a} + p_{\text{Cu}f} + p_0 = p_{\text{Cu}a} + p_{\text{Cu}f} + p_{\text{Fe}} + p_{\text{mec}} + p_{\text{ad}} \qquad\qquad (2\text{-}48)$$

2.6.2　他励直流电动机的工作特性

这节将主要介绍他励直流电动机在运行(工作)过程中各个物理量之间的关系以及实际电动机工作(额定)状态的确定。电动机在运行过程中涉及的物理量及它们的关系主要有:

1. 转速特性

$$n = \frac{E_a}{C_e\Phi} = \frac{U_a - I_a R}{C_e\Phi} = \frac{U_a}{C_e\Phi} - \frac{R_a}{C_e\Phi}I_a = n_0 - \Delta n \tag{2-49}$$

其中,$E_a = C_e\Phi n$。

2. 效率特性

$$\eta = \frac{P_2}{P_1} = \frac{P_1 - \sum p}{P_1} = 1 - \frac{\sum p}{P_1}$$

或

$$\eta = \frac{P_2}{P_1} = \frac{P_2 + \sum p - \sum p}{P_2 + \sum p} = 1 - \frac{\sum p}{P_2 + \sum p} \tag{2-50}$$

可以证明:当可变损耗等于不变损耗时,电机的效率达到最大值。

证明如下:所谓可变损耗是指与电枢电流大小有关的损耗,即与负载大小有关的损耗,如 p_{Cua}。而不变损耗则是指与负载变化无关的损耗,如 p_{Fe}、p_{ad} 和 p_{Cuf}。于是有

$$\eta = 1 - \frac{\sum p}{P_1} = 1 - \frac{p_0 + p_{Cuf} + I_a^2 R_a}{U_a I_a}$$

显然,效率是电枢电流的函数,最高效率可以通过求极值的方法求得

$$\frac{d\eta}{dI_a} = -\frac{U_a I_a \times 2 I_a R_a - (p_0 + p_{Cuf} + I_a^2 R_a)U_a}{(U_a I_a)^2} = 0$$

若要满足上式,只要令其分子为零即可,整理后得

$$I_a^2 R_a - p_0 - p_{Cuf} = 0$$
$$I_a^2 R_a = p_{Cuf} + p_{Fe} + p_{ad}$$

应当注意到:在图 2-29 中,电动机的额定值的确定,没有选择在效率最高处,而是选择在可变损耗大于不变损耗的区域。一般直流电机的效率为 75% ~ 94%。这样做的主要目的是:在保证效率的前提下,尽量提高电机的容量。

同时,我们还应注意,当可变损耗与不变损耗相等时,总的损耗可以表示为

$$\sum p = 2 I_{aN}^2 R_a$$
$$\sum p = P_1 - P_2 = U_{aN} I_{aN} - P_N \tag{2-51}$$

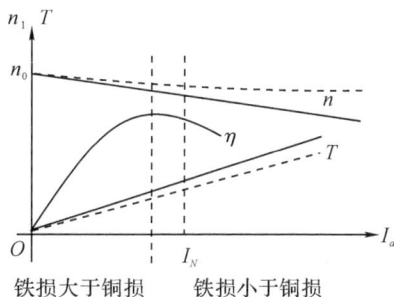

图 2-29　他励直流电动机的工作特性

由此,可以估算电枢回路的总电阻:

$$R_a = \frac{1}{2} \frac{U_N I_N - P_N}{I_N^2} \tag{2-52}$$

在使用上式时应注意前提条件。

3. 转矩特性

$$T_{em} = C_T \Phi I_a \tag{2-53}$$

显然,对于他励直流电动机而言,当励磁电流保持不变时,电枢电流与电磁转矩呈线性关系,如图 2-29 所示中的转矩特性曲线。实线为没有考虑电枢反应的影响,若考虑了电枢反应的影响,转速在实线的基础上还要略有上升,而转矩则要略有下降。

2.6.3 他励直流电动机的机械特性

他励直流电动机的机械特性是指电动机的轴头转速 n 与电枢电流 I_a 或电磁转矩之间的函数关系和特性曲线,可表示为

$$n = \frac{E_a}{C_e \Phi} = \frac{U_a - I_a R}{C_e \Phi} = \frac{U_a}{C_e \Phi} - \frac{R_a}{C_e \Phi} I_a = n_0 - \Delta n$$

或

$$n = \frac{U_a}{C_e \Phi} - \frac{R_a}{C_e \Phi} I_a = \frac{U_a}{C_e \Phi} - \frac{R_a}{C_e C_T \Phi^2} T_{em} = n_0 - \Delta n \tag{2-54}$$

式中:n_0 为理想空载转速;Δn 为转速降。它们分别为

$$n_0 = \frac{U_a}{C_e \Phi}, \quad \Delta n = \frac{R_a}{C_e \Phi} I_a \quad 或 \quad \Delta n = \frac{R_a}{C_e C_T \Phi^2} T_{em} \tag{2-55}$$

由式(2-54)可以看出,电动机的轴头转速与感生电动势成正比,与主磁通大小成反比;电动机轴头的理想空载转速与电枢端电压成正比,与主磁通大小成反比,与负载大小即电枢电流大小无关;转速降与电枢电流和电枢回路的电阻成正比,与主磁通成反比。而转速降形式的变化并不影响空载转速的大小。

当输入电枢电压不变时,对于他励直流电动机而言,n_0 为常数,而 Δn 随电枢电流或电磁转矩的增加而增加。由此,我们可以做出 $n = f(T_{em})$ 的关系曲线图——机械特性,如图 2-30 所示。

从式(2-49)中可以看出,电枢回路电阻 R_a、电枢端电压 U_a 以及主磁通 Φ 是影响他励直流电动机机械特性的三个主要参数。这三个参数取不同的值,将会对 $n = f(T_{em})$ 的关系曲线图或机械特性中的转速 n 产生影响。如果人为地去改变这三个参数,称调速控

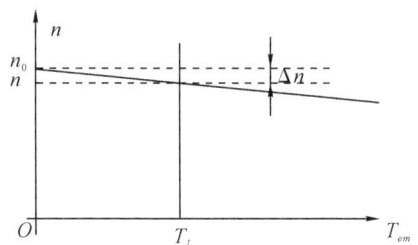

图 2-30 他励直流电动机的机械特性

制,所得机械特性为人为机械特性。改变不同的参数,叫作不同的调速控制,如调压控制、串电阻控制和调磁通控制。

对于同样的负载,转速降 Δn 越小,实际的机械特性就越趋于平坦,越接近空载转速,越接近理想特性。因此,有时也称转速降为机械特性的硬度。转速降越小,机械特性的硬度就越高,表明带负载的能力就越强。

由于电动机是机械系统的动力之源,对于机械系统而言,电动机的外特性——机械特性可以类似地看作是直流电路中电压源的外特性——伏安特性,电动机的转速降 Δn 等价于电压源的内阻压降 IR_0,输出的电机轴头转速 n 等价于电压源输出端的电压 U_0,空载转速

n_0 等价于电压源的电动势 E_0,经过这样的对照,可以进一步加深对机械特性的理解。

2.6.4　串励直流电动机的工作特性

由于串励直流电动机的励磁绕组和电枢绕组相串联,输入电流既是电枢电流,又是励磁电流,即

$$I_f = I_a \tag{2-56}$$

因此,其工作特性与他励直流电动机和并励直流电动机有很大的区别。

当负载电流较小时,也就是说,电机的磁路没有饱和时,每极气隙磁通 Φ 与励磁电流的关系呈线性关系,即

$$\Phi = K_f I_f = K_f I_a \tag{2-57}$$

式中: K_f 是比例系数。串励直流电动机的转速特性、转矩特性和效率特性如下。

1. 转速特性

串励直流电动机的转速特性通常用 $n = f(I_a)$ 的形式来描述。将式(2-57)代入式(2-54)中,得串励直流电动机的转速特性为

$$n = \frac{U_N}{C_e K_f I_a} - \frac{R'_a}{C_e K_f} \tag{2-58}$$

式中: $C_e K_f$ 为常数; $R'_a = R_a + R_S$ 为串励直流电动机电枢回路总电阻; R_S 为串励绕组电阻。

2. 转矩特性

若将式(2-57)代入式(2-53)中,则串励直流电动机的转矩特性为

$$T = C_T \Phi I_a = C_T K_f I_a^2 \tag{2-59}$$

式中: $C_T K_f$ 为常数。

综上所述,当负载电流较小时,转速较大,负载电流增加,转速快速下降;当负载电流趋于零时,电机转速趋于无穷大。因此串励直流电动机不能空载或轻载运行,电磁转矩与负载电流的平方成正比。

当负载电流较大时,磁路已经饱和,磁通基本不随负载电流变化而变化,串励直流电动机的工作特性与并励直流电动机相同。

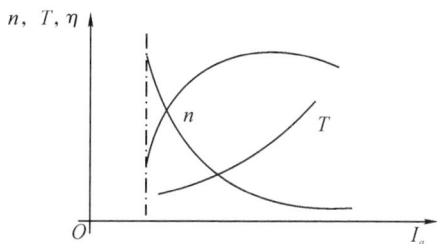

图 2-31　串励直流电动机的工作特性

根据以上讨论,串励直流电动机的工作特性如图 2-31 所示。

2.7　直流发电机的运行原理

下面以并励直流发电机为例,来介绍直流发电机的运行原理。当稳态运行时,并励直流发电机的原理图如图 2-32 所示。电动势 E_a 的正方向与电枢电流 I_a 的方向相同; T_1 为原动机的输入转矩,与转速 n 相同,是驱动转矩。而电磁转矩 T_{em} 及空载转矩 T_0 均与 n 反向,是制动转矩。图中 R_L 为外接的负载。

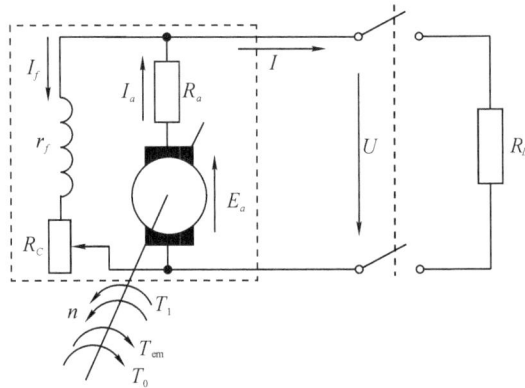

图 2-32　并励直流发电机的原理图

2.7.1　直流发电机的基本方程式

1. 电动势平衡方程

根据图 2-32 可得电枢回路和励磁回路的方程为

$$E_a = U_a + I_a R_a \tag{2-60}$$

$$U = U_f = I_f R_f = I_f (r_f + R_C) \tag{2-61}$$

$$I_a = I_f + I \tag{2-62}$$

式中：R_a 为电枢回路总电阻；R_f 为励磁回路总电阻。

2. 转矩平衡方程

发电机稳定运行时的转矩平衡方程为

$$T_1 = T_{em} + T_0 \tag{2-63}$$

3. 功率平衡方程

从原动机输入的功率为

$$P_1 = T_1 \Omega = (T_{em} + T_0) \Omega = P_{em} + P_0 = P_{em} + p_{Fe} + p_{mec} + p_{ad}$$

式中的电磁功率为

$$P_e = T\Omega = E_a I_a = P_2 + p_{Cuf} + p_{Cua}$$

可得功率平衡方程为

$$P_1 = P_2 + p_{Cuf} + p_{Cua} + p_{Fe} + p_{mec} + p_{ad} = P_2 + \sum p$$

功率从输入到输出的流向如图 2-33 所示。

发电机的效率为

$$\eta = \frac{P_2}{P_1} = 1 - \frac{\sum p}{P_2 + \sum p} \tag{2-64}$$

式中：$\sum p$ 为总损耗，$\sum p = p_{Fe} + p_{mec} + p_{ad} + p_{Cua} + p_{Cuf}$。

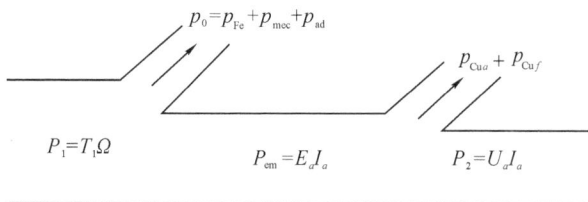

图 2-33 并励直流发机的能流图

2.7.2 直流发电机的运行特性

1. 他励直流发电机的工作特性

(1)空载特性(见图 2-34)

空载特性指发电机在 $n=n_N$，$I_a=0$ 时，其端电压 U_0 与励磁电流 I_f 的关系，即

$$U_0=f(I_f) \tag{2-65}$$

空载特性由实验求得，励磁绕组端加上励磁电压 U_f 和调节励磁电流 I_f，使发电机空载电压 $U_0=(1.1\sim1.3)U_N$，然后 I_f 逐渐降到零，测量空载电压与励磁电流的关系。

他励直流发电机空载时，$U_0=E_a=C_e\Phi n$，空载特性是指 $n=n_N$，因此空载特性曲线与电机的磁化曲线 $\Phi_0=f(I_f)$ 相同。

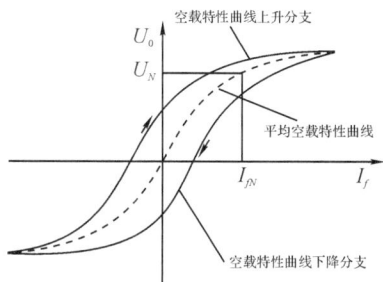

图 2-34 他励直流发电机的空载特性曲线

由于铁磁材料的磁滞现象，使得空载特性是一个闭合的回线。当经过零点，即 $I_f=0$ 时，由于电机有剩磁，仍然会有一个很低的电压，称为剩磁电压。空载特性与励磁方式无关，因此其他励磁方式的空载特性也是类似的。

(2) 外特性

外特性指当 $n=n_N$、$I_f=I_{fN}$ 不变时，端电压 U 与负载电流 I 的关系，即

$$U=f(I) \tag{2-66}$$

发电机的外特性可由实验测得，将发电机接上保持 $n=n_N$ 及 $I_f=I_{fN}$ 不变，改变负载电阻使 I 从零增加到 I_N，测得 U 和 I，实验可得外特性曲线如图 2-35 所示。

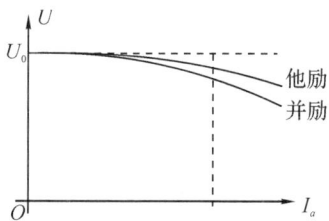

图 2-35 直流发电机的外特性曲线

由图 2-35 可见，随着负载电流的增加，端电压下降。由公式

$$U=E_a-IR_a=C_e\Phi n-IR_a$$

可知，原因有两个：一是负载增大时，电枢反应的去磁作用增强，使每极磁通量减小，从而使电枢电动势减小；二是电枢回路电阻上的压降随电流增大而增大，从而使端电压下降。

下面用电压下降率来定义端电压下降的程度：

$$\Delta U=\frac{U_0-U_N}{U_N}\times100\% \tag{2-67}$$

式中:U_0 为空载时的端电压。

2. 并励直流发电机的自励

并励或复励直流发电机的励磁绕组靠自身发电机发出电压供电,其空载电压的建立过程称为自励过程。如图 2-36 所示,当原动机带动发电机以额定转速旋转时,如果主磁极有剩磁,使电枢绕组切割磁通产生电动势 E_r,E_r 在励磁回路产生励磁电流 I_{f_1}。如果电枢绕组与励磁绕组的相互连接正确,I_{f_1} 会在磁路里产生与剩磁方向相同的磁通,使主磁路里的磁通增加,于是在增强的磁通作用下电枢电动势将增加,电动势的增加又会使励磁电流增加。如此不断增长,互相促进,直到达到稳定的平衡点

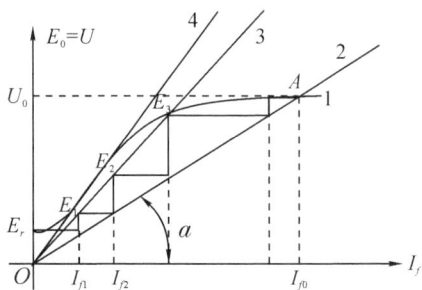

图 2-36 并励直流发电机的自励曲线

A。由 U_0 产生的励磁电流为 I_{f_0},而 I_{f_0} 也是产生 U_0 的励磁电流,所以 A 点是个稳定的工作点。如果励磁绕组的接法不合适,使励磁绕组中励磁电流产生的磁通与剩磁磁通方向相反,则感应电动势比剩磁电动势还要小,电机不能自励。如果励磁回路中的电阻过大,自励也不能建立,图 2-36 中的曲线 1 是空载特性,曲线 2 是励磁回路特性,曲线 3 是励磁回路串电阻特性,曲线 4 是励磁回路外串的电阻为临界电阻 R_{CR} 时的特性。

在图 2-36 中,励磁曲线的斜率为

$$\tan\alpha = \frac{U_0}{I_{f_0}} = r_f + R_C \tag{2-68}$$

式中:r_f 是励磁绕组的电阻,是固定不变的;R_C 是励磁回路外串的电阻,是可调的。

当增大 R_C 时,励磁曲线的斜率会增加,增加到一定之后,再增大则发电机将不能自励。此时 R_C 对应的值叫临界电阻,用 R_{CR} 表示。

综上所述,可见并励直流发电机的自励条件可以归纳如下:

(1)电机的主磁极必须有剩磁;

(2)励磁绕组的接法或极性必须连接正确;

(3)励磁回路的总电阻小于临界值。

3. 并励直流发电机的工作特性

(1)空载特性

空载特性与励磁方式无关,一般指用他励方法试验得出的。由于并励发电机的励磁不能反向,所以它的空载特性曲线只作第一象限即可。

(2)外特性

在并励方式下,端电压下降得比他励方式更快一些。这是因为,在并励时,除了像他励时存在的电枢反应去磁效应和电枢回路电阻的压降外,当外端电压降低时还会引起励磁电流的减小,进一步使端电压降低,如图 2-36 所示。

(3)调节特性

并励发电机的电枢电流比他励发电机多了一个励磁电流,所以并励发电机的调节特性与他励发电机相差不大。

2.8　直流电机的换向

2.8.1　直流电机的换向过程

根据电机抽象模型,换向发生在电刷处(或几何中线处)。深入研究换向过程,看看电机转子线圈在换向过程中究竟发生了什么,对改善换向是非常有益的。

研究发现:以单叠绕组为例,且假设电刷宽度正好等于换向宽度。当电枢绕组与换向器一起旋转时,电枢绕组的各元件依次被电刷所短路。如图 2-37 所示,图(a)中元件 1 即将被短路而尚未短路,该元件 1 中电流 i 的大小及方向与右支路电流 i_a 相同,这时设 $i=+i_a$ 为正。当旋转到图(b)位置时,元件 1 被电刷短路,此时右支路电路 i 有一部分经过片 2 流向电刷,因此 $i<i_a$。当电机转动到图(c)中位置时,电刷转向了片 2,此时电流 $i=-i_a$,完成了换向。

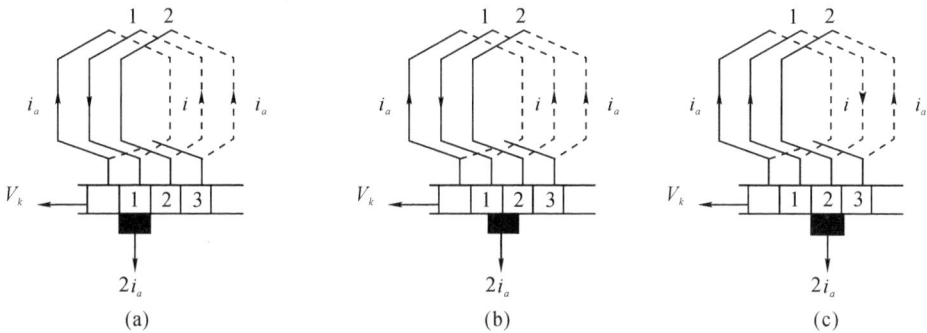

图 2-37　换向元件中的电流换向过程

由此可见,所谓换向是指电枢绕组中的元件在经过电刷时,线圈中的电流改变方向。而换向过程是当元件从一条支路中被电刷短路的一瞬间开始进入换向过程,到元件进入另一条支路短路断开为止的过程。被短路的元件称为换向元件。

由于换向过程在电机的运转过程中会周而复始地出现,所以这一过程经历的时间称为换向周期,用 T_C 表示。换向周期通常只有千分之几秒的时间。

换向时被电刷短路的支路会产生环流,如果换向不良,将会在电刷与换向片之间产生有害的火花。当火花超过一定程度就会烧坏电刷和换向器表面,使电机不能正常工作。此外,电刷下的火花也是电磁波的来源,对附近无线电通信有干扰。产生火花的原因很多,除电磁原因外,还有机械原因,换向过程中还伴随有电化学、电热等因素。

2.8.2　换向元件中的电动势

在换向的过程中,在被短路的换向元件(线圈)中会产生两种附加的电动势:电抗电动势和运动电动势。它们都与电机转速成正比例,它们的存在将增加换向的难度。

1.电抗电动势

换向过程中,换向元件中的电流在由一个方向迅速转换为另一个方向时,经历了一个短路的过程。在这个短路过程中，由于元件自身电感的存在，会产生感生电动势以试图维持原电流的值保持不变。与此同时，又由于通常的碳刷宽度为 2～3 个换向片的宽度，引起多个元件同时换向，不仅存在着换向电流叠加，而且换向元件之间还存在有互感，从而引起合成电动势——电抗电动势 e_r，其方向与元件换向前的电流方向相同。

2. 运动电动势

在几何中线附近，由于电枢反应磁场的存在，换向元件"切割"此电枢反应磁场后，将会产生电动势 e_c。根据右手定则，无论是发电机还是电动机，运动电动势的方向也与元件换向前的电流方向相同，与电抗电动势方向一致。

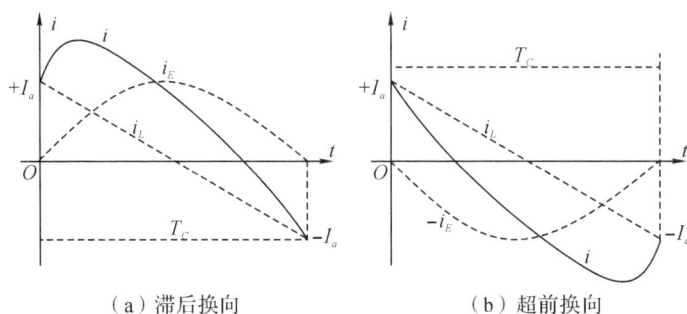

（a）滞后换向　　　（b）超前换向

图 2-38　滞后换向与超前换向

于是，在换向元件中，运动电动势与电抗电动势得到叠加，且 $e_r+e_c>0$。在叠加的电动势作用下，会产生新的附加电流 i，给换向带来困难，严重时会出现拉火现象，甚至在换向器表面出现"环火"。如果能在几何中线附近增加一个换向磁极，在几何中线处的一个局部范围内形成一个与电枢磁场方向相反的附加磁场，则当附加磁场比电枢磁场强度大时，等效的磁场方向相反，会产生方向相反的运动电动势 e_c，可用其来抵消电抗电动势 e_r，以改善换向。换向磁极的作用就是如此。

2.8.3　换向元件中的电流变化规律

换向元件中的电流变化分以下 3 种情况：

1. 直线换向

直线换向的条件是，当换向元件中合成的电动势 $e_c+e_r=0$，即没有附加电动势和附加电流时，换向元件中的电流变化规律为一直线，故称为直线换向。如图 2-38 中的电流 i_L 是一种理想的换向，物理上表现为电刷与换向器的接触表面电流密度分布均匀、火花小。

2. 延迟换向

延迟换向的条件是，当换向元件中合成的电动势 $e_c+e_r>0$ 时，换向元件中的电流 i_a 为直线换向电流与合成电动势所产生的附加换向电流 i_E 叠加而成。由电流曲线图可以看出，合成后的换向电流的电流换向点（过零点）明显延迟，因此称这种条件下的换向为延迟换向。

延迟换向是我们所不希望看到的。物理上，在换向结束瞬间，即短路断开的一瞬间，在电刷的后沿常常会出现火花。随着电机转速的升高，负载电流的加大，这种现象将越加严重，造成换向困难。因此，对于那些大电流、高转速的电机换向是较为困难的。

3. 超前换向

超前换向的条件是，增加了换向磁极，且换向磁极的磁场较强，足以使运动电动势反向，并使得换向元件中合成的电动势 $e_c+e_r<0$,即附加电流反向,结果造成合成电流提前换向,即过零点比直线换向要早,如图 2-38(b)所示。这种换向在轻微地超前时,对换向是有好处的,但过度超前也是不好的。

2.8.4　改善换向的方法

换向不良,将在电刷与换向器表面之间出现火花,严重时会烧蚀换向器表面,加快电刷磨损,甚至烧坏电机换向器,使其不能工作。因此,必须采取措施减少或消除附加的换向电流。经常采用的方法有:

1. 装设换向磁极

从产生火花的电磁原因出发,要有效地改善换向,就必须在电主磁极的几何中线处安装换向磁极,如图 2-39 所示,其方向与电枢反应磁场的方向相反,且换向磁极的磁场较强,使换向点处的局部磁场反向,产生方向相反的运动电动势,抵消换向元件的电抗电动势,使得换向元件中合成的电动势 $e_c+e_r=0$,即 $e_c=-e_r$,以消除附加电流,实现直线换向的目的。由于换向元件中的电抗电动势和运动电动势均与电枢电流成正比,所以换向极绕组中应通以电枢电流,即换向极绕组与电枢绕组串联。换向极绕组一般用截面较大的矩形导线绕成,而且匝数较少。

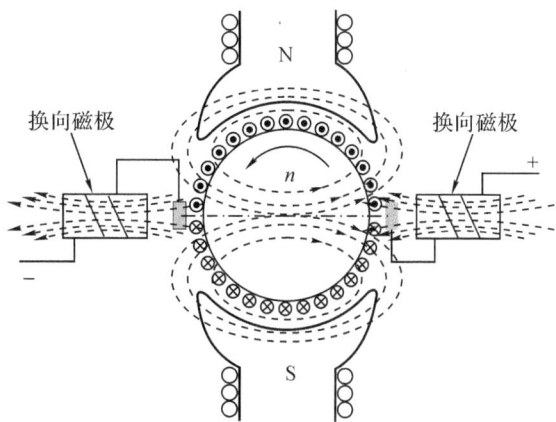

图 2-39　换向磁极改善换向

另外,也可以从几何中线沿电机的旋转方向旋转电刷一个适当的角度,以改善换向。通常 1kW 以下的小电机如果没有安装换向磁极时采用这一方法来减小附加换向电流,消除换向所产生的火花。

2. 装设补偿绕组

在电动机中,除了上述的电磁性火花外,有时还因某些换向片的片间电压过高而产生电位差火花,在换向不利的条件下,电磁性火花与电位差火花连成一片,在换向器上形成一条长电弧,将正、负电刷连通,这称为"环火",是一种比较危险的现象。它不仅会烧坏电刷和换向器,而且将使电枢绕组受到严重损害。

为了防止电位差火花和环火,可以在大容量和工作繁重的直流电机中,在主磁极极靴上专门冲出一些均匀分布的槽,槽内嵌放补偿绕组,补偿绕组与电枢绕组串联,并使补偿绕组磁通势与电枢磁通势相反,以保证在任何负载下都能抵消电枢磁通势,从而减小因电枢反应而引起气隙磁场的畸变,减少产生电位差火花和环火的可能性。

小　结

直流电机的工作原理是建立在电和磁相互作用的基础上的,它是实现机电能量转换的装置。必须熟练应用所学的基本电磁定律,掌握右手螺旋定则、右手定则、左手定则来确定各物理量的正方向。由于电刷和换向器的作用,电机绕组中的电压、电流及电动势是交变的,而电刷引出端的电压(电动势)和电流是直流的。

直流电动机内部由转子和定子两大部分组成。定子是电机的静止部分,主要作用是建立主磁场;转子是电机的旋转部分,主要是产生电磁转矩和感应电动势。另外,直流电机还有一些其他部件,如换向器等。

直流电机铭牌上包括直流电机的各参数的额定值,如额定功率、额定电压、额定电流、额定转速及额定励磁电压、电流等。额定值是保证电机可靠地工作并具有良好性能的依据。

直流电机的磁场是机电能量转换的媒介,由励磁磁通势和电枢磁通势共同产生。电枢电流磁通势对气隙磁场的影响,称为电枢反应。电枢反应不仅使气隙磁场发生畸变,而且有一定的去磁作用。电机的励磁方式有他励、并励、串励和复励等。励磁方式不同,电机的特性也有所不同。

直流电机负载运行时都会产生感应电动势和电磁转矩。感应电动势为 $E_a = C_e \Phi n$,电磁转矩为 $T = C_M \Phi I_a$。可以用电动势平衡方程、转矩平衡方程及功率平衡方程来分析各种励磁方式下直流电动机的工作特性。根据平衡方程式,可以求得直流电机的转速特性、转矩特性和效率特性。直流发电机的特性表现在端电压的建立、变化及调节上。励磁方式不同,直流发电机的外特性也不同。主要分析了他励、并励方式下直流发电机的空载特性和外特性。

由于直流电机的结构,换向是直流电机在制造和运行时需要重视的问题。不良换向会引起火花和环火,使电机遭到损坏。改善换向的方法有装设换向极。在电机大容量和工作繁重时,常在主磁极极靴上嵌放补偿绕组。

思考题

2-1 直流电机的主要部件是什么? 各有什么作用?

2-2 在直流电机中,为什么要用电刷和换向器,它们起到什么作用?

2-3 直流发电机是如何发出直流电的? 如果没有换向器,直流发电机能否发出直流电?

2-4 何谓电枢反应? 电枢反应对气隙磁场有什么影响?

2-5 公式 $E_a = C_e \Phi n$ 和 $T = C_T \Phi I_a$ 中的 Φ 应是什么磁通?

2-6 直流电机有哪几种励磁方式? 在各种不同励磁方式的电机里,电机的输入、输出电流和励磁电流有什么关系?

2-7 "直流电机实质上是一台装有换向装置的交流电机",你怎样理解这句话?

2-8 造成换向不良的主要电磁原因是什么? 采取什么措施来改善换向?

2-9 直流电机的电枢电动势和电磁转矩的大小取决于哪些物理量,这些量的物理意义如何?

2-10 如何判断直流电机运行于发电机状态还是运行于电动机状态? 它们的功率关系有什么不同?

2-11 并励直流电动机在运行时励磁回路突然断线,电机会有什么后果? 若在启动时就断线(电机有剩磁),又会有什么后果?

2-12 试解释他励直流发电机和并励直流发电机的外特性为什么是一条下倾的曲线?

习　题

2-1　试判断下列电刷两端电压的性质：

(1)磁极固定,电刷与电枢同时旋转;

(2)电枢固定,电刷与磁极同时旋转。

2-2　一台直流电动机,额定功率为 $P_N=160$kW,额定电压 $U_N=220$V,额定效率 $\eta_N=85\%$,额定转速 $n_N=1500$r/min,求该电机的额定电流。

2-3　一台直流发电机,额定功率为 $P_N=145$kW,额定电压 $U_N=230$V,额定转速 $n_N=1450$r/min,额定效率 $\eta_N=85\%$,求该发电机的额定电流。

2-4　一台直流电动机的额定数据为: $P_N=17$kW, $U_N=220$V, $n_N=1500$r/min, $\eta_N=83\%$,求它的额定电流及额定负载时的输入功率。

2-5　一台直流发电机额定数据为:额定容量100kW, $U_N=230$V, $n_N=2850$r/min, $\eta_N=85\%$,求它的额定电流及额定负载时的输入功率。

2-6　试比较直流发电机和直流电动机的电动势、功率和转矩平衡关系。

2-7　一台四极直流发电机,单叠绕组,每极磁通为 3.79×10^6Wb,电枢总导体数为 152 根,转速为 1200r/min,求电机的空载电动势。

2-8　一台四极直流电动机, $n_N=1460$r/min,槽数 $Z=36$,每槽导体数为 6,每极磁通为 $\Phi=2.2\times10^6$Wb,单叠绕组。问电枢电流为 800A 时,能产生多大的电磁转矩?

2-9　已知直流电机的电磁极数 $2P=6$,槽数、元件数和换向片数均为 24,试连成单波右行绕组。

2-10　已知直流电机的电磁极数 $2P=4$,槽数、元件数和换向片数均为 19,试连成单波左行绕组。

2-11　直流发电机和直流电动机的电枢电动势的性质有何区别,它们是怎样产生的?直流发电机和直流电动机的电磁转矩的性质有何区别,它们又是怎样产生的?

2-12　把一台他励直流发电机的转速提高 20%,空载电压会提高多少(励磁电阻保持不变)? 若是一台并励直流发电机,则电压升高得多还是少(励磁电阻保持不变)?

2-13　某四极直流发电机,单叠绕组,每极磁通为 3.5×10^{-2}Wb,电枢总的导线数为 152 根,转速为 1200r/min,求电动机的空载电动势。若改为单波绕组,其他条件不变,问空载电动势为 210V 时,电机的转速是多少?

2-14　一台直流电机的磁极对数 $P=3$,单叠绕组电枢总导体数 $N=398$,气隙每极磁通为 2.1×10^{-2}Wb,当电机转速分别为 1500r/min 和 500r/min 时,求电枢感应电动势的大小,若电枢电流 $I_a=10$A,磁通不变,电磁转矩是多大?

2-15　他励直流电动机的额定数据如下: $P_N=96$kW, $U_N=440$V, $I_N=255$A, $n_N=550$r/min。估计电枢回路总电阻 R_a 的值。

2-16　一台并励直流发电机,励磁回路电阻 $R_f=44\Omega$,负载电阻 $R_L=4\Omega$,电枢回路电阻 $R_a=0.25\Omega$,端电压 $U=220$V。

试求:(1)励磁电流 I_f 和负载电流 I;

(2)电枢电流 I_a 和电动势 E_a(忽略电刷电阻压降);

（3）输出功率 P_2 和电磁功率 P_M。

2-17　一台并励直流发电机，$P_N=35\text{kW}$，$U_N=115\text{V}$，$n_N=1450\text{r/min}$，电枢回路电阻 $R_a=0.0243\Omega$，一对电刷压降 $2\Delta U_b=2\text{V}$，励磁回路电阻 $R_f=20.1\Omega$。求额定时的电磁功率和电磁转矩。

2-18　并励直流电动机的铭牌数据如下：$P_N=96\text{kW}$，$U_N=440\text{V}$，$I_N=255\text{A}$，$I_{fN}=5\text{A}$，$n_N=500\text{r/min}$。电枢总电阻 $R_a=0.078\Omega$，电枢反应忽略不计。求：

（1）额定运行时的输出转矩 T_N 与电磁转矩 T。

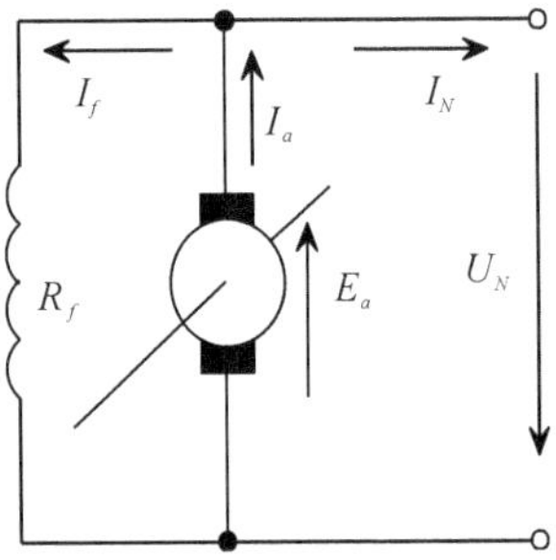

图 2-40　习题 2-17 附图　并励直流发电机 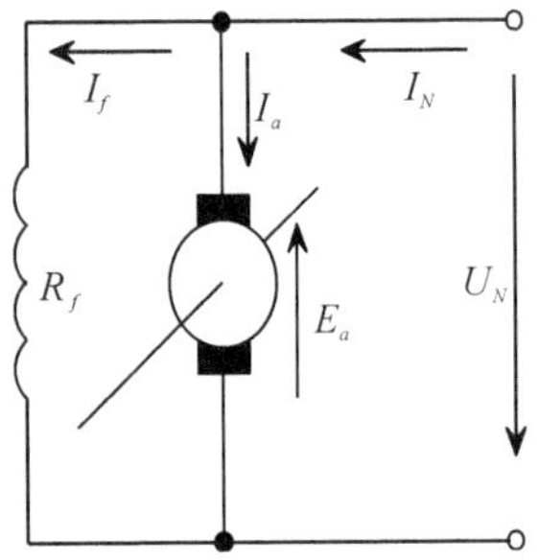　　　图 2-41　习题 2-18 附图　并励直流发电机

（2）理想空载转速 n_0 与实际空载转速 $n_0{}'$。

（3）如果额定运行时总负载转矩不变，则串入电阻 $R_\Omega=0.122\Omega$ 瞬间电枢电流与转速各为多少？

（4）保持额定运行时总负载转矩不变，则串入 $R_\Omega=0.122\Omega$ 而稳定后的电枢电流与转速各为多少？

2-19　一台他励电动机，额定数据为：$P_N=100\text{kW}$，$I_N=517\text{A}$，$U_N=220\text{V}$，$n_N=1200\text{r/min}$，电枢绕组电阻 $R_a=0.044\Omega$。求：

（1）额定负载时的电枢电势 E_a 和额定电磁转矩 T_{em}；

（2）额定轴上转矩 T_{2N} 和空载转矩 T_0；

（3）理想空载转速 n_0 和实际空载转速 n_0'。

2-20　一台并励直流发电机数据如下：$P_N=82\text{kW}$，$U_N=230\text{V}$，$n_N=970\text{r/min}$，电枢绕组电阻 $R_a=0.026\Omega$，励磁电路总电阻 $R_f=30\Omega$，当此电机作为电动机运行，所加电压为 220V，在空载时测出空载电流 $I_0=44\text{A}$，如今电动机在满载运行时，保持其电枢电流与和原来发电机额定运行时相同，求电动机的额定数据（不考虑磁饱和）。

2-21　有两台完全一样的并励直流电动机，$U_N=230\text{V}$，$n_N=1200\text{r/min}$，电枢绕组电阻 $R_a=0.1\Omega$，在 $n=1000\text{r/min}$ 时，空载特性上的数据为：$I_f=1.3\text{A}$，$E_a=186.7\text{V}$；$I_f=1.4\text{A}$，$E_a=195.9\text{V}$。现将这两台电机的电枢绕组、励磁绕组都接在 230V 的直流电源上（极性正确），并且两台电动机转轴连接在一起，不拖动任何负载。当 $n=1200\text{r/min}$ 时，第一台励磁电流为 1.4A，第二台励磁电流为 1.3A，判断哪一台是发电机，哪一台是电动机。并求运行时的总损耗是多少？

第3章 直流电动机的电力拖动

内容提要：本章第1～3节介绍电力拖动系统的运动方程式，工作机构的转矩、飞轮矩和质量的折算以及各种负载的机械特性。第4节分析他励直流电动机机械特性和稳定运行条件。第5～7节介绍他励直流电动机的启动、调速、制动的原理。第8节详细阐述了他励直流电动机的过渡过程。

3.1 电力拖动系统的运动学方程式

电动机拖动工作机构时，有些部件是做直线运动的，如起重机的吊钩、直线电动机等；有些部件是做旋转运动的，如旋转电动机、齿轮机构等，所以，其运动方程式也有两种不同的形式。

对于直线运动，其方程式为

$$F - F_L = m \frac{\mathrm{d}v}{\mathrm{d}t} \tag{3-1}$$

式中：F 为拖动力，单位为 N；F_L 为阻力，单位为 N；m 为部件的质量，单位为 kg；v 为部件运动的线速度，单位为 m/s。

对于旋转运动，其方程式为

$$T_{em} - T_L = J \frac{\mathrm{d}\Omega}{\mathrm{d}t} \tag{3-2}$$

式中：T_{em} 为电动机产生的电磁转矩，一般为拖动转矩，单位为 Nm；T_L 为负载转矩，一般为制动转矩，单位为 Nm；Ω 为转动部分的机械角速度，单位为 rad/s；$\frac{\mathrm{d}\Omega}{\mathrm{d}t}$ 为转动部分的机械角加速度，单位为 rad/s²；J 为转动部分的转动惯量，$J = m\rho^2$，单位为 kg·m²；$J \frac{\mathrm{d}\Omega}{\mathrm{d}t}$ 为电动机轴系统的惯性转矩，或称加速转矩。

在实际计算和工程应用中，由于系统中转动部分的直径比较便于测量，重量可以称重，转速也可以很方便地测量，所以工程师们常常用飞轮惯量 GD^2（或称飞轮矩）来代替转动惯量 J，用转速 n 来代替角速度。于是根据

$$J = m\rho^2 = \frac{GD^2}{4g} \tag{3-3}$$

以及机械角速度和转速的关系

$$\Omega = \frac{2\pi n}{60} \qquad\qquad\qquad (3-4)$$

将式(3-3)和式(3-4)代入式(3-2),即得到比较实用的运动方程式

$$T_{em} - T_L = \frac{GD^2}{375} \frac{\mathrm{d}n}{\mathrm{d}t} \qquad\qquad\qquad (3-5)$$

式中:m 与 G 分别为旋转部分的质量和重量,单位分别为 kg 和 N;ρ 与 D 分别为旋转部分的半径和直径,单位为 m;g 为重力加速度,$g=9.81\mathrm{m/s^2}$。$GD^2=4gJ$,称为飞轮矩,单位为 N·m^2;375 是一个具有加速度量纲的系数,单位为 m/s^2。

特别需要指出的是,GD^2 是代表旋转物体惯性的一个整体物理量。在实际应用中,不论是在计算还是在书写时,GD^2 都要写在一起,不能分开,因为分开后,每个符号所代表的物理量就是另外一种内容了。关于 GD^2 的求法,可看工程力学教材,电动机和生产机械的 GD^2 可在相应的产品目录和有关资料中找到。

式(3-5)中,T_{em}、T_L 和 n 都是有方向的量。一般情况下,其正负号取法为:规定转速 n 的旋转方向为系统的正方向,当拖动转矩的方向与转速 n 的正方向相同时,为正,反之为负;负载转矩 T_L 与转速 n 的正方向相反时,为正,反之为负。转速的正方向可以任意选取,选逆时针或顺时针方向均可。

如果 T_{em}、T_L、n 均为正时,则由式(3-5)分析电动机的工作状态,可知:

(1)当 $T_{em} > T_L$,加速转矩 $\dfrac{GD^2}{375}\dfrac{\mathrm{d}n}{\mathrm{d}t} > 0$,$\dfrac{\mathrm{d}n}{\mathrm{d}t} > 0$,电力拖动系统处于加速状态,即处于过渡过程中。

(2)当 $T_{em} < T_L$,加速转矩 $\dfrac{GD^2}{375}\dfrac{\mathrm{d}n}{\mathrm{d}t} < 0$,$\dfrac{\mathrm{d}n}{\mathrm{d}t} < 0$,电力拖动系统处于减速状态,也处于过渡过程中。

(3)当 $T_{em} = T_L$,加速转矩 $\dfrac{GD^2}{375} = \dfrac{\mathrm{d}n}{\mathrm{d}t} = 0$,$\dfrac{\mathrm{d}n}{\mathrm{d}t} = 0$,所以 $n=0$ 或 $n=$ 常数,电力拖动系统处于静止状态或稳定运转状态。

3.2　工作机构的转矩、飞轮矩和质量的折算

在电力拖动系统中,如果电动机与工作机构直接同轴相连,这种系统称为单轴系统,计算和分析比较简单。而实际的电力拖动系统往往不是简单的单轴系统,电动机通过一套传动机构,往往是多轴机构,将电动机的角速度 Ω 和转矩传递到工作机构上,变成工作机构所需要的角速度 Ω_L 和转矩,这种系统称为多轴系统。图 3-1(a)所示就是一种四轴的拖动系统。

式(3-5)反映了一个单轴拖动系统的动力学关系,而在实际生产过程中,大多是多轴系统。若要分析多轴系统的运动情况,就必须列出每根轴的运动方程式和各轴之间相互联系的方程式,这是非常烦琐的一项工作。然而,就电力拖动系统而言,一般不需要同时研究每根轴的问题,通常是在某一段时间内,只研究某一根轴上的问题,而其他轴对该轴的影响可采用等效折算的方法折算至该轴上进行处理,从而将整个多轴系统化为一个等效的单轴系统,使分析处理的过程大大简化。例如:以电动机轴作为研究对象,则可将多轴系统中的各个轴上的转动惯量或飞轮矩、转矩、功率等都折算至电机轴上,等效成为图 3-1(b)所示的一

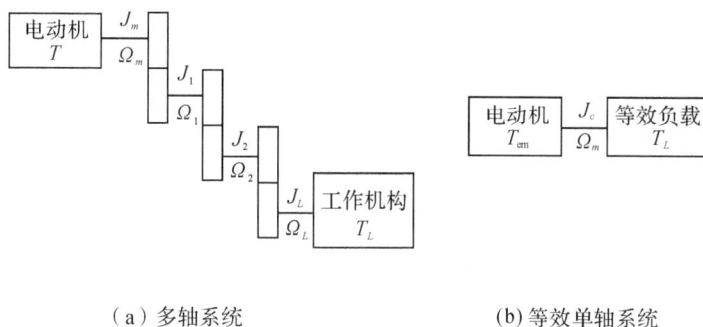

（a）多轴系统　　　　　　　　　　　　（b）等效单轴系统

图 3-1　电力拖动系统的折算

个单轴系统,然后应用已经比较熟悉的单轴动力学运动方程式进行分析。

　　等效折算的原则是保持拖动系统在折算前后传送的功率和贮存的动能不变,即能量守恒的原则。

　　若以电动机轴为研究对象,则需要折算的量有:工作机构的负载转矩 T_L 和系统中各轴(含电动机轴)上的转动惯量 $J_1,J_2,\cdots,J_L$ 等。对于某些做直线运动的工作机构,则必须把进行直线运动的质量 m_L 以及运动所需克服的阻力 F_L 折算到电动机轴上。

3.2.1　工作机构负载转矩 T_L 的折算

　　参考图 3-1,折算前工作机构的功率为

$$P_L = T_L \Omega_L \tag{3-6}$$

　　折算后的功率为

$$P_L' = T_L' \Omega_m \tag{3-7}$$

式中:T_L' 为折算到电动机轴上的等效负载转矩;Ω_m 为电动机转子轴的角速度。

　　根据折算前后功率不变,不考虑中间传动机构的损耗,则有

$$T_L' \Omega_m = T_L \Omega_L \tag{3-8}$$

$$T_L' = \frac{\Omega_L}{\Omega_m} T_L = \frac{1}{j} T_L \tag{3-9}$$

式中:$j = \frac{\Omega_m}{\Omega_L} = \frac{n}{n_L}$,为电动机轴转速与工作机构轴转速之比。

　　式(3-9)说明,在工作机构的低速轴上,转矩 T_L 较大,而折算到电动机的高速轴上后,其等效的转矩 T_L' 变小了,仅等于 T_L 的 j 分之一。这从功率不变的观点来看是可以理解的,低速轴转矩大,高速轴转矩小,如果不考虑损耗,则两者功率是相等的。实际上在传动过程中,传动机构存在着功率损耗,称为传动损耗。传动损耗可以在传动效率 η 中加以考虑。

　　当电动机处于工作在电动状态,拖动生产机械工作时,系统的能量传递方向是由电动机向工作机构,即负载方向传递,因此,传动损耗应由电动机承担。也就是说,电动机输出的功率要大于负载所需的功率,多出的部分补偿了传动过程中的损耗,于是有

$$T_L' \Omega_m = T_L \Omega_L \frac{1}{\eta} \tag{3-10}$$

即

$$T_L' = \frac{1}{j\eta} T_L \tag{3-11}$$

当电动机处于发电制动状态时,系统运行是靠生产机械的动能或位能带动电动机旋转,系统的能量传递方向是由工作机构向电动机方向传递。因此,传动过程中的损耗由生产机械的负载承担,于是有

$$T_L' \Omega_m = T_L \Omega_L \eta \tag{3-12}$$

即

$$T_L' = \frac{1}{j} T_L \eta \tag{3-13}$$

式中,转速比 j 为电动机轴与工作机构轴之间总的转速之比。若已知多级传动机构中每级转速比 $j_1, j_2, \cdots$,则总的转速比为

$$j = j_1 j_2 \cdots \tag{3-14}$$

传动效率 η 是传动机构的总效率,在多级传动中,如各级的传动效率分别为 $\eta_1, \eta_2, \cdots$,则总效率为

$$\eta = \eta_1 \eta_2 \cdots \tag{3-15}$$

不同种类的传动机构,其每级效率是不同的,并且当负载大小不同时,效率也不同。

3.2.2　工作机构直线作用力的折算

某些工作机构是做直线运动的,如起重机的提升机构、龙门刨床工作台带动工件等。以龙门刨床工作台带动工件前进为例,当以某一切削速度进行切削时,切削力将在电动机轴上反映为一个阻转矩 T_L',折算方法与上述相同,也是以传递功率不变为原则,暂不考虑传动损耗,则有

$$T_L' \Omega_m = F_L v_L \tag{3-16}$$

根据 $\Omega_m = \frac{2\pi n}{60}$,得到

$$T_L' = 9.55 \frac{F_L v_L}{n} \tag{3-17}$$

式中:F_L 为工作机构的直线作用力,单位为 N;v_L 为工作机构的直线运动的速度,单位为 m/s;n 为电动机转速,单位为 r/min;T_L' 为直线作用力矩 T_L 折算到电动机轴上的阻转矩,单位为 N·m。

3.2.3　传动机构与工作机构飞轮力矩的折算

在多轴系统中,为了反映系统中不同转速的各轴的转动惯量对运动系统的影响,可以将传动机构各轴的转动惯量 $J_1, J_2, \cdots$ 以及工作机构的转动惯量 J_L 折算到电动机轴上,电动机轴上的等效转动惯量用 J_C 来表示。由于各轴的转动惯量对运动过程的影响直接反映在各轴所储存的动能上,因此在折算时,实际系统与等效系统储存的动能应相等,即能量守恒,这是转动惯量折算时的一个原则。若各轴的角速度分别为 $\Omega_1, \Omega_2, \cdots$,则有

$$\frac{1}{2} J_C \Omega_m^2 = \frac{1}{2} J_m \Omega_D^2 + \frac{1}{2} J_1 \Omega_1^2 + \cdots + \frac{1}{2} J_L \Omega_L^2 \tag{3-18}$$

$$J_C = J_m + J_1 \left(\frac{\Omega_1}{\Omega_m}\right)^2 + J_2 \left(\frac{\Omega_2}{\Omega_m}\right)^2 + \cdots + J_L \left(\frac{\Omega_L}{\Omega_m}\right)^2 \tag{3-19}$$

用飞轮矩和转速来表示,则得

$$GD_C^2 = GD_m^2 + GD_1^2\left(\frac{n_1}{n}\right)^2 + GD_2^2\left(\frac{n_2}{n}\right)^2 + \cdots + GD_L^2\left(\frac{n_L}{n}\right)^2 \tag{3-20}$$

其实,等效转动惯量或飞轮矩的折算可以应用到任意轴的折算上,使人们可以随心所欲地分析所关心的任意一根轴的运转情况。比如:要将整个系统的飞轮矩折算到介于电机轴和工作机构轴之间的第 i 根轴上,则需要将第 i 根轴两侧的各个高速轴上的转动惯量和低速轴上的转动惯量同时向第 i 根轴上折算,于是第 i 根轴上的总的等效飞轮矩为

$$GD_C^2 = GD_D^2\left(\frac{n}{n_i}\right)^2 + GD_1^2\left(\frac{n_1}{n_i}\right)^2 + GD_2^2\left(\frac{n_2}{n_i}\right)^2 + \cdots + GD^2 + \cdots + GD_L^2\left(\frac{n_L}{n_i}\right)^2$$

$$\tag{3-21}$$

由式(3-21)不难看出,在电动机拖动系统中,当高速轴的转动惯量或飞轮矩向低速轴折算时,越折算越大,其转速比是小于 1 的,即 $j \leqslant 1$;当低速轴向高速轴进行折算时,转动惯量或飞轮矩则越折算越小,其转速比是大于 1 的,即 $j \geqslant 1$。由于电动机通常是高速运转的,而工作机构通常是低速运转的,所以,若向电动机轴上进行折算,则通常情况下,转速比 $j \geqslant 1$。

3.2.4 工作机构直线运动质量的折算

工作机构做直线运动时,其质量 m_L 中储存有动能,为了把速度为 v_L 的质量折算到电动机轴上,用 J_L' 表示折算到电动机轴上后的等效转动惯量。折算的原则仍然是转动体与质量 m_L 中贮存的动能相等。即

$$\frac{1}{2}J_L'\Omega^2 = \frac{1}{2}m_L v_L^2 \tag{3-22}$$

根据 $J = \dfrac{GD^2}{4g}$、$\Omega = \dfrac{2\pi n}{60}$、$m_L = \dfrac{G_L}{g}$,可得

$$GD_L'^2 = 365\frac{G_L v_L^2}{n^2} \tag{3-23}$$

综上所述,应用上述折算方法能够把一个多轴拖动系统简化成一个单轴拖动系统,这样只需要用一个运动方程式,即可研究实际多轴系统的问题,大大简化了计算。

例 3-1　图 3-2 所示的是龙门刨床传动系统,试求折算到电动机轴上的静态转矩和传动系统的总飞轮矩。已知:电动机的转速为 $n=860\text{r/min}$,工作台重 $m_1=3000\text{kg}$,工件重 $m_2=600\text{kg}$,切削力 $F=19620\text{N}$,切削速度 $v=10\text{m/min}$,各齿数及飞轮矩见表 3-1,每对齿轮的传动效率 $\eta_c=0.8$,齿轮 8 的直径 $D_8=0.5\text{m}$。

表 3-1　各齿数及飞轮矩

齿轮号	1	2	3	4	5	6	7	8
齿轮数	15	47	22	58	18	58	14	46
$GD^2(\text{N}\cdot\text{m}^2)$	3.04	14.91	7.58	23.6	13.7	37.3	25.5	41.2

解　把刨床运动分为旋转和直线运动两部分。

(1)旋转部分(不包括电动机电枢)的飞轮矩 GD_a^2。因互相啮合的齿轮转速与它们的齿数成反比,可得

$$GD_a^2 = GD_1^2 + (GD_2^2 + GD_3^2)\left(\frac{z_1}{z_2}\right)^2 + (GD_4^2 + GD_5^2)\left(\frac{z_1}{z_2}\right)^2\left(\frac{z_3}{z_4}\right)^2 + (GD_6^2 + GD_7^2)\times$$

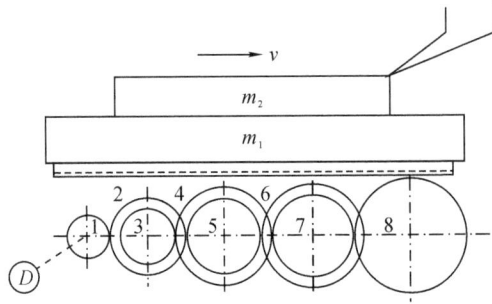

图 3-2 龙门刨床传动系统图

$$\left(\frac{z_1}{z_2}\right)^2\left(\frac{z_3}{z_4}\right)^2\left(\frac{z_5}{z_6}\right)^2 + GD_8^2\left(\frac{z_1}{z_2}\right)^2\left(\frac{z_3}{z_4}\right)^2\left(\frac{z_5}{z_6}\right)^2\left(\frac{z_7}{z_8}\right)^2$$

即

$$GD_a^2 = 3.04 + (10.91+7.85)\times\left(\frac{15}{47}\right)^2 + (23.6+13.7)\times\left(\frac{15}{47}\right)^2\times\left(\frac{22}{58}\right)^2 + (37.3+$$

$$25.5)\times\left(\frac{15}{47}\right)^2\times\left(\frac{22}{58}\right)^2\times\left(\frac{18}{58}\right)^2 + 41.2\times\left(\frac{15}{47}\right)^2\times\left(\frac{22}{58}\right)^2\times\left(\frac{18}{58}\right)^2\times\left(\frac{14}{46}\right)^2$$

$$= 6.01(\text{N}\cdot\text{m}^2)$$

(2)直线运动部分的 GD_b^2。齿轮 8 的转速为

$$n_8 = n\frac{z_1}{z_2}\frac{z_3}{z_4}\frac{z_5}{z_6}\frac{z_7}{z_8}$$

即

$$n_8 = 860\times\frac{15}{47}\times\frac{22}{58}\times\frac{18}{58}\times\frac{14}{46} = 9.8(\text{r/min})$$

工作台的直线运动速度(即切削速度)为

$$v = \pi D_8 \cdot n_8$$

即

$$v = \pi\times0.5\times9.8 = 15.4(\text{m/min})$$

或

$$v = 0.257\text{m/s}$$

而

$$GD_b^2 = \frac{365(G_1+G_2)v^2}{n^2}$$

即

$$GD_b^2 = \frac{365(9.81\times3003.1+9.81\times600)\times0.257^2}{860} = 1.15(\text{N}\cdot\text{m}^2)$$

(3)折算到电动机轴上的传动系统的总飞轮矩 GD^2(不包括电机电枢)为

$$GD^2 = GD_a^2 + GD_b^2$$

即

$$GD^2 = 6.01+1.15 = 7.16(\text{N}\cdot\text{m}^2)$$

(4)折算到电动机轴上的静态转矩 T_z 为

$$T_z = 9.55 \frac{F_L v_L}{n \eta_c}$$

即

$$T_z = 9.55 \frac{19620 \times 0.257}{860 \times 0.8^4} = 136.7 (\text{N} \cdot \text{m})$$

3.3　负载的机械特性

所谓负载的机械特性是指生产机械的负载转矩 T_L 与转速 n 的关系,即 $T_L = f(n)$。虽然生产机械品种繁多,它们的机械特性也各不相同,但据统计,大多数生产机械的负载转矩特性可归纳为以下 3 种典型类型。

3.3.1　恒转矩负载机械特性

所谓恒转矩负载特性是指负载转矩 T_L 的大小与转速 n 无关,当转速 n 变化时,负载转矩 T_L 恒定不变。恒转矩负载又可分为反抗性恒转矩负载和位能性恒转矩负载。

1. 反抗性恒转矩负载机械特性

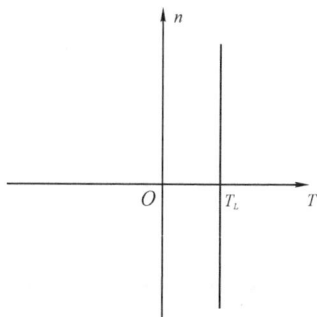

反抗性恒转矩负载又称为摩擦转矩负载,其转矩总是阻碍运动的,当转动方向改变时,负载转矩大小不变,但其方向随之改变。例如:车床刀架的平移、电车在平道上行驶等。滑动摩擦力引起的阻转矩总是阻碍运动,其大小一般只取决于运动部件的重量和摩擦系数,而与速度无关。

反抗性恒转矩负载机械特性曲线如图 3-3 所示。按前述运动方程式中转矩正方向的规定,生产机械的转矩 T_L 的正方向与转速的正方向相反,对于反抗性恒转矩负载来说,正转时,$n>0$,$T_L>0$;反转时,$n<0$,$T_L<0$。因此,其机械特性曲线总在第一或第三象限。

2. 位能性恒转矩负载机械特性

位能性恒转矩负载的特点是转矩的大小和方向都恒定不变,典型的如起重设备,在提升或下放负载时,由于重力的方向总是竖直向下的,所以负载转矩具有固定的方向。这种由拖动系统中具有位能的部件产生的转矩称为位能性恒转矩负载机械特性。当转动方向改变时,负载转矩仍保持原来的方向。同时,负载转矩的大小也不受转速变化的影响,保持恒定不变。各种起重机、卷扬机、电梯等都具有位能性恒转矩负载机械特性。

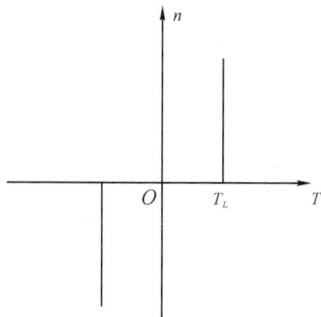

图 3-3　反抗性恒转矩负载机械特性　　　　图 3-4　位能性恒转矩负载机械特性

一般规定提升负载的运动方向为转速的正方向,负载转矩的正方向与转速的正方向相反。这样,提升时 $n>0$,反对提升,$T_L>0$;下放时 $n<0$,T_L 方向不变,仍为正值,这表明位能性恒转矩负载机械特性是帮助下放的。因此,位能性恒转矩负载机械特性曲线总在第一和第四象限,如图 3-4 所示。

3.3.2　泵类负载机械特性

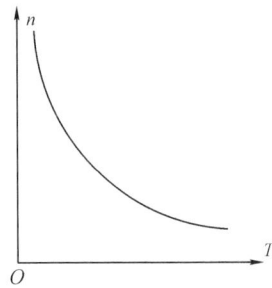

泵类负载转矩的大小基本上与转速的平方成正比,即 $T_L=Kn^2$,K 为比例常数。当转速反向时,负载转矩也随之反向,即属反抗性负载。其机械特性在第一和第三象限,在第一象限的泵类负载机械特性如图 3-5 所示,第三象限的特性与第一象限的特性相对称。

工业上应用很广的鼓风机、水泵、油泵等均属于泵类负载,空气、水、油等介质对机器叶片的阻力基本上和转速的平方成正比。

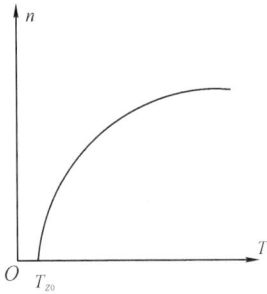

图 3-5　泵类负载机械特性　　　　　　图 3-6　恒功率负载机械特性

3.3.3　恒功率负载机械特性

所谓恒功率负载特性,就是当转速变化时,负载从电动机轴上吸收的功率基本不变。也就是说,负载转矩的大小基本上与转速 n 成反比,即 $T_L=\dfrac{K}{n}$,K 为比例常数。负载的功率为

$$P_L=T_L\Omega=T_L\frac{2\pi n}{60}=\frac{T_L n}{9.55}=\frac{K}{9.55}=常数$$,其机械特性如图 3-6 所示。很多生产机械在一定工艺条件下都具有恒功率型的机械特性。例如,车床按照合理的工艺规范车削工件时,主轴的机械特性就是恒功率性质的。粗加工时,走刀量较大,转矩较大,而主轴转速较低;精加工时,走刀量较小,转矩较小,而主轴转速较高;但是,负载机械功率基本不变。

3.4　他励直流电动机机械特性和稳定运行条件

3.4.1　机械特性的一般形式

电动机的机械特性是指在一定条件下,电动机的转速 n 与电磁转矩 T 的关系,即 $n=f(T)$。他励直流电动机的机械特性是指在电源电压 U、励磁磁通 Φ、电枢回路总电阻 R 均

为固定值的情况下,电动机的转速 n 与电磁转矩 T 的关系。

根据 $T_{em}=C_T\Phi I_a$、$E_a=C_e\Phi n$、$U=E_a+I_aR$,可得机械特性的一般形式为

$$n=\frac{U}{C_e\Phi}-\frac{R}{C_eC_T\Phi^2}T_{em} \qquad (3\text{-}24)$$

式中:R 为电枢回路的总电阻,包括 R_a 和电枢外接串联电阻 R_Ω,即 $R=R_a+R_\Omega$;C_e 为电动势常数,$C_e=\frac{pN}{60a}$;C_T 为转矩常数,$C_T=\frac{pN}{2\pi a}$,有 $C_T=9.55C_e$。

根据式(3-24),以 T 为横坐标,n 为纵坐标,可作出 $n=f(T)$ 曲线,即为他励直流电动机的机械特性,如图 3-7 所示,可知这是一条向下倾斜的直线。

为简便,式(3-24)常写成

$$n=n_0-\beta T_{em} \qquad (3\text{-}25)$$

式中:$n_0=\frac{U}{C_e\Phi}$,为理想空载转速;$\beta=\frac{R}{C_eC_T\Phi^2}$,为机械特性的斜率;$\Delta n=\beta T_{em}$,为电动机带负载后的转速降。$\beta$ 越小,Δn 越小,表示机械特性越硬;反之表示越软。

3.4.2　固有机械特性

当 $U=U_N$、$\Phi=\Phi_N$,没有外接电阻即 $R_\Omega=0$ 时的机械特性,称为固有机械特性。其表达式为

$$n=\frac{U_N}{C_e\Phi_N}-\frac{R_a}{C_eC_T\Phi_N^2}T_{em} \qquad (3\text{-}26)$$

固有机械特性曲线如图 3-7 所示。当 $T=T_N$、$n=n_N$ 时,转速降 $\Delta n=\Delta n_N$,称为额定转速降。因为他励直流电动机本身的 R_a 较小,一般地 n_N 约为 0.95 n_0,即 Δn_N 约为 $0.05n_0$,所以他励直流电机的固有特性属于硬特性。如果不考虑电枢反应的去磁作用,他励直流电动机的固有机械特性是一条下降的斜直线。

固有机械特性是电动机最重要的特性,在它的基础上,很容易得到电动机的人为机械特性。

在设计电力拖动系统时,首先应知道所选择电动机的机械特性。由于该特性是一条直线,通常利用理想空载点 $(0,n_0)$ 和额定工作点 (T_N,n_N) 连成的直线,就是固有机械特性。上述两个特殊点中,额定转速 n_N 能在产品目录或者电机的铭牌数据中找到,而理想空载转速 n_0、额定转矩 T_N 却是未知的,应另外求得。

图 3-7　他励直流电动机固有机械特性

通常可以根据电机的铭牌数据来近似求得他励直流电动机的固有机械特性。下面结合例子说明。

例 3-2　某他励直流电动机额定功率为 5.5kW,额定电压为 110V,额定电流为 62A,额定转速为 1000r/min。求:(1)固有机械特性方程式;(2)实际空载转速 n_0'。

解　(1)只要知道电枢电阻 R_a 以及电势系数和转矩系数,就可得出电动机的固有机械特性方程式。这里关键是电枢电阻 R_a。R_a 可以用实验方法测定,一般用近似方法估算,认为电枢铜耗占电机总损耗的一半到三分之二,因此有

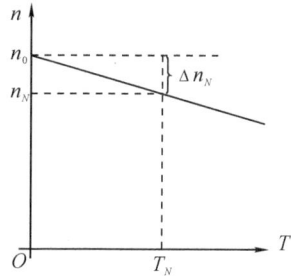

$$I_N^2 R_a = \frac{1}{2}(U_N I_N - P_N)$$

$$R_a = \frac{U_N I_N - P_N}{2I_N^2} = \frac{110 \times 62 - 5.5 \times 10^3}{2 \times 62^2} = 0.17(\Omega)$$

电势系数：

$$C_e \Phi_N = \frac{U_N - I_N R_a}{n_N} = \frac{110 - 62 \times 0.17}{1000} = 0.099$$

转矩系数：

$$C_T \Phi_N = 9.55 C_e \Phi_N = 9.55 \times 0.099 = 0.945$$

理想空载转速：

$$n_0 = \frac{U_N}{C_e \Phi_N} = \frac{110}{0.099} = 1111(\text{r/min})$$

机械特性斜率：

$$\beta = \frac{R_a}{C_e C_T \Phi_N^2} = \frac{0.171}{0.099 \times 0.945} = 1.83$$

固有机械特性方程式为

$$n = n_0 - \beta T_{em} = 1111 - 1.83T$$

(2)电磁转矩：

$$T_N = C_T \Phi_N I_{aN} = 0.945 \times 62 = 58.6(\text{N} \cdot \text{m})$$

额定输出转矩：

$$T_{2N} = 9.55 \times \frac{P_N}{n_N} = 9.55 \times \frac{5.5 \times 10^3}{1000} = 52.53(\text{N} \cdot \text{m})$$

空载转矩：

$$T_0 = T_N - T_{2N} = 58.6 - 52.53 = 6.07(\text{N} \cdot \text{m})$$

空载时转速：

$$n_0' = n_0 - \beta T_0 = 1111 - 1.83 \times 6.07 = 1100(\text{r/min})$$

在坐标纸上标出(0,1111)和(58.6,1100)两点,过此两点连成直线,即为该直流电动机的固有机械特性。

3.4.3　人为机械特性

人为地改变他励直流电动机参数的大小,如电压 U、励磁电流 I_f(即改变励磁磁通 Φ)、电枢回路总电阻(即接入串联电阻 R_Ω),所获得的机械特性称为人为机械特性。人为机械特性主要有以下三种。

1. 电枢回路串电阻的人为机械特性

电动机的电枢加额定电压 $U = U_N$,每极磁通保持为额定值 $\Phi = \Phi_N$,电枢回路串入电阻 R_Ω,则机械特性表达式为

$$n = \frac{U_N}{C_e \Phi_N} - \frac{R_a + R_\Omega}{C_e C_T \Phi_N^2} T_{em} \tag{3-27}$$

电枢串入不同大小电阻时的人为机械特性如图 3-8 所示。

显然,理想空载转速 n_0 与固有机械特性的相同,斜率与电枢回路电阻有关,串入的电阻值

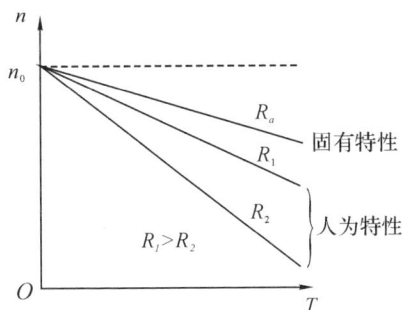

图 3-8　电枢串电阻人为机械特性

越大,特性曲线越倾斜。当串不同电阻时的机械特性是一组放射形直线,都经过理想空载点。

2. 改变电枢电压的人为机械特性

保持每极磁通为额定值 Φ_N 不变,电枢回路不串电阻,只改变电枢电压 U 时,机械特性表达式为

$$n=\frac{U}{C_e\Phi_N}-\frac{R_a}{C_eC_T\Phi_N^2}T_{em}\tag{3-28}$$

一般地,所谓改变电压指就是降压,因为电机的电压 U 不允许超过额定值,否则绝缘将损坏。U 值不同,理想空载转速随之变化,并与电压值成正比关系,但是斜率都与固有机械特性斜率相同,因此各条特性彼此平行。

如图 3-9 所示,改变电压 U 的人为机械特性是一组平行直线。

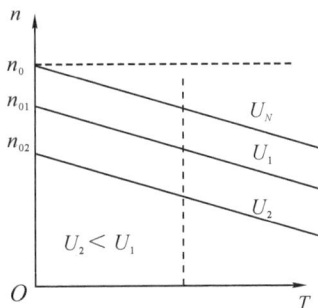

图 3-9　改变电枢电压人为机械特性

3. 减少气隙磁通量的人为机械特性

一般他励直流电动机载额定磁通运行时,电机磁路已接近于饱和,改变磁通,实际上就是减少磁通。对于他励直流电动机,可通过减小励磁电流的方法来减小气隙每极的磁通。

电枢电压 U 保持为额定值 U_N 不变,电枢回路不串电阻,仅改变每极磁通 Φ 的人为机械特性表达式为

$$n=\frac{U_N}{C_e\Phi}-\frac{R_a}{C_eC_T\Phi^2}T_{em}\tag{3-29}$$

改变每极磁通的人为机械特性如图 3-10 所示。可见,人为机械特性是一组既不平行又不呈放射形的直线。磁通越小,理想空载转速 n_0 越高;斜率越大,特性曲线越倾斜。

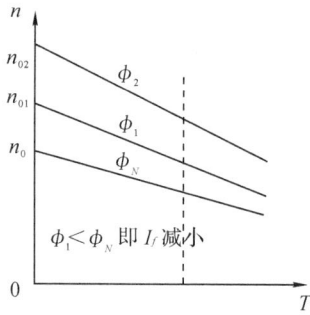

图 3-10 减少每极磁通人为机械特性

3.4.4 电力拖动系统稳定运行条件

系统运行时,其运行点取决于电动机的机械特性与生产机械的负载机械特性。为了分析电力拖动的运行问题,可以把两条机械特性画在同一坐标平面上。如图 3-11 所示,与 A 点相交的两条特性,一条为电动机机械特性,另一条为恒转矩负载机械特性,两机械特性的交点 A 叫作工作点,对应的转矩为 $T=T_L$,系统以转速 n_A 恒速运行,A 点表明系统处于平衡状态,然而这种平衡状态是否稳定呢?

所谓平衡稳定是指电力拖动系统在某种扰动的作用下,离开了平衡位置,在新的条件下达到新的平衡,并且在扰动消失后,还能回到原来的平衡位置。"扰动"是指非人为的因素,可以是电网电压的波动或负载的微小变化。平衡是否稳定,决定于生产机械与电动机两条特性曲线的配合。

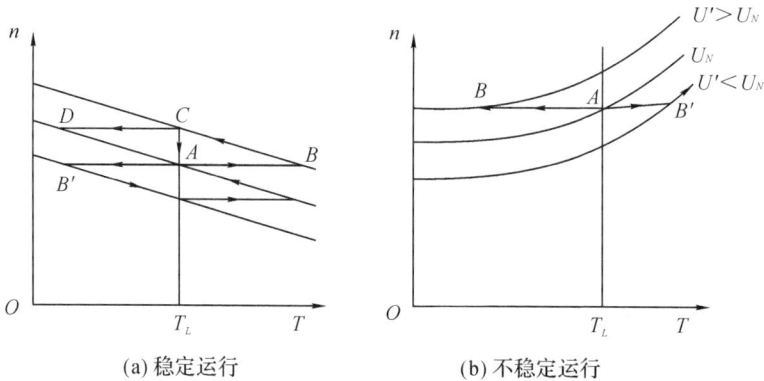

| (a) 稳定运行 | (b) 不稳定运行 |

图 3-11 电力拖动系统稳定运行的条件

设负载转矩特性是恒转矩的,即 $T_L=$ 常数,讨论以下两种情况。

1. 电动机的机械特性曲线 $n=f(T)$ 向下倾斜

如图 3-11(a)所示,设系统原来运行于 A 点,由于某种原因,电源电压突然由额定电压 U_N 上升到 U',对应的机械特性与原来的相平行。由于系统机械惯性的影响,转速来不及变化,工作点由 A 点跳变到 B 点,与之对应的电磁转矩 T 和电枢电流 I_a 都突然增大,使 $T>T_L$,系统加速。随着转速增大,反电势增大,电枢电流减少,电磁转矩变小,最后稳定运

行于 C 点;当电压恢复后,同样认为在此瞬间,转速 n 不变,工作点由 C 点跳变到 D 点,由于此时 $T<T_L$,系统减速,随着转速减少,反电势减少,电枢电流增大,电磁转矩增大,最后回到稳定运行点 A 点运行。

反之,当扰动使电压下降,不难分析,工作点将由 A 点偏转移到 B' 点,当电压恢复,工作点将自动由 B' 点回到原来的 A 点。总之,在 A 点,扰动使系统的转速稍有增、减,但当扰动消失后,系统有自己复原的能力,故在 A 点是稳定的平衡运行状态。

2. 电动机的机械特性曲线 $n=f(T)$ 向上倾斜

如图 3-11(b)所示,设系统原来运行于 A 点,当电压突然上升到 U',电动机的机械特性上移,同样可分析,由于系统惯性的作用,系统工作点由 A 点过渡到 B 点,由于 $T<T_L$,系统减速,从图中可见,随着转速的降低,电动机的转矩越来越小,因而系统不可能重新进入平衡运行状态。同理,当电网电压降低时,系统的转速越来越高,也不可能重新进入平衡状态,更谈不上当扰动消失后,系统有自己复原的能力。所以说在 A 点的平衡运行为不稳定的平衡运行状态。

比较图 3-11(a)、(b)中的两个 A 点,它们都是平衡状态,但是图 3-11(b)中的 A 点是不稳定的平衡状态,经不起任何扰动,稍有一点外界的波动就会失去平衡,而且再也得不到新的稳定状态。可见,对于恒转矩负载,只要电动机的机械特性曲线向下倾斜,电力拖动系统就能稳定;若特性曲线是上翘的,系统将不稳定。

推广到一般情况,在电动机的机械特性曲线 $n=f(T)$ 和生产机械特性曲线 $n=f(T_z)$ 的交点处,系统能稳定运行的条件是:交点所对应的转速之上应保证 $T<T_z$,而在这转速之下则要求 $T>T_L$。用数学形式表示为

$$\frac{\mathrm{d}T}{\mathrm{d}n}<\frac{\mathrm{d}T_L}{\mathrm{d}n} \tag{3-30}$$

我们可以通过以下例子,来验证上述结论的正确性。

在图 3-12 中,曲线 1 为三相异步电动机的机械特性,曲线 2 为恒转矩负载机械特性,对 A 点,$\frac{\mathrm{d}T_L}{\mathrm{d}n}=0$,$\frac{\mathrm{d}T}{\mathrm{d}n}<0$,$\frac{\mathrm{d}T}{\mathrm{d}n}$

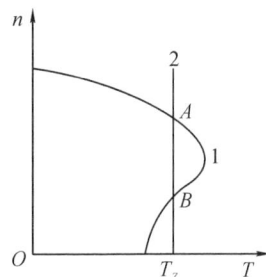

图 3-12　稳定运行的判断

$<\frac{\mathrm{d}T_L}{\mathrm{d}n}$,能稳定运行。对 B 点,$\frac{\mathrm{d}T_L}{\mathrm{d}n}=0$,$\frac{\mathrm{d}T}{\mathrm{d}n}>0$,$\frac{\mathrm{d}T}{\mathrm{d}n}>\frac{\mathrm{d}T_L}{\mathrm{d}n}$,不能稳定运行。

3.5　他励直流电动机的启动

电动机接通电源后,转速不断增加,直到进入稳定运行状态,这一过程即为启动。他励直流电动机启动时,必须先接通励磁回路,并保证励磁电流为额定值,即每极磁通为额定值。

从生产过程的要求来看,一般要求启动时间尽量短。为缩短启动过程,需提高电动机的加速度,也就是提高电动机启动过程中的电磁转矩。他励电动机的电磁转矩与电枢电流成正比,因此电流要尽量大一些。但电流也不能太大,否则会使得电机换向时火花太大,损坏电机;电流过大引起电磁转矩太大,会造成启动时的机械冲击,使机械部件受损;同时,电流太大,还会影响接在同一线路上的其他设备,这些都是不允许的。因此,他励直流电动机启动过程中,应使电枢电流尽量大一些,但不能超过其最大允许值。一般而言,最大允许电流

为$(1.5 \sim 2)I_N$。

他励直流电动机的启动有直接启动、降压启动和电枢回路串电阻启动 3 种方法。

3.5.1　直接启动

他励直流电动机加额定电压 U_N、电枢回路不串电阻,这种方法即直接启动,此时由于 n $=0$,因此反电势 $E_a=0$,启动电流 $I_{ast}=U_N/R_a$。对于一般电动机而言,R_a 很小,故直接启动时,启动电流可达到$(10 \sim 20)I_N$,因此除了额定容量在几百瓦以下的微型直流电机(由于 R_a 相对较大)可以直接启动外,一般直流电机都不允许直接启动。

为了限制启动电流,可以采用降压启动和电枢回路串电阻启动两种方法。

3.5.2　降压启动

降低电源电压到 U,启动电流为

$$I_{ast}=\frac{U}{R_a} \tag{3-31}$$

根据启动条件的要求,可以确定电压 U 的大小。为了保持启动过程中电磁转矩一直较大及电枢电流一直较小,必要时可在启动过程中逐渐升高电压 U,直至最后升到 U_N。实际上,目前大多数他励直流电动机启动时采用可控整流直流电源,电压可以连续调节,这种系统都采用反馈控制来获得优越的启动性能,启动更快、更稳。

3.5.3　电枢回路串电阻启动

电枢回路串入电阻 R_Ω 后,启动电流为

$$I_{ast}=\frac{U_N}{R_a+R_\Omega} \tag{3-32}$$

根据启动条件的要求,可确定所串入电阻 R_Ω 的大小,使电枢电流不超过允许值。但随着转速的上升,反电势增大,电流减小,导致电磁转矩减小,造成电机的加速度变小,于是启动过程变慢。因此,为了保持启动过程中电磁转矩持续较大及电枢电流持续较小,通常采用分级启动法,即把启动电阻总值 R_Ω 分成若干段,启动时依次分段断开。

例 3-3　他励直流电动机额定功率为 29kW,额定电压为 440V,额定电流为 76A,额定转速为 1000r/min,电枢回路总电阻为 0.38Ω,拖动额定大小的恒转矩负载运行,忽略空载转矩。

求:(1)若采用电枢回路串电阻启动,当启动电流 $I_{st}=2I_N$ 时,计算应串入的电阻值及启动转矩。(2)若采用降压启动,条件同上,电压应降至多少?并计算启动转矩。

解　(1)电枢回路串电阻启动

由电压平衡方程式可知,电动机在启动时,$n=0$,$E_a=0$,所以应串电阻为

$$R_{st}=\frac{U_N}{I_{st}}-R_a=\frac{440}{2 \times 76}-0.38=2.51(\Omega)$$

额定转矩:

$$T_N \approx 9.55 \frac{P_N}{n_N}=9.55 \times \frac{29 \times 10^3}{1000}=276.95(\text{N} \cdot \text{m})$$

启动转矩:

$$T_{st} = 2T_N = 2 \times 276.95 = 553.9 (\text{N} \cdot \text{m})$$

（2）降压启动

启动电压：

$$U = I_{st}R_a = 2 \times 76 \times 0.38 = 57.8 (\text{V})$$

启动转矩：

$$T_{st} = 2T_N = 2 \times 276.95 = 553.9 (\text{N} \cdot \text{m})$$

3.6　他励直流电动机的调速

在生产过程中，许多生产机械往往有调速的要求。例如，车床切削工件时，精加工时用高转速，粗加工时用中低转速。这就是说，系统运行的速度能根据生产工艺要求而改变，即调节转速，简称调速。调速主要有机械调速和电气调速两种基本的形式。改变传动机构速比的调速方法称为机械调速，通过改变电动机参数而改变系统运行转速的调速方法称为电气调速。本节主要介绍他励直流电动机的电气调速方法以及调速的性能。

3.6.1　调速指标

评价电动机调速性能的好坏，主要依据以下四个性能指标。

1. 调速范围

调速范围是指电动机在额定负载下调速时，其最高转速与最低转速之比，即

$$D = \frac{n_{\max}}{n_{\min}} \tag{3-33}$$

不同的生产机械要求不同的调速范围。例如普通车床 $D = 20 \sim 120$，龙门刨床 $D = 10 \sim 40$。由上式可见，要扩大调速范围，应设法提高 $n_{\max}$，降低 $n_{\min}$。但电动机的最高转速受电动机的换向及机械强度限制，最低转速受生产机械对转速相对稳定性的限制。

2. 静差率

静差率是指电动机由理想空载到额定负载时转速的变化率，用 δ 表示为

$$\delta = \frac{n_0 - n}{n_0} = \frac{\Delta n_N}{n_0} \tag{3-34}$$

静差率 δ 越小，转速的相对稳定性越好；负载波动时，转速变化也越小。因此，拖动系统常要求 δ 小于一定值。例如，普通车床要求 $\delta < 30\%$，高精度造纸机要求 $\delta < 0.1\%$。

从式（3-34）可以看出，当 n_0 一定时，机械特性越硬，额定转矩时的转速降落 Δn_N 越小，静差率 δ 就越小。机械特性硬度一定时，理想空载转速 n_0 越高，δ 就越小。分析后可知，对他励直流电动机电枢串电阻调速，空载转速 n_0 相同，所串电阻越大，转速降落 Δn_N 也大，静差率 δ 越大；当降低电源电压调速时，机械特性的硬度相同，转速降落 Δn_N 相同，空载转速 n_0 随电压下降而下降，静差率 δ 跟着增大。因此，在低速时的静差率 δ 满足要求时，其他各条特性上的静差率便都能满足要求。可见，调速范围与静差率这两项性能指标是互相制约的，可参考图 3-13。采用同一种方法调速时，δ 数值较大即静差率要求较低，则可以得到较宽的调速范围；如果静差率 δ 一定，采用不同的调速方法，其调速范围 D 是不同的。降低电源电压调速比电枢串电阻调速的调速范围大。

3. 调速的平滑性

所谓调速的平滑性,是指相邻两级转速中,高一级转速 n_i 与低一级转速 n_{i-1} 之比,即

$$K = \frac{n_i}{n_{i-1}} \tag{3-35}$$

K 越接近 1,说明调速的平滑性越好。通常所说的无级调速,是指级数接近无穷大,平滑性很好。而有级调速的平滑程度,可用具体的平滑系数 K 值表示。

4. 调速的经济性

调速的经济性主要考虑的是调速设备的初期投资、调速时电能的损耗、运行时的维修费用等。

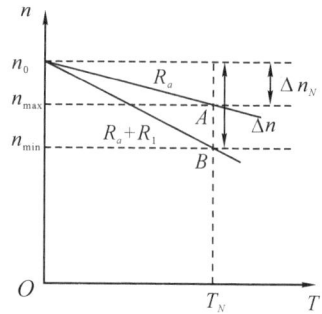

图 3-13 电枢串电阻调速时静差率

调速时电能的损耗除了要考虑电动机本身的损耗外,还要考虑电源的效率。调速设备初投资应该考虑电动机和电源两方面:专门设计的改变磁通调速的电动机成本较普通直流电机为高;降压调速的大功率可调压电源,成本也较高;调磁通调速一般也要专门配一可调压电源,但容量要小,成本也低些。这样综合起来考虑,电枢串电阻调速设备成本最低,而改变电源电压调速设备成本最高。

3.6.2 他励直流电动机的调速方法

拖动负载运行的他励直流电动机,其转速是由工作点决定的,工作点是指负载机械特性和电动机机械特性的交点。对于具体负载而言,其转矩特性是一定的,不能改变,但是他励直流电动机的机械特性是可以改变的。因此,通过改变电动机机械特性而使电动机与负载两条特性的交点随之变动,可以达到调速的目的。我们知道,电枢回路串电阻 R_Ω、改变他励电动机电压 U、改变磁通 Φ 可得到三种不同的人为机械特性,这就是他励直流电动机的三种调速方法。

1. 电枢回路串电阻调速

他励直流电动机拖动负载运行时,保持电源电压及磁通为额定值不变,在电枢回路中串入不同的电阻时,电动机将运行于不同的转速,如图 3-14 所示,该图中负载为恒转矩负载。未串电阻时,工作点为 A,转速为 n_A,电枢中串入电阻 R_1 后,工作点就变成了 B,转速降为 n_B。因为串入电阻 R_1 后,电机机械特性变为直线 $n_0 B$,而电动机转速不能突变,运行点由 A 变为 C,电机转矩 T_2 小于负载转矩 T_L,电动机转速将下降。随着转速下降,反电势下降,电流增大,电磁转矩也随之增大,直到 B 点时,电动机电磁转矩与负载转矩相等,进入新的稳定状态,电机转速从 n_A 调到了 n_B。

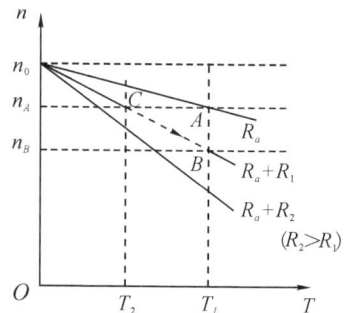

图 3-14 电枢回路串电阻调速

从图 3-14 中可以看出,串入电枢回路的电阻值越大,电动机运行的转速越低。也就是说,调速只能从额定转速向下调。

电枢回路串电阻调速时,如果拖动恒转矩负载,电动机运行在不同转速时,电动机电枢电流大小不变。这是因为电机的电磁转矩要与负载转矩相平衡,而电磁转矩 $T = C_T \Phi I_a$,磁

通不变,电磁转矩不变,电流也不变。电流不变,则输入功率也不变,而输出功率在减少,说明电机损耗增大。实际上,电枢回路所串的电阻上通过很大的电枢电流,会产生很大的损耗,转速越低,损耗越大。

电枢回路串电阻的人为机械特性,是一组过理想空载点的直线,串入的调速电阻越大,机械特性越软。这样,在低速运行时,负载在不大的范围内变动,就会引起转速较大的变化,也就是转速的稳定性较差。另外,在空载或轻载时调速效果不明显。

电枢串电阻调速方法的优点是:所需设备简单,操作方便。缺点是:功率损耗大,低速时转速不稳定,不能连续调速,只应用于调速性能要求不高的中、小电机上,大容量电动机一般不采用。

2. 降低电源电压调速

当保持他励直流电动机磁通为额定值不变,电枢回路不串电阻,降低电源电压时,电动机将拖动负载运行于不同的转速上,如图 3-15 所示。

图 3-15 所示的负载为恒转矩负载。当电源电压为额定值 U_N 时,工作点为 A,转速为 n_A;电压降到 U_1 后,工作点为 B,转速降为 n_B。电源电压越低,转速也越低,调速方向也是从额定转速向下调。降低电源电压调速时,如果拖动恒转矩负载,电动机运行在不同的转速上时,电动机电枢电流也是不变的,但是输入功率减少,因此有较高的效率。

降低电源电压,电动机机械特性的硬度不变。与电枢串电阻调速相比,降低电源电压可以使电动机在低速范围内运行时,转速随负载变化而变化的幅度较小,转速稳定性要好得多。

图 3-15　降低电源电压调速

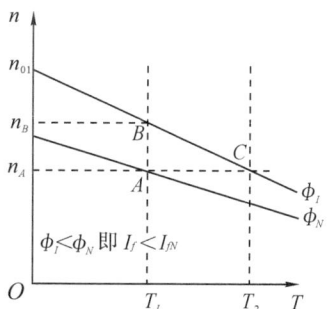

当电源电压连续变化时,转速的变化也是连续的,这种调速称为无级调速。与串电阻调速(有级调速)相比,这种速度调节要平滑得多,并且还可以得到任意多级的转速。

3. 弱磁调速

保持他励直流电动机的电源电压不变,电枢回路也不串电阻,在电动机拖动的负载转矩不过分大时,降低他励直流电动机的磁通,可以使电动机转速升高。图 3-16 所示为他励直流电动机带恒转矩负载时弱磁升速的机械特性,显然,磁通减少得越多,转速升高得越大。

弱磁升速是从额定转速向上调速的调速方法。如果是恒转矩负载,磁通减少,电流要增大。因此,如果电机拖动额定转矩负载从额定转速向上调,电流将超过额定电流,这是不允许的。如果电动机拖动的是恒功率负载,即 $T_L\Omega =$ 常数。

图 3-16　弱磁调速

则有

$$P_{em}=T_{em}\Omega =T_L\Omega =常数 \tag{3-36}$$

而

$$P_{em}=P_1-P_{Cua}=U_NI_a-I_a^2R_a \tag{3-37}$$

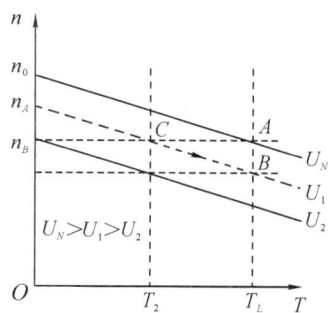

即有

$$I_a = 常数 \tag{3-38}$$

可知,当负载功率等于电动机的额定功率时,电动机电枢电流为额定电流。

在正常运行情况下,他励直流电动机的励磁电流比电枢电流要小很多,因此励磁回路中所串的调速电阻消耗的功率要比电枢回路串调速电阻时电阻消耗的功率小得多;而且由于励磁电路电阻的容量很小,控制很方便,可以连续调节电阻值,实现转速连续调节的无级调速。

减弱磁通升高转速的调节方法,其电动机转速最大值受换向能力与机械强度的限制,一般约为 $(1.2 \sim 1.5) n_N$。特殊设计的弱磁调速电动机,可以得到 $(3 \sim 4) n_N$ 的最高转速。

他励直流电动机电力拖动系统中,广泛地采用降低电源电压向下调速及减弱磁通向上调速的双向调速方法。这样,不仅可以得到很宽的调速范围,可以在调速范围之内的任何需要的转速上运行,而且调速时损耗较小,运行效率较高,因此能很好地满足各种生产机械对调速的要求。

例 3-4 某台他励直流电动机,额定功率为 $P_N = 10 \text{kW}$,额定电压为 $U_N = 220 \text{V}$,额定电流为 $I_N = 52 \text{A}$,额定转速为 $n_N = 2250 \text{r/min}$,电枢回路总电阻为 $R_a = 0.28 \Omega$,忽略空载转矩 T_0,电动机带额定负载运行时,要求把转速降到 1500r/min。计算:

(1)采用电枢串电阻调速需串入的电阻值;

(2)采用降低电源电压调速需把电源电压降到多少;

(3)弱磁调速,磁通为 $0.9 \Phi_N$ 时的转速;

(4)上述三种调速情况下,电动机输入功率与输出功率、电枢电流各是多少(不计励磁功率)。

解 (1)电枢串入电阻值的计算

电势系数:

$$C_e \Phi_N = \frac{U_N - I_N R_a}{n_N} = \frac{220 - 52 \times 0.28}{2250} = 0.0913$$

转矩系数:

$$C_T \Phi_N = 9.55 C_e \Phi_N = 9.55 \times 0.0913 = 0.872$$

理想空载转速:

$$n_0 = \frac{U_N}{C_e \Phi_N} = \frac{220}{0.0913} = 2410 (\text{r/min})$$

额定转速降落:

$$\Delta n_N = n_0 - n_N = 2410 - 2250 = 160 (\text{r/min})$$

电枢串电阻后转速降落:

$$\Delta n = n_0 - n = 2410 - 1500 = 910 (\text{r/min})$$

电枢串电阻为 R,则有

$$\frac{R_a + R}{R_a} = \frac{\Delta n}{\Delta n_N}$$

$$R = \frac{\Delta n}{\Delta n_N} R_a - R_a = \frac{910}{160} \times 0.28 = 1.31 (\Omega)$$

(2)降低电源电压数值的计算

降低电源电压后的理想空载转速

$$n_0 = \Delta n_N + n = 160 + 1500 = 1660 (\text{r/min})$$

降低后的电源电压为 U_1，则

$$\frac{U_1}{U_N} = \frac{n_{01}}{n_0}$$

$$U_1 = \frac{n_{01}}{n_0} U_N = \frac{1660}{2250} \times 220 = 162.3 (\text{V})$$

（3）弱磁调速后电枢电流为 I_{a1}

负载转矩不变，电机电磁转矩也不变，且 $\Phi = 0.9\Phi_N$，有

$$\Phi I_{a1} = 0.9\Phi_N I_{a1} = \Phi_N I_N$$

$$I_{a1} = \frac{I_N}{0.9} = \frac{52}{0.9} = 57.8 (\text{A})$$

弱磁调速后转速：

$$n_1 = \frac{U_e - I_{a1}R_a}{C_e\Phi} = \frac{U_e - I_{a1}R_a}{0.9C_e\Phi_N} = \frac{220 - 57.8 \times 0.28}{0.9 \times 0.0913} = 2480 (\text{r/min})$$

（4）电动机变降速后输入功率与输出功率计算

电动机输出转矩：

$$T_2 = 9.55\frac{P_N}{n_N} = 9.55 \times \frac{10 \times 10^3}{2250} = 42.4 (\text{N} \cdot \text{m})$$

电枢串电阻、降低电源电压输出功率：

$$P_2 = \frac{P_N}{n_N}n = \frac{10 \times 10^3}{2250} \times 1500 = 6.67 (\text{kW})$$

弱磁升速时输出功率：

$$P_2' = \frac{P_N}{n_N}n' = \frac{10 \times 10^3}{2250} \times 2480 = 11.02 (\text{kW})$$

电枢串电阻降速时输入功率：$P_1 = U_N I_N = 220 \times 52 = 11.44 (\text{kW})$

降低电源电压降速时输入功率：$P_1 = U I_N = 162.3 \times 52 = 8.44 (\text{kW})$

弱磁升速时输入功率：$P_1 = U_N I_{a1} = 220 \times 57.8 = 12.72 (\text{kW})$

3.6.3　调速方式与负载的配合

调速时，为了使电机在不同转速下能长期运行而发热但又不超过允许限度，其电枢电流不能超过额定值。在长期运行的条件下，电枢电流规定的上限值就是电枢额定电流 I_N。当然也不是电枢电流越小越好，电枢电流越小，电动机电磁转矩也越小，其作用发挥不出来。因此，为了最充分地利用电动机，就应让它工作在 $I_a = I_N$ 的情况下。

电机调速方式可分为恒转矩调速和恒功率调速两种。所谓恒转矩调速方式，是指在某种调速方法中，保持电枢电流 $I_a = I_N$ 不变，若该电动机的电磁转矩恒定不变，则称这种调速方式为恒转矩调速方式。他励直流电动机电枢回路串电阻调速和降低电源电压调速就属于恒转矩调速方式。所谓恒功率调速方式，是指在某种调速方法中，保持电枢电流 $I_a = I_N$ 不变，若该电动机的电磁功率 P_{em} 恒定不变，则称这种调速方法为恒功率调速方式。他励直流电动机改变磁通调速就属于恒功率调速方式。

调速方式是在 $I_a=I_N$ 不变的前提下,用来表征电动机采用某种调速方法时的负载能力或允许输出的性能指标。当电动机采用恒转矩调速方式时,如果拖动恒转矩负载运行,并且使电动机额定转矩与负载转矩相等,那么不论运行在什么转速上,电动机的电枢电流 $I_a=I_N$ 不变,电动机得到了充分利用。我们称这种恒转矩调速方式与恒转矩负载性质的配合关系为匹配。当电动机采用恒功率调速方式时,如果拖动恒功率负载运行,可以使电动机电磁功率不变,那么不论运行在什么转速上,电枢电流 $I_a=I_N$ 也不变,电动机也被充分利用。恒功率调速方式与恒功率负载相配合,也可以做到匹配。一般来讲,电动机带恒转矩负载,应采用恒转矩调速方式;电动机带恒功率负载,应采用恒功率调速方式。

但是,如果电动机采用恒转矩调速方式,拖动恒功率负载,我们可以使电动机低速运行时,负载转矩等于电动机额定转矩,电动机的电枢电流等于额定电流,电动机是充分利用的。但是当系统运行在高速时,由于负载是恒功率的,高速时转矩小,低于额定转矩,因此电动机电磁转矩也低于额定转矩。而恒转矩调速方式时磁通是不变的,电枢电流 I_a 必然减小,电动机就不能被充分利用了。这种情况,称其为电动机调速方式与所拖动的负载不匹配。

类似地,恒功率调速方式的电动机,若拖动恒转矩负载运行,我们可以使系统在高速运行时负载转矩等于电动机允许转矩,这时电动机电枢电流则等于额定电流 I_N,电动机得到充分利用。当系统运行到较低速时,由于负载是恒转矩性质的,电动机的电磁转矩也不变,但是低速时的磁通比高速时数值要大,因此电枢电流 I_a 变小了,电动机没能得到充分利用,这也是一种调速方式与负载性质不匹配的情况。

例 3-5 某台他励直流电动机有关数据为:额定功率为 $P_N=2.5\text{kW}$,额定电压为 $U_N=220\text{V}$,额定电流为 $I_N=12.5\text{A}$,额定转速为 $n_N=1500\text{r/min}$,电枢回路总电阻为 $R_a=0.8\Omega$,调速时磁通不变。求:

(1)静差率 $\delta<30\%$,电枢串电阻调速时的调速范围;

(2)静差率 $\delta<20\%$,串电阻调速时的调速范围;

(3)静差率 $\delta<20\%$,降压调速时的调速范围,低速时电源电压。

解 (1)电动机的电势系数:

$$C_e\Phi_N=\frac{U_N-I_NR_a}{n_N}=\frac{220-12.5\times0.8}{1500}=0.14$$

理想空载转速:

$$n_0=\frac{U_N}{C_e\Phi_N}=\frac{220}{0.14}=1571.4(\text{r/min})$$

电枢串电阻调速,静差率 $\delta=30\%$ 时的最低转速降:

$$\Delta n_N=\delta n_0=0.3\times1571=471.3(\text{r/min})$$

最低转速:

$$n_{\min}=n_0-\Delta n_N=1571.4-471.3=1100(\text{r/min})$$

调速范围:

$$D=\frac{n_{\max}}{n_{\min}}=\frac{n_N}{n_{\min}}=\frac{1500}{1100}=1.36$$

(2)电枢串电阻调速,$\delta<20\%$ 时,

最低转速:

$$n_{\min} = n_0 - \delta_{n_0} = 1571.4 \times (1 - 0.2) = 1257 (\text{r/min})$$

调速范围：

$$D = \frac{n_{\max}}{n_{\min}} = \frac{n_N}{n_{\min}} = \frac{1500}{1257} = 1.19$$

(3)$\delta < 20\%$ 时，降低电源电压调速的调速范围的计算。

额定转矩时转速降落：

$$\Delta n_N = n_0 - n_N = 1571.4 - 1500 = 71.4 (\text{r/min})$$

低转速相应机械特性的理想空载转速：

$$n_{01} = \frac{\Delta n_N}{\delta} = \frac{71.4}{0.2} = 357 (\text{r/min})$$

最低转速：

$$n_{\min} = n_{01} - \delta n_{01} = 357 \times (1 - 0.2) = 285.6 (\text{r/min})$$

调速范围：

$$D = \frac{n_{\max}}{n_{\min}} = \frac{n_N}{n_{\min}} = \frac{1500}{285.6} = 5.25$$

低速时电压：

$$U_{\min} = C_e \Phi_N n_{\min} = 0.14 \times 357 = 50 (\text{V})$$

3.7　他励直流电动机的制动

启动是从静止加速到某一稳定转速的过程。所谓制动，是与启动相对应的，指电动机从某一稳定转速开始减速直到停止，或限制位能负载的下降速度的一种运转过程。一些生产机械的生产工艺过程往往要求电力拖动系统能够迅速地启动、反向、制动和停车。例如：轧钢机及其辅助机械，在生产过程每轧一个道次就必须启动、加速，然后制动、减速，反方向再启动、加速，然后再制动、减速，这样不断地重复工作。一般地，电动机的制动可分为机械制动和电磁制动两种。机械制动可采用机械抱闸，利用其产生的机械摩擦转矩使电机停车，但使用过程中会使闸皮磨损严重，增加维修的负担，造成使用成本过高。所以，对经常处于重复反转工作的生产机械，采用机械制动不太现实，大部分采用电磁制动。电磁制动最大的特点是电动机的电磁转矩与转速的实际方向相反，这时的电磁转矩属制动性质的转矩，从而达到快速制动的目的。

最简单的电动机制动方法称为自然停车，即在电动机工作时，断开电源，则整个拖动系统的转速慢慢下降，直到转速为零而停车。这种制动减速是靠很小的摩擦阻转矩完成的，因而制动时间很长。

其次，有些位能负载性的生产机械，例如重物提升机构，当下放重物时，因为受重力加速度的作用，其下降的速度将越来越大，直到超过允许的安全速度，这是很危险的。所以必须限制下放速度，不能超过最大允许的安全速度，为此采用电动机制动状态工作，以限制最高转速。

综上所述，电动机的制动状态也和启动、调速一样，广泛地应用在各类生产机械的生产工艺过程中。他励直流电动机的制动运行可分为能耗制动、电压反向的反接制动、转速反向的反接制动以及回馈制动等几种。

3.7.1　能耗制动

能耗制动的接线如图 3-17 所示。将正在运行的电动机的电枢回路从电源断开,接入电阻 R_z,电动机便运行于能耗制动状态。

将 $U=0$ 及 $R=R_a+R_z$ 代入机械特性公式(3-26)中,可知理想空载转速为零,能耗制动的机械特性表达式为

$$n=-\frac{R_a+R_Z}{C_eC_M\Phi_N^2}T \qquad (3-29)$$

该机械特性通过原点,因为加入了电阻,与固有特性相比,特性的倾斜程度大大增加,如图 3-18 所示。

他励直流电动机的能耗制动可用于快速停车,也可用于恒速下放重物,下面对这两种情况分别加以分析。

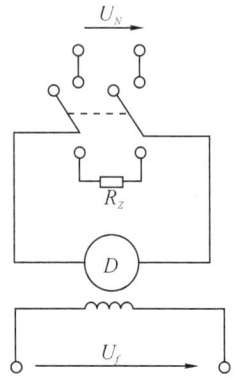

图 3-17　能耗制动接线图

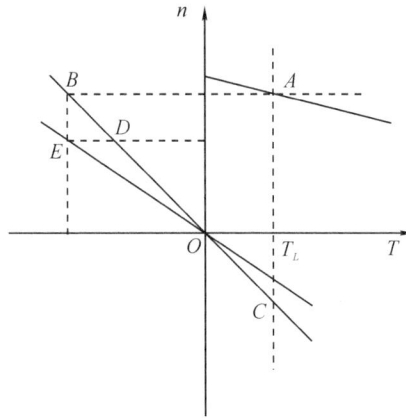

图 3-18　能耗制动机械特性

1. 能耗制动用于停车

设电动机原来运行于正向电动状态,各量实际方向与各量参考方向如图 3-19 所示。因转速不能突变,故 E_a 不能突变,I_a 变负,T 亦变负,n 仍为正,电磁转矩实际方向和转速实际方向相反,电磁转矩是制动转矩。

从机械特性上看,制动开始后瞬间,若忽略电磁惯性,电动机的运行点将由 A 点变到 B 点,参见图 3-18,然后沿 BO 减速运行,直至转速为零。

开始制动时,电枢回路中需串入较大的电阻值,限制电枢电流。串电阻时,有

$$E_a+I_a(R_a+R_Z)=U=0$$

即

$$E_a=-I_a(R_a+R_Z) \qquad (3-40)$$

$$R_Z=-\frac{E_a}{I_a}-R_a \qquad (3-41)$$

式中:I_a 为负数;E_a 为制动开始瞬时电动机的电动势。因为转速不能突变,它就是制动开始前稳态运行时的反电动势(为正),假定最大允许制动电流为 I_B,将 $I_a=-I_B$ 代入可求出应串入的电阻值。

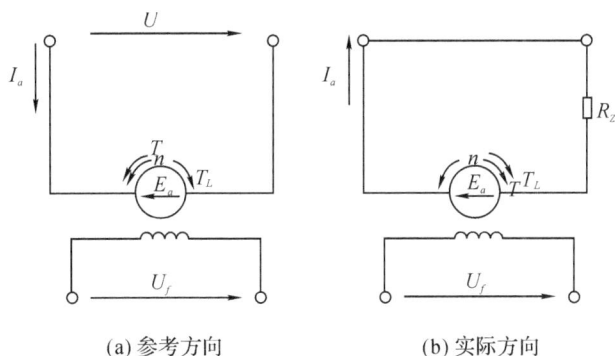

(a) 参考方向　　　　　　　(b) 实际方向

图 3-19　能耗制动停车时各量方向

例 3-6　他励直流电动机的铭牌数据为 $P_N = 100\text{kW}$，$U_N = 220\text{V}$，$I_N = 475\text{A}$，$n_N = 475\text{r/min}$，$R_a = 0.01\Omega$，电枢电流最大允许值为 $2I_N$。求能耗制动时电枢回路所应串接的电阻值。

解　设制动前运行于额定状态，则

$$E_a = U_N - I_N R_a = 220 - 475 \times 0.01 = 215(\text{V})$$

制动开始后瞬时，要求：

$$I_a = -2I_N = -475 \times 2 = -950(\text{A})$$

$$R = -\frac{E_a}{I_a} - R_a = \frac{215}{950} - 0.01 = 0.216(\Omega)$$

能耗制动用于停车时，在转速下降的过程中，若电动机还带有负载，电动机在负载转矩和电磁转矩的共同作用下(两者实际方向都与转速实际方向相反)，转速下降至零。系统的动能除一部分转化为输出的机械能(转速下降过程中，电动机仍带动负载)外，其余部分转化为电动机及所串电阻上的损耗。若是空载停车，系统的动能全部转化为损耗。

能耗制动过程中，电动势产生电流，进而产生电磁制动转矩。随着转速的降低，电动势逐渐减小，电磁制动转矩也将逐渐减小，制动效果将随之变差。作为补救措施，可在转速下降到一定程度后，将串接在电枢回路中的电阻切除掉一部分，使电动机的运行点由图 3-18 中的 D 点变为 E 点，这时，可使电磁制动转矩又有所增加，从而加强制动效果。

2. 能耗制动用于恒速下放重物

能耗制动用于停车时，若是反抗性负载，可直接实现停车；若是位能性负载，当转速降为零后，如不采取其他措施，电动机将在负载重力作用下反向加速，最后达到稳态，以恒速下放重物，运行于图 3-18 中的 C 点。

图 3-20(a)中画出了运行于正向电动状态提升重物时各量的实际方向，图 3-20(b)中画出了同一电机采用能耗制动下放重物时各量的实际方向。通过比较可以看出，下放重物时 n 为负，I_a 和 T 为正，T_L 为正。下放重物的速度与电枢回路所串电阻的大小有关，所串电阻越大，下放速度也越大。能耗制动用于恒速下放重物时，重物下放所释放的位能全部转化成损耗。

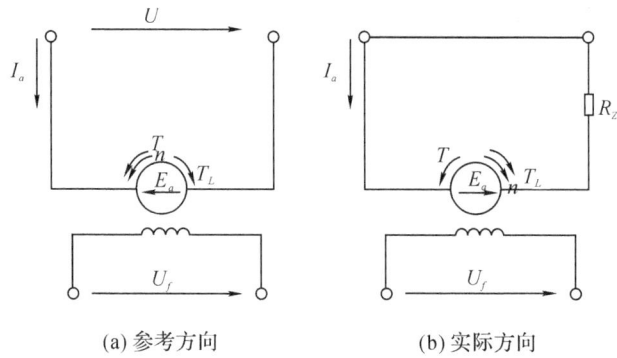

(a) 参考方向　　　　　(b) 实际方向

图 3-20　能耗制动下放重物各量方向

3.7.2　电压反向的反接制动

电压反向的反接制动常用于快速停车,接线如图 3-21 所示。制动开始时,电枢回路串电阻并接上极性相反的电压,使电源电压与仍然存在的反电势同向串联,共同产生很大的反向电流,从而产生强烈的制动效果。

在图 3-22 中分别画出了正向电动和电压反向的反接制动时各量的实际方向。对照起来看,可知在反接制动时 n 为正,I_a 和 T 为负,电动机在电磁转矩和负载转矩的共同作用下,转速很快下降。

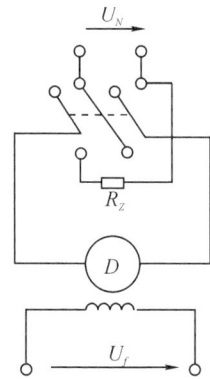

图 3-21　电压反向反接制动接线图

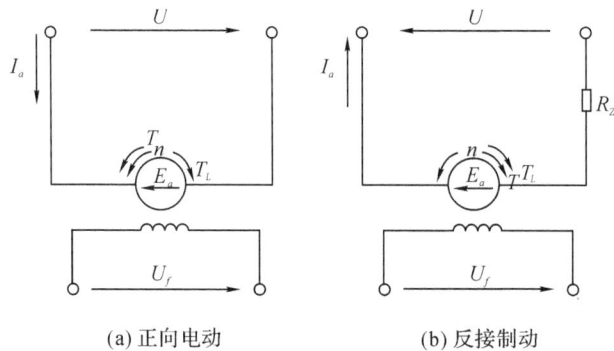

(a) 正向电动　　　　　(b) 反接制动

图 3-22　电压反向反接制动各量方向

当采用电压反接制动时,因电枢电压为负,故理想空载转速也为负。为限制电枢电流,避免使其过大,电枢回路必须串入一个较大的电阻,以使反向电枢电流做到

$$I_a \geqslant -I_{a\max} \tag{3-42}$$

故其机械特性倾斜程度大大增加,其机械特性如图 3-23 中 BE 所示。

根据电动机的基本方程

$$-U_N = E_{aN} - I_{a\max}(R_a + R_Z) \qquad (3\text{-}43)$$

可得

$$R_Z = \frac{U_N + E_a}{I_{a\max}} - R_a \qquad (3\text{-}44)$$

制动开始瞬间,因所加电枢电压为反向电压,故上式中 U_N 为负,因转速不能突变,E_a 亦不能突变,且等于制动开始前稳态运行时的反电势。由上式可以看出,I_a 为负。同时还可看出,若不串接电阻,开始制动后,反向的电枢电流可达到极高的数值,而这是不允许的。同理,根据式(3-44)可以计算出电流不超过允许值的条件下,电枢回路应串入的电阻值。

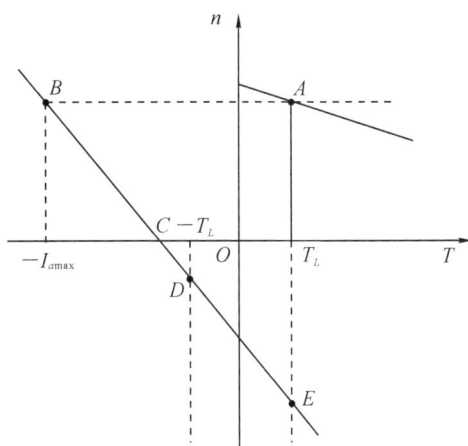

图 3-23　电压反向的反接制动机械特性

例 3-7　如例 3-6 中的直流电动机,电枢电流最大允许值为 $2I_N$。求电压反向的反接制动电枢回路所应串接的电阻值。

解　设制动前运行于额定状态,则

$$E_a = U_N - I_N R_a = 220 - 475 \times 0.01 = 215(\text{V})$$

制动开始后瞬时,要求:

$$I_a = -2I_N = -475 \times 2 = -950(\text{A})$$

$$R_N = \frac{U_N - E_a}{I_a} - R_a = \frac{-220 - 215}{-950} - 0.01 = 0.448(\Omega)$$

采用电压反向的反接制动在速度降为零后,若不采取其他措施一般很难停住车。根据图 3-23 可知,若电动机这时拖动反抗性恒转矩负载且反向启动转矩大于负载转矩,则电动机将在反向电压作用下反向启动并到达稳态运行点 D,即电动机最终进入稳态反向电动状态;若电动机这时拖动位能性恒转矩负载,则电动机在速度过零以后将反向加速,并到达稳态运行点 E,即电动机最终进入稳态回馈制动状态。

在减速过程中,电动机运行于图 3-23 中的特性 BC 段,电动机从电源吸收电能,系统释放动能。若减速过程中电动机空载,则这两种能量都转化为损耗;若减速过程中电动机仍带负载,则这两种能量之和中有一部分转化为输出的机械能,其余部分则转化为损耗。

3.7.3　转速反向的反接制动

转速反向的反接制动是指这样一种情况:电源电压为正,但转速为负,电枢回路内串入较大电阻,到达稳态时电动机以恒速下放重物。这种情况也称为倒拉反转。

图 3-24 中分别画出了正向电动(提升重物)和倒拉反转(下放重物)时各量的实际方向,通过比较不难发现,倒拉反转时,电压为正,转速为负,故 E_a 为负,E_a 与 U 顺向串联,共同在枢回路中产生电流,电流为正,故 T 也为正。

倒拉反转的机械特性如图 3-25 所示。因电压为正,故理想空载转速为正,又因串入了一较大电阻,故特性倾斜程度较大,机械特性与负载特性的交点 D 是稳态运行点。当电动

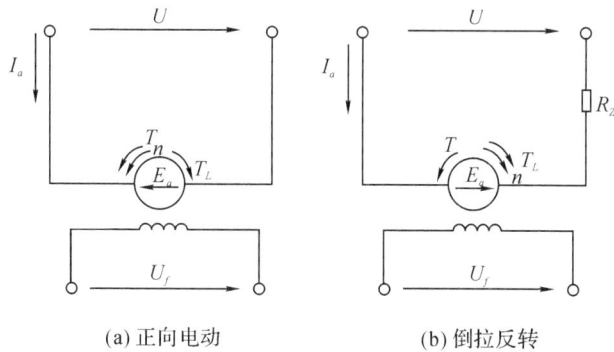

(a) 正向电动　　　　　　　　　　　(b) 倒拉反转

图 3-24　正向电动和倒拉反转各量方向

机运行于正向电动状态时,图3-25中的 A 点,提升重物。此时,若在电枢回路串入一相当大的电阻,电动机转速下降,因所串电阻值较大,即使转速降为零,产生的电磁转矩仍小于负载转速,不足以和负载转矩相平衡,故速度过零后,电动机将在负载重力作用下反向加速,而一旦转速反向,电动势极性也反向,从原来"反抗"电枢电流的产生(电压克服反电势后才能产生电枢电流)变为和电压顺极性串联,"帮助"电枢电流的产生,于是电磁转矩进一步增加,直至达到新的稳态运行点 D。

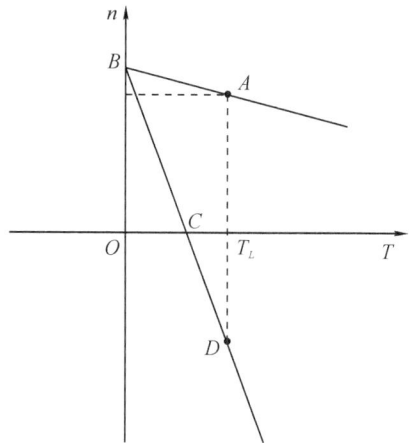

图 3-25　倒拉反转机械特性

在电压平衡方程式两边同乘以 I_a,可得

$$U_a I_a = E_a I_a + I_a^2 (R_a + R_Z) \tag{3-45}$$

即

$$UI_a - E_a I_a = I_a^2 (R_a + R_Z) \tag{3-46}$$

因 $n<0$,故 $E_a<0$,而 $I_a>0$,$T>0$,所以 $E_a I_a = T\varOmega<0$,表明电动机从轴上吸收机械功率(由重物下放时释放位能提供)。$UI_a>0$,说明电动机从电源吸收电功率。上式表明倒拉反转时,电动机既从电源吸收电功率,又从轴上吸收机械功率,所吸收的功率都消耗在电枢回路中的电阻上了。倒拉反转下放重物时,所串电阻值越大,则重物下放的速度也越大。

例 3-8　他励直流电动机的铭牌数据为 $P_N = 10\mathrm{kW}$,$U_N = 220\mathrm{V}$,$I_N = 53\mathrm{A}$,$n_N = 1100$ r/min,$R_a = 0.03\varOmega$,该电动机工作于倒拉反转状态,电枢电流为额定值,以 $600\mathrm{r/min}$ 恒速下放重物。求这时电枢回路内应串入的电阻值。

解　电势系数:

$$C_e \varPhi_N = \frac{U_N - I_N R_a}{n_N} = \frac{220 - 53 \times 0.3}{1100} = 0.186$$

根据电压平衡方程:

$$U_N = E_a + I_a (R_a + R_Z)$$

得(注意转速是负的)

$$R_Z = \frac{U_N - E_a}{I_a} - R_a = \frac{U_N - C_e \Phi_N n}{I_a} - R_a$$

$$= \frac{220 - 0.186 \times (-600)}{53} - 0.3 = 5.96(\Omega)$$

3.7.4 回馈制动

当电动机转速高于理想空载转速,即电动势高于外加电压时,电流方向将反向,电动机向电网输出电功率。与电动状态相比,电流已经反向,电磁转矩也反向,由电动运行时的拖动转矩变为制动转矩,电动机的这种运行状态称为回馈制动。他励直流电动机作回馈制动时,转速方向应与理想空载转速方向一致,相当于发电机,吸收机械能,输出电能。

图 3-26 中分别画出了正向电动和正向回馈制动(加正向电压)时各量的实际方向。通过比较可以看出,正向回馈制动时,n 为正,I_a 和 T 为负。要保持恒速运行,必须有一个与转速同向的拖动转矩 T_L 才行,其机械特性位于图 3-27 中的 BE 段,反向回馈制动(加反向电压)的机械特性位于图 3-27 中的 CD 段。

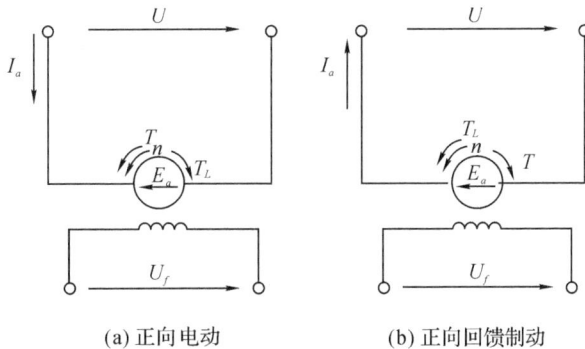

(a) 正向电动 (b) 正向回馈制动

图 3-26 正向电动和正向回馈制动各量方向

下面列举几种回馈制动的具体例子。

(1)电动机高速下放重物。

电机运行于图 3-27 中的 D 点。这时,重物下放释放位能,即电动机轴上输入机械功率,扣除各种损耗后,向电网回馈电功率。设提升重物时运行于正向电动状态,则下放重物时运行于反向回馈制动状态,由图 3-27 可以看出,此时,U 为负,T 和 I_a 为正,转速中的负号表示下放重物。

(2)电车下坡。

电车在平路上行驶时,电动机工作在正向电动状态;电车下坡时,电车的重力沿斜坡方向产生一分力,此分力减去车轮与路面的摩擦力,其余部分体现为作用在电动机轴上的拖动力矩,迫使电动机加速直至进入回馈制动状态,电动机运行于图 3-27 中的 B 点。

(3)当采用降压方法降低电动机的转速时,电动机在减速过程中有可能有一段时间运行于回馈制动状态,这可用图 3-28 加以说明。

如图 3-28 所示,设电动机带恒转矩负载运行于 A 点。现降低电源电压,机械特性变为 BD,由于转速不能突变,运行点将由 A 点变为 B 点,电动机进入回馈制动。

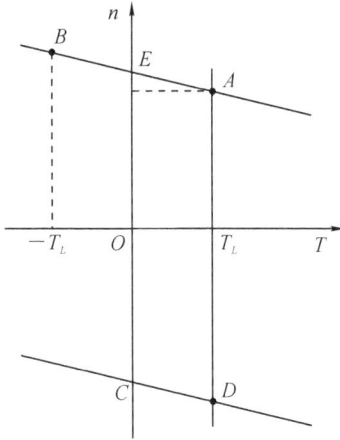

图 3-27　回馈制动机械特性

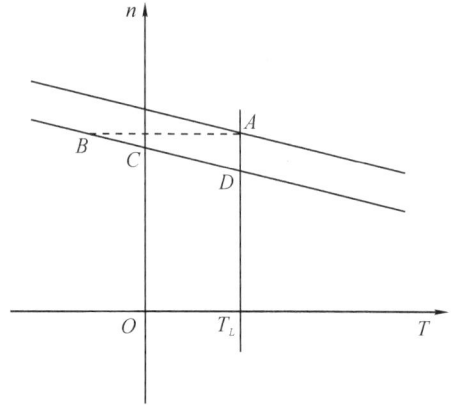

图 3-28　降压调速中的回馈制动

*3.8　他励直流电动机的过渡过程

电力拖动系统的运行有两种状态:一种是稳态运行,另一种是过渡过程。当 $T=T_L$,转速恒定,电机稳态运行;而系统的转矩平衡关系一旦受到破坏,即 $T\neq T_z$,系统便从一个稳态向另一个稳态过渡,这个过程即过渡过程。直流电动机的启动、调速制动等均需经历过渡过程,在过渡过程中,转速的变化会引起电动势、电流、转矩的变化。研究过渡过程,分析过渡过程中转速、转矩、电流的变化规律,进而采取必要措施,使电动机的过渡过程在一定程度上得到控制,这对经常处于启动、调速、制动运行的生产机械缩短过渡过程时间,减少过渡过程中能量损耗,提高劳动生产率等,都有现实意义。

分析计算他励直流电动机的过渡过程可采用解析法、图解法或计算机仿真法。对简单的线性系统,可采用解析法,得出各物理量随时间变化的表达式,便于定性分析。但对复杂的非线性系统,可借助于计算机,用数值解法来分析计算。

3.8.1　过渡过程的数学分析

在电力拖动系统中,既存在机械惯性,也存在电磁惯性。机械惯性是由于系统的转动惯量,使系统转速不能突变;电磁惯性是因为电路中存在电感,使电流不能突变。在一般的电力拖动系统中,电磁过渡过程时间较短,对过渡过程影响相对较小,因此只考虑机械过渡过程。

下面以电枢回路串电阻调速为例进行分析,得出他励直流电动机过渡过程的一般规律。假设系统满足以下条件:

(1)电源电压在过渡过程中恒定不变;

(2)磁通恒定不变;

(3)负载转矩为常数不变。

如图 3-29 所示，调速前，电动机运行于 A 点，串入电阻 R_Ω 后瞬间（记作 $t=0$），电动机运行于 B 点，而 C 点是新的稳态运行点。调速过程的起始点为 B 点，其转速为 n_B，电磁转矩为 T_B，电流为 I_B；稳态点为 C 点，其转速为 n_C，电磁转矩为 T_Z。

电力拖动系统满足运动方程

$$T_{em} - T_L = \frac{GD^2}{375}\frac{dn}{dt} \qquad (3\text{-}47)$$

同时，电动机的电磁转矩、转速满足机械特性

$$n = \frac{U_N}{C_e\Phi_N} - \frac{R_a + R_\Omega}{C_e C_T \Phi_N^2} T_{em} \qquad (3\text{-}48)$$

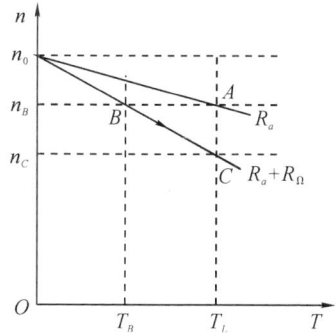

图 3-29　串电阻调速机械特性

即

$$T_{em} = \left(\frac{U_N}{C_e\Phi_N} - n\right)\frac{C_e C_T \Phi_N^2}{R_a + R_\Omega} \qquad (3\text{-}49)$$

联立式(3-47)和(3-49)，得微分方程式为

$$\frac{GD^2}{375}\frac{R_a + R_\Omega}{C_e C_T \Phi_N^2}\frac{dn}{dt} + n = \frac{U_N}{C_e\Phi_N} - \frac{R_a + R_\Omega}{C_e C_T \Phi_N^2}T_{em} \qquad (3\text{-}50)$$

令

$$T_M = \frac{GD^2}{375}\frac{R_a + R_\Omega}{C_e C_M \Phi_N^2} \qquad (3\text{-}51)$$

称其为电力拖动系统的机电时间常数。

将图 3-29 中 C 点坐标代入式(3-50)，可得

$$T_M\frac{dn}{dt} + n = n_C \qquad (3\text{-}52)$$

式中：n_C 为 C 点的稳态转速。

式(3-52)是关于转速 n 的非齐次常系数的一阶微分方程，其解为

$$n = Ce^{-\frac{t}{T_M}} + n_C$$

式中：C 为常数，由初始条件 $t=0,n=n_B$ 决定。

于是可得转速的变化规律为

$$n = (n_B - n_C)e^{-\frac{t}{T_M}} + n_C \qquad (3\text{-}53)$$

将式(3-53)代入式(3-47)，可得电动机电磁转矩的变化规律为

$$T = T_L + \frac{GD^2}{375}\frac{dn}{dt} = T_L + \frac{GD^2}{375}\left(-\frac{1}{T_M}\right)(n_B - n_C)e^{-\frac{t}{T_M}}$$

因为有

$$n_B = \frac{U_N}{C_e\Phi_N} - \frac{R_a + R_\Omega}{C_e C_T \Phi_N^2}T_B$$

$$n_C = \frac{U_N}{C_e\Phi_N} - \frac{R_a + R_\Omega}{C_e C_T \Phi_N^2}T_C$$

代入上式，得

$$T = (T_B - T_C)e^{-\frac{t}{T_M}} + T_C \qquad (3\text{-}54)$$

式中：$T_C = T_L$。

又因转矩与电流成正比，故可得电流变化规律为

$$I_a = (I_{aB} - I_{aC})e^{-\frac{t}{T_M}} + I_{aC} \tag{3-55}$$

式中：$I_C = I_L$。

他励直流电动机过渡过程的方程是一阶微分方程，因此与一般的一阶过渡过程曲线一样，只要掌握三个要素，即起始值、稳态值与时间常数，这三个要素确定了，过渡过程也就确定了。用 n_{BG}、T_{BG}、I_{aBG} 表示起始值，用 n_{ED}、T_{ED}、I_{aED} 表示稳态值，可得一般性的表达式为

$$\left. \begin{aligned} n &= (n_{BG} - n_{ED})e^{-\frac{t}{T_M}} + n_{ED} \\ T &= (T_{BG} - T_{ED})e^{-\frac{t}{T_M}} + T_{ED} \\ I_a &= (I_{aBG} - I_{aED})e^{-\frac{t}{T_M}} + I_{aED} \end{aligned} \right\} \tag{3-56}$$

因此，只要求出过渡过程的三个要素，就可以确定转矩、电流、转速的变化规律。图3-30所示为转速的过渡过程变化曲线。可以证明，这个结论也适用于其他过渡过程的分析。

从图3-30可知，转速从起始值变到稳态值，理论上需要的时间为 $t = \infty$，但当 $t = (3 \sim 4)T_m$ 时，其值便可达到稳态值的 $95\% \sim 98\%$，在工程实际中，即可认为过渡过程结束了。此外，有时需要知道过渡过程进行到某一阶段所需的时间，要求从过渡过程开始到转速为 n_x 所需的时间 t_x，可根据式（3-56）求得，即

$$t_x = T_M \ln \frac{n_{BG} - n_{ED}}{n_x - n_{ED}} \tag{3-57}$$

根据转矩、电流的变化规律求取时间 t_x 时方法类似。

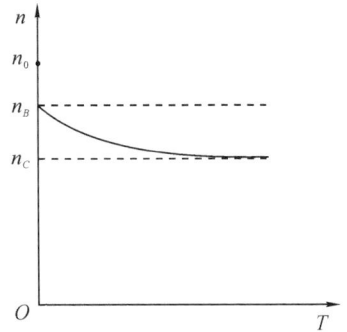

图 3-30　过渡过程曲线

3.8.2　启动过渡过程分析

图3-31所示为他励直流电动串固定电阻启动时的机械特性曲线，A点为启动过程的起始点，其转矩 $T_{BG} = T_{st}$，转速 $n_{BG} = 0$，电流 $I_{aBG} = I_{ast}$，B点为启动过程结束点，其转矩 $T_{ED} = T_L$，$n_{ED} = n_A$，$I_{aED} = I_{aZ}$，将数据代入式（3-56），可得

$$\left. \begin{aligned} n &= n_A(1 - e^{-\frac{t}{T_M}}) \\ T &= (T_{st} - T_L)e^{-\frac{t}{T_M}} + T_L \\ I_a &= (I_{ast} - I_{aZ})e^{-\frac{t}{T_M}} + I_{aZ} \end{aligned} \right\} \tag{3-58}$$

图3-32画出了电流和转速的变化曲线，转矩的变化曲线类似。

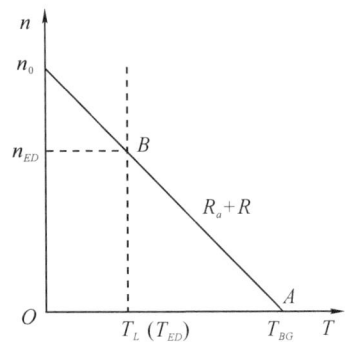

图 3-31　串电阻调速机械特性

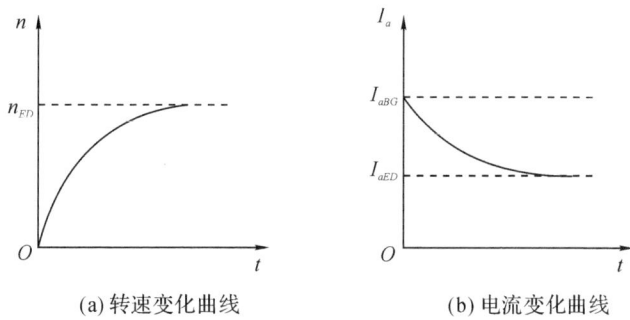

(a)转速变化曲线　　　　　　　　(b)电流变化曲线

图 3-32　启动过渡过程

3.8.3　电压反向的反接制动过渡过程

采用电压反向的反接制动,当电机转速为零时,若不采取其他措施,电动机会反向加速,达到新的稳定状态。下面分两种情况进行分析。

1. 拖动位能性恒转矩负载

他励直流电动机拖动位能性恒转矩负载反接制动的机械特性如图 3-33(a)所示。原来

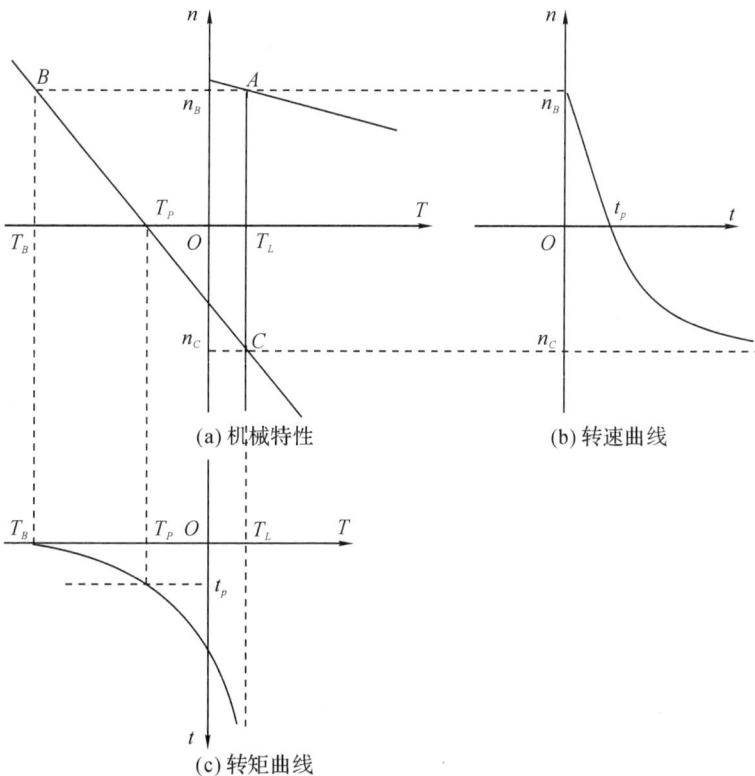

(a)机械特性　　　　　　　(b)转速曲线

(c)转矩曲线

图 3-33　位能性负载时反接制动过渡过程

运行于 A 点,是正向电动状态;当电压反向后,其机械特性为 BC,运行点由 A 点变为 B 点, B 点是过渡过程的起始点;过渡过程结束后,电动机运行于新的稳态运行点 C。如果起始点 B 的转速、转矩分别为 n_B、T_B,稳定点 C 的转速、转矩分别为 n_C、T_L,且机电时间常数为 T_M。

把这些数据代入式(3-56),可得

$$n=(n_{BG}-n_{ED})\mathrm{e}^{-\frac{t}{T_M}}+n_{ED}=(n_B-n_C)\mathrm{e}^{-\frac{t}{T_M}}+n_C \tag{3-59}$$

$$T=(T_{BG}-T_{ED})\mathrm{e}^{-\frac{t}{T_M}}+T_{ED}=(T_B-T_C)\mathrm{e}^{-\frac{t}{T_M}}+T_C \tag{3-60}$$

图 3-33(b)、(c)画出了过渡过程中 $n=f(t)$、$T=f(t)$ 的曲线。

2. 拖动反抗性恒转矩负载

他励直流电动机拖动反抗性恒转矩负载进行反接制动的机械特性如图 3-34(a)所示。

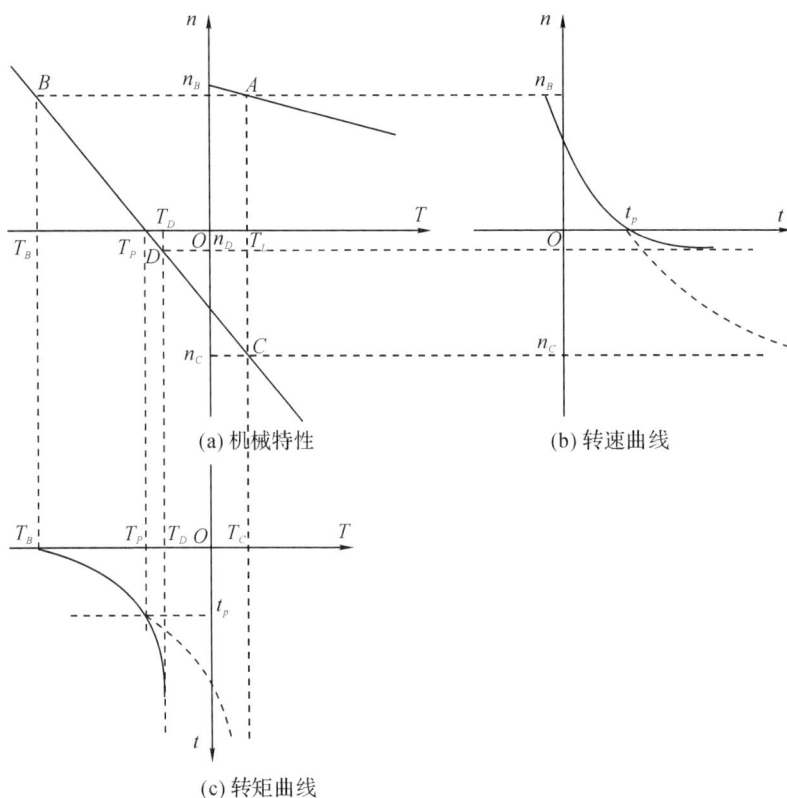

(a) 机械特性　　　(b) 转速曲线

(c) 转矩曲线

图 3-34　拖动反抗性负载时反接制动过渡过程

同样,设原来电动机运行于 A 点,是正向电动状态;当电压反接后,其机械特性为 BC,运行点由 A 点变为 B 点,B 点是过渡过程的起始点($t=0$),电动机趋向于 C 点。如果起始点 B 的转速、转矩分别为 n_B、T_B,稳定点 C 的转速、转矩为 n_C、T_L,可得

$$n=(n_{BG}-n_{ED})\mathrm{e}^{-\frac{t}{T_M}}+n_{ED}=(n_B-n_C)\mathrm{e}^{-\frac{t}{T_M}}+n_C \tag{3-61}$$

$$T=(T_{BG}-T_{ED})\mathrm{e}^{-\frac{t}{T_M}}+T_{ED}=(T_B-T_C)\mathrm{e}^{-\frac{t}{T_M}}+T_C \tag{3-62}$$

对反抗性负载,在转速从 $n_B(t=0)$ 到 $n=0$(设 $t=t_p$)期间,负载转矩为正,因此把 C 点作为稳态运行点来确定 n_{ED} 和 T_{ED}。而实际上,当 $t>t_p$ 时,电机反转,负载转矩变为负,D

点才是真正的稳态运行点。因此,我们把 C 点称为"虚稳态点"。对反抗性负载,在转速从 n_B 到 0 期间,和位能性负载过渡过程具有相同的表达式,但它的时间范围为 $[0, t_p]$。转速过零时,负载转矩变为负,电机的过渡过程肯定发生变化。我们把转速过零时刻作为新的过渡过程的开始,并取新的时间起点($t'=0$)。这个过渡过程的起始点为 t_P(或 $T_{BG}=T_P$),而稳态运行点为 D,如图 3-34 所示。这个过渡过程的分析完全可用前面的结论,t_P 点转矩为 $T_{BG}=T_P$,转速为 $n_{BG}=0$,D 点转矩为 $T_{ED}=T_D$,转速为 $n_{ED}=n_D$,代入式(3-56),可得

$$n=(n_{BG}-n_{ED})\mathrm{e}^{-\frac{t'}{T_M}}+n_{ED}=-n_D\mathrm{e}^{-\frac{t'}{T_M}}+n_D$$

$$T=(T_{BG}-T_{ED})\mathrm{e}^{-\frac{t'}{T_M}}+T_{ED}=(T_P-T_D)\mathrm{e}^{-\frac{t'}{T_M}}+T_D \qquad (t'>0)$$

也可写成

$$n=-n_D\mathrm{e}^{-\frac{t-t_p}{T_M}}+T_D$$

$$T=(T_P-T_D)\mathrm{e}^{\frac{t-t_p}{T_M}}+T_D \qquad (t>t_p)$$

式中

$$t_p=T_M\ln\frac{n_B-n_C}{0-n_C}$$

这两条曲线分别见图 3-34(b)和(c)。

3.8.4　能耗制动过渡过程

他励电机能耗制动过渡过程也和负载性质有关,下面分两种情况进行分析。

1. 拖动位能性恒转矩负载

他励直流电动机拖动位能性恒转矩负载能耗制动的机械特性如图 3-35(a)所示。原来电动机运行于 A 点,是正向电动状态。能耗制动时,电压为零,其机械特性变为过原点的直线 BC,运行点由 A 变为 B 点,B 点是过渡过程的起始点;过渡过程结束后,电动机运行于新的稳态运行点 C。如果起始点 B 的转速、转矩分别为 n_B、T_B,稳定点 C 的转速、转矩为 n_C、T_Z,且机电时间常数为 T_M,代入式(3-56),可得

$$n=(n_{BG}-n_{ED})\mathrm{e}^{-\frac{t}{T_M}}+n_{ED}=(n_B-n_C)\mathrm{e}^{-\frac{t}{T_M}}+n_C \qquad (3-63)$$

$$T=(T_{BG}-T_{ED})\mathrm{e}^{-\frac{t}{T_M}}+T_{ED}=(T_B-T_Z)\mathrm{e}^{-\frac{t}{T_M}}+T_L \qquad (3-64)$$

图 3-35(b)和(c)画出了过渡过程中 $n=f(t)$、$T=f(t)$ 的曲线。

2. 拖动反抗性恒转矩负载

他励直流电动机拖动反抗性恒转矩负载进行能耗制动的机械特性如图 3-36(a)所示。同样,设原来电动机运行于 A 点,是正向电动状态;当能耗制动时,其机械特性变为 BC,运行点由 A 点变为 B 点,B 点是过渡过程的起始点($t=0$);电动机趋向于 C 点运行,C 点为"虚稳态点"。如果 B 点的转速、转矩分别为 n_B、T_B,C 点的转速、转矩分别为 n_C、T_C,则可得

$$n=(n_{BG}-n_{ED})\mathrm{e}^{-\frac{t}{T_M}}+n_{ED}=(n_B-n_C)\mathrm{e}^{-\frac{t}{T_M}}+n_C \qquad (3-65)$$

$$T=(T_{BG}-T_{ED})\mathrm{e}^{-\frac{t}{T_M}}+T_{ED}=(T_B-T_C)\mathrm{e}^{-\frac{t}{T_M}}+T_C \qquad (3-66)$$

对反抗性负载,在转速从 n_B($t=0$)到 $n=0$(设此时 $t=t_p$)期间,负载转矩 T_C 为正,因此把 C 点作为稳态运行点来确定 n_{ED} 和 T_{ED}。实际上,当 $n=0$ 时,电动机转矩 $T=0$,电动机不可能反转。因此,过渡过程就此结束,过渡过程的时间为

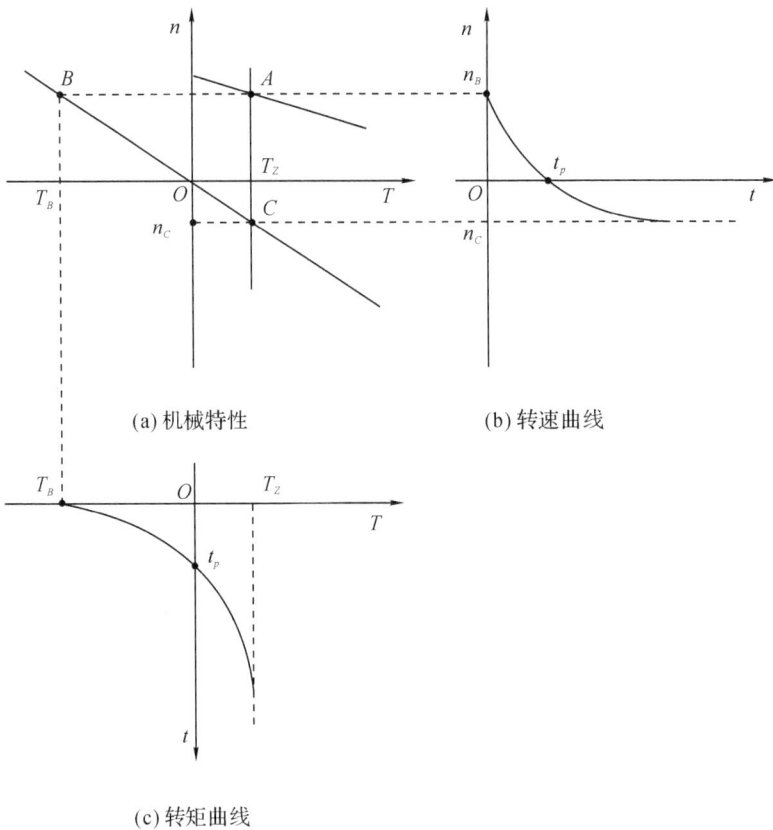

(a) 机械特性　　　　　(b) 转速曲线

(c) 转矩曲线

图 3-35　位能性负载时能耗制动过渡过程

$$t_p = T_M \ln \frac{n_B - n_C}{0 - n_C}$$

所以,拖动反抗性恒转矩负载进行能耗制动时,完整的过渡过程表达式如下:

$$n = (n_{BG} - n_{ED})e^{-\frac{t}{T_M}} + n_{ED} = (n_B - n_C)e^{-\frac{t}{T_M}} + n_C$$

$$T = (T_{BG} - T_{ED})e^{-\frac{t}{T_M}} + T_{ED} = (T_B - T_C)e^{-\frac{t}{T_M}} + T_C \qquad (0 < t \leqslant t_p)$$

图 3-36(b)、(c)画出了过渡过程曲线。

例 3-9　某台他励直流电动机的数据 $P_N = 5.6 \text{kW}, U_N = 220 \text{V}, I_N = 31 \text{A}, n_N = 1000$ r/min, $R_a = 0.4 \Omega$,电枢电流最大允许值为 $2I_N$,如果系统总飞轮矩 $GD^2 = 9.8 \text{N} \cdot \text{m}^2, T_Z = 49 \text{N} \cdot \text{m}$。求在启动电流为 $2I_N$ 的条件下,转速、转矩过渡过程,以及转速上升到 500r/min 需要的时间。

解　电势系数:

$$C_e \Phi_N = \frac{U_N - I_N R_a}{n_N} = \frac{220 - 31 \times 00.4}{1000} = 0.208$$

转矩系数:

$$C_T \Phi_N = 9.55 C_e \Phi_N = 9.55 \times 0.208 = 1.986$$

理想空载转速:

(a) 机械特性　　　　　　　(b) 转速曲线

(c) 转矩曲线

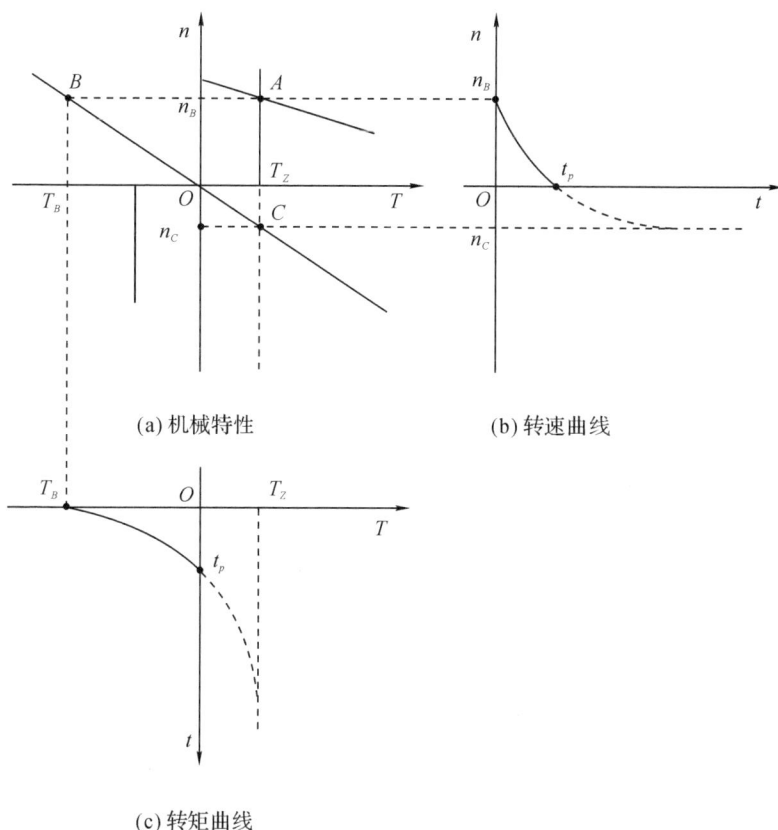

图 3-36　拖动反抗性负载时能耗制动过渡过程

$$n_0 = \frac{U_N}{C_e \Phi_N} = \frac{220}{0.208} = 1058(\text{r/min})$$

电枢回路应串电阻：

$$R = \frac{U_N}{2I_N} - R_a = \frac{220}{2 \times 31} - 0.4 = 3.15(\Omega)$$

机械特性斜率：

$$\beta = \frac{R_a + R}{C_e C_T \Phi_N^2} = \frac{3.55}{0.208 \times 1.986} = 8.594$$

机械特性为

$$n = n_0 - \beta T_{em} = 1058 - 8.594T$$

机电时间常数：

$$T_M = \frac{GD^2}{375} \frac{R_a + R}{C_e C_T \Phi^2} = \frac{9.8}{375} \times \frac{3.55}{9.55 \times 0.208^2} = 0.225(\text{s})$$

启动时转矩 $T_{BG} = C_T \Phi_N 2I_N = 1.986 \times 2 \times 31 = 123(\text{N} \cdot \text{m})$

启动时转速 $n_{BG} = 0$

稳态运行时转矩 $T_{ED} = T_L = 49(\text{N} \cdot \text{m})$

稳态运行时转速 $n_{BG} = 1058 - 8.594T_Z = 1058 - 8.594 \times 49 = 637(\text{r/min})$

转矩转速过渡过程：

$$n=(n_{BG}-n_{ED})e^{-\frac{t}{T_M}}+n_{ED}=637-637e^{-\frac{t}{0.225}}(\mathrm{r/min})$$

$$T=(T_{BG}-T_{ED})e^{-\frac{t}{T_M}}+T_{ED}=(123-49)e^{-\frac{t}{0.225}}+123$$

$$=74e^{-\frac{t}{0.225}}+123(\mathrm{N\cdot m})$$

转速上升到 500r/min 的时间：

$$t_x=T_M\ln\frac{n_{BG}-n_{ED}}{n_x-n_{ED}}=0.225\ln\frac{0-637}{500-637}=0.64(\mathrm{s})$$

小　结

电力拖动系统主要由电动机、生产机械、传动机构等构成。电力拖动系统运动方程式描述了电动机轴上的电磁转矩 T、负载转矩 T_Z 与系统转速变化这三者之间的关系。若 $T=T_Z$，则 $\frac{\mathrm{d}n}{\mathrm{d}t}=0$，系统恒速稳定运行，工作点是电动机机械特性与负载机械特性的交点；若 $T>T_Z$，则 $\frac{\mathrm{d}n}{\mathrm{d}t}>0$，系统加速运行；若 $T<T_Z$，则 $\frac{\mathrm{d}n}{\mathrm{d}t}<0$，系统减速运行。实际的电力拖动系统大多是复杂的多轴系统，为了分析方便，可将其等效成单轴系统，即所谓折算。折算的原则是：保持折算前后两个系统传递的功率及贮存的动能不变。通常按此原则将负载转矩和飞轮矩向电动机轴进行折算，得出电动机轴的运动方程。当然也可以折算到工作机械轴。

生产机械的负载转矩与转速之间的关系称为负载机械特性。典型的负载机械特性有恒转矩负载特性(包括反抗性恒转矩及位能性恒转矩)、恒功率负载特性及泵型负载特性三种。折算后的电力拖动系统为一单轴系统，将电动机机械特性与负载机械特性画在同一图上，就可判断电力拖动系统能否稳定运行。稳定运行的含义是：系统能抗干扰，当扰动出现以及消失后，系统都能继续保持恒速运行。系统稳定运行的条件是在 $T=T_Z$ 处，$\frac{\mathrm{d}T}{\mathrm{d}n}<\frac{\mathrm{d}T_Z}{\mathrm{d}n}$。

他励直流电动机的固有机械特性是指 $U=U_N$、$\Phi=\Phi_N$、电枢不串外电阻时的机械特性。如果改变 U、Φ 或在电枢回路外串入电阻，就得到相应的人为机械特性。因为他励直流电动机的机械特性一般是一条直线，所以可用点绘方法来计算和绘制其机械特性。生产机械对电机拖动系统的启动、调速、制动及其拖动系统过渡过程等方面提出了一定的要求。

他励直流电动机的启动有降压法和电枢回路串电阻分级启动法。降压启动可通过发电机—电动机系统或晶闸管整流的闭环系统来实现。至于串电阻分级启动，其基本思想是：开始启动时，在电枢回路串入较大电阻，以限制电流，随着转速 n 升高，电动势 E_a 增大，需逐段切除所串电阻，使启动过程中电枢电流 I_a 既保持较大值，又不超过允许值。

他励直流电动机可采用电枢回路串电阻、降压、弱磁三种方法进行调速。电枢回路串电阻调速设备简单，但有降低效率、低速时速度稳定性差等缺点，属于恒转矩调速，转速只能向下调；降压调速性能较好，与降压启动一样，但设备总投资较大，也属于恒转矩调速，转速只能向下调；弱磁调速较易实现，但调速范围较小，属于恒功率调速，转速只能向上调。恒转矩负载、恒功率负载宜分别采用恒转矩调速方式、恒功率调速方式。就调速指标而言，有静差率、调速范围、平滑性等，静差率与硬度是有区别的。静差率按低速机械特性计算。静差率

δ 与调速范围 D 是互相制约的。

他励直流电动机有能耗制动、回馈制动、转速反向的反接制动、电压反向的反接制动等制动方式。制动运行时,其 T 与 n 实际方向相反,机械特性位于二、四象限。能耗制动、电压反接的反接制动可用于快速停车;能耗制动、转速反向的反接制动、回馈制动均可用于恒速重物下放;回馈制动时转速高于理想空载转速,相当于发电机运行。

在分析和求解电机在各种启动、调速和制动运行问题时,重点是熟练地应用和掌握 5 个基本方程式,即动力学方程式、电枢电压平衡方程式、感生电动势与转速关系式、电磁转矩与电枢电流关系式以及 C_e 与 C_T 转换关系式。通过这些基本方程可以完整地分析电机在不同瞬间、不同工作状态下的转速 n,电枢电流 I_a 电磁转矩等物理量;反之,也可以根据计算的这些物理量的值来判断电机当前的工作状态。忽略电磁惯性时,直流电机拖动系统可看作是一阶系统,其过渡过程中的 n、I_a、T_{em} 均按指数规律变化。因此,可以利用"三要素法"来分析系统的过渡过程。所谓三要素,是指起始值、稳态值和机电时间常数,使得系统过渡过程的分析变得非常简单、快捷和实用。

思考题

3-1　设某单轴电力拖动系统的飞轮矩为 GD^2,作用在轴上的电磁转矩 T、负载转矩 T_z 及转速 n 的实际方向如图 3-37 所示。分别列出以下几种情况系统的运动方程式,并判断系统是运行于加速、减速还是匀速运动状态?

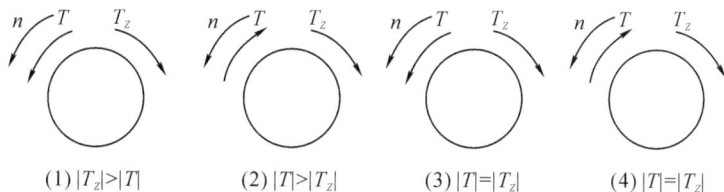

(1) $|T_z|>|T|$　　　(2) $|T|>|T_z|$　　　(3) $|T|=|T_z|$　　　(4) $|T|=|T_z|$

图 3-37　题 3-1 图

3-2　直流电动机为什么不能直接启动? 一般的他励直流电动机为什么不能直接启动? 采用什么启动方法比较好?

3-3　衡量调速性能的好坏时,采用哪些指标? 说明各项指标的意义。

3-4　他励直流电动机常用哪几种方法进行调速? 它们的主要特点是什么? 比较它们的优缺点。

3-5　何谓恒转矩调速方式? 何谓恒功率调速方式? 为什么要考虑调速方式与负载类型的配合? 怎样配合才合适?

3-6　哪些制动方法可以获得稳速制动运行? 哪些制动方法没有稳速运行,只有过渡性制动运行? 哪些制动方法可以兼而有之?

3-7　比较各种电磁制动方法的优缺点,它们各应用在什么地方?

3-8　采用能耗制动、转速反向的反接制动及回馈制动都能实现恒速下放重物,从节能的观点看,哪一种方法最经济? 哪一种方法最不经济?

3-9　什么叫作过渡过程? 电力拖动的过渡过程是怎样产生的? 研究过渡过程有何实

际意义?

3-10 决定过渡过程的三要素是什么? 如何确定转速(电流、转矩)的起始值和稳态值? 怎样理解这些量都是代数量(可正可负)? 机电时间常数是与哪些参数有关的? 为什么机电时间常数的大小能影响过渡过程的快慢?

习 题

3-1 如图 3-38 所示的某车床电力系统中,已知切削力 $F = 2000\mathrm{N}$,工件直径 $d =$ 1500mm,电动机转速 $n = 1450\mathrm{r/min}$,传动机构的各级速比 $j_1 = 2$,$j_2 = 1.5$,$j_3 = 2$,各转轴的飞轮矩为 $GD_M^2 = 3.5\mathrm{N \cdot m^2}$,$GD_1^2 = 2\mathrm{N \cdot m^2}$,$GD_2^2 = 2.7\mathrm{N \cdot m^2}$,$GD_3^2 = 9\mathrm{N \cdot m^2}$,各级传动效率分别都是 $\eta = 0.9$。试求:

(1)切削功率;

(2)电动机输出功率;

(3)系统总的飞轮矩;

(4)忽略电动机的空载制动转矩时,电动机的电磁转矩;

(5)车床开车未切削时,若电动机转速加速度 $\mathrm{d}n/\mathrm{d}t = 800\mathrm{r/min \cdot s}$,略去电动机的空载制动转矩但不忽略传动机构的损耗转矩时,求电动机的电磁转矩。

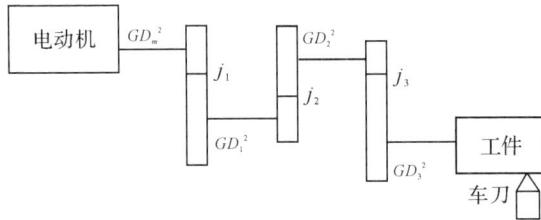

图 3-38 题 3-1 附图(车床传动机构)

3-2 如图 3-39 所示的起重机中,已知齿轮箱级速比 $j = 34$,提升重物效率 $\eta = 0.83$,卷筒直径 $D_p = 0.22\mathrm{m}$,空钩重量 $G_0 = 150\mathrm{kg}$,重物重量 $G_1 = 900\mathrm{kg}$,电动机飞轮矩 $GD_d^2 = 10\mathrm{N \cdot m^2}$,提升的速度 $v = 0.4\mathrm{m/s}$。求:

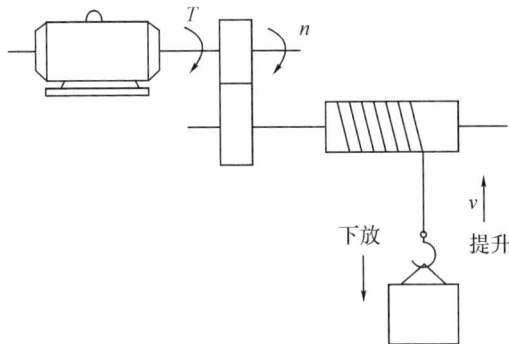

图 3-39 题 3-2 附图(提升/下放重物的电力拖动系统)

(1)电动机的转速;

(2)折算到电动机轴上的等值转矩;

(3)以 $v=0.4\mathrm{m/s}$ 下放该重物时,电动机轴的等值转矩。

3-3　已知龙门刨传动机构如图 3-40 所示。

系统传动效率 $\eta_C=0.8$,工作台与导轨的摩擦系数 $\mu=0.1$,其余参数见表。求:

(1)折算到电动机轴上的总的飞轮矩和负载转矩(包括切削转矩和摩擦转矩)。

(2)切削时电动机的输出功率。

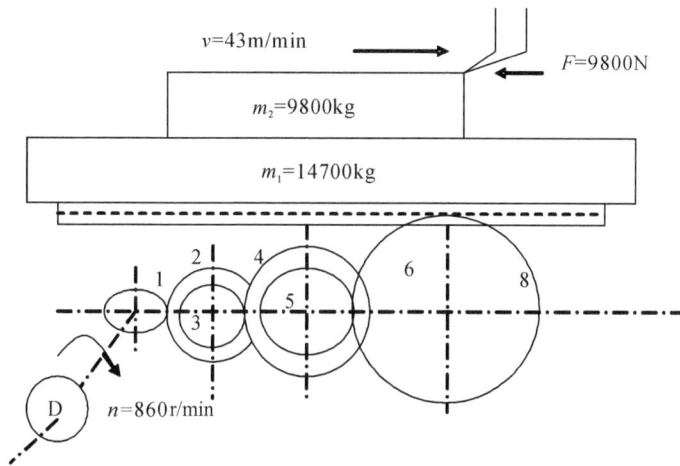

图 3-40　题 3-3 附图(龙门刨的电力拖动系统)

符号	名称	$GD^2(\mathrm{N}\cdot\mathrm{m}^2)$	物体重力(N)	齿轮的齿数	齿轮传输比
1	齿轮	8.25		20	$j_1=55/20$
2	齿轮	40.20		55	
3	齿轮	19.60		38	$j_2=64/38$
4	齿轮	56.80		64	
5	齿轮	37.25		30	$j_3=78/30$
6	齿轮	137.20		78	
7	工作台		14700(1500N)		
8	工件		9800(1000N)		
9	电动机转子	230			

3-4　他励直流电动机的数据为 $P_N=13\mathrm{kW}$,$U_N=110\mathrm{V}$,$I_N=135\mathrm{A}$,$n_N=680\mathrm{r/min}$,$R_a=0.05\Omega$。求直流电机的固有机械特性。

3-5　一台他励直流电动机,$P_N=7.6\mathrm{kW}$,$U_N=110\mathrm{V}$,$I_N=85.2\mathrm{A}$,$n_N=750\mathrm{r/min}$,$R_a=0.13\Omega$,启动电流限制在 $2.1I_N$。

(1)采用串电阻启动,求启动电阻。

(2)若采用降压启动,电压应降为多少?

(3)求出上述两种情况下的机械特性。

3-6　一台直流他励电动机,$P_N=10\mathrm{kW}$,$U_N=220\mathrm{V}$,$I_N=54\mathrm{A}$,$n_N=1000\mathrm{r/min}$,$R_a=$

$0.5\Omega, \Phi = \Phi_N$，在负载转矩保持额定值不变的情况下工作，不串电阻，将电压降至139V。试求：

(1)电压降低瞬间电动机的电枢电流和电磁转矩；

(2)进入新的稳定状态时的电枢电流和转速；

(3)求出新的稳定状态时，电动机的静差率和效率。

3-7 一并励直流电动机，$U_N = 110V, I_N = 28A, n_N = 1500r/min$，励磁回路总电阻 $R_f = 110\Omega$，电枢回路电阻 $R_a = 0.15\Omega$，在额定运行状态下突然在电枢回路串入 0.5Ω 的电阻。忽略电枢反应和电磁惯性，计算：

(1)串入电阻后瞬间的电枢电势、电枢电流、电磁转矩；

(2)若负载转矩减为原来的一半，求串入电阻后的稳态转速。

3-8 一他励直流电动机，$P_N = 2.5kW, U_N = 220V, I_N = 12.5A, n_N = 1500r/min, R_a = 0.8\Omega$。试求：

(1)电动机以 1200r/min 的转速运行时，采用能耗制动停车，要求制动开始后瞬间电流限制为额定电流的两倍，求电枢回路应串入的电阻值。

(2)若负载为位能性恒转矩负载，$T_Z = 0.9T_N$，采用能耗制动，使负载以 420r/min 的转速恒速下放，电枢回路应串入的电阻。

3-9 他励直流电动机，$P_N = 5.6kW, U_N = 220V, I_N = 31A, n_N = 1000r/min, R_a = 0.4\Omega$。在额定电动运行情况下进行电源反接制动，制动初瞬电流为 $2.5I_N$，试计算电枢电路中应加入的电阻，并绘出制动的机械特性曲线。如果电动机负载为反抗性额定转矩，制动到 $n = 0$ 时，不切断电源，电动机能否反转？若能反转，稳定转速是多少？

3-10 他励直流电动机，$P_N = 12kW, U_N = 220V, I_N = 64A, n_N = 685r/min, R_a = 0.25\Omega$，系统的总飞轮矩 $GD^2 = 49N \cdot m^2$，在空载(假设为理想空载)情况下进行能耗制动停车。求：

(1)使最大制动电流为 $2I_N$，电枢应串入多大电阻？

(2)能耗制动时间。

(3)求出能耗制动过程中 $n = f(t), I_a = f(t)$ 表达式并画出曲线。

3-11 他励直流电动机铭牌数据如下：$P_N = 16kW, U_N = 220V, I_N = 86A, n_N = 670r/min, T_Z = 0.5T_N$，电机电流过载倍数2.5。设电机转子 $GD^2 = 0.6N \cdot m^2$，生产机械的飞轮惯量折算到电机轴上 $GD_Z^2 = 0.08N \cdot m^2$。

(1)试计算启动电阻值；

(2)计算启动过程 $n = f(t)$ 动态特性；

(3)计算启动过程 $T = f(t)$ 动态特性；

(4)计算启动过程 $I_a = f(t)$ 动态特性。

第4章 变压器

内容提要：本章首先介绍变压器的用途、结构和基本工作原理，然后借助电磁平衡关系、等效电路和相量图三种分析方法侧重分析变压器的空载运行和负载运行，最后介绍变压器的参数测定方法、运行特性和接线组别。

4.1 变压器的用途、结构及额定数据

4.1.1 变压器的用途

变压器是一种通过电磁感应原理，将一额定的交流电转换为另一额定交流电的静止电器设备，起到能量传递的作用，在电力系统、电信通信系统和电子线路中有广泛的应用。电力变压器是使用最为广泛的一种变压器，专门用于在电力系统中升降传输电压。

随着社会经济的发展，现代化和信息化不断推进，人们日常生活一天都离不开电。而由发电站（厂）发出的交流电，由于受绝缘材料和制造工艺的限制，发电机的输出电压不可能太高，一般不超过18kV，如果将这种等级的电压直接输送给远距离的用户，则在传送功率一定的情况下，输电线路中流经的电流会非常大，从而造成输电线路中的损耗增大。所以通常从发电站输出的电能，需先经过升压变压器将电压升高，利用高压输电线实现电能的远距离传送，以减小线路上的各种损耗。电能传送到用电区域后，再根据不同的负载终端需求，利用降压变压器将电压降下来，以适应不同场合的需要。在电力系统中，能够实现高低压变换的变压器称为电力变压器，电力变压器是实际使用中应用最为广泛的一种变压器。

4.1.2 变压器的结构

虽然变压器的种类繁多，用途不一，但是变压器的结构却大同小异。变压器主要由铁芯和绕组两部分组成。

1. 铁芯

铁芯在结构上主要起到固定变压器绕组和其他组成部分的骨架作用，在功能上是变压器主磁通经过的路径。为减少铁芯损耗和提高磁路导磁性，铁芯一般由薄硅钢片叠成，片间彼此绝缘。

变压器铁芯按照结构可以分为渐开线式、芯式和壳式三种。其中芯式变压器的结构特点是绕组包围在铁芯外面，具有结构简单、绕组装配方便、绝缘容易处理等特点，在电力变压

器中被广泛使用。芯式变压器的结构如图 4-1 所示。壳式变压器的结构特点是铁芯包围在绕组外面,具有强度高、散热好的特点。壳式变压器的结构如图 4-2 所示。

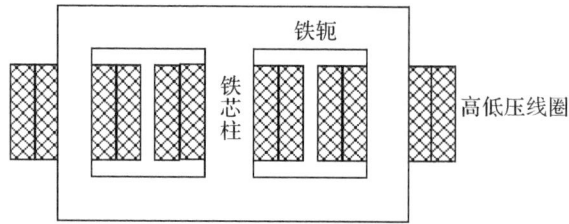

图 4-1　芯式变压器

2. 绕组

绕组在材料上一般有铜线和铝线两种,导线外面均包有绝缘材质;在功能上,绕组是变压器的电路组成部分;在结构上,按照一次绕组(原绕组)和二次绕组(副绕组)的排列方式分为同心式和交叠式两种。绕组结构如图 4-3 所示。

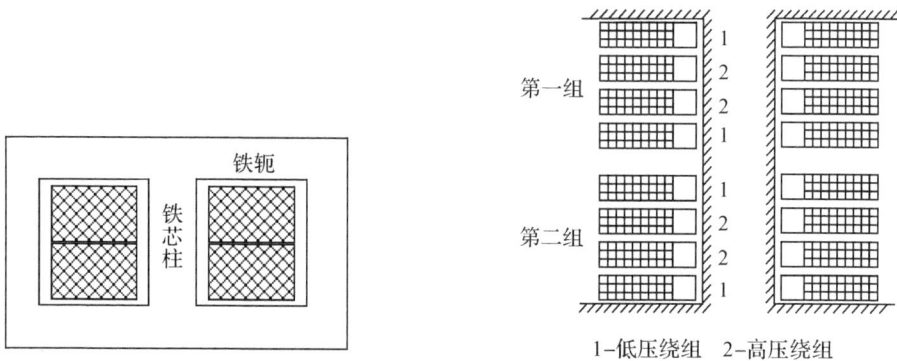

图 4-2　壳式变压器

1-低压绕组　2-高压绕组

图 4-3　变压器绕组

3. 其他组成部分

(1)变压器油箱

变压器的铁芯和绕组放置在充满变压器油的油箱内,油箱由钢板焊接而成。变压器油是从石油中提炼出来的,主要起到冷却和绝缘的作用。在变压器运行时,将铁芯和绕组散发出来的热量通过对流方式传送到油箱壁上散热,以控制变压器内部温度不超标。

(2)油枕(储油柜)

在油箱的上面,与油箱之间通过中空管子连接,主要作用是保护变压器油。

(3)气体继电器

气体继电器安装在油箱和油枕之间的中空管道中,在变压器发生短路、过载等故障时起到保护作用。

(4)安全气道

大型变压器一般还在油箱上部安装一个安全气道。安全气道是一根钢材料中空管,上部顶端安装一个玻璃挡片,下端与油箱直接相连。当变压器发生短路、过载等故障,本应起保护作用的气体继电器又同时出现了问题,无法起到应有的保护作用时,变压器油箱内部的高压可以冲破玻璃挡板,通过安全气道释放到空气中,避免变压器油箱爆炸。

（5）分接开关

分接开关安装在油箱上面,可以改变变压器一次绕组（原绕组）的匝数,从而起到调节变压器二次侧输出电压的作用,它一般分为+5％、0 和−5％三个挡位。

（6）导管和绝缘套管

导管的作用是将变压器一次绕组和二次绕组导线引到外面,绝缘导管的作用则是保证引出导线与变压器油箱之间绝对绝缘。

将变压器铁芯和绕组同时放置在变压器油中的变压器称为油浸式变压器,是电力变压器中最常见的一种,其结构如图 4-4 所示。

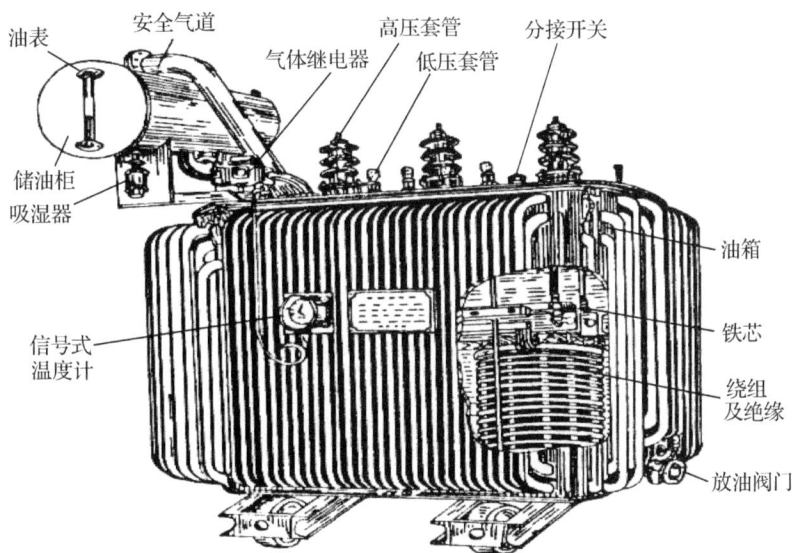

图 4-4　油浸式变压器

还有一种干式变压器,它也是一种电力传输变压器。干式变压器和油浸式变压器在工作原理上的区别主要是绝缘介质和冷却方式不同。干式分风冷和自冷,绝缘介质用特殊的纸和绝缘漆;而油浸式分自冷和强迫油循环冷却,绝缘介质是变压器油。

一般容量在 800kVA 以上的变压器多采用油浸式。

4.1.3　变压器的额定数据

每台变压器出厂时,都在油箱外面安装一个铭牌,铭牌上一般都标明变压器的型号、额定电压、额定容量等额定数据,为用户合理使用变压器提供参考依据。

1. 变压器型号

变压器型号由字母和数字两部分构成,通常字母表示变压器类型,数字表示变压器的额定容量和额定电压。

2. 变压器额定数据

变压器的额定值是制造厂对变压器正常使用所做的规定。变压器在规定的额定值状态下运行,可以保证长期可靠的工作,并且有良好的性能。

其额定值包括以下几方面:

(1)额定容量 S_N

额定容量是指变压器在额定状态下输出能力的保证值,单位用伏安(VA)、千伏安(kVA)或兆伏安(MVA)表示。由于变压器有很高的运行效率,通常原、副绕组的额定容量设计值相等。

(2)额定电压 U_{1N} 和 U_{2N}

一次侧额定电压 U_{1N} 是变压器在额定运行时,一次绕组两端所接电压;二次侧额定电压 U_{2N} 指变压器一次绕组接额定电压,二次侧空载时的端电压,单位用伏(V)、千伏(kV)表示。如果不做特殊说明,三相变压器的额定电压是指线电压。

(3)额定电流 I_{1N} 和 I_{2N}

额定电流指根据变压器的额定容量和额定电压计算出来的电流,单位用安(A)表示。这里 I_{1N} 和 I_{2N} 分别表示一次绕组内和二次绕组内的电流。如果不做特殊说明,三相变压器的额定电流指线电流。

(4)额定频率 f_N

我国规定标准工业用电频率为 50Hz。

(5)空载电流

空载电流指变压器空载运行时激磁电流占额定电流的百分数。

(6)短路损耗

短路损耗指一侧绕组短路,另一侧绕组施以电压使两侧绕组都达到额定电流时的有功损耗,单位以瓦(W)或千瓦(kW)表示。

(7)空载损耗

空载损耗是指变压器在空载运行时的有功功率损失,单位以瓦(W)或千瓦(kW)表示。

(8)短路电压

短路电压也称阻抗电压,系指一侧绕组短路,另一侧绕组达到额定电流时所施加的电压与额定电压的百分比。

(9)连接组别

连接组别表示原、副绕组的连接方式及线电压之间的相位差,以时钟表示。

4.2　变压器的工作原理

4.2.1　变压器的结构与电压电流的正方向

1. 变压器的结构

变压器是一种静止的电气设备,它将一次绕组的电压和电流利用电磁感应原理变换成二次绕组的电压和电流。一次绕组和二次绕组的电压、电流频率相同,但是电压和电流数值不同。

由上一节介绍的变压器结构知道,变压器主要由提供磁路的铁芯和提供电路的绕组构成,要注意的是一次绕组和二次绕组应该彼此绝缘并且匝数相异。下面以单相变压器为例来分析变压器的工作原理。图 4-5 为单相变压器的结构示意图,图 4-6 为单相变压器工作原理示意图。

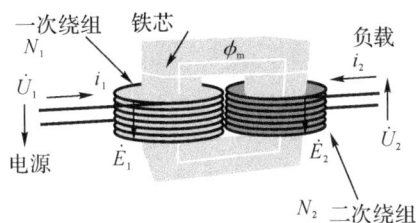

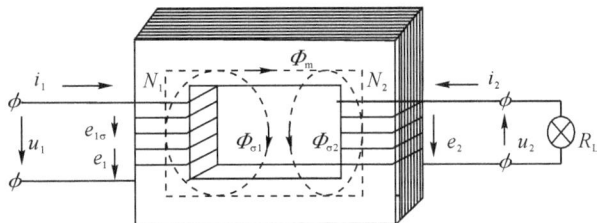

图 4-5　单相变压器结构示意图　　　　　　图 4-6　单相变压器工作原理示意图

如图 4-5 所示,单相变压器由闭合铁芯和一次、二次绕组构成,两个绕组实际上是套在同一个铁芯柱上的,为分析方便,将两个绕组分别画在铁芯的两侧(如图 4-6 所示)。图中与电源相连的绕组称为一次绕组(原绕组或初级绕组),匝数为 N_1;与负载相连的绕组称为二次绕组(副绕组或次级绕组),匝数为 N_2。按照约定俗成的规定,变压器一次侧的相关参数下脚标加注"1",二次侧的相关参数下脚标加注"2"。

2. 电压与电流的正方向

变压器正常运行时,一次绕组和二次绕组两侧的电压、电流、感应电动势等多个电磁变量的方向都是交变的,所以为了方便对变压器的工作过程进行分析,有必要明确规定变压器的各个电磁变量的正方向。

需要指出的是,变压器正方向的选取可以任意。正方向规定的不同,只影响相应变量在电磁关系中的表达式为正还是为负,并不影响各个变量之间的物理关系。

以图 4-6 所给出的变压器运行原理图为例,变压器的一次侧的正方向规定符合电动机习惯,将变压器的一次绕组看成是外接交流电源的负载,一次侧的正方向以外接交流电源电压的正方向为基准,即一次侧电路中电流的方向与一次侧绕组感应电动势方向都与电源电压成关联方向;而变压器的二次侧的正方向则与一次侧规定刚好相反,符合发电机习惯,将变压器的二次绕组看成是外接负载的电源,二次侧的正方向以二次绕组的感应电动势的正方向为基准,即二次侧电路中电流方向与二次侧负载电压方向相同。

同时需要注意:感应电动势的正方向和产生感应电动势的磁通正方向符合右手螺旋定理,而磁通的正方向和产生该磁通的电流正方向也符合右手螺旋定理。各个电压变量的正方向是由高电平指向低电平,各个电动势正方向则由低电平指向高电平。

变压器一次侧和二次侧各个电磁变量的正方向具体如图 4-6 所示。

变压器原边绕组中的电压、电流、感生电动势、功率甚至导线电阻都称之为一次侧⋯⋯其电压电流的瞬时值记为 u_1、i_1,有效值与电阻标记为 U_1、I_1、E_1、r_1、P_1,而副边绕组中的电压、电流、感生电动势、功率甚至导线电阻也都分别称之为二次侧⋯⋯其电压电流的瞬时值记为 u_2、i_2,有效值与电阻标记为 U_2、I_2、E_2、r_2、P_2。

4.2.2 工作原理分析

当一次绕组两端施加电源电压 u_1 时,一次绕组中便有交流电流 i_1 流过。i_1 在变压器铁芯中产生了交变磁通 Φ_m(仅在铁芯中流通,称为主磁通)和漏磁通 Φ_σ。交变磁通的频率与外加电源电压频率相同。该交变磁通同时穿过(或交链)一次绕组和二次绕组,并且在一次绕组中产生感应电动势 e_1,在二次绕组中产生感应电动势 e_2,通过这种方式将磁路中磁通的变化反映到原、副边电路中来。

在变压器空载状态下,在原边电路中产生的感应电动势 e_1 将反对 i_1 的增加,使得原边电流为 i_0;而在副边电路中的感应电动势 e_2,则作为副边回路中的电动势输出,并形成输出端的开路电压 u_{20}。各个物理量之间的相互作用过程如图 4-7 所示。

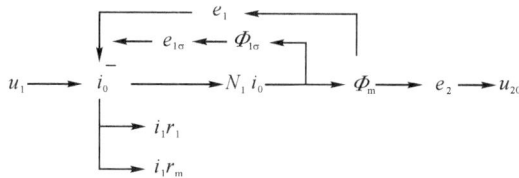

图 4-7 空载状态下各个物理量之间相互关系

在变压器副边接负载时,在感生电动势 e_2 的作用下,会形成负载电流或副边电流 i_2,并在负载两侧得到输出电压 u_2。该电流也会在磁路中产生磁动势反对主磁通的变化,对主磁通起到削弱作用。主磁通被削弱必然反映到原边电路中,表现为感应电动势 e_1 减小。由于输入电源电压 u_1 不变,则输入的原边电流 i_1 必然会增大,以补偿被削弱了的主磁通,维持其不变,同时也使副边的电动势得以在带负载的条件下保持不变。各个物理量之间的相互作用过程如图 4-8 所示。

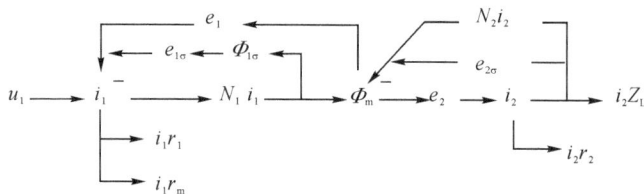

图 4-8 负载状态下各个物理量之间相互关系

这里应注意:

(1)漏磁通走的路径主要为空气,所以漏磁通与原边励磁电流之间为线性关系。而主磁通走的路径为铁芯,因此,主磁通与电流之间是非线性关系。尽管是非线性关系,但在磁路未饱和的情况下,可仍可近似为正弦关系。

(2)漏磁通只穿过自身线圈,只能在磁路中产生损耗,在电路中产生压降,对传输能量没有作用。而主磁通则通过铁芯穿过正、副边两个或更多的绕组,其变化将不仅在自身线圈绕组中产生感生电动势,同时也在其他绕组中产生感生电动势,因此,能够起到传递能量的作用。

为了更加清晰地定量分析变压器的工作原理,不妨将变压器拆分为电路与磁路形式分别进行分析。同时,按变压器的工作状态分为空载和满载两种情况进行分析。

4.3　变压器的空载运行

变压器的空载运行是指变压器一次绕组外接额定交流电压,二次绕组开路的运行情况。

4.3.1　变压器空载运行时的物理情况

如果将图 4-6 中的变压器原理图分解为电路—磁路—电路的形式,则有图 4-9 中的形式。图 4-9 比较形象地揭示和描述了变压器工作在空载状态下内部的各个内在变量之间的关系。

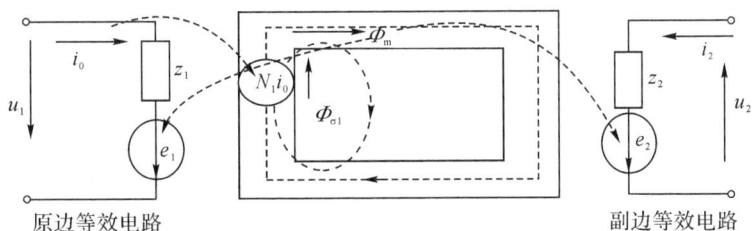

图 4-9　变压器空载运行原理图

当变压器一次绕组外接工频为 50Hz 的交流电时,在一次绕组回路中便会产生交流电流。由于变压器二次绕组开路,意味着变压器没有带负载,此时,一次绕组中只有较小的用来建立磁通用的交变电流,这个较小的电流被称为变压器空载电流 i_0。其作用是在磁路中建立磁动势,以便在磁路中,在磁动势的作用下产生磁通 ϕ_m,同时补偿在建立磁通的过程中的各种损耗。如:原边线圈导线电阻 r_1 的损耗,也称为铜损;磁通在铁芯中的磁滞损耗和涡流损耗、磁路中的损耗统称为变压器铁损 r_m。

空载电流 i_0 在磁路中产生的磁动势称为变压器的空载磁动势,用 i_0 与 N_1 的乘积表示。在空载磁动势 i_0N_1 的作用下,在磁路中将会产生交变磁通。因为变压器铁芯磁阻很小,所以绝大部分磁通都会经铁芯回路闭合,这部分磁通一般占据总磁通的 99% 以上,我们称为主磁通 ϕ_{main}。由变压器运行原理图(图 4-9)可见,主磁通同时与一次绕组和二次绕组交链,在变压器正常运行中,起到了能量传递的作用,是能量传递的媒介。同时还有极少部分的磁通没有经由铁芯回路,而是经过变压器油箱和绕组周围的空气形成闭合回路,这部分磁通仅和变压器的一次绕组交链,与二次绕组不产生关系,所以没有起到能量传递的作用。我们将这部分磁通称为漏磁通 $\phi_{1\sigma}$。这一过程亦称为电生磁的过程。

因为交变的主磁通 ϕ_{main} 与变压器一次绕组和二次绕组同时交链或切割,必然在变压器一次侧绕组中产生感应电动势 e_1,同时在变压器二次侧绕组中产生感应电动势 e_2,漏磁通虽然也是空载磁动势 i_0N_1 的作用下产生的磁通中的一部分,但由于仅和一次绕组交链,故在变压器一次绕组侧产生漏感电动势 $e_{1\sigma}$。原副边的电动势与磁路中的磁通之间的关系分别为

$$\phi = \phi_{main} + \phi_{1\sigma} \tag{4-1}$$

$$e_{1\Sigma} = -N_1 \frac{d\phi}{dt} = -N_1 \frac{d\phi_{main}}{dt} - N_1 \frac{d\phi_{1\sigma}}{dt} = e_1 + e_{1\sigma} \tag{4-2}$$

$$e_2 = -N_2 \frac{d\phi_{main}}{dt} \tag{4-3}$$

$$e_{1\sigma} = -N_1 \frac{d\phi_{1\sigma}}{dt} \tag{4-4}$$

也就是说,磁路中磁通的变化以电动势的形式反映到原、副边电路中来,这一过程也称为磁生电的过程。

反映到原边绕组中的感应电动势 e_1,其作用是反对产生交变磁通的电流 i_0 的变化,而反映到副边绕组中的感应电动势 e_2 则作为变压器向负载提供的电压源。

4.3.2 变压器空载运行时的感应电动势及电压平衡方程式

1. 空载电流

变压器空载运行时,在一次侧绕组外接额定电压 u_1,并在一次侧绕组中存在空载电流 i_0,即 $i_1 = i_0$。由于变压器铁芯磁阻很小,二次绕组开路,没有其他能量的消耗,所以变压器达到额定磁通所需空载电流 i_0 的数值不是很大,一般来说不会超过一次绕组额定电流的 10%。

根据空载电流 i_0 的作用可知,一是产生变压器正常运行所需交变磁通;二是补偿在建立和维持磁通的过程中,消耗在变压器铁芯的铁损和一次绕组中的铜损。因此,空载电流 i_0 可以分为两个分量:一是建立主磁通 ϕ_{main} 所需要的励磁电流 i_μ;二是补偿在变压器铁芯中消耗的铁损和一次绕组中消耗的铜损所需的电流 i_{Fe}。其中,励磁电流 i_μ 与主磁通 ϕ_{main} 同相位,称为空载电流的无功分量;铁耗电流 i_{Fe} 与一次绕组 e_1 的相位相反,超前主磁通 ϕ_{main} 为 $90°$,称为空载电流 i_0 的有功分量。如果空载电流用相量形式,则可以表示为

$$\dot{I} = \dot{I}_{Fe} + j\dot{I}_\mu \tag{4-5}$$

2. 感应电动势

如前所述,变压器的一次侧所接外部电源为工频 $50\,Hz$ 的交流电源,在不考虑变压器磁饱和的情况下,变压器铁芯的磁通,包括主磁通和漏磁通,都可以被认为是按照正弦规律变化的,于是可设:

$$\phi_{main} = \Phi_{max} \sin\omega t = \Phi_m \sin\omega t \tag{4-6}$$

$$\phi_{1\sigma} = \Phi_{1\sigma max} \sin\omega t = \Phi_{1\sigma m} \sin\omega t \tag{4-7}$$

式中:Φ_m 为主磁通 ϕ_{main} 的幅值;$\Phi_{1\sigma m}$ 为漏磁通 $\phi_{1\sigma}$ 的幅值。两者单位均为韦伯(Wb)。

将主磁通的表达式(4-6)和式(4-7)分别代入式(4-1)~式(4-4),得到变压器一次绕组及二次绕组的感应电动势瞬时值为

$$e_1 = -N_1 \frac{d\phi_{main}}{dt} = -N_1 \frac{d(\Phi_{max}\sin\omega t)}{dt} = -N_1\Phi_m\omega\cos\omega t$$
$$= -N_1\Phi_m\omega\sin(\omega t + 90°) = E_{1max}\sin(\omega t - 90°)$$
$$= \sqrt{2}E_1\sin(\omega t - 90°) \tag{4-8}$$
$$e_2 = -N_2 \frac{d\phi_{main}}{dt} = -N_2 \frac{d(\Phi_{max}\sin\omega t)}{dt} = -N_2\Phi_m\omega\cos\omega t$$

$$= -N_2 \Phi_m \omega \sin(\omega t + 90°) = E_{2m} \sin(\omega t - 90°)$$

$$= \sqrt{2} E_2 \sin(\omega t - 90°) \tag{4-9}$$

因为空载磁动势 $i_0 N_1$ 所产生的漏磁通是经空气与一次绕组交链的(见图 4-8),所以磁通与空载电流 i_0 之间可近似为线性关系,即 $\phi_{1\sigma} = L_{1\sigma} i_0$。于是,根据表达式(4-4)式(4-7)得漏感电动势的瞬时表达式:

$$e_{1\sigma} = -N_1 \frac{d\phi_{1\sigma}}{dt} = -N_1 \frac{d(\Phi_{1\sigma m} \sin \omega t)}{dt} = -N_1 \Phi_{1\sigma m} \omega \cos \omega t$$

$$= -N_1 \Phi_{1\sigma m} \omega \sin(\omega t + 90°) = E_{1\sigma m} \sin(\omega t - 90°) \tag{4-10}$$

在式(4-8)、式(4-9)和式(4-10)中,e_1、e_2、$e_{1\sigma}$ 分别为变压器一次侧绕组和二次侧绕组的感应电动势和漏磁通感应电动的势瞬时值;N_1、N_2 分别为变压器一次侧绕组和二次侧绕组的线圈匝数;E_{1m}、E_{2m} 分别为变压器一次侧绕组和二次侧绕组中感应电动势最大值;E_1、E_2 分别为变压器一次侧绕组和二次侧绕组中感应电动势的有效值。

由式(4-8)、式(4-9)和式(4-10)可以看出,当主磁通 Φ_{main} 按照正弦规律变化时,一次侧绕组和二次侧绕组中的感应电动势 e_1、e_2 也同样按照正弦规律变化,并且 e_1 和 e_2 均滞后主磁通 Φ_{main} 为 90°,同时得到一次绕组和二次绕组的感应电动势有效值分别为

$$E_1 = \frac{E_{1max}}{\sqrt{2}} = \frac{\omega N_1 \Phi_m}{\sqrt{2}} = \frac{2\pi}{\sqrt{2}} f N_1 \Phi_m = 4.44 f N_1 \Phi_m \tag{4-11}$$

$$E_2 = \frac{E_{2m}}{\sqrt{2}} = \frac{\omega N_2 \Phi_m}{\sqrt{2}} = \frac{2\pi}{\sqrt{2}} f N_2 \Phi_m = 4.44 f N_2 \Phi_m \tag{4-12}$$

$$E_{1\sigma} = \frac{E_{1\sigma m}}{\sqrt{2}} = \frac{\omega N_1 \Phi_m}{\sqrt{2}} = \frac{2\pi}{\sqrt{2}} f N_1 \Phi_{1\sigma m} = 4.44 f N_1 \Phi_{1\sigma m} \tag{4-13}$$

如果使用相量形式表达一次绕组和二次绕组感应电动势的有效值,则表达式为

$$\dot{E}_1 = -j4.44 N_1 f \dot{\Phi}_m \tag{4-14}$$

$$\dot{E}_2 = -j4.44 N_2 f \dot{\Phi}_m \tag{4-15}$$

同样,漏感电动势 $e_{1\sigma}$ 的有效值也可以表示为

$$\dot{E}_{1\sigma} = -j \frac{E_{1\sigma m}}{\sqrt{2}} = -j \frac{N_1 \dot{\Phi}_m \omega}{\sqrt{2}} \cdot \frac{\dot{I}_0}{\dot{I}_0} = -j\omega L_{1\sigma} \dot{I}_0 = -j x_{1\sigma} \dot{I}_0 \tag{4-16}$$

在式(4-16)中,$x_{1\sigma} = \omega \frac{N_1 \Phi_{1\sigma m}}{\sqrt{2} I_0} \approx \omega L_{1\sigma}$ 为变压器一次绕组漏电抗;$L_{1\sigma}$ 为变压器一次绕组等效漏电感。

3. 电压平衡方程式

确定变压器一次绕组和二次绕组两侧各个电磁变量的表达式后,我们可以按照图 4-6 中所标注的各个变量的正方向,根据基尔霍夫电压定律,写出变压器一次绕组和二次绕组的电压平衡方程式。

变压器一次绕组电压平衡方程式为

$$u_1 = i_0 r_1 + (-e_1) + (-e_{1\sigma}) \tag{4-17}$$

用相量形式表示为

$$\dot{U} = \dot{I}_0 r_1 + (-\dot{E}_1) + (-\dot{E}_{1\sigma}) = \dot{I}_0(r_1 + j x_{1\sigma}) + (-\dot{E}_1)$$

$$= \dot{I}_0 Z_1 + (-\dot{E}_1) \tag{4-18}$$

式中：r_1 为一次绕组导线电阻；$x_{1\sigma}$ 为一次绕组漏电抗；Z_1 为一次侧绕组中的等效阻抗。

根据原边或一次侧电压平衡方程式，便可画出图中的原边等效电路如图 4-10 所示。在变压器二次侧绕组一侧，由于空载，所以二次绕组电压平衡方程式为

$$\dot{U}_{20} = \dot{E}_2 \tag{4-19}$$

4. 恒磁通原理

当变压器空载运行时，空载电流 i_0 不会大于变压器额定电流的 10%，同时一次绕组漏阻抗也比较小，所以，在通常情况下，都会将变压器空载电流 i_0 在一次绕组漏阻抗上的电压降落 $i_0 Z_1$ 忽略不计。这样一来，变压器的一次绕组电压平衡方程式就可以近似表示为

$$\dot{U}_1 \approx -\dot{E}_1 = \mathrm{j}4.44 f N_1 \dot{\Phi}_m \quad \text{或} \quad \Phi_m = \frac{U_1}{4.44 N_1 f} \tag{4-20}$$

这表明，当变压器的结构确定之后，只要变压器的一次绕组匝数 N_1 不变，电源频率不变，则变压器的主磁通 Φ_m 只取决于变压器一次绕组外接电源电压 U_1 的大小和频率 f，与变压器是否带负载无关。这就是变压器的恒磁通原理。

5. 变压器的变比

变压器一次绕组和二次绕组感应电动势之比称为变压器的变比，用 k 来表示为

$$k = \frac{e_1}{e_2} = \frac{N_1}{N_2} = \frac{E_1}{E_2} \approx \frac{U_1}{U_{20}} \tag{4-21}$$

可见，变压器的变比实际上等于变压器一次绕组和二次绕组的匝数之比。如果改变一次绕组和二次绕组的匝数比，就可以在二次侧得到不同于一次侧的电压值，这也就是变压器之所以能够改变电压的原因。

对于三相变压器，变比是指变压器同一相上一次绕组和二次绕组线电压之比。

4.3.3 变压器空载运行时的等效电路与相量图

通过以上的分析可知，变压器的工作原理是将一次绕组的电压和电流利用电磁感应原理转换为磁路中的磁动势和磁通，经磁路再将磁路中的磁动势与磁通变换成二次绕组的电压和电流。原边与副边的电压和电流都是通过磁路转换的，没有直接的电路联系，这对于变压器的分析十分不便。因此，人们就产生了如何将原副边电路画在一起，形成一个能够反映出实际变压器中各个参数之间的关系的等效电路的想法。

1. 原边绕组的等效电路

由变压器一次绕组电压平衡方程式知道

$$\dot{U}_1 = \dot{I}_0 Z_1 + (-\dot{E}_1) = \dot{I}_0 (r_1 + \mathrm{j}x_{1\sigma}) + (-\dot{E}_1)$$

变压器一次绕组在外接电压 u_1 的作用下，一次绕组回路总电压由两部分构成，其中一部分是空载电流 $\dot{I}_0$ 在一次侧绕组阻抗 Z_1 上的压降 $\dot{I}_0 Z_1$，而一次绕组阻抗 Z_1 由一次绕组内阻 r_1 和一次侧绕组的漏电抗 $x_{1\sigma}$ 组成，即

$$Z_1 = r_1 + \mathrm{j}x_{1\sigma} \tag{4-22}$$

据此，可以画出图 4-9 的原边等效电路。

一次绕组回路总电压的另外一部分则是空载电流 $\dot{I}_0$ 在流经一次侧绕组时，在铁芯中产生的主磁通 Φ_m 而引起的压降，用感应电动势表示为 $-\dot{E}_1$。

由前面对空载电流的分析，我们知道变压器空载电流 $\dot{I}_0$ 可以分为两个分量：建立主磁

通 Φ_{main} 所需要的励磁电流 $\dot{I}_{\text{Cu}}$ 和补偿铁损耗的电流 $\dot{I}_{\text{Fe}}$。所以说,变压器的一次侧绕组中的感应电动势 $-\dot{E}_1$ 实际上是由反映铁芯损耗的电压降和反映主磁通大小的电压降组成。参照漏感电动势的分析,引入一个激磁阻抗 Z_{m},且

$$Z_{\text{m}} = r_{\text{m}} + j x_{\text{m}} \tag{4-23}$$

式中:r_{m} 称为励磁电阻,空载电流 $\dot{I}_0$ 在励磁电阻 r_{m} 上的压降,就等效为由于变压器铁芯损耗而造成的电压降落;x_{m} 称为励磁电抗,空载电流 $\dot{I}_0$ 在励磁电抗上的压降,就等效为铁芯中的主磁通在一次绕组中所感应的电动势的大小。所以,我们可以画出在图 4-9 中的原边绕组的等效电路,原边等效电路如图 4-10 所示。

值得指出的是,变压器空载运行等效电路中的励磁电阻 r_{m} 和励磁电抗 x_{m} 大小其实是随着变压器铁芯的饱和程度而变化的。但我们知道当变压器外接电压大小和频率不变时,变压器的主磁通 Φ_{m} 是不变的,也就是说,变压器铁芯饱和程度近似认为是不变的,则励磁电阻 r_{m} 和励磁电抗 x_{m} 的大小也就不变。因此,励磁阻抗 Z_{m} 可以当作常数看待。

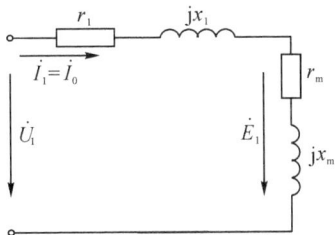

图 4-10 变压器空载运行时的原边等效电路图

2. 变压器的空载等效电路图

上面分析了原边绕组的等效电路图,下面分析副边绕组的等效电路。由于副边空载开路,副边绕组中没有电流 $\dot{I}_2$,所以副边绕组中只有感生电动势 $\dot{E}_2$。若要画出整个变压器的空载等效电路图,就需将副边绕组中的电动势 $\dot{E}_2$ 等效地折算到原边绕组中。即从原边绕组一侧看,副边绕组中的电动势 $\dot{E}_2$ 在原边绕组中相当于多大的电动势。如果用相量表示折算前后的电动势,根据变压器的原副边之间的电压变比可知

$$\dot{E}_1 = \dot{E}_2{}' = k\dot{E}_2 = k\dot{U}_{20} \tag{4-24}$$

式中:$\dot{E}_2{}'$ 是 $\dot{E}_2$ 折算至原边绕组中的等效电动势,它等于原边绕组中的电动势 $\dot{E}_1$。

由于变压器副边开路时的端电压 $\dot{U}_{20}$ 与副边绕组中的感生电动势 $\dot{E}_2$ 相等,感生电动势的折算相当于开路端电压也折算至原边一侧。

考虑到副边绕组有电流时,也会产生铜损、漏磁通等损耗的情况,于是变压器在空载条件下的等效电路也可以画为如图 4-11 所示的形式。

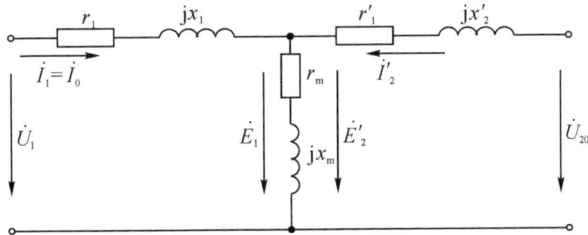

图 4-11 变压器空载运行时的等效电路图

3. 变压器空载运行时的相量图

前面我们已经通过电压平衡方程式和等效电路两种方式分析和描述了变压器空载运行时的工作特性,下面再通过相量图这种描述方法来更加直观地了解变压器一次绕组和二次绕组相关电磁变量之间的关系,以便进行分析,并通过选取合适的参考相量,将原副边电压和电流画在一个相量图中。具体方法如下:

(1)确定参考相量

由于变压器的原边绕组和副边绕组是通过磁通将它们连接在一起的,磁通成为它们之间的桥梁和中介量,所以在画相量图时,通常选取主磁通 $\dot{\Phi}_m$ 为参考相量。

(2)确定原副边绕组中的感生电动势 $\dot{E}_1$、$\dot{E}_2$ 的方向和大小

由表达式(4-11)和(4-12)可知 E_1、E_2 的大小。变压器一次绕组感应电动势和二次绕组感应电动势均滞后主磁通 $\dot{\Phi}_m 90°$。因为 $\dot{U}_{20}=\dot{E}_2$,所以 $\dot{U}_{20}$ 也滞后 $\dot{\Phi}_m 90°$。

(3)确定空载励磁电流 $\dot{I}_0$ 的方向和($-\dot{E}_1$)的大小

因为 $\dot{I}_0=\dot{I}_\mu+\dot{I}_{Fe}$,励磁电流 $\dot{I}_0$ 的作用是建立主磁通 $\dot{\Phi}_m$,所以 $\dot{I}_\mu$ 的方向与主磁通 $\dot{\Phi}_m$ 的方向一致,空载电流 $\dot{I}_0$ 超前主磁通 $\dot{\Phi}_m$ 一个小的角度 α(一般 $I_{Fe}<10\%I_0$),将该角度称为铁耗角,所以铁耗电流 $\dot{I}_{Fe}$ 超前主磁通 $\dot{\Phi}_m 90°$。

$-\dot{E}_1$ 相量为 $\dot{E}_1$ 相量的反相量,它们之间互差 180°,并依此作图画出 $-\dot{E}_1$ 相量。

(4)画原边电压平衡方程相量图

首先,将空载励磁电流 $\dot{I}_0$ 平移到 $-\dot{E}_1$ 相量的端点处。然后,根据式(4-17),在相量图上将 $\dot{I}_0 r_1$、$j\dot{I}_0 x_{1\sigma}$ 两个电压分量画出来,注意 $\dot{I}_0 r_1$ 方向与 $\dot{I}_0$ 一致,并且是在 $-\dot{E}_1$ 的基础上叠加,$j\dot{I}_0 x_{1\sigma}$ 的方向垂直于 $\dot{I}_0 r_1$,最终获得从坐标原点到 $j\dot{I}_0 x_{1\sigma}$ 终点的一个相量即为 $\dot{U}_1$。

变压器空载运行相量图见图 4-12。

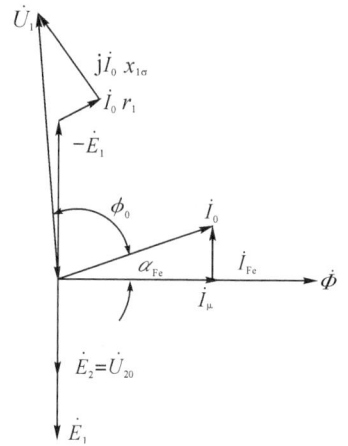

图 4-12 变压器空载运行相量图

由图 4-12 可见,$\dot{U}_1$ 和 $\dot{I}_0$ 之间夹角接近于 90°,所以当变压器空载时,功率因数极低,因此应该尽量避免变压器空载运行。

4.4 变压器的负载运行

变压器负载运行是指变压器一次绕组外接交流额定电压,二次绕组接负载时的运行情况。

4.4.1 变压器负载运行时的物理情况

单相变压器负载运行原理图见图 4-13。

由图 4-13 可以看出,变压器在负载运行时,由于二次绕组外接负载 Z_L 而形成闭合回路,所以变压器二次绕组在感应电动势 e_2 的作用下,在二次绕组回路中有电流 i_2 流过,电流 i_2 也必然会在磁路中产生磁动势 $F_2=i_2 N_2$,该磁动势是变压器负载消耗由磁场传递至副边

绕组的能量在磁路中的反映。也就是说,负载
在电路中消耗电工功率,反映到磁路中表现为
消耗磁能,所以,它必将对励磁磁动势 $F_1 = i_0 N_1$ 或主磁通起到削弱作用,使磁路中的主磁
通 Φ_{main} 减少或变弱。

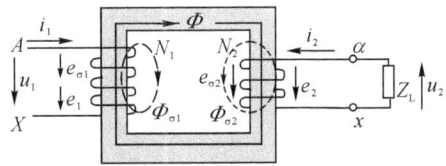

图 4-13　单相变压器负载运行原理图

　　然而,磁路的变化又会反映到两侧的电路
中。反映到副边一侧,表现为副边电动势 E_2 下
降;反映到原边一侧,表现为原边绕组中电动势 e_1 下降。由于电源电压 u_1 不变,所以,当 e_1
下降后,电流 i_1 必将增大,即在已有的原边电流 i_0 的基础上,将增加一个补偿电流 i_1',使原
绕组中的电流为

$$i_1 = i_0 + i_1' \tag{4-25}$$

　　该补偿电流 i_1' 在磁路中所产生的磁动势 $i_1' N_1$ 大小正好补偿或抵消了二次绕组中电
流在磁路中产生的磁动势 $F_2 = i_2 N_2$,使得铁芯中的主磁通 Φ_{main} 能够保持不变,从而也使原
边和副边电路中电动势保持不变,使得变压器在带负载的条件下,电路和磁路达到新的平
衡。这种平衡状态下的各个变量之间的关系如图 4-14 和图 4-15 所示。

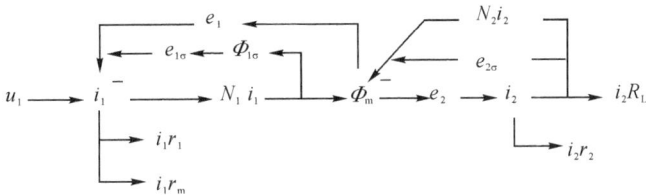

图 4-14　单相变压器中各个变量之间的关系图

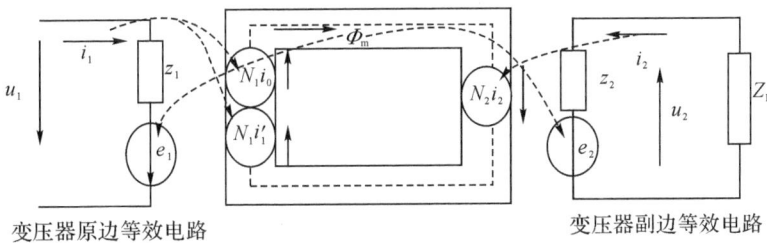

图 4-15　单相变压器负载运行原理图

　　原边电路中电动势 e_1 保持不变,起到了限制原边电流 i_1 或 i_1' 增加的作用,表现出按需
补偿够用即可的能量平衡原则;而副边电动势 e_2 保持不变,则表现出电源较强的功率补偿
能力,反映出变压器或电网的容量大小,以及带负载能力。

　　需要指出的是,二次绕组中的电流 i_2 在磁路中产生磁动势 $F_2 = i_2 N_2$ 的同时,还产生少
量没有经过铁芯,而是通过周围空气且只与二次绕组交链的漏磁通 $\Phi_{2\sigma}$,见图 4-6。

4.4.2　变压器负载运行时的平衡方程式

1. 磁动势平衡方程式

　　在变压器空载运行时,一次绕组电流在磁路中产生的磁动势为 $F_1 = i_0 N_1$,其作用就是

建立和维持铁芯中的磁通,补偿在维持磁通过程中的损耗。使电路与磁路都处于一种平衡状态。

当变压器负载运行时,由于副边绕组中有电流 i_2 流过,也必然会在磁路中产生磁动势 $F_2 = i_2 N_2$(见图 4-15),电路与磁路之间的原有平衡状态被打破,该磁动势对励磁磁动势 $F_1 = i_0 N_1$ 将起到削弱作用。为使磁路中的磁通保持不变,原边电流就会增加一个补偿电流 $i_1{}'$,并在磁路中增加一个磁动势 $i_1{}' N_1$,使磁路在带负载的条件下重新达到平衡。

此时,磁路中的磁通或总的磁动势可以视为是 $F_1 = i_1 N_1$ 与 $F_2 = i_2 N_2$ 共同作用下的结果。由图 4-15 可以看出,只要沿磁路绕行一圈,由安培定律可得磁路中总的磁动势:

$$\oint H dl = i_1 N_1 + i_2 N_2 = i_0 N_1 + i_1{}' N_1 + i_2 N_2 = i_0 N_1 \tag{4-26}$$

我们称

$$i_1 N_1 + i_2 N_2 = i_0 N_1 + i_1{}' N_1 + i_2 N_2 = i_0 N_1 \tag{4-27}$$

为磁路中的磁动势平衡方程。如果写成相量形式,则有

$$\dot{F}_1 + \dot{F}_2 = \dot{I}_1 N_1 + \dot{I}_2 N_2 = \dot{I}_0 N_1 + \dot{I}_1{}' N_1 + \dot{I}_2 N_2 = \dot{I}_0 N_1 \tag{4-28}$$

由表达式(4-28)得

$$\dot{I}_1 N_1 = \dot{I}_0 N_1 + (-\dot{I}_2 N_2) \quad 或 \quad \dot{I}_1{}' N_1 = -\dot{I}_2 N_2 \tag{4-29}$$

将式(4-29)两边同时除以一次绕组匝数 N_1,可以得到下列等式:

$$\dot{I}_1 = \dot{I}_0 + \left(-\frac{N_2}{N_1} \dot{I}_2\right) = \dot{I}_0 + \left(-\frac{1}{k} \dot{I}_2\right) = \dot{I}_0 + \dot{I}_1{}' \quad 或 \quad \dot{I}_1{}' = -\frac{1}{k} \dot{I}_2 = -\dot{I}_2{}' \tag{4-30}$$

当励磁电流较小时,或可以忽略时,则有

$$\dot{I}_1 \approx \dot{I}_1{}' = -\frac{1}{k} \dot{I}_2 = -\dot{I}_2{}' \tag{4-31}$$

在表达式(4-28)~(4-31)中,$\dot{I}_1{}'$ 称为一次绕组中的电流补偿分量,$\dot{I}_2{}'$ 是副边电流折算到原边一侧时的等效电流分量。或者说是原边电流需要补偿的电流分量。

由表达式(4-31)可以看出,当忽略了励磁电流后,原边电流为副边的电流的 $1/k$。

2. 电动势平衡方程式

由前面分析,变压器在负载运行的条件下,重新达到平衡时,一次侧绕组中的电流为 $\dot{I}_1$,而二次侧绕组中的电流为 $\dot{I}_2$,电流 $\dot{I}_2$ 在与 $\dot{I}_1$ 共同建立变压器铁芯中的主磁通 $\dot{\Phi}_m$ 的同时,还产生少量的不通过铁芯、而通过绕组周围空气的漏磁通 $\dot{\Phi}_{2\sigma}$,由于 $\dot{\Phi}_{2\sigma}$ 又在二次绕组中产生漏感电动势 $\dot{E}_{2\sigma}$,于是有

$$\dot{E}_{2\sigma} = j \dot{I}_2 x_{2\sigma}$$

式中:$j x_{2\sigma}$ 为变压器二次绕组的漏阻抗。

根据图 4-15,很容易得出变压器负载运行时的电动势平衡方程式:

$$\dot{U}_1 = \dot{I}_1 r_1 + j \dot{I}_1 x_{1\sigma} + (-\dot{E}_1) \tag{4-32}$$

$$\dot{E}_2 = \dot{U}_2 + \dot{I}_2 r_2 + j \dot{I}_2 x_{2\sigma}$$

$$\dot{U}_2 = \dot{E}_2 - \dot{I}_2 r_2 - j \dot{I}_2 x_{2\sigma} \tag{4-33}$$

综上所述,变压器在负载运行状态下,通过原边绕组增加补偿电流,使变压器在负载运行的条件下,保持磁路中的磁通不变,从而保证了一次绕组和二次绕组中的感生电动势不变,实现了电路中电压平衡、磁路中磁动势平衡。

3. 变压器绕组的折算

通过以上分析,可以看出,变压器的输入与输出回路之间各自独立,没有直接的电路联系,彼此之间是通过磁路建立联系的。这对于分析和研究考察变压器中的各个物理量之间的关系是非常麻烦的,也是非常困难的。因此,有必要将变压器两个独立电路中的任意一个进行等效,折算至另一个回路中,其目的是形成能够反映变压器电磁关系的统一电路,这样大大方便了对变压器的分析和计算,加深了对变压器本身的认识。

对变压器绕组进行折算的原则是折算前后等效不变。原副边之间往哪边折算是任意的。在通常情况下,为分析与实际操作方便,一般采取的方法是将副边电路折算到原边。

副边电路折算至原边一侧后的参数值,相当于从原边看到的副边电路中的电压、电流以及各个阻抗折算到原边一侧后的等效值。变压器二次绕组折算之前的能量关系、电磁关系和磁动势大小,在折算后的等效电路中应保持不变。

二次绕组需要进行折算的变量有:二次绕组电流 i_2、二次绕组电压 u_2 和电动势 e_2、二次绕组电阻 r_2 和电抗 $x_{2\sigma}$。为了便于区别,折算后的变量右上角加标注"′",具体折算方法如下:

(1)二次绕组电流 i_2 的折算

折算前后变压器二次绕组电流所产生的磁动势不变,即

$$i_1 N_1 = i_0 N_1 + (-i_2 N_2)$$

如果写成相量形式,则为

$$\dot{I}_1 N_1 = \dot{I}_0 N_1 + (-\dot{I}_2 N_2)$$

由此得到变压器绕组二次电流的折算值为

$$\dot{I}_1 = \dot{I}_0 + \left(-\frac{1}{k}\dot{I}_2\right) = \dot{I}_0 + \dot{I}_1{}' = \dot{I}_0{}'(-\dot{I}_2{}') \tag{4-34}$$

式中:$\dot{I}_1{}'$ 为变压器负载运行时,原边等电路中增加的电流分量,它应与副边电流 $\dot{I}_2$ 折算至原边一侧后的等效电流分量 $\dot{I}_2{}'$ 相等。

(2)二次绕组电压和电动势的折算

由式 $\dot{E}_2 = -j4.44 N_2 f \dot{\Phi}_m$ 可知,变压器的二次绕组中的感应电动势 $\dot{E}_2$,与原边绕组中的电动势 $\dot{E}_1$ 之间有如下关系:

$$\frac{\dot{E}_1}{\dot{E}_2} = \frac{-4.44 f N_1 \dot{\Phi}_m}{-4.44 f N_2 \dot{\Phi}_m} = \frac{N_1}{N_2} = k$$

$$\dot{E}_1 = \dot{E}_2{}' = \frac{N_1}{N_2}\dot{E}_2 = k\dot{E}_2 \tag{4-35}$$

式中:$\dot{E}_2{}'$ 为变压器负载运行时,副边绕组中的感生电动势 $\dot{E}_2$ 折算至原边一侧后的等效电动势,它与原边绕组中的感生电动势 $\dot{E}_1$ 相等。k 为匝数比。

表达式(4-35)表明,在外接电网电压和频率大小不变的情况下,主磁通不变,原副边的线电动势与一次绕组匝数和二次绕组匝数成正比。

(3)二次绕组电阻、电抗和阻抗的折算

由图 4-13 及表达(4-33)可知,副边回路的阻抗为

$$Z_{2\Sigma} = \frac{\dot{E}_2}{\dot{I}_2} = \frac{\dot{I}_2 r_2 + j\dot{I}_2{}' x_{2\sigma} + \dot{I}_2{}' I_L}{\dot{I}_2} = r_2 + jx_{2\sigma} + Z_L$$

折算至原边一侧后,等效的阻抗 $Z_2{}'$ 为

$$Z_2{}' = \frac{\dot{E}_2{}'}{\dot{I}_2{}'} = \frac{k\dot{E}_2}{\dot{I}_2/k} = k^2\frac{\dot{E}_2}{\dot{I}_2} = k^2(r_2 + \mathrm{j}x_{2\sigma} + Z_L) = k^2 r_2 + \mathrm{j}k^2 x_{2\sigma} + k^2 Z_L$$

$$Z'_{2\Sigma} = k^2 r_2 + \mathrm{j}k^2 x_{2\sigma} + k^2 Z_L = r_2{}' + \mathrm{j}x_{2\sigma}{}' + Z_L{}' \qquad (4\text{-}36)$$

由上式不难看出,变压器副边的回路阻抗,包括绕组电阻、漏抗以及负载阻抗。在由副边折算到原边的过程中,等效阻抗都在原阻抗的基础上扩大了匝比的平方倍。同样,根据折算前后功率不变的原则,也可以推得上述结果。同学们不妨尝试着推导一下。

综上所述,变压器二次绕组参数在折算到原边一侧后,副边电流幅值是折算前的 $1/k$ 倍,电压和电动势的幅值变为折算前的 k 倍,电阻、电抗和阻抗值均变成折算前的 k^2 倍。

折算至原边后的副边等效电路如图 4-16 所示。

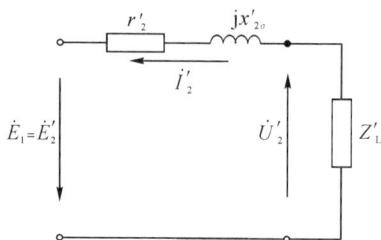

图 4-16 折算至原边后的副边等效电路

4. 变压器负载运行时的等效电路

根据以上分析,只需将图 4-11 和图 4-16 中的等效电路合并,就可以得到变压器负载运行时的等效电路图,如图 4-17 所示。

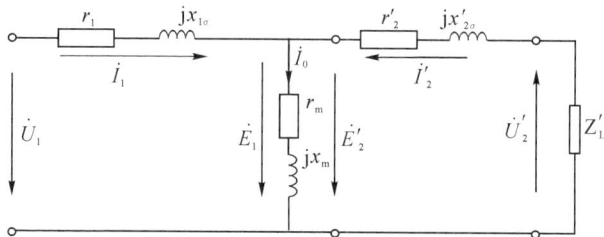

图 4-17 变压器负载运行时的 T 型等效电路

5. 等效电路的简化

图 4-17 中的等效电路(也称为 T 型等效电路)可以真实地反映变压器负载运行时一次绕组和二次绕组各个参数变量之间的关系。由于电路中既有串联关系又有并联关系,计算和分析相对来说都比较复杂,考虑到变压器的励磁电流数值相对比较小,以及工程计算上的方便,变压器等效电路往往改为如图 4-18(a)所示中的形式,甚至于可以忽略不计励磁电流,从而使图 4-17 中的变压器负载运行时的等效电路,简化为图 4-18(b)中的形式。工程上可以根据需要采用不同形式的简化等效电路。

6. 变压器负载运行时的相量图

在前面的分析中,分别对变压器负载运行过程中的电压平衡方程式、磁动势平衡方程式以及等效电路进行了分析和描述,并得出了副边电压、电流与阻抗的折算关系式。同时也由

(a) 励磁电流等效支路左移后的变压器等效电路

(b) 去掉励磁电流后的变压器等效电路

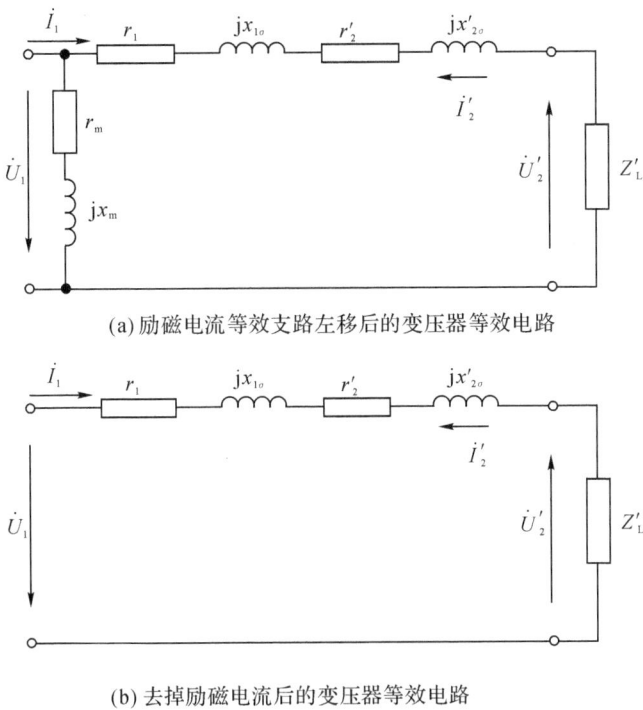

图 4-18　变压器负载运行时简化等效电路图

此看出,变压器的三大作用:变压、变流和变阻抗。

变压器的负载运行与空载运行的区别是副边绕组中出现了负载电流,这一点不仅反映在原、副边的电压平衡方程式和等效电路图中,影响了原边绕组中的电流和磁路中的平衡,而且也反映在描述变压器各个物理量之间关系的相量图中。变压器负载运行时,由于负载性质的不同,需分别进行讨论。

首先讨论负载为感性负载的情况。

当负载为感性负载,且 $Z_L \gg Z_2 = r_1 + jx_{2\sigma}$ 时,副边电流将滞后副边电压和电动势,于是根据等效电路图 4-17 可知,副边回路的相量图可绘制如图 4-19 所示。

由原边电路的电压平衡方程可知,在变压器负载运行时,原边回路中的电流不再只是励磁电流,而是励磁电流分量与补偿电流分量的相量之和。于是,将副边电路的相量图与空载时的相量图相结合后,整个变压器负载运行时的相量图如图 4-20 所示。

图 4-19　变压器带感性负载时的
副边回路相量图

将变压器负载运行时的相量图与空载时的变压器相量图相比较,不难看出,在变压器的副边多了一个副边电流 $\dot{I}_2$,且滞后于副边端电压和电动势,根据电压平衡方程构成闭合相量三角形。在原边多了与副边电流 $\dot{I}_2$ 方向相反的,大小为副边电流 $\dot{I}_2/k$ 倍的一个补偿电流 $\dot{I}_1'$ 或 $\dot{I}_2'$,它与励磁电流一同构成了原边电流

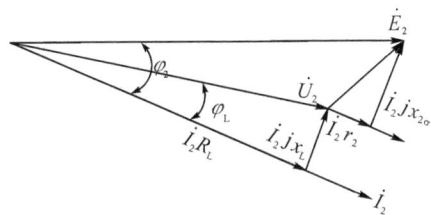

$\dot{I}_1$。原边电流根据负载状态下的平衡方程，也重新构成一个相量三角形。

然后讨论负载为容性负载的情况。

当负载为容性负载，且 $Z_L \gg Z_2 = r_1 + jx_{2\sigma}$ 时，副边电流将超前副边电压和电动势，于是根据等效电路图 4-17 可知，副边回路的相量图可绘制如图 4-21 所示。

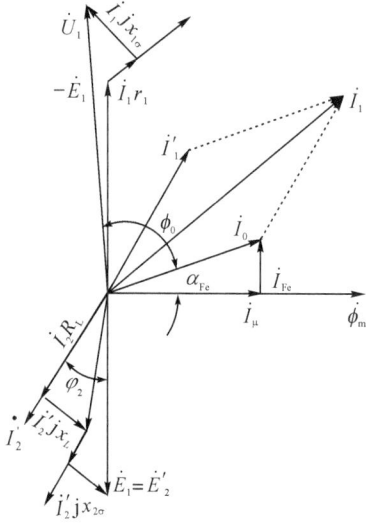

图 4-20 变压器带感性负载时的相量图　　图 4-21 变压器带容性负载时副边回路的相量图

将上述副边回路的相量图与空载相量图（见图 4-22）相结合，同样可以得到变压器带容性负载时的相量图，如图 4-22 所示。

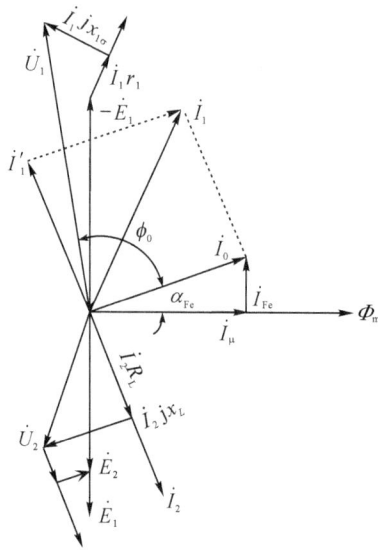

图 4-22 变压器带容性负载时的相量图

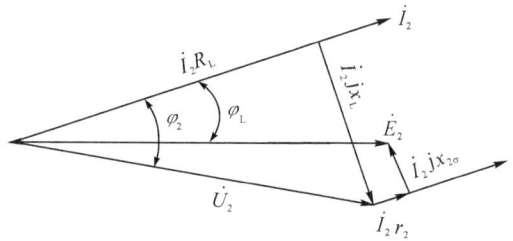

4.5 变压器的标幺值

工程上,物理量的表示方法一般不采用该物理量的实际数值,而是习惯用标幺值来表示。所谓标幺值,就是指一个物理量的实际数值和选定的同单位基值的比值。为了区分实际数值和标幺值,通常在标幺值的右上角标注符号"*"。

对于本章所讨论的变压器而言,习惯上是选取变压器一次侧和二次侧的额定电压和额定电流作为基值,一次侧和二次侧的电阻、电抗及阻抗的基值则可以根据额电压和额定电流计算出来。

变压器一次侧和二次侧的电压和电流标幺值为

$$\left.\begin{array}{ll} U_1^* = \dfrac{U_1}{U_{1N}} & U_2^* = \dfrac{U_2}{U_{2N}} \\[2mm] I_1^* = \dfrac{I_1}{I_{1N}} & I_2^* = \dfrac{I_2}{I_{2N}} \end{array}\right\} \tag{4-37}$$

变压器一次侧和二次侧的电阻、电抗和阻抗标幺值为

$$\left.\begin{array}{l} z_1^* = \dfrac{z_1}{z_{1N}} = \dfrac{z_1 I_{1N}}{U_{1N}};\ r_1^* = \dfrac{r_1}{z_{1N}} = \dfrac{r_1 I_{1N}}{U_{1N}};\ x_{1\sigma}^* = \dfrac{x_{1\sigma}}{Z_{1N}} = \dfrac{x_{1\sigma} I_{1N}}{U_{1N}} \\[3mm] z_2^* = \dfrac{z_2}{z_{2N}} = \dfrac{z_2 I_{2N}}{U_{2N}};\ r_2^* = \dfrac{r_2}{z_{2N}} = \dfrac{r_2 I_{2N}}{U_{2N}};\ x_{2\sigma}^* = \dfrac{x_{2\sigma}}{Z_{2N}} = \dfrac{x_{2\sigma} I_{2N}}{U_{2N}} \end{array}\right\} \tag{4-38}$$

在工程上习惯使用标幺值来表示物理量的实际数值的原因,主要是标幺值有以下几个优点:

(1)采用标幺值表示变压器各个变量时,各个物理量不再需要进行折算,大大简化了计算。因为一次侧和二次侧都采用自己所在这侧的额定值作为基值,所以可以消除变压器匝数的影响。比如

$$I_2'^* = \frac{I_2'}{I_{1N}} = \frac{I_2/k}{I_{2N}/k} = \frac{I_2}{I_{2N}} = I_2^* \tag{4-39}$$

(2)不管变压器容量的大小,对于同类变压器而言,使用标幺值来表示各个参数时,参数的变化范围很小,结果直观,便于比较。

(3)三相变压器线电压、线电流的标幺值和相电压、相电流的标幺值相等。

(4)使用标幺值表示变压器各个参数时,对变压器的性能指标理解更加直观。比如,当两台变压器的额定电压和额定电流不同时,不能简单地根据所给出的变压器额定电压和额定电流大小来说明变压器的负载能力,但是可以根据变压器负载电流的标幺值大小来说明变压器的带负载能力。

4.6 变压器的参数测定

对变压器性能进行分析时,必须首先了解变压器的参数。所谓变压器参数,是指变压器等效电路中,一次侧和二次侧的电阻、电抗以及阻抗的数值。在工程中,一般采用空载实验和短路实验两种方法来测定变压器的相关参数。

4.6.1　变压器空载实验

通过变压器的空载实验,可以测定变压器的变比 k 和励磁电阻 r_m、励磁电抗 jx_m、励磁阻抗 Z_m。空载实验电路图如图 4-23 所示。

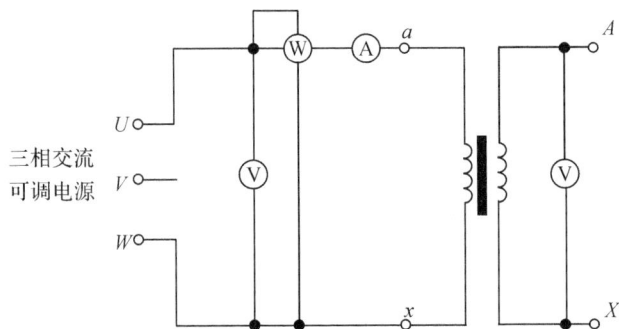

图 4-23　变压器空载实验接线图

在空载实验中,被测试的变压器可以选用单相变压器或三相组式变压器(实验用其中一相即可)。从理论上来说,测试可以在变压器的高、低压两侧中任选一侧,不过为安全起见,一般空载实验在变压器的低压侧进行,高压侧开路。变压器的低压线圈接电源,高压线圈开路。调节交流电源调压旋钮,使变压器空载电压 $U_0=1.2U_N$,然后逐次降低电源电压,在 $1.2U_N\sim0.5U_N$ 的范围内,测取变压器 U_0、I_0、P_0 的数据,并记录在表 4-1 中。其中 $U=U_N$ 的点必测,并在该点附近测的点应密些。为了计算变压器的变化,在 U_N 以下测取原边电压的同时,需要测出副边电压,并且作出空载特性 $I_0=f(U_0)$,$P_0=f(U_0)$,见图 4-24。

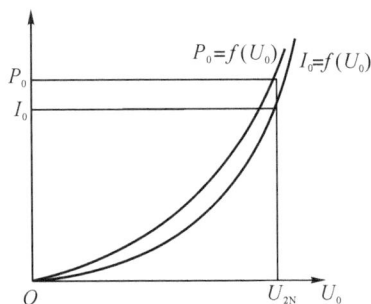

图 4-24　变压器空载实验时 $I_0=f(U_0)$,$P_0=f(U_0)$曲线

表 4-1　单相变压器空载实验

序　号	实验数据				计算数据
	$U_0(V)$	$I_0(A)$	$P_0(W)$	$U_{AX}(V)$	$\cos\phi_0$

对于单相变压器,通过空载实验所能够计算的参数有:

1. 计算变比

由空载实验测取变压器的原、副方电压的三组数据,分别计算出变比,然后取其平均值作为变压器的变比 k。

$$k=\frac{U_{AX}}{U_{aX}}$$

2. 绘出空载特性曲线和计算励磁参数

(1)绘出空载特性曲线 $U_0=f(I_0)$,$P_0=f(U_0)$,$\cos\phi_0=f(U_0)$。

其中,$\cos\phi_0=\dfrac{P_0}{U_0 I_0}$。

(2)计算励磁参数

从空载特性曲线上查出对应于 $U_0=U_N$ 时的 I_0 和 P_0 值,并由下式算出励磁参数:

$$r_m=\frac{P_0}{I_0^2}$$

$$z_m=\frac{U_0}{I_0}$$

$$x_m=\sqrt{z_m^2-r_m^2} \tag{4-40}$$

由于变压器空载实验是在变压器的低压侧进行的,所以需要将式(4-40)中相应参数乘以 k^2 变成变压器高压侧参数。另外,当变压器空载运行时,空载电流很小,一般不到额定电流的 10%,所以空载损耗很小。而空载损耗由变压器二次绕组铁损耗和铜损耗构成,铜损耗与空载电流的平方成正比,可以忽略不计,所以变压器空载运行时二次绕组空载损耗和铁损耗近似相等。

4.6.2　变压器短路实验

通过变压器的短路实验,可以测定变压器的短路损耗 P_K、短路电流 I_K 和短路阻抗 Z_K。

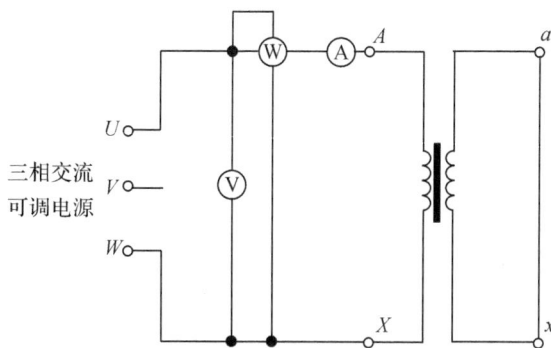

图 4-25　变压器短路实验接线图

短路实验线路如图 4-25 所示,变压器的高压线圈接电源,低压线圈直接短路。接通电源前,先将交流调压旋钮调到输出电压为零的位置,选好所有电表量程,按上述方法接通交流电源,逐次增加输入电压,直至短路电流等于 $1.1I_N$ 为止。在 $(0.5\sim1.1)I_N$ 范围内测取变压器的 U_K、I_K、P_K,作出短路特性 $U_K=f(I_K)$,$P_K=f(U_K)$,见图 4-26。并将数据记录于

表 4-2 中,其中 $I=I_K$ 的点必测。并记下实验时周围环境温度 $\theta(℃)$。

表 4-2　单相变压器短路实验

序　号	实验数据				计算数据
	$U_K(V)$	$I_K(A)$	$P_K(W)$	$U_{AX}(V)$	$\cos\phi_K$

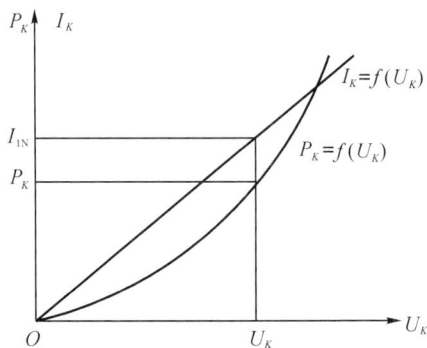

图 4-26 变压器短路实验时 $I_K=f(U_K)$,$P_K=f(U_K)$曲线

从短路特性曲线上查出对应于短路电流 $I_K=I_N$ 时的 U_K 和 P_K 值,由下式算出实验环境温度为 $\theta(℃)$下的短路参数。

$$
\left.
\begin{aligned}
z_K{}' &= \frac{U_K}{I_K} \\
r_K{}' &= \frac{P_K}{I_K^2} \\
x_K{}' &= \sqrt{z_K'^2 - r_K'^2}
\end{aligned}
\right\}
\tag{4-41}
$$

折算到低压侧有

$$
\left.
\begin{aligned}
z_K &= \frac{z_K{}'}{k^2} \\
r_K &= \frac{r_K{}'}{k^2} \\
x_K &= \frac{x_K{}'}{k^2}
\end{aligned}
\right\}
\tag{4-42}
$$

由于短路电阻 r_K 随温度而变化,因此,算出的短路电阻应按国家标准换算到基准工作温度 75℃时的阻值。

$$
\left.
\begin{aligned}
r_{K\,75℃} &= r_{K\theta}\frac{234.5+75}{234.5+\theta} \\
z_{K\,75℃} &= \sqrt{r_{K75℃}^2 + x_K^2}
\end{aligned}
\right\}
\tag{4-43}
$$

式中:234.5 为铜导线的常数,若用铝导线常数应改为 228。

在变压器短路实验中,当短路电流达到额定值时,外加的电压称为短路电压,也称为阻抗电压,一般用额定电压的百分值表示,即

$$
u_K\% = \frac{U_K}{U_N}\times100\% = \frac{I_N z_{K75℃}}{U_N}\times100\%
\tag{4-44}
$$

该阻抗电压可以分为电阻分量 U_{KR} 和电抗分量 U_{KX} 两个部分,分别为

$$\left.\begin{aligned} U_{KR} &= \frac{I_N r_{K\,75℃}}{U_N} \times 100\% \\ U_{KX} &= \frac{I_N x_K}{U_N} \times 100\% \end{aligned}\right\} \tag{4-45}$$

短路阻抗电压 $u_K\%$ 是变压器铭牌参数之一。实际上,$u_K\%$ 的大小反映了变压器漏阻抗的大小,$u_K\%$ 越小,则变压器二次绕组所接负载变化时,引起变压器输出电压的变化就越小。

在变压器的空载实验和短路实验中,使用的功率表尽量采用多功能交流仪表。短路实验操作要快,否则线圈发热会引起电阻变化。

4.7　三相变压器

当前国内普遍采用三相供电方式,所以在日常生产和生活中,三相变压器的使用相当广泛。在对三相变压器进行定性分析和定量计算时,往往认为三相变压器所带的三相负载是对称的,每相电压和电流的大小均相等,但是相位互差 120°。所以实际上,可以选取变压器三相中的任意一相来分析,前面分析单相变压器的电压平衡方程式、等效电路和相量图均适用。但是三相变压器毕竟还有自己独特的特点,比如磁路、连接组别等方面,下面进行详细分析。

4.7.1　三相变压器磁路系统

变压器的结构不同,其磁路系统也不同。三相组式变压器是由三台参数形状完全相同的单相变压器构成的,三相磁路完全相同,每相主磁通在自己的铁芯中流通,三相之间只有电信号的联系,而没有磁路的联系。

三相芯式变压器结构如图 4-27 所示,是将三相规格相同的单相变压器各自取出一个铁芯柱合为一根公用的铁芯柱。这样一来,三相变压器的磁路对称并且彼此相关,因为三相磁通大小相等,则通过中间铁芯柱的磁通就可以表示成 $\sum \dot{\Phi}_m = \dot{\Phi}_A + \dot{\Phi}_B + \dot{\Phi}_C = 0$,因此可以将公用的铁芯柱省略,见图 4-27(b),并不会影响三相变压器的磁路。为了方便生产,通常将三根铁芯柱放在相同平面上,就变成了图 4-27(c)。可见三相芯式变压器每一相的磁路要想闭合,必须借助于其他两相,又因为中间相的磁路短于其他两相,所以当外接三相对称电压时,三相绕组的励磁电流并不相等,中间相的励磁电流最小。这种不对称,并不影响变压器的正常运行,所以常常忽略不计。

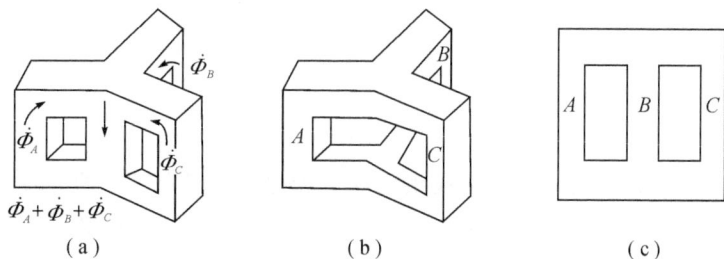

$$(a) \qquad\qquad (b) \qquad\qquad (c)$$

图 4-27　三相芯式变压器磁路演变过程

三相芯式变压器相对于组式变压器来说,具有结构简单、耗材少、占地小、维修方便等特点。

4.7.2 三相变压器的连接方式

三相变压器由于其结构的特点,连接方式可以分为两种:星(Y)形和三角(△)形。所以变压器一次绕组和二次绕组的组合方式就有四种:Y/Y、Y/△、△/Y、△/△。其中,△形接法还分左接△形和右接△形等。正是由于变压器一次绕组和二次绕组的不同连接方式,使得变压器的分析变得复杂,出现不同的相位差,增加了对引出线的判断难度。要想正确地判断一个绕组的极性和相位,首先应清楚以下几个问题:

1. 符号规定

习惯上,高压绕组采用 A、B、C(或 U、V、W)表示绕组的首端,用 X、Y、Z 表示绕组的末端;低压绕组采用 a、b、c(或 u、v、w)表示绕组的首端,用 x、y、z 表示绕组的末端。

2. 同名端

为了弄清变压器一次绕组和二次绕组的电动势之间的相位关系,首先说明一个概念——同名端。所谓同名端,是指在任意瞬时,当变压器一次绕组的某一端为高电位时,二次绕组就相应有一端也为高电位,并始终保持极性一致,则这两个绕组的相同极性端就称为同极性端或同名端。相应地,同时为低电位的一次绕组和二次绕组的绕组端点也称为同名端。同名端用"＊"或"·"标记。

3. 电动势矢量的方向和绕组的同名端之间的关系

如何判断原、副边两侧的电动势正方向是否相同呢? 通常的做法是,当原、副边两侧的电动势正方向都是从相同的极性端或同名端指向另一端时,认为原、副绕组电动势同相位或同方向。否则,原、副边绕组电动势方向相反。

其中,掌握最基本的一点:同一磁柱上的原、副边绕组上的电动势总是在同一轴向上,方向也只有两种可能,或为同方向或为反方向,如图 4-28 所示。

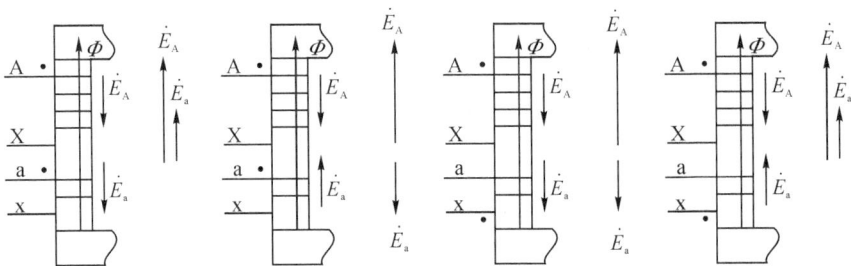

图 4-28 同一磁柱上原边与副边电动势方向的判定

4. 变压器连接组别的判定方法

按照惯例,用变压器一次绕组和二次绕组电动势的相位差来表示变压器的接线组别,常常采用时钟表达方式。将变压器一次绕组的线电动势 $\dot{E}_{AB}$ 作为时钟的分针,二次绕组的线电动势 $\dot{E}_{ab}$ 作为时钟的时针,并将两者画在一起,在 $\dot{E}_{ab}$ 和 $\dot{E}_{AB}$ 之间的相位差确定后,将两个矢量同时旋转,使矢量 $\dot{E}_{AB}$ 指向 12 点,则变压器一次绕组和二次绕组电动势之间的相位差就通过时钟的钟点很清楚地表示出来了。

5. 判断变压器连接组别的步骤

(1)首先,确定同一磁柱上的一次绕组和二次绕组相电动势的方向,如果电动势 $\dot{E}_A$ 和 $\dot{E}_a$ 都是从相同的极性端或同名端指向另一端时,则方向为同向;否则为反向。

画时,可以先确定 A 相,其余相电动势可以根据对称性依次画出。这样可以分别画出原边和副边的矢量图。为了观察方便,通常将 $\dot{E}_A$ 和 $\dot{E}_a$ 矢量画在同一起点上或同一轴线上,以便于比较和分析。

(2)其次,分别连接原、副边的相电动势,画出原、副边各自的线电动势。画时,可以先画出 A 相原边的线电动势 $\dot{E}_{AB}$ 和副边的线电动势 $\dot{E}_{ab}$,然后依次画出其他各相线电动势。实际操作中,只画出一相就可以了。

(3)最后,比较原边的线电动势 $\dot{E}_{AB}$ 和副边的线电动势 $\dot{E}_{ab}$,或其他各对应的线电动势之间的相位差,然后将相量图整体旋转,将原边线电动势作为时钟的分针,使其指向 12 点;副边的电动势作为时钟的时针,根据时针的位置判断出是几点钟,从而确定变压器的接线组别。

对于 Y/Y 连接方式,最终得到的连接组别是 0、2、4、6、8、10 共 6 个偶数;对于 Y/△连接方式,则最终得到的连接组别是 1、3、5、7、9、11 共 6 个奇数。

例 4-1　(1)Y/Y 接法线路如图 4-29(a)所示,试判断下列变压器的连接组别。

解　首先,根据同一磁柱上的原副边绕组的同名端与电动势之间的关系是否一致来判定相电动势 $\dot{E}_A$ 和 $\dot{E}_a$ 相量是否同向。由图可以看出,正方向都是指向同名端的,所以是同向的。

然后,根据三相交流电的对称性,画出矢量图,如图 4-29(b)所示。同时画出原边线电压 $\dot{E}_{AB}$ 和副边线电压 $\dot{E}_{ab}$ 矢量,确定它们的相位差,从而确定几点钟,显然,在图 4-29(b)中的变压器组别是 Y/Y-0。图中画出两个同心的虚线圆是为了保证相量图的对称性。

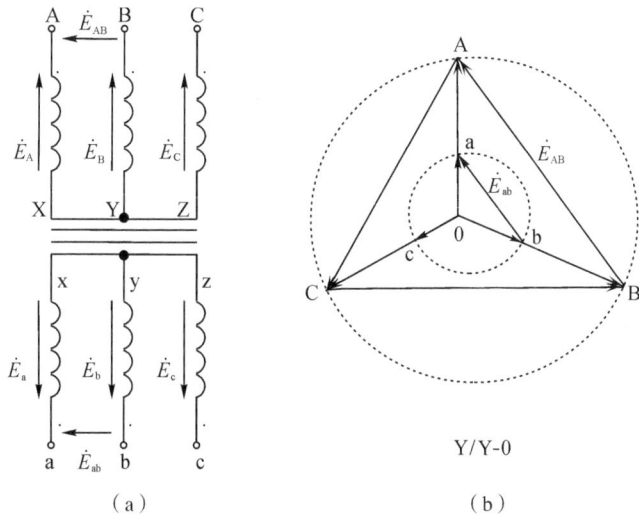

图 4-29　Y/Y-0 连接组别

(2)Y/Y 接法线路如图 4-30(a)所示,试判断下列变压器的连接组别。

解　方法同上,显然,在图 4-30(b)中,$\dot{E}_{AB}$ 和 $\dot{E}_{ab}$ 之间相差 120°,时钟为 8 点钟。

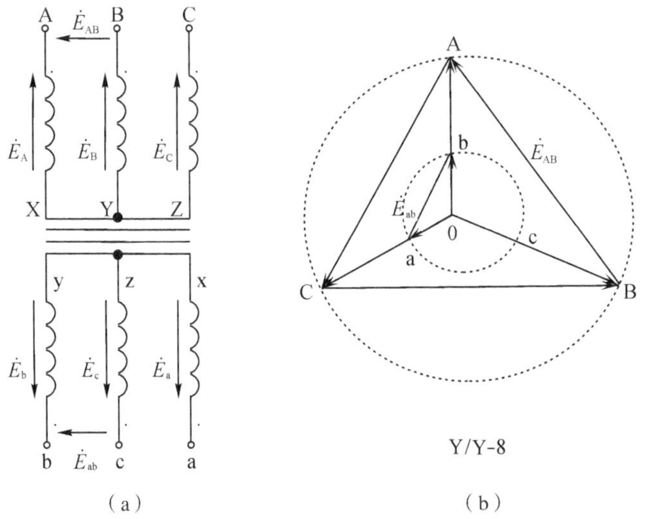

图 4-30　Y/Y-8 连接组别

(3)Y/△接法线路如图 4-31(a)所示,试判断下列变压器的连接组别。

解　方法同上,显然,在图 4-31(b)中,$\dot{E}_{AB}$和 $\dot{E}_{ab}$之间相差 30°,时钟为 11 点钟。

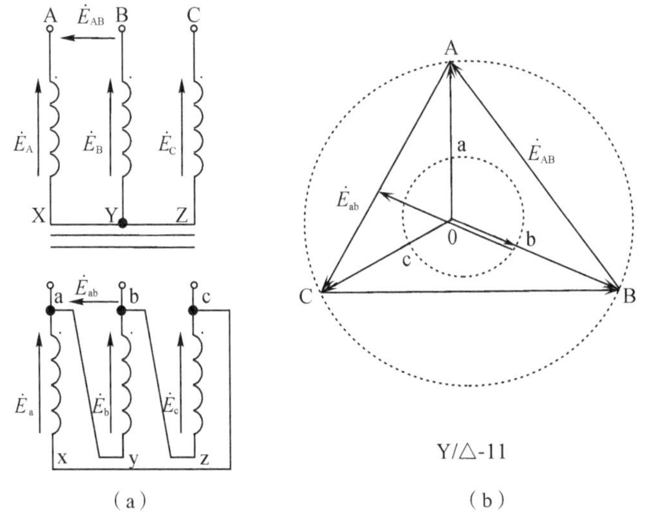

图 4-31　Y/△-11 连接组别

总结以上画法,可以画出各种组别的相量图,从而辨别出不同变压器的组别。

4.7.3　三相变压器磁路系统和连接方式对电动势的影响

Y/Y 连接的变压器,一次绕组和二次绕组没有谐波电流流通,励磁电流成正弦波,根据饱和磁化曲线的对应关系,磁通波形为平顶波。如果将磁通按照傅立叶级数展开,磁通可以分解为波形形状为正弦波的基波和波形形状同为正弦波,但频率为基波三倍的三次谐波磁通分量。

1. Y/Y 接法

对于三相组式变压器,三次谐波磁通可沿各自主磁路闭合,产生幅值可达基波幅度为 60% 左右的三次谐波相电动势。当基波电动势达到峰值时,三次谐波电动势也同时达到峰值,会使相电动势最大值升高很多,对绝缘不利。但是线电动势中没有三次谐波分量,因为同相位的三相三次谐波线电动势相互抵消,所以三相组式变压器一般不会采用 Y/Y 接法。

对于三相芯式变压器,三相磁路相互连通,所以同相位的三次谐波磁通不能在主磁通路中闭合,只能经变压器油箱形成回路,磁阻大,三次谐波磁通被削弱,三次谐波电动势较小,相电动势接近于正弦,但三次谐波磁通在油箱中引起损耗,导致变压器局部过热,效率降低。所以容量较大、电压较高的三相芯式变压器也不宜用 Y/Y 接法。

2. △/Y 或△/△接法

三次谐波电流可以在原边三相绕组中流过,所以根据饱和磁化曲线,可以知道主磁通与相电动势基本上均为正弦波,不会产生过高的相电动势,所以也不会对变压器造成损坏。

3. Y/△接法

一次绕组中三次谐波电流无法流通,根据饱和磁化曲线可知,铁芯中的三次谐波磁通在一、二次绕组中会产生三次谐波电动势,二次绕组的三次谐波电动势在△接法中就可有三次谐波电流流通,对一次侧产生的三次谐波磁通起削弱作用,从而使主磁通及相电动势接近正弦。

所以,不论三相芯式或组式变压器,为使主磁通及相电动势为正弦波,常将一次绕组或二次绕组接成△。

4.8 变压器的运行特性

变压器一次绕组外接额定交流工频电压,对于二次绕组侧的负载来说,变压器就相当于它的电源,所以根据负载对电源的要求,很重要的一点就是电源的工作性能必须稳定。判断变压器运行性能好坏的特性指标有两个:外特性和效率特性。

4.8.1 变压器的外特性

变压器的外特性定义是:当变压器一次绕组外接电压 u_1 不变,负载侧功率因数 $\cos\varphi_2$ 为常数时,变压器二次绕组侧输出电压 u_2 和二次侧电流 i_2 的关系曲线,即 $u_2 = f(i_2)$。

我们知道,变压器的一次绕组和二次绕组均存在漏阻抗,所以在变压器运行有负载电流流经变压器绕组时,会在漏阻抗上产生电压降落,所以变压器二次绕组侧负载两端输出电压会产生相应的变化,输出电压随负载电流 i_2 变化趋势会随着负载性质的不同而不同。负载为感性负载时,特性曲线下垂;负载为容性负载时,特性曲线上扬。变压器带不同负载时的外特性如图 4-32 所示。

表征输出电压 u_2 随负载电流 i_2 的变化程度一般采用电压变化率这一性能指标。电压变化率的定义具体来

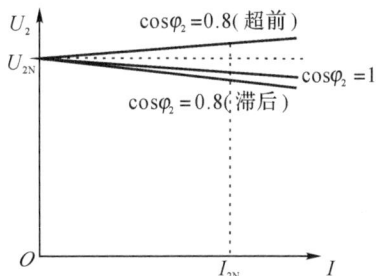

图 4-32 变压器的外特性

说，就是变压器一次绕组外接工频额定电压，当负载功率因数一定，变压器空载运行时的二次侧输出空载电压 u_{20} 与变压器负载运行时的二次侧输出负载电压 u_2 之差和二次侧额定输出电压 u_{2N} 之比，且当变压器空载运行时，有 $u_1 = u_{1N}$，$i_2 = 0$，$u_{20} = u_{2N}$。

电压变化率是衡量变压器输出电压稳定性的一项重要性能指标。

当变压器不在额定负载运行时，电压变化率 Δu 可以表示为

$$\Delta u = i_2^* (R_k^* \cos\varphi_2 + X_k^* \sin\varphi_2) \times 100\%$$

$$R_k^* = \frac{i_{1N} R_k}{u_{1N}} \qquad X_k^* = \frac{i_{1N} X_k}{u_{1N}} \tag{4-46}$$

$$i_2^* = \frac{i_2}{i_{2N}} \tag{4-47}$$

4.8.2　变压器的效率特性

变压器的主要作用除了可以实现电压变换之外，还可以实现能量的传递，那么在能量传递过程中，肯定会出现能量的损耗，所以变压器输出功率比输入功率小。

1. 变压器损耗

变压器负载运行时，产生的损耗分为铁耗和铜耗两类，而每一类损耗又可以细分为基本损耗和附加损耗。

基本铁损耗其实就是由铁芯的材料、频率和重量等因数决定的磁滞损耗和涡流损耗；附加铁损耗是指变压器铁芯硅钢片绝缘损伤所引起的局部涡流损耗、主磁通在变压器结构件产生的涡流损耗和高压变压器中的介质损耗。基本铁损耗是铁损耗的主要组成部分，附加铁损耗一般不超过铁损耗总量的 20%。应注意的是，只要变压器一次绕组所接电压不变，变压器空载运行和负载运行时铁芯中的主磁通近似不变，则铁损耗的大小与负载的变化无关，不会随着负载的改变而改变，所以铁损耗也称为不变损耗。

基本铜损耗是指变压器一次绕组和二次绕组中的直流电阻损耗，附加铜损耗则是指由集肤效应导致导线电阻改变而带来的损耗。两类铜损耗均与电流的平方成正比，随负载的变化而发生变化，所以铜损耗也称为可变损耗。

前面已经讨论过，当变压器空载运行时，空载电流的大小不会超过额定电流的 10%，所以变压器空载损耗 p_0 中就可以忽略铜损耗，认为空载损耗 p_0 和铁损耗 p_{Fe} 近似相等；而铜损耗则是电流流过变压器一次绕组和二次绕组所造成的损耗，正比于电流的平方。变压器短路运行时，只需要不到 10% 的额定电压就可以使短路电流达到额定值，此时主磁通很小，所以铁损耗和励磁电流都可以忽略，此时的短路损耗 p_k 就是铜损耗，大小为

$$p_{Cu} = i_1^2 R_1 + i_2'^2 R_2' = i_2'^2 R_k = (\frac{i_2'}{i_{2N}})^2 i_{2N}^2 R_k = \alpha^2 p_k \tag{4-48}$$

通过短路实验即可以求得额定电流时的铜损耗 p_{CuaN}，负载发生变化时铜损耗正比于负载电流 i_2' 标幺值的平方 α^2。

所以变压器的总损耗：

$$\sum p = p_{Fe} + p_{Cu} = p_0 + \alpha^2 p_k \tag{4-49}$$

2. 变压器效率

变压器效率的定义是指变压器输出功率 P_2 和输入功率 P_1 之比，可以表示为

$$\eta = \frac{P_2}{P_1} \times 100\% = \frac{P_1 - \sum P}{P_1} \times 100\% = 1 - \frac{\sum P}{P_2 + \sum P} \times 100\%$$

$$= 1 - \frac{p_0 + \alpha^2 p_k}{P_2 + P_0 + \alpha^2 p_k} \times 100\% \tag{4-50}$$

因为变压器的电压变化率很小,大约为 5% 左右,忽略不计时,会有

$$u_2 = u_{20} = u_{2N}$$

$$P_2 = u_{2N} i_2 \cos\varphi_2 = u_{2N} \alpha i_{2N} \cos\varphi_2 = \alpha S_N \cos\varphi_2 \tag{4-51}$$

所以变压器的效率可以表示为

$$\eta = 1 - \frac{p_0 + \alpha^2 p_k}{\alpha S_N \cos\varphi_2 + p_0 + \alpha^2 p_k} \times 100\% \tag{4-52}$$

一般变压器的效率会达到 95% 以上。

3. 变压器的效率特性

变压器的效率特性是指变压器的效率随负载系数 α 或负载电流 i_2 的变化趋势。由式 (4-52) 可以推出:

$$\frac{\mathrm{d}\eta}{\mathrm{d}\alpha} = 0 \Rightarrow \alpha = \sqrt{p_0/p_k} \Rightarrow \alpha^2 p_k = p_0 \Rightarrow p_{Cu} = p_{Fe} \tag{4-53}$$

也就是说,当变压器的可变损耗等于不变损耗时,变压器的效率达到最大。图 4-33 所示的是变压器的效率特性。

从图 4-33 中能够看出,负载比较小时,变压器效率会随着负载的增加而增大;负载比较大时,变压器的效率则会随着负载的增加而减小。

例 4-2 一台三相变压器,$S_N = 5600\mathrm{kVA}$,$U_{1N}/U_{2N} = 10/6.3\mathrm{kV}$,$Y/\triangle$-11 连接,在低压侧做空载实验,所测定的数据为 $U_0 = 6300\mathrm{V}$,$I_0 = 7.4\mathrm{A}$,$p_0 = 6800\mathrm{W}$。在高压侧做短路实验,所测数据为 $U_k = 550\mathrm{V}$,$I_k = 32.33\mathrm{A}$,$p_k = 18000\mathrm{W}$。试求:

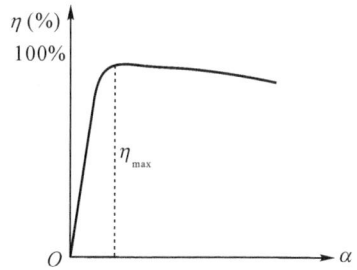

图 4-33 变压器的效率特性

(1) 励磁参数和短路参数的标幺值及折算到高、低压侧的实际值;

(2) 满载及 $\cos\varphi_2 = 0.8$(滞后)时的二次侧电压及效率;

(3) $\cos\varphi_2 = 0.8$(滞后)时的最大效率。

解 高、低压侧额定电流分别为

$$I_{1N} = \frac{S_N}{\sqrt{3} U_{1N}} = \frac{5600 \times 10^3}{\sqrt{3} \times 10 \times 10^3} = 323.3(\mathrm{A})$$

$$I_{2N} = \frac{S_N}{\sqrt{3} U_{2N}} = \frac{5600 \times 10^3}{\sqrt{3} \times 6.3 \times 10^3} = 513.23(\mathrm{A})$$

高、低压侧阻抗的基值分别为

$$Z_{1N} = \frac{U_{1N\phi}}{I_{1N\phi}} = \frac{10 \times 10^3/\sqrt{3}}{323.3} = 17.86(\Omega)$$

$$Z_{2N} = \frac{U_{2N\phi}}{I_{2N\phi}} = \frac{6.3 \times 10^3}{513.2/\sqrt{3}} = 21.26(\Omega)$$

（1）将空载和短路实验数据分别转化为标幺值

$$U_0^* = \frac{U_0}{U_{1N}} = 1, \ I_0^* = \frac{I_0}{I_{2N}} = 0.0144, \ p_0^* = \frac{p_0}{S_N} = 0.0012$$

$$U_k^* = \frac{U_k}{U_{1N}} = 0.055, \ I_k^* = \frac{I_k}{I_{1N}} = 1, \ p_k^* = \frac{p_k}{S_N} = 0.003$$

由空载实验得到励磁参数标幺值为

$$Z_m^* = \frac{U_0^*}{I_0^*} = 69.35, \ R_m^* = \frac{P_0^*}{I_0^{*2}} = 5.838$$

$$X_m^* = \sqrt{Z_m^{*2} - R_m^{*2}} = 69.10$$

由短路实验数据得到短路参数标幺值为

$$Z_k^* = \frac{U_k^*}{I_k^*} = 0.055, \ R_k^* = \frac{R_k^*}{I_k^{*2}} = 0.003$$

$$X_k^* = \sqrt{Z_k^{*2} - R_k^{*2}} = 0.0549$$

折算到高压侧的励磁参数和短路参数实际值为

$$Z_m = Z_m^* Z_{1N} = 69.35 \times 17.86 = 1239(\Omega)$$

$$R_m = R_m^* Z_{1N} = 5.838 \times 17.86 = 104.3(\Omega)$$

$$X_m = X_m^* Z_{1N} = 69.10 \times 17.86 = 1234(\Omega)$$

$$Z_k = Z_k^* Z_{1N} = 0.055 \times 17.86 = 0.982(\Omega)$$

$$R_k = R_k^* Z_{1N} = 0.003 \times 17.86 = 0.0574(\Omega)$$

$$X_k = X_k^* Z_{1N} = 0.0549 \times 17.86 = 0.98(\Omega)$$

折算到低压侧的励磁参数和短路参数实际值为

$$Z_m' = Z_m^* Z_{2N} = 69.35 \times 21.26 = 1474(\Omega)$$

$$R_m' = R_m^* Z_{2N} = 5.838 \times 21.26 = 124.1(\Omega)$$

$$X_m' = X_m^* Z_{2N} = 69.10 \times 21.26 = 1469(\Omega)$$

$$Z_k' = Z_k^* Z_{2N} = 0.055 \times 21.26 = 1.17(\Omega)$$

$$R_k' = R_k^* Z_{2N} = 0.003 \times 21.26 = 0.0683(\Omega)$$

$$X_k' = X_k^* Z_{2N} = 0.0549 \times 21.26 = 1.167(\Omega)$$

（2）满载时负载系数 α 为 1，$\cos\varphi_2 = 0.8$（滞后），则 $\sin\varphi_2 = 0.6$，电压变化率为

$$\Delta U\% = \alpha(R_k^* \cos\varphi_2 + X_k^* \sin\varphi_2)$$
$$= 1 \times (0.003 \times 0.8 + 0.0549 \times 0.6) = 3.55\%$$
$$U_2^* = 1 - \Delta U\% = 1 - 0.0355 = 0.9645$$

所以二次侧线电压为 $U_{2L} = U_2^* U_{2N} = 0.9645 \times 6300 = 6076(V)$

效率为

$$\eta = 1 - \frac{p_0 + \alpha^2 p_k}{\alpha S_N \cos\varphi_2 + P_0 + \alpha^2 p_k} \times 100\%$$
$$= \left(1 - \frac{6.8 + 1^2 \times 18}{1 \times 5600 \times 0.8 + 6.8 + 1^2 \times 18}\right) \times 100\% = 99.45\%$$

（3）最大效率时，负载系数为 $\alpha_m = \sqrt{\frac{p_0}{p_k}} = \sqrt{\frac{6.8}{18}} = 0.6146$

最大效率为

$$\eta = 1 - \frac{2p_0}{\alpha_m S_N \cos\varphi_2 + 2p_0} \times 100\%$$

$$= \left(1 - \frac{6.8 \times 2}{0.6146 \times 5600 \times 0.8 + 2 \times 6.8}\right) \times 100\% = 99.51\%$$

4.9　自耦变压器和仪用互感器

4.9.1　自耦变压器

普通变压器是一次绕组和二次绕组缠绕在同一根铁芯柱上,彼此绝缘,互相之间没有直接电路联系,只有磁的关系,通过电磁感应原理工作。而自耦变压器不同,它是将普通变压器中的一次绕组和二次绕组串联,变成一次绕组,取出一次绕组的部分作为自耦变压器的二次绕组,如图4-34所示。由图4-34可见,自耦变压器同普通变压器不一样,它的一次绕组和二次绕组之间既有磁路联系,又有直接电路的联系。

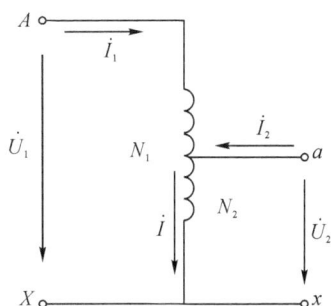

图4-34　降压自耦变压器原理图

自耦变压器和额定容量相同的普通变压器相比,自耦变压器体积小、节省了原材料和投资费用、损耗小、效率高,主要用于联系不同电压等级的电力系统,在专业实验室中常见的是调压器。

值得指出的是,当自耦变压器工作时,必须安装保护装置,避免高压侧发生故障时直接影响低压侧。三相自耦变压器中,中性点必须是可靠接地的。

同普通变压器一样,当自耦变压器一次绕组侧外接工频正弦电压时,会在铁芯中产生交变磁通ϕ,该磁通在一次绕组和二次绕组中分别产生了感应电动势e_1和e_2,自耦变压器的变比可以表示为

$$k = \frac{e_1}{e_2} = \frac{U_1}{U_2} = \frac{N_1}{N_2} \tag{4-54}$$

在分析自耦变压器时,特别要注意的是,虽然自耦变压器结构与普通变压器不同,但是磁动势的关系却没有改变。

4.9.2　仪用变压器

普通仪器在测量高电压、大电流信号时往往容易发生损坏,同时可能危害到测量人员的人身安全,在这两种情况下,均需要对被测量的电压或电流信号进行变换,于是应运而生出了能够实现电压和电流信号变换的装置——电压互感器和电流互感器,我们统称为仪用互感器。

1. 电压互感器

电压互感器实际上就是一台降压变压器,所以其结构与单相变压器一样,具体结构如图4-35所示。由图中可以看出,电压互感器的一次绕组接在被测量的高电压上,二次绕组则通过具有很大内阻的电压表形成回路,但是由于电压表的内阻非常大,所以实际上此时的互感器相当于工作在开路状态,也就是空载运行状态。

和前面分析的普通变压器空载运行情况一样,电压互感器的变比为

$$k=\frac{e_1}{e_2}=\frac{U_1}{U_2}=\frac{N_1}{N_2}$$

式中:k 为互感器的一次绕组和二次绕组匝数之比。

由于 N_1 远远大于 N_2,所以 k 总是大于 1 的,也符合了我们刚刚所介绍的电压互感器实际上是一个降压变压器的说法。要想知道被测量的高电压的大小,只要读出二次绕组所并联的电压表读数,再乘上变比 k 即可。

电压互感器在规定使用条件下的误差应该在规定限度内。保护用电压互感器的准确级,以该准确级

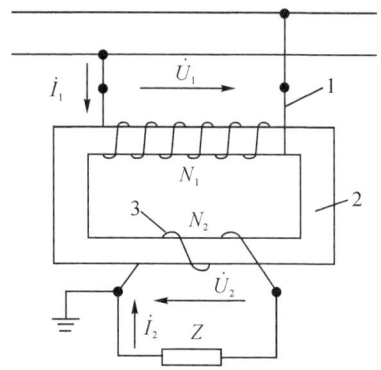

图 4-35 电压互感器结构原理图

在 5%额定电压到与额定电压因数相对应的电压范围内的最大允许电压误差的百分数标称,其后标以字母"P"(表示保护)。保护用电压互感器的标准准确级有 3P 和 6P。

电压互感器在使用时应该注意以下问题:

(1) 电压互感器的二次绕组不允许短路,否则会产生很大的短路电流,损坏互感器的绕组;

(2) 电压互感器的二次绕组和铁芯必须可靠接地,以保证安全;

(3) 当所测量的电压值一定时,二次负载的阻抗值不能太小,否则负载上所流经的电流过大,影响互感器的测量精度。

2. 电流互感器

电流互感器实际上就是一台升压变压器,其结构和单相变压器一样,具体结构如图 4-36 所示。由图 4-36 中可以看出,电流互感器的一次绕组接在被测量的高电流回路中,二次绕组则串接电流表形成回路,但是由于电流表的内阻非常小,所以实际上此时的互感器相当于工作在短路状态,也就是一台工作在短路状态的升压变压器。

和前面分析的普通变压器空载运行情况一样,电流互感器的变比为

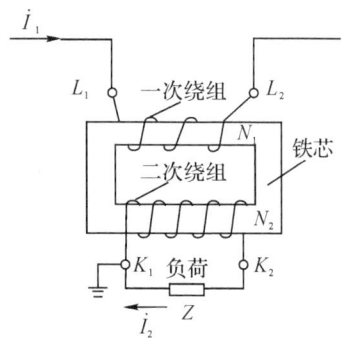

图 4-36 电流互感器结构原理图

$$k=\frac{e_1}{e_2}=\frac{U_1}{U_2}=\frac{N_1}{N_2}=\frac{I_2}{I_1}$$

式中:k 为互感器的一次绕组和二次绕组匝数之比。

由于 N_1 远远小于 N_2,所以 k 总是小于 1 的,也符合了我们刚刚所介绍的电压互感器实际上是一个升压变压器的说法。要想知道被测量的大电流数值,只要读出二次绕组所串联的电流表读数,再除以变比 k 即可。

保护用电流互感器的准确级,以该准确级在额定准确限值一次电流下所规定的最大允许复合误差百分数标称,其后标以字母"P"(表示保护)。保护用电流互感器的标准准确级有 5P 和 10P。例如 5P10,后面的 10 是准确限值系数,5P10 表示当一次电流是额定一次电

流的 10 倍时,该绕组的复合误差≤±5%。

较早前,显示仪表大部分是指针式的电流电压表,所以电流互感器的二次电流大多数是安培级的(如 5A 等)。现在的电量测量大多数字化,而计算机采样的信号一般为毫安级(0~5V、4~20mA 等)。微型电流互感器二次电流为毫安级,主要起大互感器与采样之间的桥梁作用。

电流互感器在使用时应该注意以下问题:

(1) 二次绕组不允许开路,当二次绕组侧开路时,电流互感器就等同于变压器空载运行的状况,一次绕组流经的电流就全部成为励磁电流,使铁芯中的磁通迅速增加,不但可以使铁芯过热损坏,同时会在二次绕组侧产生很高的电动势,可以击穿绝缘设备,危及操作人员的生命安全,所以在使用或者更换电流表时,二次绕组必须短路;

(2) 电流互感器的二次绕组和铁芯必须可靠接地,以保证安全;

(3) 二次绕组侧所接仪表阻抗必须很小,否则会产生较大的阻抗压降,影响测量精度。

小 结

(1)本章介绍了变压器的结构、额定值、电磁关系和基本工作原理,了解掌握变压器其实是一种静止的电器设备,工作原理是电磁感应原理,主要作用是将一种等级的电压变换成同频率的另一等级电压。

(2)重点阐述了变压器空载运行和负载运行时的电磁关系,了解变压器铁芯中的磁通是如何建立的,了解磁动势的定义和作用,同时采用三种不同手段对变压器运行状况进行分析。这三种手段主要包括一次侧和二次侧的电压及电动势平衡方程式、变压器等效电路和相量图,三种不同的分析方法本质上是一致的,可以互相转化及推导。应用时要看具体的场合来选择不同的分析方法。

求解三相变压器问题时,可以采用单相变压器等值电路图,但必须注意:①电路图上所有量均为一相的值;②如不采用标幺值时,应将副边的所有量都折算到原边。

(3)介绍了变压器参数标幺值的表示方法,重点掌握采用标幺值表示变压器参数所带来的方便及四点优势。

(4)掌握变压器参数的测定方法,变压器参数主要包括变压器一次绕组和二次绕组的相关参数。通过变压器空载实验,需要测定变压器的变比和励磁阻抗以及空载损耗;借助变压器的短路实验,需要测定变压器的短路阻抗、短路损耗和短路电压。其中,短路电压(也称作阻抗电压)是变压器一个非常重要的参数,反映了变压器的漏阻抗压降的大小,阻抗电压越小,则负载变化时输出电压的波动越小。

(5)掌握变压器的工作特性。对于变压器二次侧所接负载而言,变压器相当于电源,所以变压器的性能必须稳定,从外特性和效率特性两个方面衡量变压器工作特性的好坏。外特性是指变压器负载运行时,负载电流在一次和二次绕组产生的漏阻抗压降而导致二次侧输出电压随负载电流的变化而变化。

(6)简单介绍了三相变压器的磁路系统,重点掌握三相变压器的连接方式和接线组别的判断。

(7)简单介绍其他常用变压器,比如仪用变压器、自耦变压器等,掌握它们的基本工作原理和使用时应注意的事项即可。

思考题

4-1　变压器能否对直流电压进行变换?

4-2　变压器铁芯的主要作用是什么? 其结构特点怎样?

4-3　为分析变压器方便,通常会规定变压器的正方向,本书中正方向是如何规定的?

4-4　变压器空载运行时,为什么功率因数不会很高?

4-5　变压器负载运行时,绕组折算的准则是什么?

4-6　研究变压器特性时,如何定义变压器的电压变化率? 它的大小与哪些因素有关?

4-7　三相变压器是如何连接的?

4-8　额定电压为 380/110 的变压器,如果将二次绕组误接到 380V 电压上,对变压器磁路会产生哪些影响?

4-9　为什么三相组式变压器一般不采用 Y/Y 连接,而常常采用 Y/△或△/Y 连接呢?

4-10　为什么电压互感器在工作时不允许二次侧短路? 电流互感器在工作时不允许二次侧开路?

习　题

4-1　有一台单相变压器,额定容量 $S_N=500\text{kV} \cdot \text{A}$,额定电压 $U_{1N}/U_{2N}=10/0.4\text{kV}$。求一次侧和二次侧的额定电流。

4-2　有一台三相变压器,额定容量 $S_N=2500\text{kV} \cdot \text{A}$,额定电压 $U_{1N}/U_{2N}=10/6.3\text{kV}$,Y/△连接。求一次侧和二次侧的额定电流。

4-3　一台三相变压器,容量 $S_N=60\text{kV} \cdot \text{A}$,用 400V 的线电压给三相对称负载供电,设负载为 Y 形连接,每相负载阻抗为 $Z_L=3+\text{j}1\Omega$。问此变压器是否可以带动该负载?

4-4　实验室有一单相变压器如图 4-37,其数据如下:$S_N=1\text{kV} \cdot \text{A}$,$U_{1N}/U_{2N}=220/110\text{V}$,$I_{1N}/I_{2N}=4.55/9.1\text{A}$。今将它改接为自耦变压器,接法如图 4-37(a)和(b)所示,求此两种自耦变压器当低压边绕组 ax 接于 110V 电源时,AX 边的电压 U_1 及自耦变压器的额定容量 S_N 各为多少?

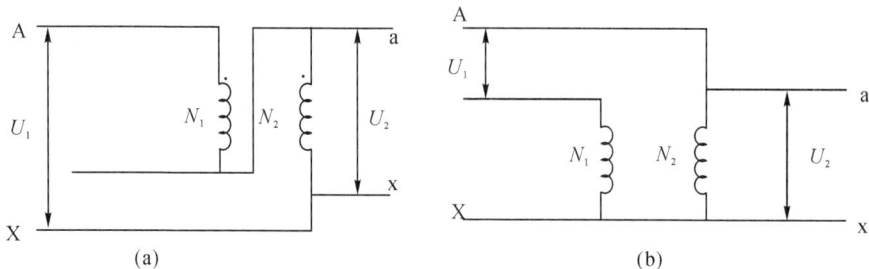

图 4-37　某单相变压器接线图

4-5　一单相变压器,一次绕组匝数 $N_1=867$,电阻 $R_1=2.45\Omega$,漏电抗 $X_1=3.80\Omega$;二

次绕组匝数 $N_2=20$,电阻 $R_2=0.0062\Omega$,漏电抗 $X_2=0.0095\Omega$。设空载和负载时 Φ_m 不变,且 $\Phi_m=0.0518\text{Wb}$,$U_1=10000\text{V}$,$f=50\text{Hz}$。空载时,$\dot{U}_1$ 超前于 $\dot{E}_1 180.2°$,负载阻抗 $Z_L=0.0038-\text{j}0.0015\ \Omega$。求:(1)电动势 E_1 和 E_2;(2)空载电流 I_0;(3)负载电流 I_2 和 I_1。

4-6　一台单相变压器,$S_N=20000\text{kV}\cdot\text{A}$,$\dfrac{U_{1N}}{U_{2N}}=\dfrac{127\text{kV}}{11\text{kV}}$,$50\text{Hz}$。在 15℃ 时开路和短路试验数据如表 4-3 所示。

表 4-3

试验名称	电压(kV)	电流(A)	功率(kW)	备注
开路试验	11	45.5	47	电压加在低压侧
短路试验	9.24	157.5	129	电压加在高压侧

试求:

(1)折算到高压侧时,励磁阻抗和等效漏阻抗的值;

(2)已知 $R_{1(75°)}=3.9\Omega$,设 $X_{1\sigma}=X_{2\sigma}{}'$,画出 T 型等效电路。

4-7　一台三相变压器,$S_N=750\text{kV}\cdot\text{A}$,$U_{1N}/U_{2N}=10000\text{V}/400\text{V}$,$f=50\text{Hz}$,Y/△接法,原绕组每相电阻 $R_1=0.85\Omega$,$X_{1\sigma}=3.55\Omega$,励磁阻抗 $R_m=201.98\Omega$,$X_m=2211.34\Omega$。试求:

(1)原、副边额定电流 I_{1N}、I_{2N}。

(2)变压器的变比 K。

(3)空载电流 I_0 占原边额定电流 I_{1N} 的百分数。

(4)原边相电压、相电动势及空载时漏抗压降,并比较三者的大小。

4-8　一台三相变压器,$S_N=100\text{kV}\cdot\text{A}$,$U_{1N}/U_{2N}=6000\text{V}/400\text{V}$,$I_{1N}/I_{2N}=9.63\text{A}/144\text{A}$,Y/Y 接法,在环境温度 $\theta=20$℃ 时进行空载和短路试验,测得数据如表 4-4 所示。试求:

表 4-4　空载试验和短路试验数据

空载试验(低压边加压)			短路试验(高压边加压)		
$U_{20}(\text{V})$	$I_{20}(\text{A})$	$P_0(\text{W})$	$U_K(\text{V})$	$I_K(\text{A})$	$P_K(\text{W})$
400	9.37	600	317	9.4	1920

(1) 变比 K 和励磁参数 Z_m、R_m、X_m;

(2) 短路参数 Z_K、R_K、X_K;

(3) 当变压器额定负载且 $\cos\varphi_2=0.8$(感性)时的电压变化率 $\Delta U\%$,效率 η,最高效率 η_m。

4-9　画出图 4-38 所示的各种连接法的相量图,并判断接线组别。

4-10　一台三相变压器,一次绕组和二次绕组的 12 个端点和各相绕组的极性如图 4-39 所示,试将次变压器连接成 Y/△-7 和 Y/Y-4,画出连接图和相量图,并标出各相绕组的端点标志。

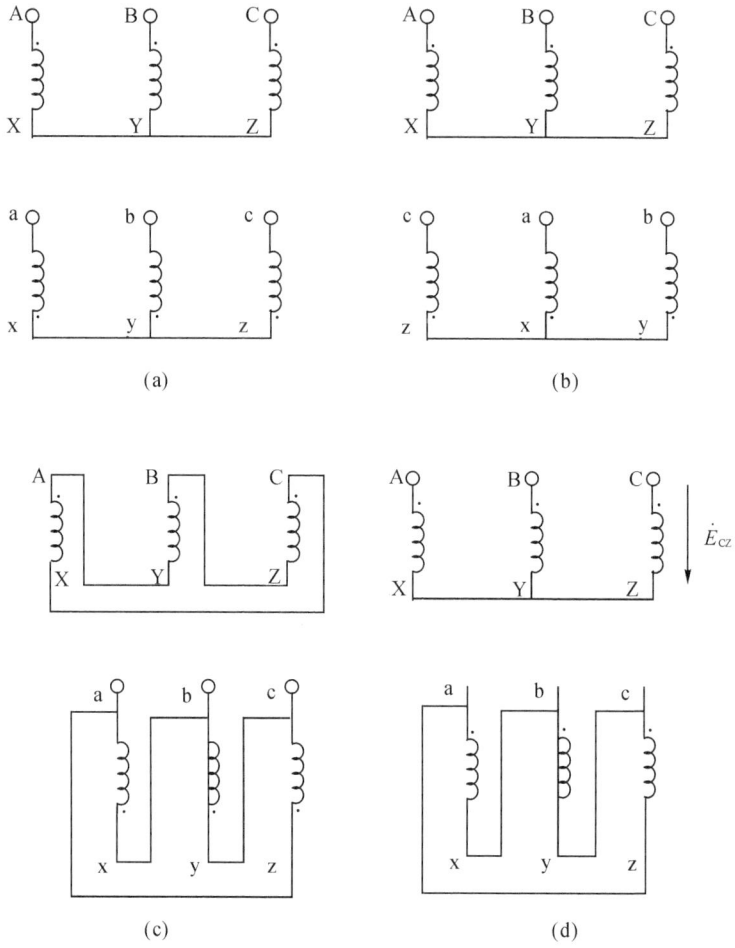

(a)　　　　　　　　　　(b)

(c)　　　　　　　　　　(d)

图 4-38　题 4-9 的附图

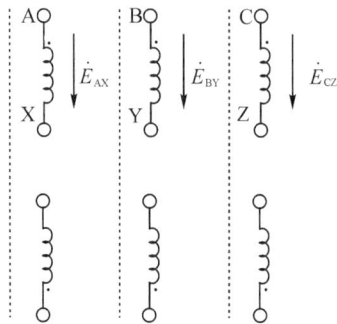

图 4-39　题 4-10 的附图

第5章　交流电机的绕组、磁动势和电动势

内容提要:本章主要介绍交流电机的绕组的各种绕制方法,给出如何绘制定子绕组展开图的详细步骤;介绍一些关于绕组的基本概念和参数;特别指出了线圈绕组产生的磁场效应、磁场分布和磁动势与线圈有效边中的电流方向的关系。分析产生磁场的条件;采用一种新的思路对磁场分布、磁动势以及电动势进行分析,绘制大量的工作原理图、波形图,形象地描述各种现象,使这一章的内容变得更加容易理解,便于学生自学。

5.1　交流电机的主要类型

交流电机分为异步电机和同步电机两大类。同步电机是指电机无论在空载情况下,还是在带负载的情况下,转子的轴头转速 n 始终与交流电机的旋转磁场的转速(也叫同步转速)n_1 相同或同步旋转的电机。不满足上述关系的电机,即电机转子的轴头转速 n 与交流电机的旋转磁场的转速 n_1 始终存在着一个转速差的电机,称为异步电机。

5.2　交流电机的绕组

交流电机的绕组分为定子绕组和转子绕组。异步电机定子绕组的种类和划分方式有很多。例如:按相数分,有单相、二相和三相绕组;按槽内绕组层数分,有单层、双层和单双层混合绕组;按绕组的连接方式分,单层绕组有同心式、交叉式和链式之分;双层绕组有叠绕组和波绕组之分。而异步电机的转子绕组主要有鼠笼式和绕线式两种。

异步电机定子绕组的主要作用是建立旋转磁场,建立电机内部的主磁通,以便通过气隙向转子传递能量。异步电机转子绕组的作用是将磁场通过气隙传递过来的电磁能量转化为电磁力矩、机械力矩和机械能量。

无论异步电机定子绕组是哪一种形式,为了能够感应出频率恒定、在空间上按正弦分布的圆形磁场,一般对定子绕组都有如下要求:

(1) 对称性要好。要产生圆形磁场,对称是必需的。对称的含义是指绕组要对称、绕组的空间分布要对称、通入定子绕组的电流要对称。绕组对称是指绕组线圈的线径、匝数都相同;绕组空间分布对称是指绕圈在空间布置上对称;电流对称是指通入绕组电流的幅度大小相等、相位对称。

(2) 波形要好。波形好是指电机在运行过程中,绕组中的电动势和电流波形、气隙中的

磁动势波形都能接近正弦波形,所包含的谐波分量少,且幅度小。

（3）具有足够的绝缘强度和机械强度,以及良好的散热条件,以保证电机能够在高温、冲击较强情况下连续工作。

（4）成本低,制造方便,以便提高电机产品的附加值。

以上几条中,"对称性"是最重要、最关键的,无论是单相电机还是三相电机都是如此。同步电机定子绕组也是如此。

5.2.1　交流绕组的一些基本知识和基本物理量

1. 电角度与机械角度

转子或磁场在机械上旋转一周,经过角度为空间角度 360°,这个角度称为机械角度或空间角度。

绕组中的感生电动势或电流变化一次所对应的角度,称为电角度。

当交流电机定子中的等效磁极对数 p 为 1 时,电机的转子每旋转一周,电机转子中的感生电动势或电流也相应地变化 1 次,故此时电机的机械角度与电角度相等。而当等效极对数 p 为 2 时,电机的转子每旋转一周,电机转子中的感生电动势或电流也相应地变化 2 次。因此,电角度和机械角度之间的关系为

$$电角度＝p×机械角度 \tag{5-1}$$

这种角度关系也可以推出如下角速度关系:

$$电角速度＝p×机械角速度 \tag{5-2}$$

2. 线圈

无论定子还是转子绕组都是由线圈组成的。线圈是绕组的最基本组成部分。每个线圈又是由许多匝线圈组成,每个绕圈都有一个首端和一个尾端,以及两个有效边部分和两个连接部分,如图 5-1 所示。

3. 节距

节距 y_1 是指一个线圈的两个有效导体边所跨定子圆周上的距离。通常用两个有效导体边相隔(跨过)的槽数来表示。

4. 槽距角 α

槽距角 α 是指均匀地分布在定子圆周上的定子槽之间所对应的电角度。由表达式(5-2)可知,槽距角与定子槽数 Z 以及磁极对数 p 之间有如下关系:

$$\alpha＝p×\left(\frac{360°}{Z}\right) \tag{5-3}$$

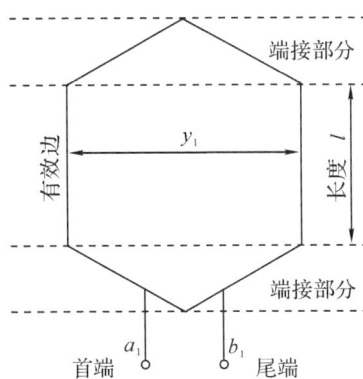

图 5-1　线圈示意图

5.2.2　绕组的排列与连接

如前所述,对称性对于电机的绕组是最重要的,因此,对称的三相绕组在定子的线槽中,也就是在空间上应按互差 120°排列。此时,如果空间的旋转磁场为一对磁极,则当旋转磁场在空间旋转 360°时,由于磁场与绕组之间产生了相对运动,即切割作用,所以在每个绕组

中产生的感生电动势也变化一次,每个绕组中的感生电动势之间也相互差 $120°$ 的电角度。因此,只要给出定子的槽数 Z 和磁极对数 p,就可以根据对所要建立的旋转磁场及电动势的要求,确定绕组放置的排列位置及相互之间的连接方式,保证三相绕组两两之间空间和电动势都互差 $120°$。

1.绕组设计的步骤

(1)确定极距 τ

极距通常是指一对磁极下的磁极之间的距离或跨距。这一点对直流电机比较好理解,因为直流电机的磁极是有形的,而交流电机则不同,在交流电机中的旋转磁极是无形的、看不见的,并且只是在通入交流电、产生旋转磁场后,磁极的作用才能凸显出来。所以,这里的极距是指在旋转磁场中,等效磁极下的磁极间的距离或跨距,用 τ 来表示。其大小用等效磁极覆盖的定子槽个数来度量。若整个定子内表面圆周上所有的槽被 $2p$ 个磁极所覆盖,则电机的磁极距为

$$\tau = \frac{Z}{2p} \tag{5-4}$$

式中: Z 为定子内表面圆周上所有的槽数; p 为旋转磁场等效的磁极对数。

(2)确定每极下每相绕组占有的槽数 q 和相带

在确定了极距后,根据对称性的要求,很容易发现,当线圈的两个有效边的距离为一个极距时,通常称其为整距。对于 3 相绕组来说,在 1 个磁极下必然会有 3 个绕组或 3 个绕组线圈的有效边。根据这一现象,我们很容易确定每个磁极下每相绕组占有的定子槽数 q,其计算公式为

$$q = \frac{\tau}{m} = \frac{Z}{2pm} \tag{5-5}$$

式中: m 为定子的相数,对 3 相绕组而言, $m=3$。

一般情况下 $q>1$,即每相绕组占有定子槽中的 q 个槽,或者说,每相绕组可由 q 个线圈组成。该相绕组的 q 个线圈均匀地分布在这 q 个槽中,这种绕组称为分布绕组。 q 一般不会太大,通常为 $2\sim6$。

每个磁极下每相绕组占有的定子槽数 q 所对应的电角度或区域通常称为相带。

(3)组成相线圈组

虽然单层和双层绕组的连接方式很多,但从产生磁动势的角度看,都可以看成是叠绕组连接。由于绕组线圈的节距都接近或等于一个极距,线圈的两个有效导体边分别被放置在同一对磁极的不同磁极下,属同一相绕组的槽内,此时,将每一对磁极下属于同一相的线圈串联起来就构成了相线圈组。

对单层绕组而言,由于每个槽内只有一个导体边,所以相线圈组的个数等于极对数 p。而对双层绕组而言,由于每个槽内只有 2 个导体边,所以相线圈组的个数等于磁极数 $2p$。

(4)组成相绕组

根据需要,将位于每对磁极下的,属于同一相的 p 个(单层)或 $2p$ 个(双层)线圈组采用串联或并联的方法连接起来,就构成了交流异步电机定子中的一相相绕组。显然,每一相相绕组都只有两个引出线端,三相绕组共 6 个头。这 6 个引出线端可以构成星(Y)接和三角(△)接。

2. 三相单层绕组的排列

单层绕组即每个槽中只有一个线圈导体边(槽内导体为一层),而一个线圈有两个有效导体边。因此,能够在定子槽中排列放置的线圈数将为定子槽数的一半。线圈排列后,连接方式有许多种,如叠式、同心式、链式和交叉式等。下面分别进行分析。

(1)叠式

例 5-1　设:定子槽数 $Z=24$,磁极个数 $2p=4$。试设计定子绕组的排列与连接。

解　设计的步骤如下:

①确定极距:

$$\tau=\frac{Z}{2p}=\frac{24}{4}=6(槽)$$

②确定每极下每相绕组的所占槽数:

$$q=\frac{\tau}{m}=\frac{Z}{2pm}=\frac{24}{2\times2\times3}=2$$

③相邻槽的槽距角:

$$\alpha=\frac{p\times360^\circ}{Z}=\frac{2\times360^\circ}{24}=30^\circ$$

④确定每极下每相绕组的相带:

$$q\cdot\alpha=2\times30^\circ=60^\circ$$

求得以上数据后,首先确定线圈需多少,然后确定线圈如何排列放置。

根据以上数据可知,由于单层绕组每个槽内放置一个线圈边,所以 24 个槽内可放置 12 个线圈,24 有效边。如果将定子的 24 个槽与 12 个线圈的 24 个有效边逐一编号,将每一个线圈的有效边放入编号相同的定子槽中,并将 24 个定子槽分为 4 份,则可构成 4 个磁极或 2 对磁极。每个磁极覆盖 6 个定子槽,每个磁极下每相线圈组占 2 个槽,可以放置两个线圈的两个有效边,或者说,每对磁极下的每相线圈组由两个线圈组成。每相线圈组占的 2 个槽对应的相带为 60°。具体排列见图 5-2。

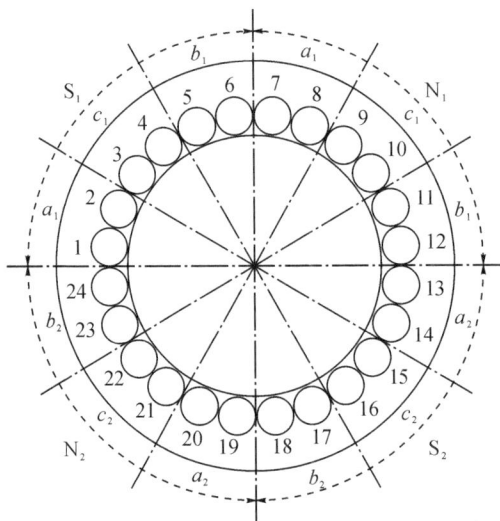

图 5-2　定子线圈单层叠式排列的断面图

图 5-2 中表明,在 S_1-N_1 组成的一对磁极下,1-7、2-8 是同一对磁极下的属于同一相的两个线圈,如果设其为 A 相;3-9、4-10 则是同一对磁极下的属于 C 相的两个线圈;5-11、6-12 是同一对磁极下的属于 B 相的两个线圈。依此类推,13-19、14-20 是另一对磁极下的属于 A 相的两个线圈,15-21、16-22 则是另一对磁极下的属于 C 相的两个线圈;17-23、18-24 是另一对磁极下的属于 B 相的两个线圈。

然后根据要求确定线圈如何连接,以构成相线圈组。

⑤构成相线圈组:

线圈首先要构成相线圈组,将同一磁极下的属于同一相的 q 线圈组成一个相线圈组。在此例中,就是将 2 个线圈组成一组。将属于同一相的 2 个线圈串联连接,从而构成一对磁极下的一相线圈组。假想沿电机径向切开定子后展开,就会看到图 5-3 所示中的 a_1-b_1 线圈组和 a_2-b_2 线圈组的排列展开情况。

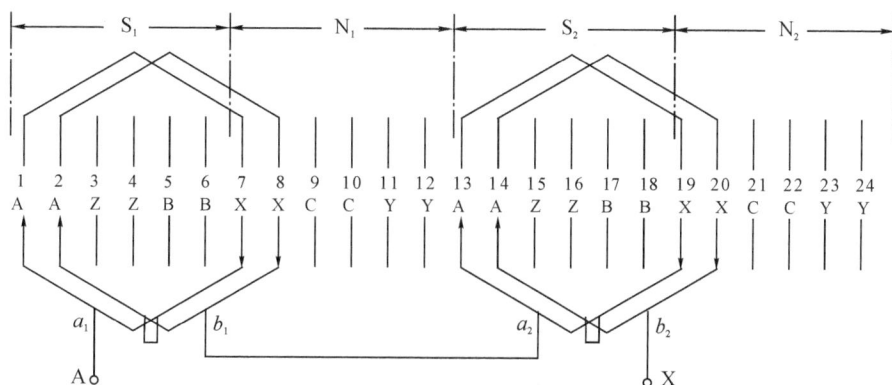

图 5-3　一相相绕组单层叠式连接示意图

⑥构成相绕组:

当三相异步电机为一对磁极时,上述构成的一对磁极下的一相线圈组即为电机定子三相绕组中的一相绕组。然而,当电机为多对磁极电机时,需将每对磁极下的属于同一相的线圈组根据要求进行串联或并联连接,从而构成电机定子三相绕组中的一相绕组——相绕组。如图 5-3 所示中的 A-X 相绕组的排列展开图。由于相绕组不仅要满足每个线圈都要相同一致,还要满足空间几何对称,于是有图 5-4 中的定子三相相绕组排列展开图。

这种绕组排列形式的缺点是端接部分相互重叠部分较多,造成线圈端接部分相互交叉,给下线安装带来困难,散热条件也不好。同学们不妨大胆想象,还能如何连接,创新?

(2) 三相单层同心式

三相单层同心式连接就是一种不同的连接方式。三相单层同心式排列和连接展开图如图 5-5 所示。从图中不难看出,每对磁极下的线圈呈现同心圆现象,内外线圈的跨距不等,大的套在小的外面,故称为三相单层同心式排列绕组。

这种绕组排列形式的优点是端接部分相互错开,没有交叉,便于布线,散热好。缺点是线圈大小规格不等,模具不一致,给绕制、下线和管理带来不便。所以,这种绕制形式只用于跨距大、下线困难的 2 极电机。

将图 5-4 与图 5-5 进行比较,可以发现:在线圈组内部,同一槽内的线圈有效边的连接

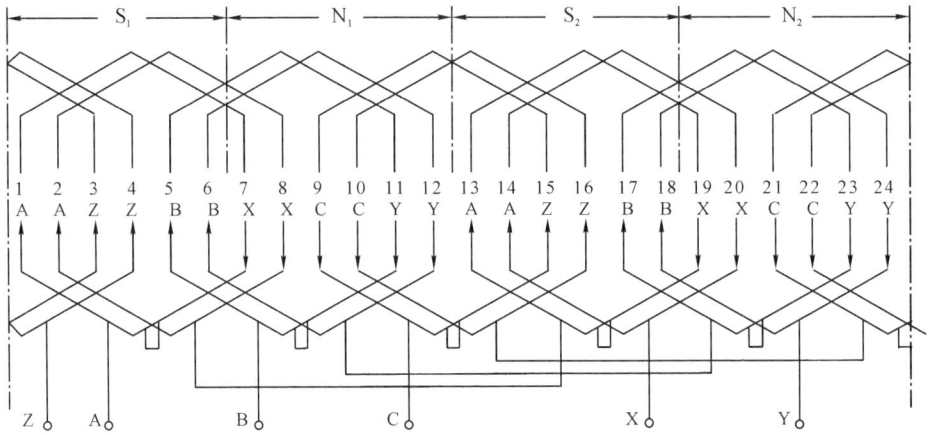

图 5-4　三相相绕组的单层叠式排列和连接展开图

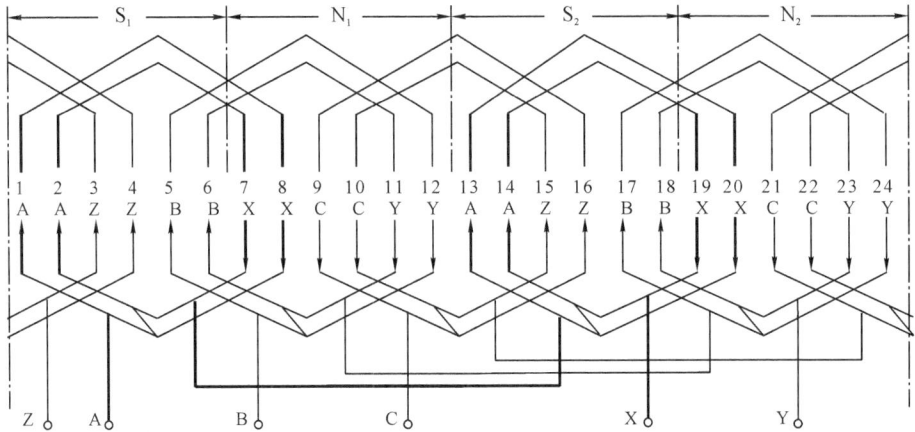

图 5-5　三相相绕组的单层同心式排列和连接展开图

顺序、方向发生了变化,如:原来有效边由叠式 1 连接 7、2 连接 8 变为同心式的 1 连接 8、2 连接 7;线圈组的 2 个引出端也由不同线圈引出。图 5-5 中的粗线线圈组为 A 相一相绕组。

但是,无论连接形式怎样改变,只要同一槽内的有效边导体中的电流方向没有发生变化,在线圈通入同样的电流后,2 种不同排列形式的绕组所产生的磁场效应和磁场分布就不会改变,还是一样的。因此,得出如下重要结论:

线圈绕组产生的磁场效应、磁场分布和磁动势只与线圈有效边中的电流大小、方向有关,而与线圈有效边的连接次序无关。换句话说,只要通过有效边的电流大小、方向一致,无论有效边怎样连接都可获得同样的磁场效应。

根据这一结论,设计人员可以根据工艺上如何操作方便、如何做能够节省线圈的用铜量和均匀分布端接部分等要求,选择不同的线圈排列形式和连接顺序,从而形成不同的绕组形式。如单层叠加式、同心式,除此以外,还有链式和交叉式。

(3)三相单层链式绕组

不妨设想,如果在不改变线圈有效边中的电流方向的前提下,只改变图 5-5 中的线圈端部连接方式,如:让线圈边 2 与 7 相连,8 与 13 相连,14 与 19 相连,20 与 1 相连,组成一相绕组,即 A 相绕组,从而形成链式绕组(见图 5-6)。这种绕组的优点是每个线圈的大小相同,形式上为短距线圈,节省材料。其缺点是端部交叉较多,造成下线较困难,散热也较差。适用于 $q=2$、4、6、8 的小型电机。

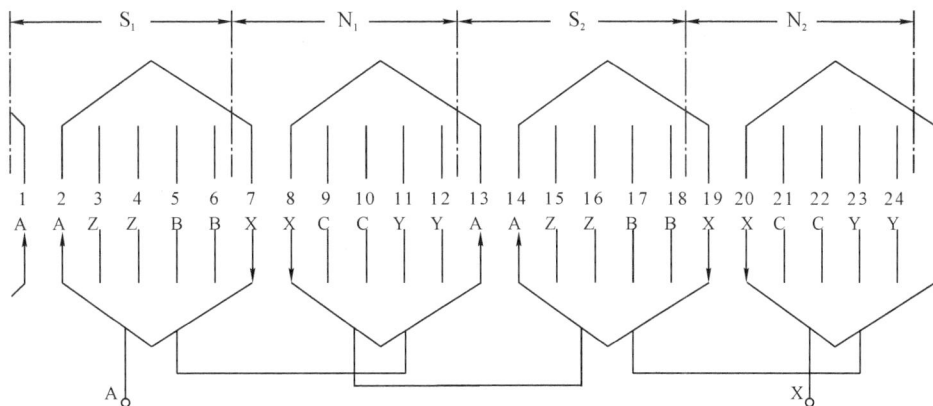

图 5-6　三相相绕组的单层链式排列和连接展开图

如此类推,通过不同的连接形式,可以构成更多的连接形式。

5.3　交流绕组的磁动势

根据磁生电、电也能生磁的电磁规律可知,当三相异步电机的定子绕组中通入交流电时,就会在电机中产生交变磁场和磁动势。如定子三相绕组分别通入三相对称交流电,则会在电机中产生三相磁场和三相磁动势,三相磁场和三相磁动势在电机中形成的合磁场和合磁动势为一旋转磁场和旋转磁动势。

本节就三相异步电机中的旋转磁场和旋转磁动势的形成过程原理进行分析。分析的方法遵循由浅入深,循序渐进的原则,**从单一整距线圈磁动势→q 个集中放置的整距线圈组磁动势→q 个分布式整距线圈组磁动势→q 个分布式短距线圈组磁动势→三相绕组合成磁动势→旋转磁动势**。在分析之前,不妨首先作如下假设:

(1) 转子没有励磁磁动势。

(2) 定子与转子之间的气隙间距较小且均匀。

(3) 铁芯不饱和,铁芯磁阻接近零,即磁导率为无限大。

(4) 绕组中的电流按正弦规律变化。

5.3.1　单一(或多匝集中放置的)整距线圈的气隙磁动势

以 A 相绕组的线圈为例,设 A 相绕组由一个线圈组成,磁场分布如图 5-7 所示。

根据环路安培定律可知:

(1) A-X 之间存在磁场,而在 A-X 之外不存在磁场。

(2) A-X 之间的磁场强度和磁动势只与所围绕的电流强度有关,而且是均匀分布的。

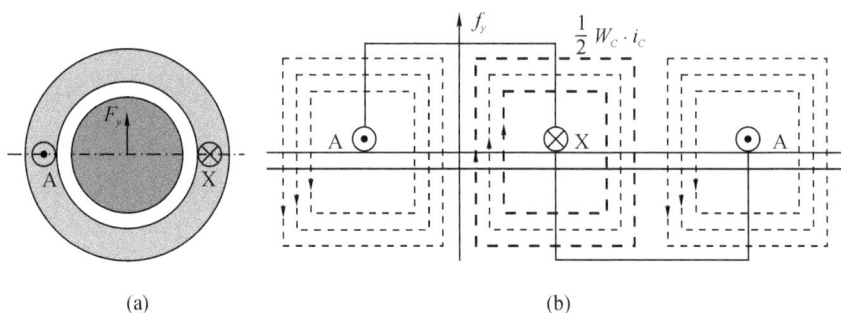

图 5-7　单一绕组的磁场分布与磁动势

（3）由于通入的交流电流是随时间变化的。所以磁动势的大小和磁场强度也都随时间变化,且随电流的变化做正弦规律变化。

（4）无论磁动势的大小或磁场强度怎样随时间变化,也只是大小发生变化,位置是不变的。这种磁动势称为脉振磁动势。

（5）通过磁路分析看到,磁路为定子铁芯、间隙、转子铁芯、间隙、定子铁芯。由于铁芯磁阻非常小,所以磁动势几乎都作用于两个间隙之间,如图 5-7(b)所示,所以在定子表面与转子表面之间的气隙中,其磁动势幅度为整个线圈磁动势的一半。即

$$F_{\phi m} = \frac{1}{2} W_C \cdot i_C \tag{5-6}$$

式中:$F_{\phi m}$ 为电机气隙磁动势的振幅;W_C 和 i_C 分别为线圈的匝数和通过线圈的电流。

当以线圈 A-X 连线为横轴、以 A-X 的中心线为纵轴时,交流电在正半周时的磁动势方向为正方向。可以看出,磁动势的幅度变化在空间的分布是一个非正弦的偶周期函数(见图 5-7),当交流电流最大时,磁动势的幅度也达到最大。

由于空间的分布是非正弦的偶周期函数,所以可用傅里叶级数来分析,而且在磁动势的傅里叶展开式中,只会有偶函数项而没有奇函数项,如表达式(5-7)所示:

$$F_{ym}(x) = \sum_{n=0}^{+\infty} a_n \cos n \frac{\pi}{\tau} x \tag{5-7}$$

式中:a_n 为一个线圈各次谐波磁动势的振幅;$F_{ym}(x)$ 为一个线圈磁动势振幅分布函数。

$$a_n = \frac{2}{\tau} \int_{-\frac{\tau}{2}}^{\frac{\tau}{2}} F_{ym} \cos n \frac{\pi}{\tau} x \cdot \mathrm{d}x = \frac{4}{n\pi} \int_0^{\frac{\tau}{2}} F_{ym} \cos n \frac{\pi}{\tau} x \cdot \mathrm{d}\left(n \frac{\pi}{\tau} x\right) = \frac{4}{n\pi} F_{ym}\left(\sin n \frac{\pi}{2}\right)$$

$$a_n = \frac{4}{(2n-1)\pi} F_{ym}(-1)^{n-1} \tag{5-8}$$

式中:I_C 为线圈中交流电流的有效值;F_{ym} 为线圈磁动势振幅;谐波次数 n 只有取 $n=1,3,5,7,\cdots$ 时,磁动势才不为零,即磁动势只包含奇次谐波分量。

根据当电流达到最大值时,线圈磁动势也最大的特点,得

$$F_{ym} = W_C I_{Cm} = \sqrt{2} W_C I_C \tag{5-9}$$

将表达式(5-8)和(5-9)代入表达式(5-7),单一线圈的磁动势的分布函数为

$$F_{ym}(x) = \sum_{n=1}^{+\infty} a_n \cos n \frac{\pi}{\tau} x = \frac{4\sqrt{2}}{\pi} W_C I_C \left[\cos \frac{\pi}{\tau} x - \frac{1}{3} \cos 3 \frac{\pi}{\tau} x + \right.$$

$$\cdots + \frac{1}{2n-1}\cos(2n-1)\frac{\pi}{\tau}x \Big] \tag{5-10}$$

由于在气隙处的磁动势为绕圈磁动势的一半,所以有

$$F_{\phi m} = \frac{1}{2}F_{y m} = \frac{1}{2} \times \frac{4\sqrt{2}}{\pi}W_C I_{Cm} = 0.9W_C I_C \tag{5-11}$$

单一线圈在气隙处的磁动势瞬时表达式为

$$f_{\phi}(x,t) = 0.9W_C I_C \Big[\cos\frac{\pi}{\tau}x - \frac{1}{3}\cos 3\frac{\pi}{\tau}x + \cdots + \frac{1}{2n-1}\cos(2n-1)\frac{\pi}{\tau}x + \cdots \Big]\sin\omega t$$

$$= \sum_{v=1}^{+\infty} 0.9W_C I_C \frac{1}{v}\cos(v\frac{\pi}{\tau}x)\sin\omega t \tag{5-12}$$

式中:v 表示谐波次数,$v=1$ 表示基波。

由表达式(5-12)可知,电机气隙中的磁场和磁动势中包含有大量的奇次谐波分量,分别为基波、3 次谐波、5 次谐波等。这些谐波磁动势的振幅或最大值都与其所在的位置有关,其表达式为

$$F_{\phi m} = 0.9\frac{1}{v}W_C I_C \qquad v = 1,3,5,\cdots \tag{5-13}$$

而每一瞬间的幅度值不仅与其所在的位置有关,而且还与时间有关。当只取其中基波分量时,则有

$$f_{\phi 1}(x,t) = F_{\phi 1}\cos\frac{\pi}{\tau}x \cdot \sin\omega t = 0.9W_C I_C \cos\frac{\pi}{\tau}x \cdot \sin\omega t \tag{5-14}$$

其基波磁动势的波形如图 5-8 所示。

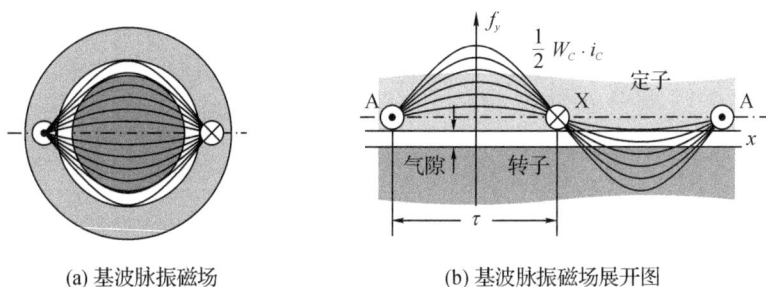

(a) 基波脉振磁场　　　　　　(b) 基波脉振磁场展开图

图 5-8　单一线圈产生的基波磁动势($q=1,y_1=\tau$)

显然,单一线圈产生的磁动势的基波分量是一个脉振磁动势,磁场是一个脉振磁场。若以线圈平面为横轴,线圈中心轴为纵轴,则脉振磁场将随着通入线圈电流大小的变化,沿纵轴方向上下变化。基波磁动势的振幅是一个位置函数,即在定子圆周上的不同位置,其振幅是不同的,同时,基波磁动势又是一个时间的函数,随着时间的变化,基波磁动势在定子圆周的不同点处,都将以不同的振幅按照正弦规律变化。具体描述如图 5-9 所示。

于是有如下结论:

单一线圈在气隙处的磁动势的振幅大小与磁场的分布有关,是位置的函数;磁动势每一瞬间的值与通入线圈的电流大小、时刻有关,是时间的函数。总之,单一线圈在气隙处的磁

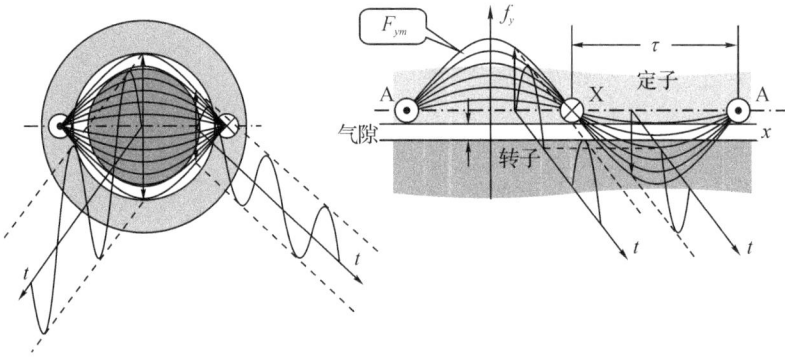

图 5-9　单一线圈产生的基波磁动势($q=1,y_1=\tau$)

动势是位置和时间的函数。

如果将 q 个相同的线圈通入同一电流方向的有效边集中存放在同一定子槽内(此时,图 5-7 和图 5-8 中的等效线圈有效边不再是 W_C 根,而是 qW_C 根),则可以肯定地说,在气隙中所产生的基波磁动势仍将是一个脉振磁动势,不同的只是其振幅将是单一线圈产生的基波磁动势的 q 倍罢了。其表达式如下:

$$f_{q1}(x,t)=qF_{\phi1}\cos\frac{\pi}{\tau}x \cdot \sin\omega t=0.9qW_CI_C\cos\frac{\pi}{\tau}x \cdot \sin\omega t \tag{5-15}$$

式中:f_{q1} 是 q 个线圈的基波磁动势;$f_{\phi1}$ 是一个线圈在气隙中的基波磁动势。

当然,这只是一种假设,而实际生活中,组成一相绕组的多个线圈大多是分布放置在相邻的不同槽内的,此时,其磁动势的分布却不会是这样简单。下面就多个整距线圈分布存放时的磁动势进行分析。

5.3.2　多个线圈分布放置时的合成磁动势

虽然前面讲述的是一个集中线圈绕组的情况,对于分布式绕组的情况,上述结论同样适用。可以这样理解:

若将分布在相邻的不同槽内的多个线圈的有效边等效为集中放置的多个线圈有效边。其磁动势与集中放置时相比,只不过相差一个分布系数 k_{qv} 罢了(k_{qv} 是不同次谐波分布系数)。

下面以整距线圈组的磁动势与短距线圈组的磁动势分析为例进行分析。

根据图 5-8 中单一线圈的基波磁动势和磁场分布展开图可知,磁场是一脉振磁场,磁动势是一个垂直于线圈平面的相量。当线圈组中的 q 个线圈分布放置(下线)时,每个线圈产生的脉振磁场分布也会相互差一个电角度。脉振磁动势之间也会相互差一个电角度。图 5-10 所示为 q 个分布线圈产生的磁场波形描述和磁动势相量描述的两种形式:相量形式和波形形式。多个线圈的合成磁场和磁动势多少,与单一线圈在气隙处的磁动势是什么关系,如何分析求取将是下面需要进一步解决的问题。

为了便于分析和理解,我们首先介绍一种相量星的分析方法——专门用来分析像交流电机这类具有对称相量的相量星图。

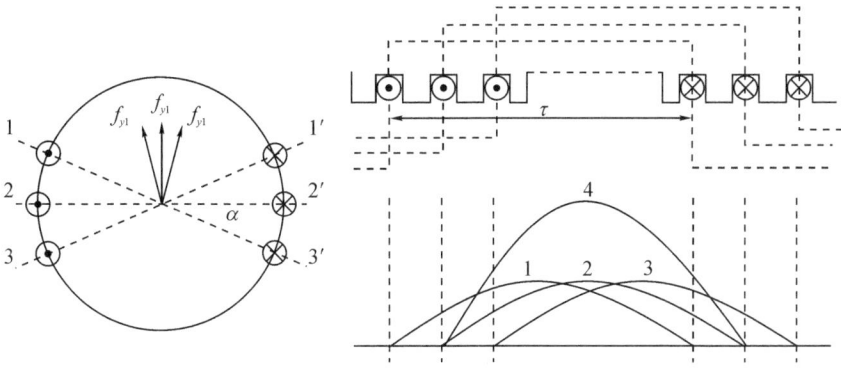

图 5-10　q 个分布线圈产生的基波磁动势($q=3, y_1=\tau$)

1. 相量星图

相量星是指在定子中(或其他空间对称矢量)对称分布的相量。如:每个线圈的电动势和磁动势都可视为一个个独立的小交流电源或磁通源,它们具有大小相等,各自相位不同,空间分布对应的空间角不同,但是它们与其相邻的元件或绕组的空间(槽距)间隔角或电角度却都是均匀分布的、相等的或对称的。它们将定子圆周等分,形成每个相量之间相互都相差一个相同的电角度(槽距)。具体情景如图 5-11 所示。

其特点是:这些矢量中的任意个相量组合和由它们组成的合相量构成的多边形都将是某一圆的内接多边形。q 个矢量组合的合相量所对应的圆心角恰好就是这几个矢量所对应的电角度之和。

以每极下每一相绕组所占槽数 $q=3$ 为例,3 个线圈产生的磁动势相量与其合成的磁动势相量构成某一圆的内接多边形,合相量所对应的圆心角等于 $q\alpha$,恰恰等于每一相绕组所占有的相带。合成相量如图 5-12 所示。

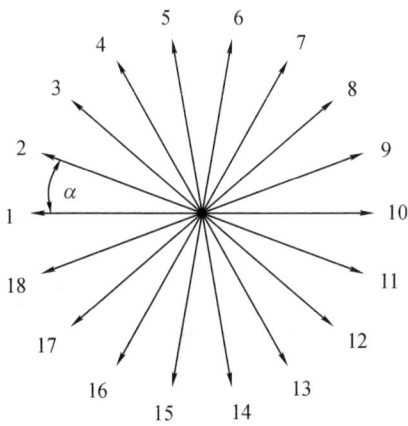

图 5-11　相量星

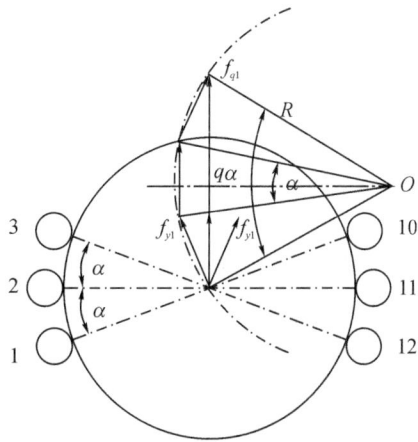

图 5-12　合成相量

2. 整距线圈组的磁动势

所谓整距,就是线圈节距 y_1 等于磁极距 τ,即 $y_1=\tau$。当每一磁极下的每相元件数或槽

数为 q(如 $q=3$,定子槽数 $Z=18$),槽距角(即两槽之间的距离所对应的电角度)为 α 时,每相绕组所覆盖的电角度或叫相带则为 $q\alpha$。此时,每一个线圈产生的磁动势可以看作是相量星中的一个相量,q 个整距线圈的合成磁动势就是相量星中 q 个相量的合成相量。根据相量合成的多边形,确定其外接圆如图 5-12 所示。外接圆的半径虽然不知,但这并不影响我们的研究。

根据圆心角与弦之间的几何关系,q 个整距线圈组成的相绕组合成磁动势的基波幅度值为

$$F_{q1}=2R\sin\frac{q\alpha}{2} \tag{5-16}$$

而每(单)个线圈(元件)的磁动势矢量的基波幅度值为

$$F_{y1}=2R\sin\frac{\alpha}{2} \tag{5-17}$$

获得这两个幅度值后,将两式相除以消去 R,同时建立 q 个整距线圈组成的某一相的线圈组的合成磁动势的基波幅度值与每个线圈(元件)的磁动势相量的基波幅度值两者的关系(联系)。其表达式为

$$\frac{F_{q1}}{F_{y1}}=\frac{2R\sin\frac{q\alpha}{2}}{2R\sin\frac{\alpha}{2}}=\frac{\sin\frac{q\alpha}{2}}{\sin\frac{\alpha}{2}} \tag{5-18}$$

$$F_{q1}=F_{y1}\frac{2R\sin\frac{q\alpha}{2}}{2R\sin\frac{\alpha}{2}}=qF_{y1}\frac{\sin\frac{q\alpha}{2}}{q\sin\frac{\alpha}{2}}=qF_{y1}k_{q1}=0.9qW_CIck_{q1} \tag{5-19}$$

这里我们提出一个新的概念或参数——基波磁动势的分布系数 k_{q1}。其物理意义是:q 个分布放置的整距线圈合成基波磁动势与 q 个集中放置的整距线圈合成基波磁动势之比。公式为

$$k_{q1}=\frac{\sin\frac{q\alpha}{2}}{q\sin\frac{\alpha}{2}} \quad 或 \quad k_{q1}=\frac{F_{q1}}{qF_{y1}} \tag{5-20}$$

当 α 趋近零时,k_{q1} 等于1,这将意味着一相线圈组中的 q 个线圈(元件)都集中放在一个槽中,此时由于各个线圈的磁动势重合,即同相,所以总的磁动势等于 q 个单独线圈的磁动势之和。

反过来也可以这样理解,当线圈集中放置在一个槽中时,$F_{q1}=qF_{y1}$。而当分开放置(分布)时,只需在此基础上再乘一个分布系数 k_{qv}($v=1$,即为基波磁动势分布系数)即可。每一种绕组线圈的分布方式不同,只是乘的分布系数不同,即分布系数的计算公式不同而已。

对于绕组磁动势(合成磁动势)中的其他奇次谐波分量,其不同次谐波分量的合成磁动势幅度值也不过就相差 k_{q1v}/v,即分布系数不同而已。

3. 短距线圈的线圈组磁动势

电机的线圈绕组的短距绕组分布如图 5-13 所示。

从图 5-13 中可以看出,短距绕组的第一节距 y_1 与整距绕组是不同的,它们之间在空间上相差一个相位为 ε 的电角度,与该电角度对应的槽距为 $\tau-y_1$,它们之间的关系如下:

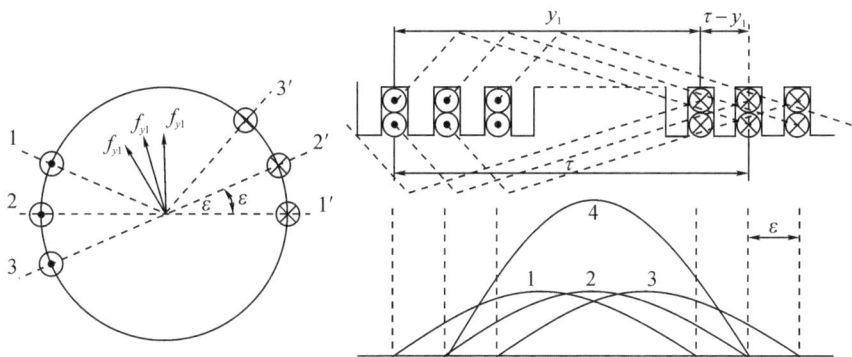

图 5-13　短距线圈的线圈组的排列与磁动势

$$\varepsilon=\frac{\tau-y_1}{\tau}180° \tag{5-21}$$

从磁动势形成的角度来看,由于线圈有效边中的电流所形成的磁动势的大小都只与槽中的电流大小和方向有关,而与线圈有效边的连接次序无关。因此,我们就能够从等效的角度重新安排短距线圈组上层和下层线圈的连接次序,使得上下两层短距线圈组等效为两层相位互差一个 ε 相位角的整距线圈组,等效的整距线圈组的排列与磁动势如图 5-14 所示。

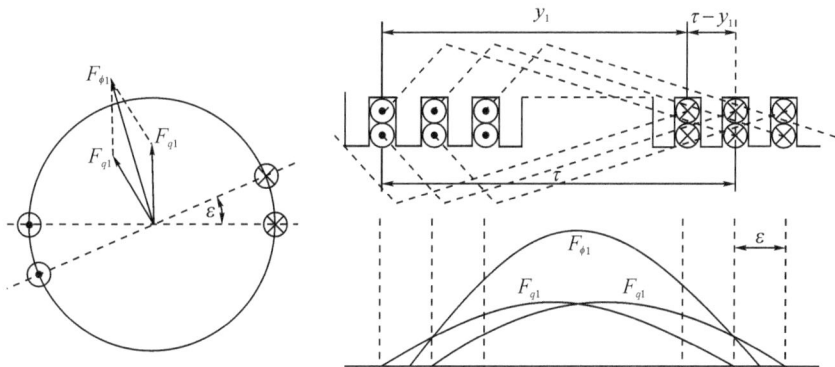

图 5-14　等效的整距线圈组的排列与磁动势

由图 5-14 可知,双层短距线圈组的基波磁动势为

$$F_{\phi1}=2F_{q1}\cos\frac{\varepsilon}{2}=2F_{q1}k_{y1} \tag{5-22}$$

式中:$k_{y1}=\cos\dfrac{\varepsilon}{2}=\cos\left(\dfrac{\tau-y_1}{\tau}180°\right)=\cos\left(180°-\dfrac{y_1}{\tau}180°\right)=\sin\left(\dfrac{y_1}{\tau}90°\right)$,称为短距线圈基波磁动势的短距系数,显然 $k_{y1}\leqslant1$。

通过表达式(5-22)可以看出,双层短距线圈组的磁动势等于 2 倍的整距分布线圈组的磁动势乘上短距系数。

对于其他高次谐波同样有

$$F_{\phi v}=2F_{qv}k_{yv} \tag{5-23}$$

$$k_{y\upsilon} = \sin\left(\upsilon \frac{y_1}{\tau} 90°\right) = \cos\left(\upsilon \frac{\varepsilon}{2}\right) \tag{5-24}$$

如果用表达式(5-19)代入表达式(5-22)中的 F_{q1},则有

$$F_{\phi 1} = 2 \times 0.9 q W_C I_C k_{q1} k_{y1} \tag{5-25}$$

通过表达式(5-25)可以看出,双层短距线圈组的磁动势不过是在 2 倍的整距集中放置的线圈组磁动势基础上乘上分布系数后再乘上短距系数。

双层绕组采用短距,可以较多地削弱谐波。其原理是短距线圈组的节距(或者是与整距线圈相差的相位角 ε)可以根据对谐波的抑制要求来设计。当要求完全消除 υ 次谐波分量时,只要使第 υ 次谐波系数为零即可,即

$$k_{y\upsilon} = \sin\left(\upsilon \frac{y_1}{\tau} 90°\right) = \cos\left(\upsilon \frac{\varepsilon}{2}\right) = 0 \tag{5-26}$$

换句话说,也就是令

$$\upsilon \frac{\varepsilon}{2} = 2k\pi + \frac{\pi}{2} \tag{5-27}$$

或者说

$$\varepsilon = \frac{(2k+1)\pi}{\upsilon} \qquad k = 0,1,2,\cdots \tag{5-28}$$

例如:若使第 3 次谐波不出现时,只需选 $\varepsilon = \pi/3$ 即可。缩短的槽数为 ε/α。

若使第 5 次谐波不出现时,只需选 $\varepsilon = \pi/5$ 即可。缩短的槽数为 ε/α。

若使第 7 次谐波不出现时,只需选 $\varepsilon = \pi/7$ 即可。缩短的槽数为 ε/α。

5.3.3　一相绕组的磁动势

1. 一相绕组的磁动势定义

由于电机每对磁极下属于同一相的线圈组,根据要求,在进行串联或并联连接后,构成电机定子三相绕组中的一相绕组——相绕组。所以,一相绕组的磁动势是指每对磁极下属于同一相的线圈组产生的磁动势的合成磁动势。

2. 一相线圈组的基波磁动势一般表达式

对于单层绕组,由于每对磁极下只有一个相线圈组,所以一相线圈组的基波磁动势就是一个整距线圈组的基波合成磁动势,即

$$F_{\phi 1} = F_{q1} = q F_{y1} k_{q1} = 0.9 q W_C I_C k_{q1} \tag{5-29}$$

而对于双层短距绕组,由于每对磁极下有 2 个线圈组,所以一相线圈组的基波磁动势就是一个短距线圈组的基波合成磁动势,即

$$F_{\phi 1} = 2 F_{q1} k_{y1} = q F_{y1} k_{y1} = 2 \times 0.9 q W_C I_C k_{w1} \tag{5-30}$$

式中: $k_{w1} = k_{q1} k_{y1}$,称为基波磁动势的绕组系数。其物理意义是:由短距分布线圈组成的线圈组的合成基波磁动势的幅值与具有相同匝数的整距集中线圈组成的线圈组的合成基波磁动势的幅值的比值,即

$$k_{w1} = \frac{短距分布线圈组的合成基波磁动势幅值}{整距集中线圈组的合成基波磁动势幅值} \tag{5-31}$$

引入绕组系数后,整距分布线圈组的基波磁动势也可将表达式(5-29)改写为如下形式:

$$F_{\phi 1} = F_{q1} = q F_{y1} k_{q1} = 0.9 q W_C I_C k_{w1} \tag{5-32}$$

式中：$k_{w1}=k_{q1}$，这是因为对于整距线圈组而言，$k_{y1}=1$。

如果考虑高次谐波，同样有

$$F_{\phi v}=F_{qv}=qF_{yv}k_{qv}=0.9\frac{1}{v}qW_CI_Ck_{wv} \tag{5-33}$$

3. 一相绕组的基波磁动势

分析之前，不妨设：每一个线圈的匝数为 W_C，每对磁极下的每相线圈数为 q 个，则每对磁极下的线圈组的匝数为 qW_C 匝。对单层绕组而言，构成一相绕组包含的相线圈组的数目等于磁极对数 p，每相绕组的总匝数为 pqW_C 匝。若再考虑到并联的支路数，用 a 表示，则考虑了并联支路数的一相绕组的总匝数 W_1 为 pqW_C/a 匝。即

$$W_1=\frac{pqW_C}{a} \tag{5-34}$$

而对双层绕组而言，由于构成一相绕组的线圈组的数目等于 $2p$，所以一相绕组的总匝数为 $2pqW_C$。同样，考虑了并联支路数的一相绕组的总匝数 W_1 为 $2pqW_C/a$。即

$$W_1=\frac{2pqW_C}{a} \tag{5-35}$$

如果设一相绕组的电流为 I，线圈中的电流为 I_C，则有

$$I_C=\frac{I}{a} \tag{5-36}$$

若将表达式(5-34)、(5-35)和(5-36)分别代入到表达式(5-29)和(5-30)中，则可得到，单层一相整距绕组的基波磁动势表达式为

$$F_{\phi 1}=0.9qW_CI_Ck_{q1}=0.9\frac{aW_1}{pq}\frac{I}{a}k_{q1}=0.9\frac{W_1}{p}Ik_{w1} \tag{5-37}$$

双层一相短距绕组的基波磁动势表达式为

$$F_{\phi 1}=2\times0.9qW_CI_Ck_{q1}=2\times0.9\frac{aW_1}{2pq}\frac{I}{a}k_{q1}=0.9\frac{W_1}{p}Ik_{w1} \tag{5-38}$$

由此可见，无论是单层整距绕组，还是双层短距绕组，一相绕组的基波磁动势表达式都具有相同的形式。如果再考虑高次谐波分量，可以写一相绕组磁动势的瞬时表达式

$$f_\phi=\left(F_{\phi 1}\cos\frac{\pi}{\tau}x-F_{\phi 3}\cos 3\frac{\pi}{\tau}x+F_{\phi 5}\cos 5\frac{\pi}{\tau}x-\cdots\right)\sin\omega t$$

$$=0.9\frac{W_1}{p}I\cdot\left(k_{w1}\cos\frac{\pi}{\tau}x-\frac{1}{3}k_{w3}\cos 3\frac{\pi}{\tau}x+\frac{1}{5}k_{w5}\cos 5\frac{\pi}{\tau}x-\cdots\right)\sin\omega t$$

$$\tag{5-39}$$

4. 结论

(1)一相绕组的磁动势可分解为一系列奇次谐波；各次谐波磁动势在空间的分布上，是按余弦规律分布的；磁动势的大小变化是按正弦规律变化的。

(2)一相绕组的基波磁动势的幅度值为 $F_{\phi 1}=0.9\frac{W_1k_{w1}}{p}I$，$v$ 次谐波的幅度值为 $F_{\phi v}=\frac{1}{v}\cdot0.9\frac{W_1k_{wv}}{p}\cdot I$。显然，谐波次数越高，其幅度值就越小，即在总的磁动势中所占的分量就越少，影响也就越小。

(3)谐波的影响还是应设法削弱，从而使磁动势的波形更接近于正弦波。交流电机中采

用短距和分布绕组就是两个比较有效的措施。

（4）一相绕组通入交流电流后产生的基波磁动势是脉振磁动势,该磁动势可以分解为两个幅度值大小相等、转速相等、方向相反的旋转磁动势,详见第 8 章。

5.3.4　三相绕组的磁动势

研究三相绕组的磁动势的基础是单相磁动势。三相磁动势不过是三相电流中每一相电流产生的磁动势在气隙中的叠加。因此,首先研究三相电流的关系,然后研究三相绕组的磁动势。

研究的前提条件是:三相绕组相同。这意味着每一相绕组的导线粗细、线圈匝数、阻抗值都相同;三相绕组在定子中空间对称分布,即每一相绕组的首端之间或尾端之间互差 $120°$。

1. 三相交流电的关系

由于三相绕组相同且对称分布,在对称的三相电压作用下产生对称的三相电流,其表达式如下:

$$i_A = I_m \sin(\omega t)$$
$$i_B = I_m \sin(\omega t - 120°)$$
$$i_C = I_m \sin(\omega t - 240°) \tag{5-40}$$

2. 三相基波合成磁动势

三相磁动势实际上是三相绕组中的三相对称电流各自所产生磁场(磁动势)的合成。由于三相电流大小相同且对称,所以,其各自产生的基波磁动势也必然对称,在任意瞬间合成的磁动势也必然相等。合成过程如图 5-15 所示。

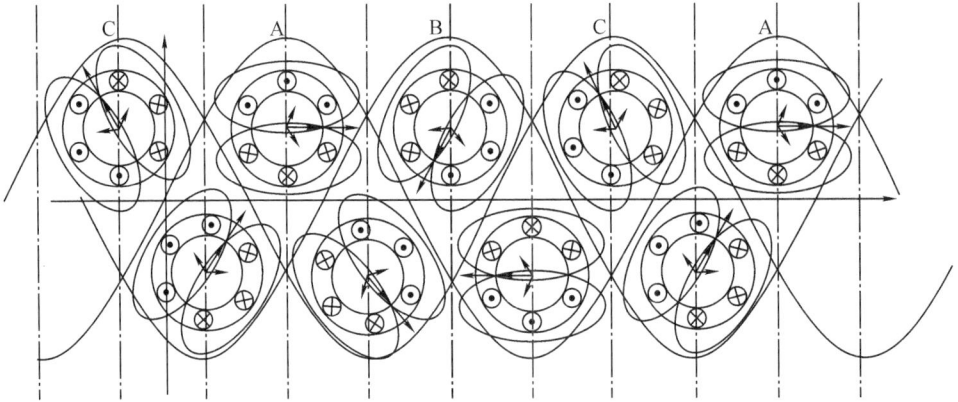

图 5-15　三相磁动势与三相电流之间的对应关系和在空间的合成过程

三相脉振磁动势的基波表达式为

$$f_{A1}(x,t) = F_{\phi 1} \cos\left(\frac{\pi}{\tau}x\right) \sin(\omega t)$$
$$f_{B1}(x,t) = F_{\phi 1} \cos\left(\frac{\pi}{\tau}x - 120°\right) \sin(\omega t - 120°) \tag{5-41}$$

$$f_{C1}(x,t) = F_{\phi 1}\cos\left(\frac{\pi}{\tau}x - 240°\right)\sin(\omega t - 240°)$$

根据三角函数的和差公式,可得

$$f_{A1}(x,t) = \frac{1}{2}F_{\phi 1}\sin\left(\omega t - \frac{\pi}{\tau}x\right) + \frac{1}{2}F_{\phi 1}\sin\left(\omega t + \frac{\pi}{\tau}x\right)$$

$$f_{B1}(x,t) = \frac{1}{2}F_{\phi 1}\sin\left(\omega t - \frac{\pi}{\tau}x\right) + \frac{1}{2}F_{\phi 1}\sin\left(\omega t + \frac{\pi}{\tau}x - 240°\right) \qquad (5\text{-}42)$$

$$f_{C1}(x,t) = \frac{1}{2}F_{\phi 1}\sin\left(\omega t - \frac{\pi}{\tau}x\right) + \frac{1}{2}F_{\phi 1}\sin\left(\omega t + \frac{\pi}{\tau}x - 120°\right)$$

将以上 3 个表达式相加,由于等式后三项互差 $120°$,所以其叠加结果为零,于是可得

$$f_1(x,t) = f_{A1}(x,t) + f_{B1}(x,t) + f_{C1}(x,t) = \frac{3}{2}F_{\phi 1}\sin\left(\omega t - \frac{\pi}{\tau}x\right) \qquad (5\text{-}43)$$

显然,由表达式(5-43)可以看出,三相绕组的基波磁动势与单相绕组的基波磁动势分解后的旋转基波磁动势具有相同的形式。表达式(5-43)表明:

(1)三相绕组通入三相交流电后,将在空间(气隙中)产生一个按正弦规律分布的合成磁场,且能够沿着定子表面和转子表面,以电机轴为圆心,以 F_1 为半径,在气隙中旋转的正圆形磁场。见图 5-16(a)～(f)中的定子与转子的剖面图。在定子和转子表面展开图中,我们不难看出,定子铁芯不动,定子线圈绕组不动,但是,在空间对称布置的三相绕组中通入三相对称的交流电后,却在空间中产生了一个正圆形的旋转磁场。表现为磁动势的振幅($F_1 =$ $1.5F_{\phi 1}$)沿定子和转子表面(或在气隙中)向右水平移动,这种情景就犹如在足球场看台上滚动的人浪一样,人在原地不动,只是重复做站立和坐下的动作,人浪却在看台上滚动。见图 5-16(a)～(f)中的定子和转子表面展开图。

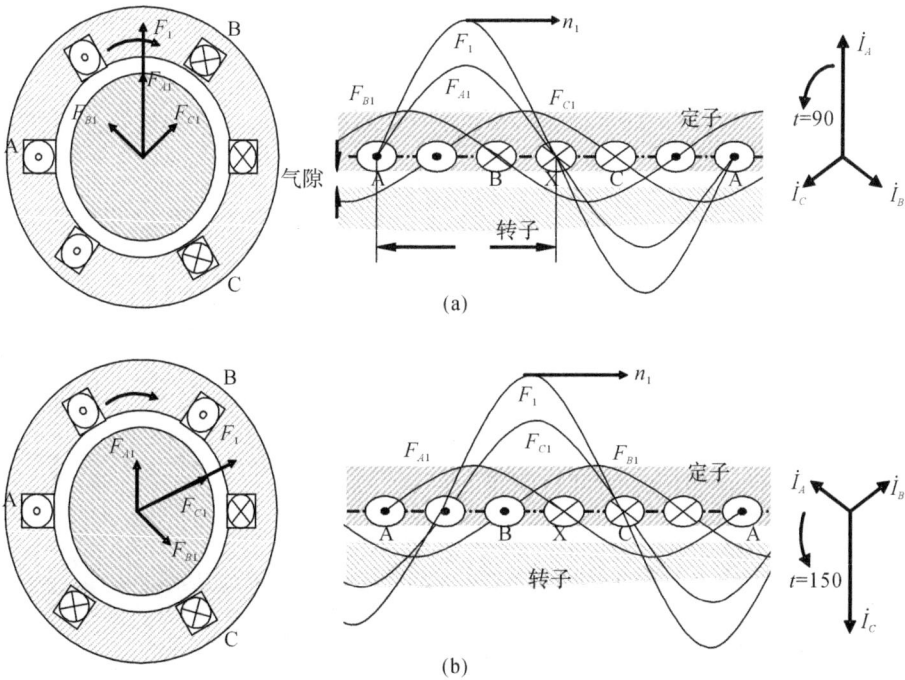

(a)

(b)

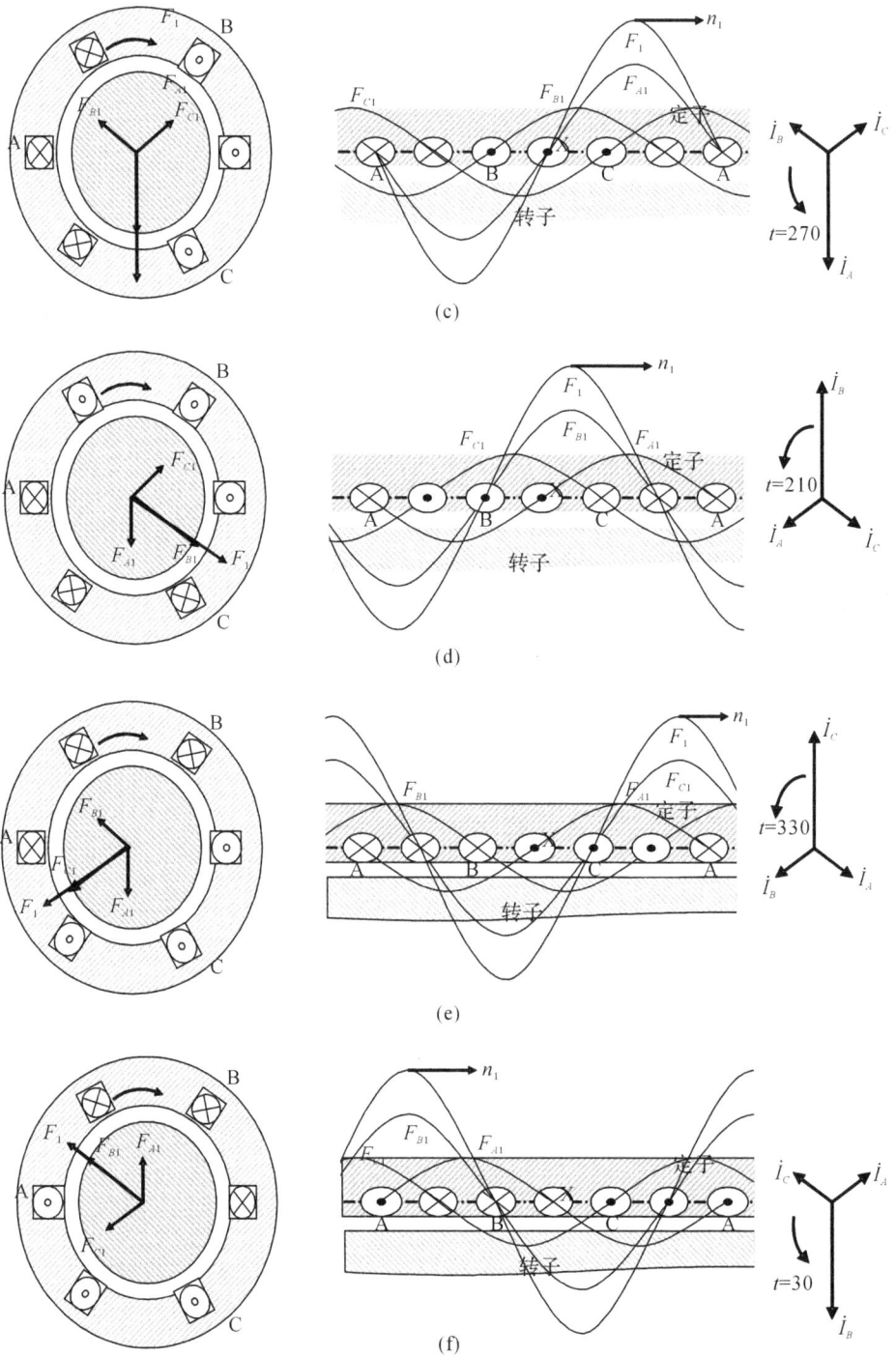

图 5-16 三相合成磁动势和旋转方向以及在气隙中移动的示意图

（2）合成磁动势的大小为 3/2 倍的单相磁动势（脉振磁势）。即

$$F_1 = \frac{3}{2} \times F_{\phi1} = \frac{3}{2} \times 0.9 \times \frac{W_1 k_{w1}}{p} \times I = 1.35 \frac{W_1 k_{w1}}{p} I \tag{5-44}$$

（3）旋转的方向与交流电的相序有关，并与相序一致。当交流电的相序为 A→B→C 时，旋转磁场或等效磁极的旋转方向也将由 A 到 B 再到 C。此时，如果要颠倒交流电的相序，改变旋转磁场的方向，其方法是任意交换 2 根相线的连接，则旋转磁场的旋转方向也将随之相反。

（4）在图 4-16(a)～(f)中不难看出，当交流电流每变化一次，即电角度相位角从 90°～450°变化，变化的角度为 360°时，合成的旋转磁场 F_1 也将在空间旋转 360°相同的机械角度。根据电角度与机械角度之关系 $\omega = p \cdot \Omega$（见表达 5-2），可知 $p=1$。如果定子线圈中交流电频率为 50Hz，则空间旋转磁场的转速 n_1 为 3000r/min。对于不同的 p 值，旋转磁场的转速 n_1 为

$$\omega = 2\pi \times f = p \cdot \Omega = p \times 2\pi \times n$$

$$n_1 = \frac{60f_1}{p} \tag{5-45}$$

式中：f_1 为定子绕组中交流电的频率，单位为赫兹（Hz），n_1 为空间旋转磁场的转速，单位为转/分（r/min），p 为定子分布绕组构成的等效磁极对数。

3. 三相绕组合成的谐波磁势及其磁通

从表达式(5-39)中我们看到，一个绕组所产生的磁势，除了包含占主要成分的基波分量外，必然还有许多谐波分量，它们是同时产生的。对于这些谐波，我们可以根据它们的次数、幅值、旋转方向和旋转速度将它们分为三种类型，以及由它们合成的三相谐波磁动势。

（1）三次谐波的合成磁势及其磁通

第一种类型是，谐波的次数为 3 的倍数，如 $v = 3,9,15,21,\cdots$ 它们的性质是一样的，这里我们只研究 $v=3$ 的情况。利用分析基波磁动势的方法来分析三相绕组的任何次谐波磁势。

由于三相绕组相同且对称分布，在对称的三相电压作用下产生对称的三相电流，其表达式如下：

$$i_A = I_m \sin(\omega t)$$
$$i_B = I_m \sin(\omega t - 120°)$$
$$i_C = I_m \sin(\omega t - 240°) \tag{5-46}$$

三次谐振波合磁动势也是三相绕组中的三相对称电流各自所产生磁场（磁动势）的合成。由于三相电流大小相同且对称，所以，其各自产生的三次谐振波磁动势也必然对称、相等。三次谐波磁动势表达式为

$$f_{A3}(x,t) = F_{\phi 3} \cos 3\left(\frac{\pi}{\tau}x\right)\sin(\omega t)$$

$$f_{B3}(x,t) = F_{\phi 3} \cos 3\left(\frac{\pi}{\tau}x - 120°\right)\sin(\omega t - 120°)$$

$$= F_{\phi 3} \cos 3\left(\frac{\pi}{\tau}x\right)\sin(\omega t - 120°) \tag{5-47}$$

$$f_{C3}(x,t) = F_{\phi 3} \cos 3\left(\frac{\pi}{\tau}x - 240°\right)\sin(\omega t - 240°)$$

$$= F_{\phi 3} \cos 3\left(\frac{\pi}{\tau}x\right)\sin(\omega t - 240°)$$

将以上 3 个表达式相加于是可得

$$f_3(x,t) = f_{A3}(x,t) + f_{B3}(x,t) + f_{C3}(x,t)$$

$$= F_{\phi 3}\left[\sin(\omega t) + \sin(\omega t - 120°) + \sin(\omega t - 240°)\right]\cos 3\left(\frac{\pi}{\tau}x\right)$$

$$= 0 \tag{5-48}$$

显然,由表达式(5-48)可以得出,三相对称绕组在电流对称的情况下所产生的合成磁动势不包含三次谐波磁动势的结论。而且,这一结论同样适用于任何谐波次数为 3 的倍数的磁动势。

(2) 五次谐波的合成磁势及其磁通

第二种类型是谐波的次数为 $5,11,17,\cdots$ 的谐波,即 $v=6k-1$ 的谐波。这里我们只研究 $v=5$ 的情况。在三相对称交流电流作用下,其磁动势为

$$f_{A5}(x,t) = F_{\phi 5}\cos 5\left(\frac{\pi}{\tau}x\right)\sin(\omega t)$$

$$f_{B5}(x,t) = F_{\phi 5}\cos 5\left(\frac{\pi}{\tau}x - 120°\right)\sin(\omega t - 120°)$$

$$= F_{\phi 5}\cos\left(5\,\frac{\pi}{\tau}x + 120°\right)\sin(\omega t - 120°) \tag{5-49}$$

$$f_{C5}(x,t) = F_{\phi 5}\cos 5\left(\frac{\pi}{\tau}x - 240°\right)\sin(\omega t - 240°)$$

$$= F_{\phi 5}\cos\left(5\,\frac{\pi}{\tau}x + 240°\right)\sin(\omega t - 240°)$$

利用三角函数中的积化和差公式,将以上表达式化为

$$f_{A5}(x,t) = \frac{1}{2}F_{\phi 5}\left[\sin\left(\omega t - 5\,\frac{\pi}{\tau}x\right) + \sin\left(\omega t + 5\,\frac{\pi}{\tau}x\right)\right]$$

$$f_{B5}(x,t) = \frac{1}{2}F_{\phi 5}\left[\sin\left(\omega t - 5\,\frac{\pi}{\tau}x - 240°\right) + \sin\left(\omega t + 5\,\frac{\pi}{\tau}x\right)\right] \tag{5-50}$$

$$f_{C5}(x,t) = \frac{1}{2}F_{\phi 5}\left[\sin\left(\omega t - 5\,\frac{\pi}{\tau}x - 120°\right) + \sin\left(\omega t + 5\,\frac{\pi}{\tau}x\right)\right]$$

将以上 3 个表达式相加于是可得

$$f_5(x,t) = f_{A5}(x,t) + f_{B5}(x,t) + f_{C5}(x,t)$$

$$= \frac{3}{2}F_{\phi 5}\sin\left(\omega t + 5\,\frac{\pi}{\tau}x\right) \tag{5-51}$$

显然,表达式(5-51)表明,三相绕组中的 5 次谐波的合成磁动势是一个圆形旋转磁场,其空间旋转的速度可以这样求取,令 $\theta(x,t) = \omega t + 5\,\frac{\pi}{\tau}x = C$,于是有

$$\frac{\mathrm{d}\theta}{\mathrm{d}t} = \omega + 5\,\frac{\pi}{\tau}\frac{\mathrm{d}x}{\mathrm{d}t} = \omega + 5\,\frac{\mathrm{d}\Omega}{\mathrm{d}t} = 0$$

$$\frac{\mathrm{d}\Omega}{\mathrm{d}t} = -\frac{\omega}{5} = -\frac{\Omega_1}{5} \tag{5-52}$$

这说明 5 次谐波的合成磁动势的旋转方向是与基波磁动势的旋转方向相反的,其空间旋转的速度为基波磁动势的 $1/5$,其产生的等效磁极数为基波磁动势的 5 倍。因此,5 次谐波的合成磁动势也将在定子绕组中感生出相应的感生电动势,其频率为 f_1。在分析同类型

中的其他次谐振波时,只需用谐波次数$(6k-1)$代替上面表达式中的 5 即可。

（3）七次谐波的合成磁势及其磁通

第三种类型是谐波的次数为 $7,13,19,\cdots$ 的谐波,即 $v=6k+1$ 的谐波,$k=1,2,3,\cdots$ 同样我们也只研究 $v=7$ 的情况。在三相对称交流电流作用下,其磁动势为

$$f_{A7}(x,t)=F_{\phi7}\cos 7\left(\frac{\pi}{\tau}x\right)\sin(\omega t)$$

$$f_{B7}(x,t)=F_{\phi7}\cos 7\left(\frac{\pi}{\tau}x-120°\right)\sin(\omega t-120°)$$

$$=F_{\phi7}\cos\left(7\frac{\pi}{\tau}x-120°\right)\sin(\omega t-120°)$$

$$f_{C7}(x,t)=F_{\phi7}\cos 7\left(\frac{\pi}{\tau}x-240°\right)\sin(\omega t-240°)$$

$$=F_{\phi7}\cos\left(7\frac{\pi}{\tau}x-240°\right)\sin(\omega t-240°)$$

（5-53）

利用三角函数中的积化和差公式,将以上表达式化为

$$f_{A7}(x,t)=\frac{1}{2}F_{\phi7}\left[\sin\left(\omega t-7\frac{\pi}{\tau}x\right)+\sin\left(\omega t+7\frac{\pi}{\tau}x\right)\right]$$

$$f_{B7}(x,t)=\frac{1}{2}F_{\phi7}\left[\sin\left(\omega t-7\frac{\pi}{\tau}x\right)+\sin\left(\omega t+7\frac{\pi}{\tau}x-240°\right)\right]$$

$$f_{C7}(x,t)=\frac{1}{2}F_{\phi7}\left[\sin\left(\omega t-7\frac{\pi}{\tau}x\right)+\sin\left(\omega t+7\frac{\pi}{\tau}x-120°\right)\right]$$

（5-54）

将以上 3 个表达式相加,于是可得

$$f_7(x,t)=f_{A7}(x,t)+f_{B7}(x,t)+f_{C7}(x,t)$$

$$=\frac{3}{2}F_{\phi7}\sin\left(\omega t-7\frac{\pi}{\tau}x\right)$$

（5-55）

同样,三相绕组中的 7 次谐波的合成磁动势也是一个圆形旋转磁场,其空间旋转的速度可以这样求取,令 $\theta(x,t)=\omega t-7\frac{\pi}{\tau}x=C$,于是有

$$\frac{d\theta}{dt}=\omega-7\frac{\pi}{\tau}\frac{dx}{dt}=\omega-7\frac{d\Omega}{dt}=0$$

$$\frac{d\Omega}{dt}=\frac{\omega}{7}=\frac{\Omega_1}{7}$$

（5-56）

这说明 7 次谐波的合成磁动势的旋转方向是与基波磁动势的旋转方向相同的,其空间旋转的速度为基波磁动势的 1/7,其产生的等效磁极数为基波磁动势的 7 倍。因此,7 次谐波的合成磁动势在定子绕组中感生相应的感生电动势,其频率仍为 f_1。在分析同类型中的其他次谐振波时,只需用谐波次数 $(6k+1)$ 代替上面表达式中的 7 即可。

总之,通过以上分析我们可以看到,三相绕组在通入三相对称的交流电流后,不仅产生基波磁动势,同时还产生大量的谐振波磁动势。谐波磁动势的存在,会增加电机的很多无谓的损耗,严重时会影响电机的正常运行,甚至会对电网造成影响。因此,掌握和了解谐波磁动势的规律和特点仍是十分必要的。

5.3.5　椭圆形旋转磁动势(磁场)

显然,旋转磁场理论可以推广到任何一个对称的多相系统。即在一个空间对称 m 相系

统中,通以对称的 m 相电流,合成的基波磁动势均为圆形旋转磁场。而且随着相数的增多,旋转得越平滑,控制也越复杂。当相数少于三相(如二相)时,旋转磁场会变成什么样呢?结论是:二相系统中,如果空间对称,通入的电流也对称,则也将产生旋转的圆形磁场。如果绕组在空间不对称,或通入不对称的电流,仍能产生旋转磁场,只是不再是圆形磁场,而是椭圆形旋转磁场。详细请看第 8 章。

5.4 交流绕组的电动势

从上一节的分析可知,三相交流电动机的定子绕组通入对称的三相交流电流后会在空间,或定子与转子的间隙中产生一个圆形的旋转磁场。该旋转磁场随着三相交流电流的变化,在空间旋转。旋转的同时将切割电动机的绕组线圈,既切割定子绕组线圈也切割转子绕组线圈。其结果将分别在转子线圈中和定子线圈中产生感生电动势。

在定子线圈中产生的感生电动势,其作用是反对定子线圈中的电流增长,从而达到电路平衡。

在转子线圈中产生的感生电动势,其作用是使转子线圈中的电流从无到有,并迅速增长,从而产生电磁力矩促使转子旋转,带动负载。下面就具体分析一下三相绕组中的电动势情况。

分析三相绕组中电动势的方法与分析磁动势的方法类似,由 1 根有效边中的电动势→一匝线圈中的电动势→W 匝线圈中的电动势→q 个线圈组成的线圈组中的电动势→一相绕组中的电动势。

5.4.1 有效边导体中的电动势

设:在三相异步电动机的转子和定子之间的气隙中的磁密 B_x 为正弦分布,等效磁极对数 $p=1$,则有

$$B_x = B_m \sin\alpha = B_m \sin\frac{\pi}{\tau}x \qquad (5\text{-}57)$$

由于旋转磁场相对于定子和转子的转速为 n_1,等价的机械角速度为

$$\Omega = \frac{2\pi n_1}{60} \qquad (5\text{-}58)$$

电角速度为

$$\omega = p\Omega = p\times\frac{2\pi n_1}{60} \qquad (5\text{-}59)$$

所以,当磁极对数 $p=1$ 时,$\Omega=\omega$。在旋转磁场旋转过程中,不断地切割转子线圈和定子线圈,并在其中产生感生电动势,在每一根有效导体中产生的感生电动势为

$$e_1 = B_x l v \sin\omega t = E_{lm}\sin\omega t \qquad (5\text{-}60)$$

式中:l 为线圈有效边的长度,即有效导体的长度;v 为旋转磁场切割线圈有效边(导体)的线速度;B_x 为气隙中的磁感应强度。

显然,只有气隙中的磁感应强度 B_x 为一常数时,感生电动势的最大值和有效值才能是一个常数,在每一根有效边(导体)中产生的感生电动势才能按正弦规律变化。

由表达式(5-60)可知,在一个极距内,B_x 的平均磁通密度 B_{av} 与其最大值 B_m 之间的关

系为

$$B_{av} = \frac{2}{\pi} B_m = 0.63662 B_m \tag{5-61}$$

$$B_m = \frac{\pi}{2} B_{av} = \frac{\pi}{2} \frac{\Phi_1}{\tau l} \tag{5-62}$$

$$v = \frac{2p\tau n_1}{60} = 2\tau f_1 \tag{5-63}$$

这样,当 B_x 用平均磁感应强度 B_{av} 代替时,则每一根有效边(导体)中产生的感生电动势又可写为如下形式:

$$E_l = \frac{1}{\sqrt{2}} E_{lm} = \frac{1}{\sqrt{2}} B_x l v = \frac{1}{\sqrt{2}} \left(\frac{\pi \Phi_1}{2\tau l} \right)(2\tau f_1) = 2.22 \Phi_1 f_1 \tag{5-64}$$

5.4.2　线圈电动势

1. 整距线圈的电动势

所谓整距线圈,是指线圈的节距恰好等于一个磁极极距的线圈。这种整距线圈的特点是,当线圈的一边有效导体在 N 极下时,另一边有效导体恰好在 S 极下,线圈总的感生电动势为线圈两个边(有效导体)中的感生电动势的有效值之和。即

$$E_{c1} = 2E_l = 4.44 \Phi_1 f_1 \tag{5-65}$$

如果线圈有 W_c 匝,且放置于同一槽内,即位置相同,则 W_C 匝线圈的电动势有效值为

$$E_{y1} = 4.44 \Phi_1 f_1 W_C \tag{5-66}$$

2. 短距线圈的电动势

短距线圈就是线圈绕组的两个有效边导体之间的跨距 y_1 小于电磁极距 τ,即 $y_1 < \tau$。

此时,两个有效边导体中的感生电动势不再互差 $180°$,而是比 $180°$ 小一个角度 γ。与其对应的角度为

$$\gamma = \frac{\tau - y_1}{\tau} 180° \tag{5-67}$$

图 5-17　短距线圈电动势的相量关系

短距线圈中电动势的相量关系如图 5-17 所示。短距线圈中总电动势的有效值为

$$E_{y1(y_1 < \tau)} = 2E_{C1} \cos \frac{\gamma}{2} = 2E_{C1} \cos \frac{1}{2} \left(\frac{\tau - y_1}{\tau} \right) 180° = 2E_{C1} \cos \left(\frac{\tau - y_1}{\tau} \times 90° \right)$$

若令

$$k_{y1} = \cos \left(\frac{\tau - y_1}{\tau} \times 90° \right) = \cos \left(90° - \frac{y_1}{\tau} \right) = \sin \left(\frac{y_1}{\tau} \times 90° \right)$$

则有

$$E_{y1(y_1 < \tau)} = 2E_{C1} k_{y1} \tag{5-68}$$

式中:k_{y1} 为短距系数,$k_{y1} \leqslant 1$。它的物理意义是

$$k_{y1} = \sin \left(\frac{y_1}{\tau} \times 90° \right) = \frac{E_{l1(y_1 < \tau)}}{2E_{C1}} = \frac{\text{单匝短距线圈电动势}}{\text{单匝整距线圈电动势}}$$

通过表达式不难看出,同磁动势的分析类似,计算单匝短距线圈中的电动势,只需在单

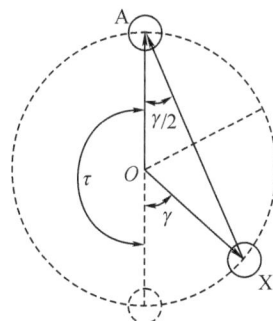

匝整距电动势计算的基础上再乘上一个短距系数即可。或者说,单匝短距线圈中的电动势与单匝整距线圈中的电动势只差一个短距系数。而不同的短距线圈中的电动势也只是短距系数不同罢了。

显然,如果线圈有 W_C 匝,且放置于同一槽内,即位置相同,则 W_C 匝短距线圈中的电动势有效值为

$$E_{y1(y_1<\tau)}=2E_{C1}W_Ck_{y1}=(4.44f_1W_C\Phi_1)k_{y1} \tag{5-69}$$

当 $k_{y1}=1$ 时,

$$E_{y1(y_1=\tau)}=2E_{C1}W_Ck_{y1}=(4.44f_1W_C\Phi_1) \tag{5-70}$$

由此看来,整距线圈电动势情况可视为短距线圈电动势在 $k_{y1}=1$ 时的一个特殊情况

5.4.3　线圈组的电动势

1. 分布式整距线圈组中的电动势

分析线圈组中的电动势同样可以利用相量星来分析,如图 5-18 所示。根据各个线圈电动势的空间几何关系,q 个整距线圈组成的某一相线圈组的合成电动势的基波幅度值为

$$E_{q1}=2R\sin\frac{q\alpha}{2}$$

而每(单)个线圈(元件)的电动势矢量的基波幅度值为

$$E_{y1}=2R\sin\frac{\alpha}{2}$$

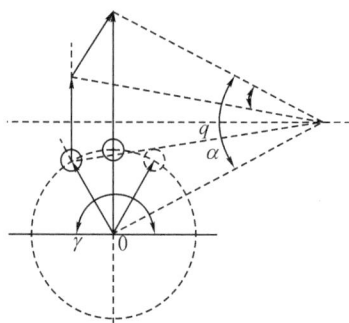

图 5-18　整距线圈组的合成电动势

获得这两个幅度值后,将两式相除以消去 R,同时,建立 q 个整距线圈组成的某一相线圈组的合成电动势的基波幅度值与每个线圈(元件)的电动势矢量的基波幅度值两者之间的关系(联系)。其表达式为

$$\frac{E_{q1}}{E_{y1}}=\frac{2R\sin\frac{q\alpha}{2}}{2R\sin\frac{\alpha}{2}}=\frac{\sin\frac{q\alpha}{2}}{\sin\frac{\alpha}{2}}$$

$$E_{q1}=E_{y1}\frac{2R\sin\frac{q\alpha}{2}}{2R\sin\frac{\alpha}{2}}=qE_{y1}\frac{\sin\frac{q\alpha}{2}}{q\sin\frac{\alpha}{2}}=qE_{y1}k_{q1}$$

$$\tag{5-71}$$

式中:k_{q1} 为基波磁动势的分布系数,即

$$k_{q1}=\frac{\sin\frac{q\alpha}{2}}{q\sin\frac{\alpha}{2}}=\frac{F_{q1}}{qF_{y1}}=\frac{q\text{个分布线圈的合成电动势}}{q\text{个集中线圈的合成电动势}}$$

当 E_{y1} 不仅为短距线圈时,则 E_{q1} 为短距线圈分布放置的线圈组的合成电动势。并可写成:

$$E_{q1}=qE_{y1(y_1<\tau)}k_{q1}=q4.44f_1W_c\Phi_1k_{y1}k_{q1} \tag{5-72}$$

当 E_{y1} 为整距线圈,即 $k_{y1}=1$ 时,则 E_{q1} 为整距线圈分布放置的线圈组的合成电动势。并可写成:

$$E_{q1}=qE_{y1}k_{q1}=q4.44f_1W_c\Phi_1k_{q1} \tag{5-73}$$

当 E_{y1} 不仅为整距线圈,即 $k_{y1}=1$,而且还集中放置,即 $k_{q1}=1$ 时,则 E_{q1} 为整距线圈集中放置的线圈组的合成电动势。并可写成:

$$E_{q1}=qE_{y1}=q4.44f_1W_c\Phi_1 \tag{5-74}$$

与磁动势的分析类似,计算分布式整距线圈中的电动势,只需在 q 个集中整距线圈中的电动势计算的基础上再乘上一个分布系数即可。或者说,分布式整距线圈组中的电动势与 q 个集中整距线圈中的电动势只相差一个分布系数。

2. 分布式短距线圈中的电动势

同磁动势的分析类似,计算分布式短距线圈中的电动势,只需在 q 个分布整距线圈中的电动势计算的基础上再乘上一个短系数即可。或者说,分布式短整距线圈组中的电动势与 q 个分布式整距线圈中的电动势只相差一个短距系数。于是有

$$E_{q1(y<\tau)}=qE_{y1(y<\tau)}k_{q1}=q4.44f_1W_c\Phi_1k_{q1}k_{y1}=qE_{y1}k_{w1} \tag{5-75}$$

式中: $kw_1=k_{q1}k_{y1}$。

5.4.4　一相绕组中的电动势

一相绕组中的电动势是指通过串联和并联的方法组成的一相线圈中的总的电动势。对于单层绕组(包括单叠绕组和单波绕组等),每相绕组中的每条并联支路的匝数为

$$W_1=\frac{pqW_C}{a} \tag{5-76}$$

而对于双层绕组每条并联支路的匝数是

$$W_1=\frac{2pqW_C}{a} \tag{5-77}$$

对于单层绕组而言,一相绕组的基波电动势的有效值为

$$E_{\phi1}=\frac{p}{a}E_{q1}=4.44f_1qW_C\Phi_1\frac{p}{a}k_{y1}k_{q1} \tag{5-78}$$

比较上述两式可得如下结论:无论是单层还是双层,其一相绕组的基波电动势的有效值都可写为如下形式:

$$E_{\phi1}=4.44f_1W_1\Phi_1k_{y1}k_{q1}=4.44f_1W_1\Phi_1k_{W1} \tag{5-79}$$

式中: $k_{w1}=k_{y1}k_{q1}$。

5.4.5　绕组的谐波电动势

首先需要指出的是,三相交流电动机气隙中的磁场分布不完全是正弦波,除了基波以外还有 v 次谐波分量 Φ_v,它们也会在定子和转子的绕组中产生感生电动势。用前面类似的方法可推得谐波电动势的表达式为

$$E_{\phi v}=4.44f_vW_1\Phi_vk_{Wv} \tag{5-80}$$

式中: Φ_v 为谐波磁通; f_v 为谐波频率; k_{wv} 为 v 次谐波绕组系数。

通过前面对谐波磁动势的分析可以知道,选择合适的 q 和 y_1 可以使谐波分量很小,从而削弱谐波电动势分量。

5.4.6　三相绕组的电动势

1. 考虑谐波时的相电动势

根据电路理论中不同频率的电压、电流有效值的计算方法可得相电动势为

$$E_\phi = \sqrt{\sum_{v=1} E_{\phi v}^2} = \sqrt{E_{\phi 1}^2 + E_{\phi 5}^2 + E_{\phi 7}^2 + \cdots} \tag{5-81}$$

2. 三相绕组的线电动势

由于三相绕组存在两种接法，所以线电动势的计算也有所不同。

（1）Y 形接法

根据 Y 形接法的线电动势与相电动势之间的关系得

$$E_l = \sqrt{3}\, E_\phi = \sqrt{3}\, \sqrt{\sum_{v=1} E_{\phi v}^2} = \sqrt{3}\, \sqrt{E_{\phi 1}^2 + E_{\phi 5}^2 + E_{\phi 7}^2 + \cdots} \tag{5-82}$$

（2）△形接法

根据△形接法的线电动势与相电动势之间的关系得

$$E_l = E_\phi = \sqrt{\sum_{v=1} E_{\phi v}^2} = \sqrt{E_{\phi 1}^2 + E_{\phi 5}^2 + E_{\phi 7}^2 + \cdots} \tag{5-83}$$

从 Y 形接法与△接法的线电动势表达式中不难发现，线电动势中都不包含 3 次谐波及 3 的整数倍次谐波。这是因为 3 次及 3 的整数倍次谐波的各电动势大小相等、相位相同，所以在 Y 形接法中相互抵消，输出的线电动势中没有或不包含 3 次及 3 的整数倍次谐波的各电动势。

而在△形接法中，由于 3 次及 3 的整数倍次谐波的各电动势大小相等、相位相同，以至于在三相绕组之间形成环流（被短路）。所以，在输出的线电动势中没有或不包含 3 次及 3 的整数倍次谐波的各电动势。

小　结

本章主要介绍了交流电机绕组的构成和各种不同的绕制方法，并就如何绘制定子绕组展开图给出了详细的步骤。在这一过程中，介绍了一些关于绕组的基本概念和参数。特别指出了，线圈绕组产生的磁场效应、磁场分布和磁动势只与线圈有效边中的电流大小、方向有关，而与线圈有效边的连接次序无关。换句话说，只要通过有效边的电流大小、方向一致，无论有效边怎样连接都可获得同样的磁场效应。认识到这一点非常重要，是理解不同绕组连接方式和设计新的绕制方法的基础。

在对磁场分布、磁动势以及电动势的分析中，采用了一种新的思路：由单一线圈到多个或 q 个线圈集中存放，直到多个线圈分布放置；从整距线圈到短距线圈这样的顺序，循序渐进、由浅入深地进行分析，找出差异，抓住特点进行分析。最终得出结论：无论单匝线圈还是多个线圈，无论是多个线圈的集中放置还是分布放置，无论是整距还是短距，不过就是差一个系数而已。从而大大地化解了解题的难度，并且非常容易掌握。

感应电动势的分析方法、技巧与磁动势的分析非常相似，但要注意的是感应电动势为电路中的电动势，而磁动势是在空间中的。

本章节中，绘制有大量的工作原理图和波形图，形象地描述了各种现象，使这一章的内

容变得更加容易理解,便于学生自学。

思考题

5-1　交流绕组与直流绕组的基本区别在哪里? 为什么直流绕组的支路数必须是偶数,而交流绕组的支路数可以是奇数?

5-2　试比较单、双层绕组的优缺点,为什么现代大、中型电机的交流绕组都采用双层绕组?

5-3　为什么采用短距和分布绕组能削弱谐波磁势? 为了削弱 5 次和 7 次谐波磁势,节距选多大才合适?

5-4　试说明直流绕组磁势、单相交流绕组基波磁势和三相交流绕组基波磁势的区别?

5-5　为什么正常接法的三相对称绕组产生的合成磁势只含有 $6k\pm1$ 次($k=1,2,3,\cdots$)谐波? 它们对电机的正常运行有哪些危害?

5-6　怎样才能改变三相异步电动机的转向? 为什么?

5-7　一台三角形连接的定子绕组,若绕组内有一相断线,产生的磁势是什么磁势? 若电源有一组断电,产生的磁势是什么磁势?

5-8　为什么异步电动机(电动状态)的转速 n 总低于同步转速 n_1?

5-9　异步电动机的气隙为什么要做得很小?

5-10　什么叫电角度? 电角度与机械角度是什么关系?

习　题

5-1　如图 5-19 所示的 Y 形连接三相绕组中,如果通入直流电流 I',产生的磁势基波幅值与通入三相对称交流电流 I 时产生的三相合成磁势基波幅值相等。

试证明:对于图 5-19(a) 中的电路有 $I'=\sqrt{3/2}\,I$;

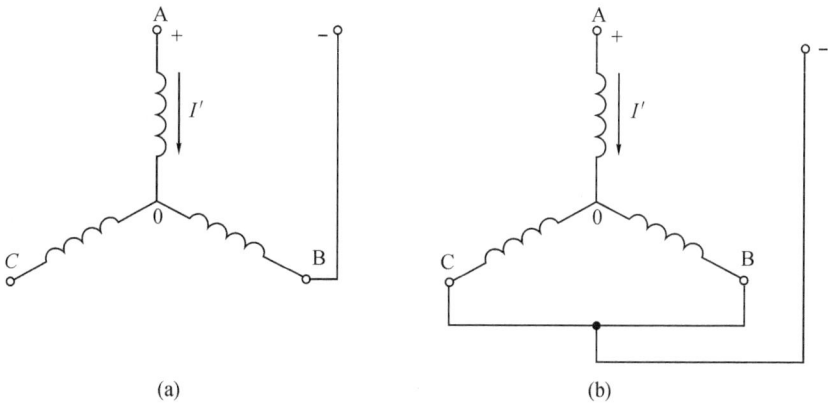

图 5-19　Y 接三相绕组连线图

对于图 5-19(b) 中的电路有 $I'=\sqrt{2}\,I$。

5-2　试求：v 次谐波磁势的频率 f_v 与基波磁势频率 f_1 的关系，以及 v 次谐波电势的频率 f_v 与基波电势频率 f_1 的关系。

5-3　已知三相交流绕组数据为 $Z=24,2p=4,a=1,y_1=1\sim6$。试画出：(1)单层交叉式绕组展开图；(2)双层叠绕组展开图。

5-4　某三相交流异步电动机数据为 $Z=54,2p=6$，双层叠绕组，为了减小 5 次及 7 次谐波磁势，采用短距分布绕组。试求：

(1)节距 y_1；

(2)绕组系数 k_{w1}。

第6章　异步电动机

内容提要：本章重点分析三相异步电动机的结构、工作原理、转差率和电动机在静止与旋转两种不同状态下的电磁关系，以及功率与力矩之间的关系。同时，还介绍异步电动机的额定值等内容。本章通过数学表达式、等效电路图、相量图以及能量流程图等描述方法对电动机进行了较为详细的分析。

6.1　三相异步电动机的结构及额定值

异步电机又称感应电机，是交流电机中的一种。三相异步电动机与其他旋转电机相比，结构简单，制造、使用和维护方便，运行可靠，效率较高，价格较低，因此，被广泛用于工农业生产中。例如机床、水泵、冶金、矿山设备与轻工机械等都用它作为原动机，其容量从几千瓦到几千千瓦。近年来，随着家用电器的日益普及，单相异步电动机的应用也越来越多，例如在洗衣机、风扇、电冰箱、空调器中都采用单相异步电动机，其容量从几瓦到几千瓦。总之，异步电动机是当今应用最广、需求量最大的一种电机。

异步电机的种类很多，可以从不同角度去划分。如果按转子的结构来划分，则可分为鼠笼式异步电动机和绕线式异步电动机；如果按定子绕组的相数来划分，则可分为单相异步电动机和三相异步电动机。本节将着重介绍三相异步电动机的工作原理及特点。

6.1.1　异步电机的基本结构

异步电机和其他旋转电机的基本结构一样，有一个固定部分，叫作定子；有一个旋转的部分，叫作转子。定、转子之间有一个很小的空气间隙。此外，还有端盖、轴承和机座等部件。图 6-1 所示的是绕线式异步电动机的结构图。

1. 定子

异步电机定子主要包括定子绕组、铁芯和机座三部分。定子铁芯的作用是作为电机磁路的一部分和嵌放定子绕组。为了减少交变磁场在铁芯中引起的损耗，铁芯一般采用导磁性能良好、比损耗小的 0.5mm 厚低硅钢片（冲片）叠成，如图 6-2 所示。为了嵌放定子绕组，在定子冲片中均匀地冲制若干个形状相同的槽。槽形有三种：半闭口槽、半开口槽、开口槽，如图 6-3 所示。半闭口槽适用于小型异步电机，其绕组是用圆导线绕成的。半开口槽适用于低压中型异步电机，其绕组是成型线圈。开口槽适用于高压大中型异步电机，其绕组是用绝缘带包扎并浸漆处理过的成型线圈。

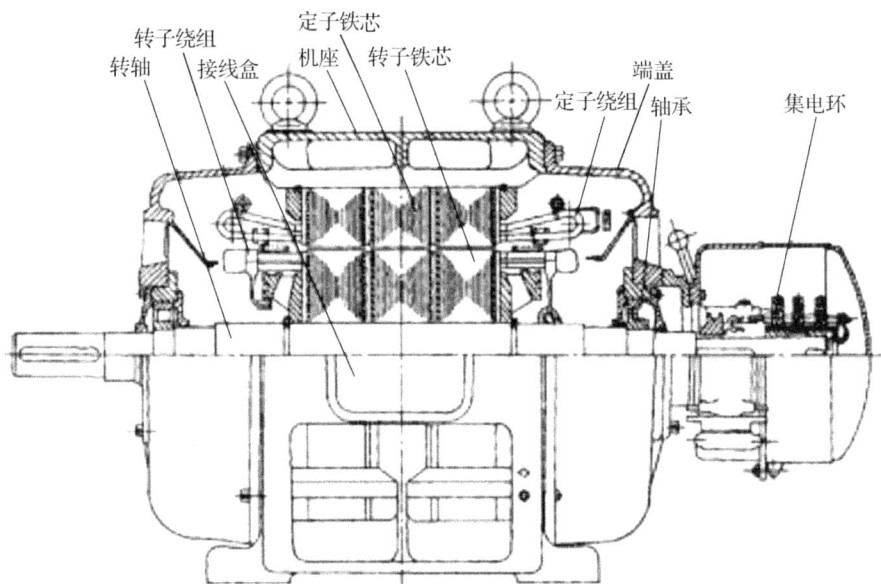

图 6-1　绕线式异步电动机的结构图

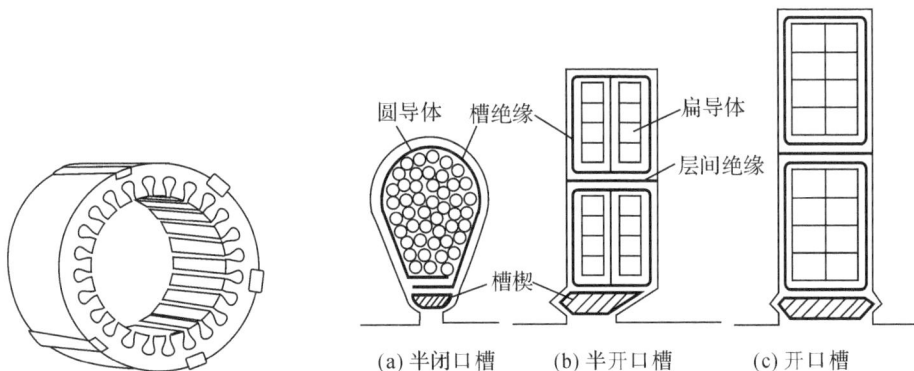

图 6-2　定子铁芯

图 6-3　异步电机的定子槽形

(a) 半闭口槽　　(b) 半开口槽　　(c) 开口槽

定子绕组是电机的电路,其作用是感应电动势、流过电流、实现机电能量转换。定子绕组在槽内部分与铁芯间必须可靠绝缘,槽绝缘材料、厚度由电机耐热等级和工作电压来决定。异步电机的机壳主要起固定定子铁芯和支撑电机的作用,要求其有足够的机械强度和刚度。中小型异步电机一般采用铸铁或铸铝(合金)机座,对微小容量异步电机可采用铸铝机座,而对较大容量异步电机应采用钢板焊接机座。

2. 转子

异步电机转子主要包括转子绕组、铁芯和转轴的三部分。转子铁芯是电机磁路的一部分,一般由 0.5mm 硅钢片冲制后叠压而成。转轴起支撑转子铁芯和输出机械转矩的作用,转子绕组的作用是感应电动势、流过电流和产生电磁转矩。其结构形式有两种:笼型和绕线式。

(1)笼型绕组

在转子铁芯均匀分布的每个槽内各放置一根导体,在铁芯两端放置两个端环,分别把所有的导体伸出槽外部分与端环连接起来。如果去掉铁芯,则剩下来的绕组的形状就像一个松鼠笼子。这种笼型绕组可以用铜条焊接而成,如图 6-4 所示,也可以用铝浇铸而成,如图6-5 所示。

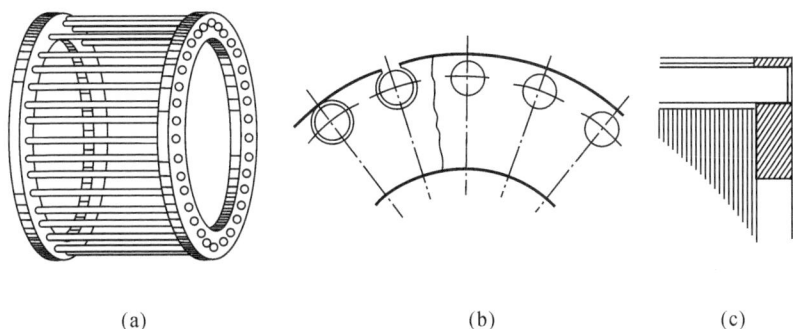

(a)　　　　　　　　(b)　　　　　　　　(c)

图 6-4　笼型转子绕组

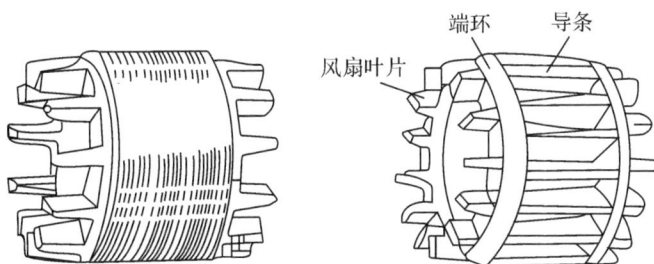

图 6-5　笼型铸铝转子

(2)绕线式绕组

绕线式绕组是与定子绕组相似的对称三相绕组。一般接成星形。将三个出线端分别接到转轴的三个滑环上,再通过电刷引出电流。绕线式转子的特点是可以通过滑环电刷在转子回路中接入附加电阻,以改善电动机的启动性能、调节其转速,其接线示意图见图 6-6。

3. 气隙

定、转子之间的空气间隙称为气隙,它对电机的性能有重大的影响。对于中小型异步电机,气隙一般为 0.2~1.5mm。气隙大小对异步电机的性能影响很大。为了降低电机的空载电流和提高电机的功率,气隙应尽可能小,但气隙太小又可能造成定、转子在运行中发生摩擦,因此,异步电机气隙宽度应为定、转子在运行中不发生机械摩擦所允许的

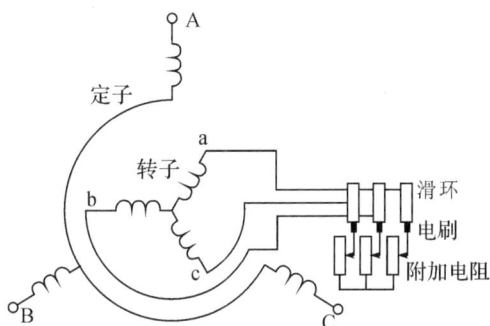

图 6-6　绕线式异步电动机的转子接线示意图

最小值。

6.1.2　异步电动机的额定值

每台异步电动机的机座上都有一个铭牌,上面标明有型号、额定值和有关技术数据。三相异步电动机的铭牌一般形式如下:

○	三相异步电动机		○
型号: Y112M-4		编号	
4.0　kW		8.8　　A	
380　V	1440　r/min	LW	82dB
接法　△	防护等级 Ip44	50Hz	45kg
标准编号	工作制 SI	B级绝缘	2000年8月
○	中原电机厂		○

下面就铭牌中所包含的内容及符号和数据的含义做一简单描述:

1. 型号

我国电机的产品型号一般采用大写印刷体的汉语拼音字母和阿拉伯数字组成。其中当头的字母是根据电机的全名称选择有代表意义的汉语拼音字母。如:在型号为 Y112M-4 电机铭牌中,"Y"表示 Y 系列鼠笼式异步电动机。Y 系列电动机的型号一般由四部分组成:

第一部分汉语拼音字母 Y 表示异步电动机;

第二部分数字表示机座中心高(机座不带底脚时,与机座带底脚时相同);

第三部分英文字母为机座长度代号(S——短机座、M——中机座、L——长机座),字母后的数字为铁芯长度代号;

第四部分横线后的数字为电动机的极数。

以铭牌中的型号为例,"Y"表示 Y 系列鼠笼式异步电动机(YR 表示绕线式异步电动机),"112"表示电机的中心高为 112mm,"M"表示中机座(L 表示长机座,S 表示短机座),"4"表示 4 极电机。

2. 额定功率(P_N)

额定功率是指电动机在额定方式下运行时,转轴上输出的机械功率,单位为 W 或 kW。对于三相异步电动机,额定功率为

$$P_N = \sqrt{3} U_N I_N \eta_N \cos\varphi_N \tag{6-1}$$

式中:η_N 为额定运行时的效率;$\cos\varphi_N$ 为额定运行时的功率因数。

三相异步电动机定子绕组可以接成星形或三角形。

3. 额定电压(U_N)

额定电压是指电动机在额定方式下运行时,定子绕组应加的线电压,单位为 V 或 kV。

4. 额定电流(I_N)

额定电流是指电动机在额定电压和额定功率状态下运行时,流入定子绕组的线电流,单

位为 A。

5. 额定频率(f_N)

额定频率是指额定状态电源的交变频率,我国电网频率为 50Hz。

6. 额定转速(n_N)

额定转速是指在额定状态下运行时的转子转速,单位为 r/min。通常情况下,异步电机的额定转速 n 都比较接近于旋转磁场的转速 n_1。

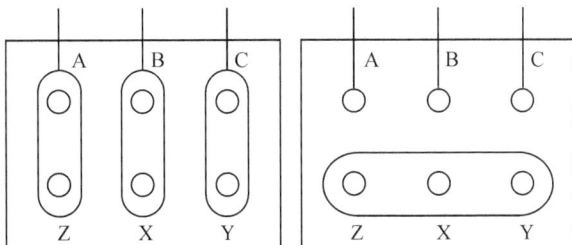

图 6-7　接线盒中的定子绕组连线方法

7. 接线方式

接线方式是指电动机在额定工作条件下,定子绕组线圈应采取的连接方式。接线方式有星(Y)形和三角(△)形两种。定子绕组的引出线集中在接线盒中。利用连接片可以构成不同的连接方式,通常采用如图 6-7 所示的形式。

8. 绝缘等级

绝缘等级是指电动机采用的导线的绝缘强度及耐热程度的等级。

9. 工作方式

工作方式是指电动机是间歇工作还是连续工作的。工作方式与电动机功率有着紧密的关系。决定不同工作方式下电机功率的依据主要是绝缘与散热。对于连续工作的电动机让其在间歇条件下工作,负载功率可略超过额定功率使用。而间歇工作方式下的电动机,不能工作于连续工作条件下。如果必须使用,须降低功率使用。

6.2　异步电机的基本工作原理及转差率

6.2.1　基本工作原理

通过第 5 章的学习我们知道,在空间对称放置的三相绕组中,通入对称的三相交流电,将会在定子与转子之间的气隙中产生一个按正弦分布的圆形基波旋转磁场,其方向是始终与三相交流电接入绕组的相序一致。当三相电源为正相序时,旋转磁场若为顺时针旋转;当反相序时,旋转磁场则为逆时针旋转。根据电角度与机械角度或空间角度之间的关系,可以确定旋转磁场的转速 n_1 为

$$n_1 = \frac{60f_1}{p} \tag{6-2}$$

式中:旋转磁场的转速与电网频率 f_1 成正比,与绕组的极对数 p 成反比。在我国,由于交流

电的频率均为50Hz,这个频率称为工频。因此,电机的磁极对数 p 与旋转磁场的转速 n_1 之间的关系如表6-1所示。

表6-1　磁极对数 p 与旋转磁场的转速 n_1 之间关系

磁场转速 n_1(转/分)	3000	1500	1000	750	…
磁极对数 p	1	2	3	4	…

根据电机额定转速 n 比较接近旋转磁场的转速 n_1 的特点,只要知道电动机的额定转速即可知道该电机旋转磁场的转速 n_1 是多少,电机磁极对数 p 是多少。

该旋转磁场在旋转过程中既切割定子线圈也切割转子线圈,并分别在定子线圈和转子线圈中产生感生电动势。

对于绕线式交流电动机,当转子线圈开路时,还可以测量得到转子线圈中的感生电动势。

旋转磁场在定子绕组中产生的感生电动势将反对定子绕组中的电流的增加,从而实现定子回路的电压平衡;在转子绕组中产生的感生电动势,则由于转子绕组是短路的(若是笼型绕组则其本身就是短路的,若是绕线式转子则通过电刷短路),在转子绕组中产生相当大的感生电流或短路电流。我们知道,在磁场中,带电的导体会受到力的作用,根据左手定则可知,其电磁力的方向与旋转磁场的方向相同或者说一致,并且形成电磁转矩,拖动电动机转子以及与转子相连接的机械负载沿着旋转磁场的旋转方向旋转。

也正是根据这一点,只需颠倒三相电中的任意两相连接,就能改变旋转磁场和方向,从而改变电动机轴的旋转方向。

又由于转子中的感生电动势、感生电流和产生的电磁力都是通过旋转磁场感应得到的,因此,三相交流电动机又叫感应电动机。

同变压器一样,转子绕组中的感生电流也要在铁芯中,在气隙中产生磁通、磁动势和漏磁通,削弱主磁通,降低在定子绕组和转子绕组中的感生电动势,使得定子绕组中的电流增加,以补偿被削弱的主磁通 Φ_{main},抵消转子绕组电流的作用,维持主磁通 Φ_{main} 保持不变。

转子中的感生电流和产生的电磁力都是由于在旋转磁场 n_1 与转子线圈之间所形成的相对运动,从而切割转子线圈而感应得到的。因此,电动机转轴的转速 n 在电动状态下,总是小于旋转磁场的转速 n_1 的,所以,我们称这种感应交流电动机为异步电动机。

如果电动机转轴的转速 n 与旋转磁场转速 n_1 一致,则我们称两者之间形成同步,所以旋转磁场的转速 n_1 也称为同步转速。要实现这一点需另想办法,如果能实现,这种电动机就叫同步电动机。

6.2.2　转差与转差率

由于电机的电磁转矩或能量是通过磁场传递的,在定子与转子之间,旋转磁场 n_1 与转子转速 n 之间没有任何机械传递或联系,其力矩的大小与能量的多少是与转速 n 的大小密切相关的。

为了揭示旋转磁场的转速 n_1 与转子的转速 n,以及转子中的电动势、电流与电磁力矩之间的内在关系,并建立联系,以便于分析。引入2个重要参数:转差 Δn 与转差率 s。

1. 转差

我们定义旋转磁场的转速 n_1 与电动机轴的转速 n 之差为转差,用 Δn 表示。于是有

$$\Delta n = n_1 - n \tag{6-3}$$

转差 Δn 的物理意义是表示旋转磁场的转速 n_1 与转子的转速 n 之间的相对速度,即旋转磁场切割转子或转子绕组的速度。这个速度差越大,在转子绕组中产生的感生电动势也越大;在转子绕组中,在感生电动势驱使下产生的感生电流也越大。反之亦然。

2. 转差率

表达式(6-3)表明,转差是电动机中旋转磁场的转速 n_1 与电动机轴的转速 n 之间的绝对误差,而这种绝对误差是不便于在不同电动机之间、不同状态之间进行比较的。因此,又引入一个相对误差的概念——转差率,用 s 表示。

转差率 s 的定义是:转差与旋转磁场的转速 n_1 之比。其表达式如下:

$$s = \frac{\Delta n}{n_1} = \frac{n_1 - n}{n_1} \tag{6-4}$$

转差率 s 是一个相对量,是为了方便比较和描述而引入的。转差率 s 的引入较好地将旋转磁场的转速 n_1 与转子的转速 n,以及转子中的电动势、电流与电磁力矩功率等物理量联系起来,对分析交流电机非常有用。由于转差率 s 的引入,本来无直接联系的各个物理量通过转差率建立了联系,其关系如下:

$$\Delta n = s n_1 \tag{6-5}$$

$$n = (1 - s) n_1 \tag{6-6}$$

从表达式(6-4)、(6-5)和(6-6)不难看出:

当 $n = n_1$ 时,$s = 0$,$\Delta n = 0$,电机处于同步状态,旋转磁场与转子或转子绕组之间不存在相对运动,即旋转磁场不再切割转子或转子绕组,转子绕组中的感生电动势与电流也都为零。

当 $n = 0$ 时,$s = 1$,$\Delta n = n_1$,表明电机处于静止状态,此时,旋转磁场切割转子或转子绕组的速度达到最大,转子绕组中的感生电动势与电流也为最大。

当 $0 < n < n_1$ 时,转差率处于 $0 < s < 1$ 的范围内,此时,电机处于电动状态。旋转磁场切割转子的速度为 Δn,于是有如下关系:

$$\Delta n = n_1 - n_2 = s n_1 = \frac{60 \times s \times f_1}{p} = \frac{60 \times f_2}{p} \tag{6-7}$$

显然,转子中的电动势与电流的变化频率为

$$f_2 = s f_1 \tag{6-8}$$

由此可见,转差率作为一个参数,不仅能够反映出转子转速的快慢,而且还使定子与转子的电动势、电流以及频率建立联系。负载重,转速低,s 就大,转子绕组中的电动势与电流的频率就高;反之,负载轻,转速高,s 就小,转子绕组中的电动势与电流的频率就低。

3. 转差率与电动机的运行状态

当异步电机的负载发生变化时,影响电机转子的速度 n,转差和转差率也将随之变化,即旋转磁场切割转子的速度发生了变化,使得转子导体中的电势、电流和电磁转矩发生了相应的变化。根据异步电机转速的变化按转差率的正负、大小,异步电机可分为电动机、发电机、电磁制动三种运行状态,如图 6-8 所示。在图 6-8 中,用一对旋转磁极来等效旋转磁场,

旋转磁场的转速为 n_1,2 个小圆圈表示一匝短路线圈两个边的有效导体断面,断面中的叉和点分别代表电流的方向,箭头表示运动和作用的方向。下面将分三个不同的转速范围来进行讨论。

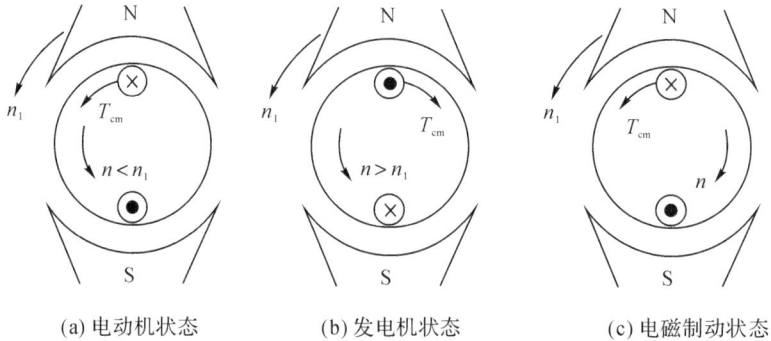

(a) 电动机状态   (b) 发电机状态   (c) 电磁制动状态

图 6-8 异步电机的三种运行状态

(1)电动机状态

当 $0 < n < n_1$,即 $0 < s < 1$ 时,如图 6-8(a)所示,从相对运动的角度看,可以认为是磁场不转,而转子以与 n_1 相反的方向运动,切割旋转磁场,在转子绕组的导体中将产生感应电动势和感应电流。该电流与气隙中磁场相互作用而产生一个与旋转磁场同方向的电磁力矩,在该电磁力矩的作用下,克服负载力矩,拖动转子旋转,方向与放置磁场方向相同,从电机轴上输出机械功率。这一过程称为电机拖动,又称电机处于电动状态。

如果转子的转速被拖动到与旋转磁场同步旋转,即 $n = n_1$,它们之间无相对运动和切割作用,因而导体中无感应电动势,也没有感生电流。电磁转矩为零,转子没有拖动力矩作用,转速就会下降。因此,电机在电动机状态下,转子的转速 n 不可能达到同步转速 n_1,但可以做到很接近。在空载条件下,甚至可以做到 $n \approx n_1$。

(2)发电机状态

用原动机拖动异步电机,使其转子的转速高于旋转磁场的转速 n_1,即 $n > n_1$,此时 $s < 0$,为负数,如图 6-8(b)所示。转子绕组(导体)切割旋转磁场的方向与电动机状态时相反,从而导体上感应电动势、电流的方向与电动机状态时的方向相反,电磁转矩的方向与转子转向相反,电磁转矩为制动性质。此时,异步电机从原动机由转轴输入机械功率,通过电磁感应由定子向电网输出电功率(电流方向为 $\odot$,与电动机状态时的方向相反),电机处于发电机状态。

(3)电磁制动状态

由于机械负载或其他外因,转子逆着旋转磁场的方向旋转,即 $n < 0$、$s > 1$,如图 6-8(c)所示。此时转子导体中的感应电动势、电流与在电动机状态下的相同。但由于转子转向与旋转磁场方向相反,电磁转矩表现为制动转矩,此时电机运行于电磁制动状态,即由转轴从原动机输入机械功率的同时又从电网吸收电功率(因电流与电动机状态同方向),两者都变成了电机内部的损耗。

综上所述,转速或转差率与电机运行状态之间的关系可用图 6-9 表示。

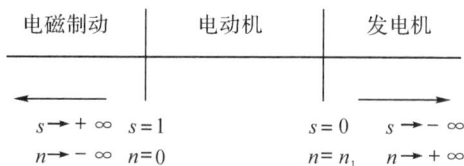

电磁制动 | 电动机 | 发电机

$s \to +\infty$ $s=1$ $s=0$ $s \to -\infty$

$n \to -\infty$ $n=0$ $n=n_1$ $n \to +\infty$

图 6-9 异步电机的三种运行状态与转速和转差率的关系

6.3 三相异步电动机的主磁通和漏磁通

6.3.1 三相异步电动机的主磁通和漏磁通

由于三相异步电动机的定子和转子之间的能量传递是通过磁路耦合实现的,其过程和原理与变压器完全相似,如图 6-10 所示。定子绕组相当于变压器的原边绕组,而转子绕组则相当于变压器的副边绕组,所以三相异步电动机的定子和转子之间的电路与磁路分析完全可以参照变压器的原理分析方法学习。

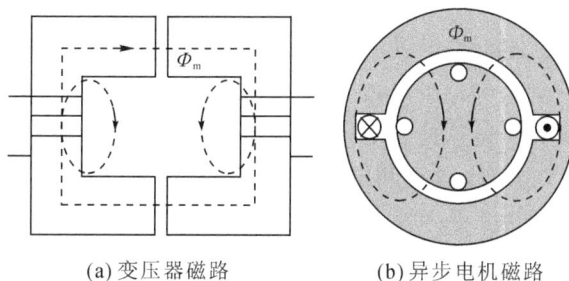

(a) 变压器磁路   (b)异步电机磁路

图 6-10 变压器与异步电机的磁路对照图

三相电源通过定子上的对称三相绕组(相当于变压器的原边绕组)产生主磁通,空间对称的定子绕组中通入对称的三相电流所产生的主磁通将是圆形的旋转磁场。该磁动势产生的磁通分为主磁通 Φ_{main} 和漏磁通。

1. 主磁通 Φ_{main}

所谓主磁通 Φ_{main},是指同时交链定子绕组和转子绕组的磁通。其路径为:定子与转子之间的气隙→进入转子齿→转子铁芯→出另一端转子齿→再次进入另一侧气隙→进入定子铁芯→出另一端定子铁芯→进入气隙。从而构成一完整的闭合路径,如图 6-10(b)所示。

2. 漏磁通

所谓漏磁通,是指在定子和转子的两端及引线部分和抽头等地方,未经定子和转子铁芯而构成闭合路径的磁通,如图 6-10(b)所示。这些漏磁通不能起到在定子和转子之间传送能量的媒介作用,只在定子和转子的各自线圈绕组中起到电抗的作用。

6.3.2　空载电流

电机的空载电流是指三相异步电动机在电机轴头不带任何负载的情况下,定子绕组中的电流。该电流与变压器的励磁电流一样,分为有功分量和无功分量。有功分量用来补偿建立磁通的过程中产生的铜损、铁损(磁滞损耗和涡流)以及轴承的摩擦损耗等附加损耗,而无功分量主要用来建立主磁通和漏磁通。于是有

$$\dot{I}_0 = \dot{I}_{0a} + \dot{I}_{0r} \tag{6-9}$$

三相异步电动机与变压器最显著的区别之一就是,当空载时,转子不是静止的而是高速运转的,非常接近于同步转速,即 $n \approx n_1$。由于转子中的感生电动势与 Δn 成正比,感生电流的频率 f_2 与电源频率 f_1 成 s 倍的关系。所以,当 $\Delta n \approx 0$ 时,$s \approx 0$,$f_2 \approx 0$,$E_2 \approx 0$,转子线圈中此时无电流,即 $I_2 \approx 0$,相当于变压器空载,或副边开路。此时,定子(相当于变压器的原边)线圈中的电流也会很小,只起励磁作用,其所产生的主磁通也只与绕组两端的相电压有关。

有些同学会问:转子不转不行吗? 我们不妨来看看或分析一下。

当转子不转时,$n=0$,此时,旋转磁场切割转子的速度为 n_1,即 $\Delta n = n_1$,由于转子中的感生电动势又与切割转子线圈的速度 Δn 成正比,所以,转子中的感生电动势 E_2 达到最大。对于转子线圈是绕线式的异步电动机,E_{20} 是可以测量得到的。$s=1$,$f_2 = f_1$,这时,如果将转子线圈全部短路,I_2 也达到最大,在转子线圈中会产生很大的感生电流,即短路电流。由带电导体在磁场中会受到力的作用可知(此时,电动机轴上没有带负载),产生非常大的电磁力矩(动转矩)使电动机转子迅速地启动,并高速旋转起来。如果负载过重或用外力卡住,则电动机将发生堵转,巨大的转子电流和定子电流发出的热量将迅速地烧毁电动机(因为定子与转子之间的间隙太小)。

6.3.3　异步电动机空载运行时的电压平衡方程式

1. 主、漏磁通在定子线圈中的感应电动势

主磁通(旋转磁场)切割定子线圈时,在定子线圈中产生的感生电动势为

$$\dot{E}_1 = -j4.44 f_1 W_1 k_{W1} \dot{\Phi}_m \tag{6-10}$$

$$\dot{E}_{1\sigma} = -jx_1 \dot{I}_0 \tag{6-11}$$

式中:$\dot{E}_1$ 和 $\dot{\Phi}$ 分别为由有效值构成的定子绕组中的感生电动势相量和主磁通相量;f_1、W_1、k_{W1} 以及 x_1 分别为定子一侧的电源频率、绕组匝数、绕组分布系数以及漏抗。

2. 定子一侧的电压平衡方程与等效电路

定子一侧的电压平衡方程为

$$\dot{U}_1 = \dot{I}_0 r_1 + (-\dot{E}_1) + (-\dot{E}_{s1}) = \dot{I}_0 (r_1 + jx_1) + (-\dot{E}_1)$$
$$= \dot{I}_0 Z_1 + (-\dot{E}_1) \tag{6-12}$$

与变压器相类似,有

$$\dot{E}_1 = -(r_m + jx_m)\dot{I}_0 = -\dot{I}_0 Z_m \tag{6-13}$$

定子一侧的等效电路如图 6-11 所示。

通过以上分析可以看出,三相异步电动机与变压器十分相似,但又存在着一些差异:

(1) 主磁场性质不同。变压器为交变磁场,而电动机为旋转磁场。

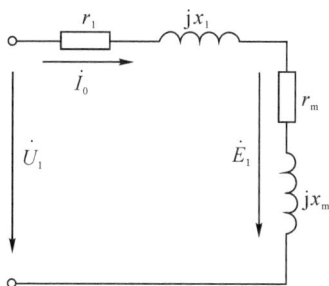

图 6-11 异步电动机定子一侧等效电路图

(2) 由于异步电动机定子铁芯与转子铁芯之间存在有间隙,与变压器相比,建立同样的磁通,电动机所需的励磁电流要比没有间隙的变压器要大。

(3) 电动机空载时,由于 $n_1 \approx n$,使得 $E_{20} \approx 0$,转子线圈中感生电流 $I_2 \approx 0$,转子回路为短路状态或开路状态(只适用于绕线电机)。而变压器却不同,空载时,$E_{20} \neq 0$,$I_2 = 0$,副边开路。

(4) 电动机的漏磁通要比变压器大得多,所以其漏抗也要比变压器大得多。

(5) 电动机可采用整距或短距分布绕组,计算电动势时应考虑绕组分布系数,而变压器则为整距,集中绕组。

6.4 三相异步电动机转子静止时的电磁关系

6.4.1 转子回路的电压方程与磁通势

1. 转子等效电路与电压方程

当转子静止不转时,$n = 0$,旋转磁场切割转子的速度为 Δn,此时,$\Delta n = n_1$,转子中的感生电动势 E_{20} 达到最大。由于转子回路短路,产生很大的感生短路电流 I_{20}。转子绕组的等效电路如图 6-12 所示。

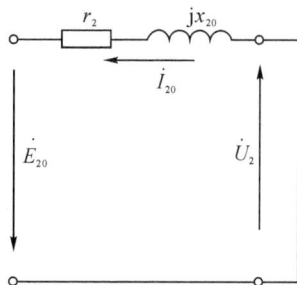

图 6-12 异步电机在静止状态下转子绕组等效电路图

由基尔霍夫电压定律得

$$0 = \dot{E}_{20} - \dot{I}_{20}(r_2 + jx_{20}) = \dot{E}_{20} - \dot{I}_{20}Z_2 \tag{6-14}$$

$$\dot{I}_{20}=\frac{\dot{E}_{20}}{Z_{20}}=\frac{\dot{E}_{20}}{r_2+jx_{20}}=\frac{E_{20}}{\sqrt{r_2^2+x_{20}^2}}\angle\left(\varphi_{E_{20}}-\arctan\frac{x_{20}}{r_2}\right) \tag{6-15}$$

式中：$Z_2=r_2+jx_{20}$，r_2 是转子绕组的电阻，而 x_{20} 则是转子绕组在静止时的漏抗，$\dot{E}_{20}$ 与 $\dot{I}_{20}$ 分别为电机静止时转子绕组中的电动势与电流相量。

静止时，由于电动机处于静止状态或堵转状态，$s=1$，$f_2=f_1$。所以，转子中的感生电动势 E_{20} 和感生电流 I_{20} 与定子中的电压 U_1、电流 I_1 同频率。转子中的感生电动势为

$$\dot{E}_{20}=-j4.44f_1W_2k_{W2}\dot{\Phi}_m \tag{6-16}$$

静止时的电动机转子中的电流 I_{20} 为

$$\dot{I}_{20}=\frac{\dot{E}_{20}}{r_2+jx_{20}}=\frac{E_{20}}{\sqrt{(r_2)^2+(x_{20})^2}}\angle\left(\varphi_{E_{20}}-\arctan\frac{x_{20}}{r_2}\right) \tag{6-17}$$

其中，漏抗 x_{20} 为

$$x_{20}=2\pi f_1 L_{2\sigma} \tag{6-18}$$

2. 电机中的磁通势

根据电磁原理，转子中的感生电流也要产生磁场或磁动势，称为磁通势，记为 $\dot{F}_2$。也就是说，在异步电动机定子与转子之间的气隙中的磁通或磁通势是一个合成磁场。因此，电动机间隙中的总的合成磁通势为

$$\dot{F}_1+\dot{F}_2=\dot{F}_0 \tag{6-19}$$

或

$$\dot{F}_1=\dot{F}_0-\dot{F}_2 \tag{6-20}$$

表达式(6-20)表明，定子绕组产生磁通势 $\dot{F}_1$ 将包含两个分量：一个分量就是空载时的励磁磁通势 $\dot{F}_0$，其作用是用来产生气隙间的主磁通或磁密。而另一个分量是 $-\dot{F}_2$，其方向与转子电流产生的旋转磁通势 $\dot{F}_2$ 方向相反，其作用就是用来抵消转子电流产生的旋转磁通势对主磁通的影响，以保持主磁通恒定不变。

6.4.2 转子绕组的折算

为了分析方便、直观，我们将没有电路联系的两个等效电路：定子的等效电路与转子的等效电路通过折算后画在一起。折算的方法和思路与变压器的折算相同，折算的方向，既可以将定子一侧折算至转子一侧，也可以相反，但是，在一般情况下，为分析方便，采取由转子一侧向定子一侧折算。

由于转子绕组与定子绕组不一定为相同的相数，如：绕线式三相异步电机的转子绕组与定子绕组相数相同，而鼠笼式异步电机转子中的铝条根数（一根铝条可以视为一相绕组）与定子绕组的相数就不同。因此，为不失一般性，不妨设：定子绕组的相数为 m_1，转子绕组的相数为 m_2。又由于定子磁动势与转子磁动势都作用在同一空间的中心线上，所以，磁动势之间的关系与变压器类似。于是有

$$\dot{F}_1=\frac{3}{2}\dot{F}_{\phi1}=\frac{m_1}{2}\cdot0.9\cdot\frac{W_1k_{W1}}{p}\dot{I}_1 \tag{6-21}$$

$$\dot{F}_2=\frac{m_2}{2}\cdot0.9\cdot\frac{W_2k_{W2}}{p}\dot{I}_2 \tag{6-22}$$

$$\dot{F}_0=\frac{m_1}{2}\cdot0.9\cdot\frac{W_1k_{W1}}{p}\dot{I}_0 \tag{6-23}$$

将表达式(6-21)、(6-22)和(6-23)代入表达式(6-20)中,则有

$$\frac{m_1}{2} \cdot 0.9 \cdot \frac{W_1 k_{W1}}{p} \dot{I}_1 + \frac{m_2}{2} \cdot 0.9 \cdot \frac{W_2 k_{W2}}{p} \dot{I}_2 = \frac{m_1}{2} \cdot 0.9 \cdot \frac{W_1 k_{W1}}{p} \dot{I}_0 \tag{6-24}$$

整理后得

$$\dot{I} + \frac{1}{k_i} \dot{I}_2 = \dot{I}_1 + \dot{I}_1' = \dot{I}_0 \tag{6-25}$$

或

$$\dot{I}_1 = \dot{I}_0 - \frac{1}{k_i} \dot{I}_2 = \dot{I}_0 - \dot{I}_2' = \dot{I}_0 + \dot{I}_1' \tag{6-26}$$

式中: $k_i = \dfrac{m_1 W_1 k_{W1}}{m_2 W_2 k_{W2}}$,为异步电动机的定子电流与转子电流之比; $\dot{I}_1'$ 为定子一侧的补偿电流,其值为 $\dot{I}_1' = -\dot{I}_2' = -\dfrac{1}{k_i} \dot{I}_2$ 。

同理:

$$\frac{\dot{E}_1}{\dot{E}_{20}} = \frac{\dot{E}_1'}{\dot{E}_{20}'} = \frac{-j4.44 f_1 W_1 k_{W1} \dot{\Phi}}{-j4.44 f_1 W_2 k_{W2} \dot{\Phi}} = \frac{W_1 k_{W1}}{W_2 k_{W2}} = k_e \tag{6-27}$$

根据折算前后功率不变的等效原则,有

$$m_1 (I_2')^2 r_2' = m_2 (I_2)^2 r_2$$

$$r_2' = \frac{m_2 (I_2)^2}{m_1 (I_1')^2} r_2 = \frac{m_1 W_1 k_{W1}}{m_2 W_2 k_{W2}} \cdot \frac{W_1 k_{W1}}{W_2 k_{W2}} r_2 = k_i \cdot k_e \cdot r_2 \tag{6-28}$$

同理:漏抗折算后为

$$x_{20}' = \frac{m_2 (I_2)^2}{m_1 (I_1')^2} x_{20} = \frac{m_1 W_1 k_{W1}}{m_2 W_2 k_{W2}} \cdot \frac{W_1 k_{W1}}{W_2 k_{W2}} x_{20} = k_i \cdot k_e \cdot x_{20} \tag{6-29}$$

折算前后的阻抗角为

$$\varphi_{20}' = \arctan \frac{x_{20}'}{r_2'} = \arctan \frac{k_i \cdot k_e \cdot x_{20}}{k_i \cdot k_e \cdot r_2} = \arctan \frac{x_{20}}{r_2} = \varphi_{20} \tag{6-30}$$

可见,折算前后,转子的阻抗角没有变。至此,我们可以画出折算后的异步电动机在静止状态或堵转状态的等效电路,如图 6-13 所示。

这里应当注意:无论转子绕组的相数 m_2 为何值,折算至原边后,都将折算到定子绕组 m_1 相的各相绕组中,即 m_1 相电机应有 m_1 相(个)对称且相同的如图 6-13 所示的单相等效电路。

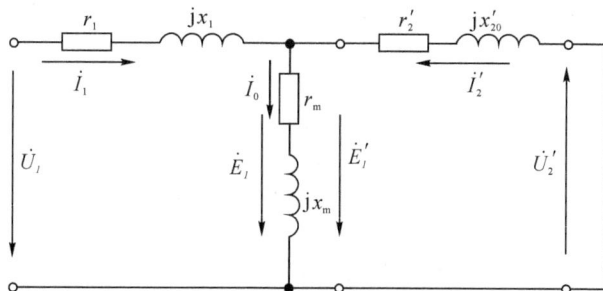

图 6-13 异步电动机静止或堵转状态下的等效电路

等效电路图表明,三相交流异步电动机在静止状态下的情况与变压器在短路状态下的情况类似,等效电路也相同。

上述异步电机的等效电路,也可由其他方法推导出,同学不妨一试。

6.5　三相异步电动机转子旋转时的电磁关系

当三相异步电动机的转子静止时,气隙之间的旋转磁场切割转子线圈的速度为 n_1,但当转子以 n 的速度旋转起来后,气隙之间的旋转磁场切割转子线圈的速度就不再是 n_1 了,而是 $\Delta n = n_1 - n$。也就是说,转子中的物理参数也都随之发生了变化。下面就电机转子旋转起来后的电磁关系进行分析。

6.5.1　转子中的各个电磁量

1. 转子绕组中电压电流的变化频率

因为,$\Delta n = s \cdot n_1 = s \cdot \dfrac{60 f_1}{p} = \dfrac{60 f_2}{p}$,所以我们可得

$$f_2 = s \cdot f_1 \tag{6-31}$$

从式中看出,转子从静止到旋转的过程前后,转子中的电动势与电流频率在旋转时为静止时的 s 倍。通过表达式(6-31)即可实现转子与定子绕组中电动势和电流频率的折算。

2. 转子绕组中的感生电动势

同理,转子中的电动势也因转子的旋转而与静止时不同,此时为

$$\dot{E}_2 = -\mathrm{j}4.44 f_2 W_2 k_{W2} \dot{\Phi} = -\mathrm{j}4.44 s f_1 W_2 k_{W2} \dot{\Phi} = s \dot{E}_{20} \tag{6-32}$$

式中:$f_2 = s f_1$;$\dot{E}_2$ 为转子在旋转时的转子绕组中的电动势;$\dot{\Phi}$ 为主磁通相量。从式中可以看出,转子从静止到旋转的过程前后,转子中的感生电动势的变化在旋转时为静止时的 s 倍。

3. 转子绕组中的漏阻抗

转子中的电流也将产生磁场,也随着定子产生的旋转磁场一道旋转。该磁场与定子产生的磁场共同构成一个合成磁场。同时,它也会产生不切割(或铰链)定子线圈的漏磁通或漏抗 x_2,它与转子在静止时的漏阻抗的关系为

$$Z_2 = r_2 + \mathrm{j}x_2 = r_2 + \mathrm{j}2\pi f_2 L_2 = r_2 + \mathrm{j}2\pi s f_1 L_2 = r_2 + \mathrm{j}s x_{20} \tag{6-33}$$

式中:r_2 和 x_2 分别为转子回路电阻和旋转状态下的漏抗,而 x_{20} 则为静止状态下的漏抗。从表达式(6-33)可以看出,转子从静止到旋转的过程前后,转子电阻不变,旋转时的漏抗为静止时漏抗的 s 倍,这是因为电抗与频率有关。

4. 转子中的电流

$$\dot{I}_2 = \frac{\dot{E}_2}{r_2 + \mathrm{j}x_2} = \frac{s E_{20}}{\sqrt{(r_2)^2 + (s x_{20})^2}} \angle \left(\varphi_{E_{20}} - \arctan \frac{s x_{20}}{r_2} \right) \tag{6-34}$$

将表达式(6-34)的分子与分母同除以 s 后,可以改写为

$$\dot{I}_2 = \frac{\dot{E}_2}{r_2 + \mathrm{j}x_2} = \frac{E_{20}}{\sqrt{(r_2/s)^2 + (x_{20})^2}} \angle \left(\varphi_{E_{20}} - \arctan \frac{x_{20}}{r_2/s} \right) \tag{6-35}$$

将表达式(6-34)与表达式(6-35)进行比较,不难发现,三相交流异步电机的转子电流

在静止与旋转两种状态下的差别只是转子的回路电阻不同，前者为 r_2，后者为 r_2/s。

显然，只要将图 6-12 中的转子等效电阻 r_2，改为 r_2/s 异步电机在静止状态下转子绕组等效电路就可转换为在旋转状态下的转子等效电路了。

5. 转子绕组的功率因数

$$\cos\varphi_2=\frac{r_2}{\sqrt{(r_2)^2+(x_2)^2}}=\frac{r_2}{\sqrt{(r_2)^2+(sx_{20})^2}}=\frac{r_2/s}{\sqrt{(r_2/s)^2+(x_{20})^2}} \tag{6-36}$$

从表达式(6-36)中可以看出，转子从静止到旋转，再上升为高速运转的过程中，s 越来越小，转子回路中的电阻保持不变，漏抗越来越小；或者说，转子回路中的电阻越来越大，漏抗保持不变。转子回路的功率因数也随转速的升高和转差率 s 的变小而越来越大。可见，转子在静止时漏抗最大，功率因数最小。

6. 转子旋转时的磁通势

转子在旋转过程中，转子绕组中的电流也会产生磁通势，并且随着转子的旋转也同样在旋转，相对于转子的转速为 $\Delta n=n_1-n$，而相对于定子绕组或静止部分的物体的转速则为

$$\Delta n+n=n_1 \tag{6-37}$$

由此可见，在气隙中，转子电流产生的磁通势与定子产生的磁通势是同步的，因此，该磁场将与定子产生的磁场共同构成一个合成磁场或磁通势。同时，它也会同样切割(或交链)定子线圈和转子线圈，并在其中产生感生电动势。

6.5.2 转子旋转时的等效电路与相量图

1. 转子旋转时的等效电路

这里应注意两个问题：转子在静止时，转子一侧向定子一侧折算相当于变压器的副边向原边折算。而转子在旋转时，转子一侧向定子一侧折算与变压器的副边向原边折算却是不同的。不同之处在于：定子一侧为静止，而转子一侧是旋转着的。因此，要想利用转子静止时折算的等效电路来对转子旋转情况进行分析，则需要分以下两步进行。

(1)首先，要将转子旋转的等效电路折算成转子不转(或堵转)时的转子等效电路。

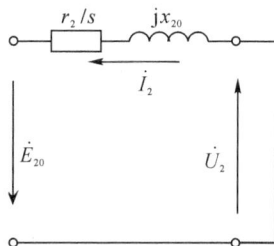

图 6-14 异步电机旋转状态下转子绕组等效电路图

转子旋转与转子不转之间的等效电路上的差异主要体现在转子频率的变化上和转差率上。比较静止时的转子电流表达式(6-17)和旋转时的电流表达式(6-35)可以看出，异步电机从静止到旋转，电路参数除转子回路等效电阻 r_2 变化外，其他没有什么变化。因此，不难画出电机在转子旋转状态下的等效电路，如图 6-14 所示。图 6-14 中的等效电路相当于转子在静止状态下的等效电路。不同的是转子回路的等效电阻是 r_2/s 而不是 r_2。

（2）然后，将转子回路电阻为 r_2/s 时的静止状态下的等效电路——转子旋转状态下的等效电路向定子一侧折算，即可得到折算后的转子在旋转状态下的异步电机等效电路图，如图 6-15 所示。

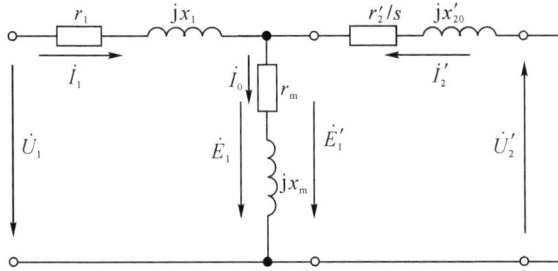

图 6-15 异步电机旋转状态下的等效电路图

为了便于与原静止时的等效电路见图 6-13，进行对照，不妨将图 6-15 中的转子电阻 r_2'/s 写成如下形式：

$$\frac{r_2'}{s} = r_2' + \frac{r_2'}{s} - r_2' = r_2' + \frac{1-s}{s} \cdot r_2' \tag{6-38}$$

根据表达式(6-38)，r_2'/s 分解后的等效电路与原静止等效电路的区别在于：相当于在原静止的等效电路中多了 $(1-s)r_2'/s$ 项。其等效电路如图 6-16 所示。

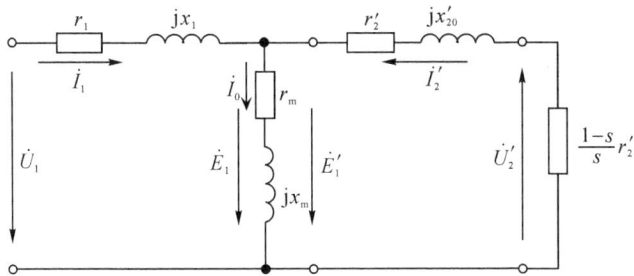

图 6-16 异步电机旋转状态下的转子绕组等效电路图

等效电路中的 $(1-s)r_2'/s$ 电阻可以看作是等效电路的负载电阻 R_L'。该电阻上所消耗的能量等于电动机轴头输出的电磁功率——机械功率。其物理意义是真实地反映出电动机静止和转动状态之间、电动机空载与带负载两种状态之间的关系。如空载时，$R_L' = (1-s) \cdot r_2'/s$ 为无穷大，相当于开路；带负载时，$(I_2')^2 R_L' = (I_2')^2 (1-s)r_2'/s$ 等于输出的机械功率，而 $(I_2')^2 Z_2$ 则为转子自身损耗；堵转时，因为 $s=1, n=0$，所以 $R_L' = (1-s)r_2'/s = 0$，相当于短路，等效电路则同于静止时或堵转时的等效电路图。

2. 相量图

根据等效电路图，我们不难画出电动机在旋转状态下的相量图，如图 6-17 所示。

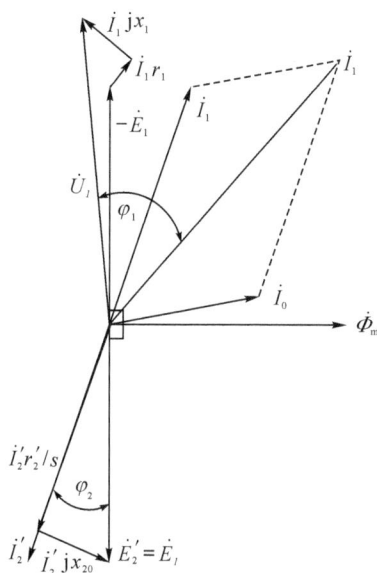

图 6-17　异步电动机旋转状态下的相量关系图

6.6　三相异步电动机功率和转矩

6.6.1　功率关系

通过前面几节的学习,我们利用电路平衡方程式、磁路平衡方程式、等效电路以及相量图等方法对三相异步电机的工作原理和各个物理量之间的关系进行了分析和描述,使我们对三相异步电机有了比较清晰的了解。在这一节中,我们将从能量传递和功率关系的角度,利用表达式和能流图的形式,进一步对三相异步电机进行分析和描述。

1. 功率关系的数学描述

三相异步电动机运行时,通过定子绕组从电网吸收功率,并通过定子与转子之间的气隙向转子传递功率,转子又将得到的电磁功率转化为机械功率输出,并在转子轴上形成转矩以带动负载。这一点在三相异步电机的等效电路中体现得非常清晰。从等效电路来看,等效电路只描述了三相异步电机一相的工作情况,而对于三相异步电机的三相而言,电机消耗的功率,或者说,由电源(网)输入电动机的功率应为单相的 3 倍。由此可知,对 m_1 相电机而言,因为功率是标量,可以直接相加,得到 m_1 相的总功率,所以输入功率应为单相的 m_1 倍,当 $m_1 = 3$ 时,则有

$$P_2 = m_1 U_P I_P \cos\varphi_1 = \sqrt{3} U_l I_l \cos\varphi_1 \tag{6-39}$$

从图 6-16 中的等效电路可以看出,输入电机的电功功率主要消耗在 r_1、r_m 和 r_2'/s 三个等效电阻上了,它们分别是

定子一侧的铜损耗　　　　　　　　　　　$p_{Cu1} = m_1 r_1 I_1^2 \tag{6-40}$

铁芯中的铁损耗为　　　　　　　　　　　$p_{\mathrm{Fe}}=m_1 r_m I_0^2$　　　　　　　　　　　　　　　(6-41)

通过气隙间的磁场传递给转子的电磁功率都消耗在 r_2'/s 上了,其表达式为

$$P_{\mathrm{em}}=m_1 E_2' I_2' \cos\varphi_2 = m_1 (I_2')^2 \frac{r_2'}{s}$$

或

$$P_{\mathrm{em}}=m_1 (I_2')^2 r_2' + m_1 (I_2')^2 \frac{1-s}{s} r_2' = p_{\mathrm{Cu2}} + P_{\mathrm{mec\Sigma}} \qquad (6\text{-}42)$$

式中:$P_{\mathrm{mec\Sigma}}=m_1 (I_2')^2 \dfrac{1-s}{s} r_2'$ 为电动机输出的总的机械功率;$p_{\mathrm{Cu2}}=m_1 (I_2')^2 r_2'$ 为转子绕组的损耗或铜损。

通过气隙间的磁场传递给转子的有功功率,称为电磁功率。若从三相异步电机的输入端看,电磁功率等于输入功率减去定子一侧的铜损和空载时的铁损:

$$P_{\mathrm{em}}=P_1 - p_{\mathrm{Cu1}} - p_{\mathrm{Fe}} \qquad (6\text{-}43)$$

若从三相异步电机的输出端看,电磁功率等于转子铜损与输出机械功率之和:

$$P_{\mathrm{em}}=p_{\mathrm{Cu2}} + P_{\mathrm{mec\Sigma}} \qquad (6\text{-}44)$$

由上述两个表达式可知,电磁功率是电机输入的电功功率转换为机械功率的中间功率。换句话说,电机输入的电功功率是通过电磁功率转换为机械功率的。而电动机轴头输出的机械功率为总的机械功率减去机械损耗和少量的附加损耗。

$$P_2 = P_{\mathrm{mec\Sigma}} - p_{\mathrm{mec}} - p_{ad} \quad \text{或} \quad P_{\mathrm{mec\Sigma}} = P_2 + p_{\mathrm{mec}} + p_{ad} \qquad (6\text{-}45)$$

三相异步电动机中的总损耗为

$$\sum p = p_{\mathrm{Cu1}} + p_{\mathrm{Fe}} + p_{\mathrm{Cu2}} + p_{\mathrm{mec}} + p_{ad} \qquad (6\text{-}46)$$

三相异步电动机总的有功功率之和为

$$P_1 = p_{\mathrm{Cu1}} + p_{\mathrm{Fe}} + p_{\mathrm{Cu2}} + p_{\mathrm{mec}} + p_{ad} + P_2 \qquad (6\text{-}47)$$

2. 能量传递与功率分配流程图

这里,各种功率之间的关系通过数学表达式的形式描述得非常清楚,但略显公式较多,不便记忆。不妨将各个功率之间的关系用三相异步电动机能量流程图形象地表示出来,简图称为能流图,如图 6-18 所示。

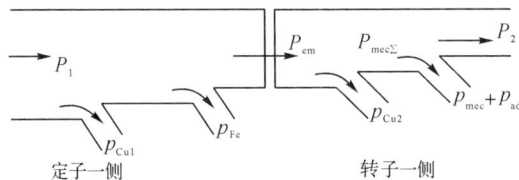

图 6-18　异步电机的能量传递与功率分配流程图

通过能量流程图,三相异步电动机的输入电功率 P_1、定子回路损耗 p_{Cu1}、磁路损耗 p_{Fe}、由定子通过气隙磁场传递给转子的电磁功率 P_{em} 以及转子回路的铜损 p_{Cu2}、机械损耗 $p_{\mathrm{mec}} + p_{ad}$ 和输出机械功率 P_2 之间的关系,一目了然,非常直观、形象。同时,由表达式(6-42)还可以看出,转子铜损耗与电磁功率、输出总的机械功率与电磁功率存在如下关系:

$$p_{\mathrm{Cu2}} = m_1 r_2' (I_2')^2 = s P_{\mathrm{em}} \qquad (6\text{-}48)$$

$$P_{\text{mec}\Sigma}=m_1\frac{1-s}{s}r_2'(I_2')^2=(1-s)P_{\text{em}} \tag{6-49}$$

6.6.2　转矩平衡关系表达式

根据电路理论可知,只有电流的有功分量才能做功。由动力学的知识得

$$T_{\text{mec}\Sigma}=\frac{P_{\text{mec}\Sigma}}{\Omega}=\frac{(1-s)P_{\text{em}}}{2\pi n/60}=\frac{P_{\text{em}}}{2\pi n_1/60}=\frac{P_{\text{em}}}{\Omega_1} \tag{6-50}$$

电动机的轴头输出转矩为

$$T_2=\frac{P_2}{\Omega}=T_{\text{mec}\Sigma}-T_0=\frac{P_{\text{mec}\Sigma}}{\Omega}-\frac{P_{\text{mec}}+p_{\text{ad}}}{\Omega} \tag{6-51}$$

$$T_{\text{em}}=\frac{P_{\text{em}}}{\Omega_1}=\frac{m_1 E_2' I_2'\cos\varphi_2}{2\pi n_1/60}$$

$$=\frac{4.44 m_1 f_1 W_1 k_{W1}\Phi_m I_2'\cos\varphi_2}{2\pi\cdot f_1/p}=C_T\Phi_m I_2'\cos\varphi_2 \tag{6-52}$$

式中:$C_T=\dfrac{4.44 m_1 p W_1 k_{W1}}{2\pi}$,为三相异步电动机的电磁转矩结构系数。

上式表明:三相异步电动机的电磁转矩与气隙磁通和转子电流的有功分量成正比。或者说,三相异步电动机的电磁转矩与气隙磁通和转子电流的乘积成正比。

例 6-1　一台三相笼型异步电机,额定功率为 3kW,额定电压为 380V,Y 形接法,额定转速为 957r/min。电机参数如下:$r_1=2.08\Omega$,$r_2'=1.525\Omega$,$r_m=4.12\Omega$,$x_1=3.12\Omega$,$x_2'=4.25\Omega$,$x_m=62\Omega$。试分别用 T 型等效电路、较准确近似等效电路和简化等效电路,求在额定转速时的定子电流、转子电流、功率因数、效率以及输出转矩。设机械损耗为 60W。

解　额定转差率:$s_N=\dfrac{n_1-n}{n_1}=\dfrac{1000-957}{1000}=0.043$

额定相电压:$U_N=\dfrac{380}{\sqrt{3}}=220(\text{V})$

设以 $\dot U_1$ 为参考轴,则 $\dot U_1=220\angle 0°$

(1)应用 T 型等效电路计算

定子电流:

$$\dot I_1=\frac{\dot U_1}{Z_1+\dfrac{Z_2' Z_m}{Z_2'+Z_m}}=\frac{220\angle 0°}{2.08+j3.12+\dfrac{\left(\dfrac{1.525}{0.043}+j4.25\right)(4.12+j62)}{\dfrac{1.525}{0.043}+j4.25+4.12+j62}}$$

$$=6.822\angle -36.41°(\text{A})$$

转子电流:

$$-\dot I_2'=\frac{\dot I_1 Z_m}{Z_2'+Z_m}=\frac{6.822\angle -36.41°\times(4.12+j62)}{\dfrac{1.525}{0.043}+j4.25+4.12+j62}$$

$$=5.49\angle -9.352°(\text{A})$$

功率因数:$\cos\theta_1=\cos(-36.41°)=0.8047$

输入功率:$P_1=3 U_1 I_1\cos\theta_1=3\times 220\times 6.822\times 0.8047=3622(\text{W})$

输出功率：

$$P_2 = 3I_2'^2 r_2' \frac{1-s}{s} - p_{mec} = 3 \times 5.49^2 \times 1.525 \times \frac{1-0.043}{0.043} - 60$$

$$= 3008(\text{W})$$

效率：

$$\eta = \frac{P_2}{P_1} = \frac{3008}{3622} = 0.8305$$

输出转矩：

$$T_2 = \frac{P_2}{\Omega} = \frac{3008}{2\pi \times 957/60} = 30.01(\text{N} \cdot \text{m})$$

励磁电流：

$$\dot{I}_m' = \frac{\dot{U}_1}{(r_1 + r_m) + j(x_1 + x_m)}$$

$$= \frac{220\angle 0°}{(2.08 + 4.12) + j(3.12 + 62)} = 3.363\angle -84.56°(\text{A})$$

6.7　三相异步电动机的工作特性和参数测定

6.7.1　三相异步电动机的工作特性

三相异步电动机的工作特性是指在额定的电压和频率条件下，电动机的转速 n、输出转矩 T_2、定子电流 I_1、功率因数 $\cos\varphi$ 以及效率 η 与输出功率 P_2 的关系（或曲线）。

1. 转速特性

转速特性是指在额定的电压和频率条件下，电动机的转速 n 与输出功率 P_2 之间的关系（或曲线），$n = f(P_2)$。

空载时，$s \approx 0$，$n = (1-s)n_1 = n_1$。

负载时，$0 < s \leqslant 1$，$n = (1-s)n_1$；当 $0.01 \leqslant s \leqslant 0.05$ 时，$n = f(P_2)$ 近似为线性特性，见图 6-19 中的曲线。

2. 转矩特性

转矩特性是指在额定的电压和频率条件下，电动机的输出转矩 T_2 与输出功率 P_2 之间的关系（或曲线），$T_2 = f(P_2)$。

空载时，$P_2 = 0$，$T = P_2/\Omega = 0$。

负载时，$0 < s \leqslant 1$，$T_2 = P_2/\Omega \approx T_{em} - T_0 = C_T\Phi_m I_2' \cos\varphi_2 - T_0$，见图 6-19 中的曲线。

3. 定子电流特性

定子电流特性是指在额定的电压和频率条件下，电动机的定子电流 I_1 与输出功率 P_2 之间的关系（或曲线），$I_1 = f(P_2)$。

由电动机等效电路可以看出：随着负载的增加，转差率 s 增大，r_2'/s 减小，或 $(1-s) \cdot r_2'/s$ 越来越小，I_1 会越来越大。因此，定子电流特性曲线为一上升的直线，见图 6-19 中的曲线。

4. 功率因数特性

功率因数特性是指在额定的电压和频率条件下,功率因数 $\cos\varphi_1$ 与输出功率 P_2 之间的关系(或曲线),见图 6-19 中的曲线。

图中的曲线说明:随着负载的增加以及定子电流的有功分量的增加,功率因数呈上升趋势。在接近额定负载时,功率因数达到最大值;超过额定负载时,由于转速下降,转差率增大,转子电抗增大,功率因数减小。

5. 效率特性

效率特性是指在额定的电压和频率条件下,电动机的效率 η 与输出功率 P_2 之间的关系(或曲线),$\eta=f(P_2)$,见图 6-19 中的曲线。

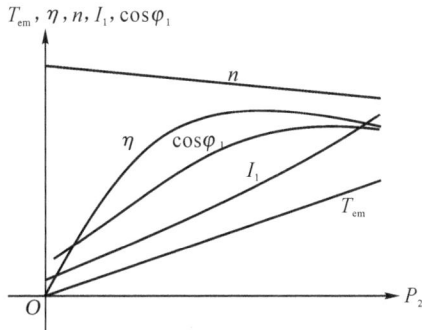

图 6-19　三相异步电动机的工作特性曲线

6.7.2　三相异步电动机的参数测定

1. 空载实验

空载实验的目的是为了测定电动机的涡流损耗 r_m、漏磁通损耗 x_m 以及铁损耗 p_{Fe} 和机械损耗 p_{mec}。实验是在额定电压和额定频率的条件下进行的。实验的方法及步骤如下:

首先,在电动机不带机械负载的条件下,给电动机加电,并让电动机运行一段时间,使其机械损耗达到稳定值。

然后,将电压调到额定值的 1.1~1.3 倍,并从此时开始慢慢降低电压,直到电动机的转速发生明显变化,与此同时进行实验测量,记录电动机的电压 U_1、空载电流 I_0、空载功率 P_0 和转速 n,并通过逐点描绘出空载特性曲线。如:$I_0=f(U_1)$ 和 $P_0=f(U_1)$。

由于异步电动机在空载时转速很高,$n\approx n_1$,$I_2\approx 0$,电动机的空载损耗主要是定子的铜损耗、铁损耗以及机械损耗和附加损耗,所以电动机的空载损耗为

$$P_0=m_1 I_0^2(r_1+r_m)+p_{mec}+p_{ad} \tag{6-53}$$

从式(6-53)中可以看出:铁损耗 p_{Fe} 和附加损耗 p_{ad} 与磁通密度平方成正比,近似与电压的平方成正比,而机械损耗则与电压无关,仅与电动机的转速有关。因此,在空载实验由于转速变化不大时,机械损耗可以认为是一个与电压无关的恒定值。对于三相异步电动机而言,有

$$z_0=\frac{U_1}{I_0} \tag{6-54}$$

$$r_0 = r_1 + r_m = \frac{P_0 - p_{mec} - p_{ad}}{3I_0^2} \tag{6-55}$$

$$x_0 = x_1 + x_m = \sqrt{z_0^2 - r_0^2} \tag{6-56}$$

空载时,电动机的转差率 $s \approx 0$,转子可以看作是开路的,于是从电动机空载等效电路(见图 6-20)可得

$$x_0 = x_m + x_1 \quad 或 \quad x_m = x_0 - x_1 \tag{6-57}$$

$$r_0 = r_m + r_1 \quad 或 \quad r_m = r_0 - r_1 \tag{6-58}$$

式中: x_1 可由下面的短路实验获得。

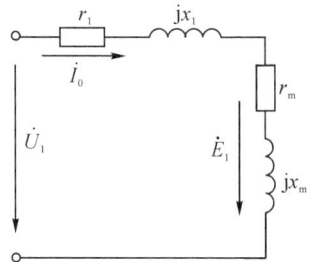

图 6-20 异步电机空载实验时的等效电路图

2. 短路实验

短路实验的目的是为了测定异步电动机的短路阻抗,即转子电阻 r_2 和定、转子的电抗 x_1 和转子漏抗 x_2。当然,定子电阻和绕线式电机的转子电阻可以用欧姆表或伏安法测定。但是由于交流绕组有集肤效应,直流电阻小于交流电阻,特别是鼠笼式转子绕组的电阻不可能直接进行测量,因此,通常都是通过短路试验来确定其短路参数的。

短路试验时,首先,需要将电动机的转子堵住,使电动机的转子不能转动。此时,电动机可以用工程上分析方便的等效电路来表示,见图 6-21。等效电路表明,三相异步电动机此时的状态与变压器的副边短路时状态和等效电路是一样的,转子中的短路电流相当大。所以,称电动机在这个状态下的实验为短路实验。

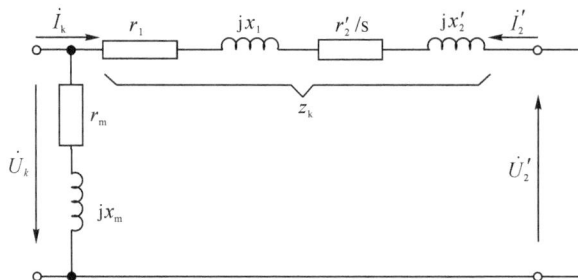

图 6-21 短路实验时的电动机等效电路

然后,不断地调节定子电压的大小,使其从 $0.4U_{1N}$ 开始,逐步降至 $0.25U_{1N}$ 左右。记录每次调节时定子的端电压、定子的短路电流和短路功率,并据此画出电动机的短路特性曲线,如图 6-22 所示。

由于转子堵转,转子中的电流 I_2' 或 $I_1 \gg I_0$, $z_m \gg z_k$ 或 z_2',所以忽略励磁电流 I_0,或将 z_m 所在支路开路不会造成较大的影响。根据短路试验每次测得的定子相电压 U_k、定子相电流 I_k 和输入的总功率 P_k,即可计算出每次异步电动机的短路阻抗 z_k、短路电阻 r_k 和短路电抗 x_k 之值为

$$z_k = \frac{U_k}{I_k} = \sqrt{r_k^2 + x_k^2}$$

$$= \sqrt{(r_1 + r_2')^2 + (x_1 + x_{20}')^2} \tag{6-59}$$

$$r_k = \frac{p_k}{I_k^2} \tag{6-60}$$

$$x_k = \sqrt{z_k^2 - r_k^2} \tag{6-61}$$

从而可在图 6-22 中画出 z_k、r_k 和 x_k 之随 U_k 而变化的曲线。

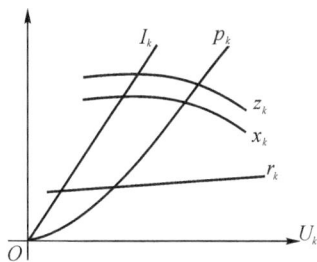

最后,还必须指出,短路试验就是堵转试验。电动机在堵转时,电动机的输出功率和机械损耗功率均等于零,全部输入功率都变成定子铜耗和转子铜耗。如果定子绕组加上额定电压,电动机的电流就是直接启动时的电流,这个电流可达额定电流的 4～7 倍,瞬间即可使三相异步电动机因过热而烧毁。为了使电机绕组不致过热,试验时一般都是降低电源电压,从 $U_1 = 0.4U_N$ 开始,逐步降低电压,测绘出电动机的短路特性 $I_k = f(U_1)$ 和 $p_k = f(U_1)$。

图 6-22　短路实验参数曲线

小　结

本章通过数学表达式、等效电路图、相量图以及能量流程图等多种描述方法对电动机的原理进行了较为详细的分析。重点分析了三相异步电动机的结构、工作原理、转差率和电动机在静止与旋转两种不同状态下的电磁关系,以及功率与力矩之间的关系。

在分析过程中,着重对感应式电动机在电源与定子间无任何直接联系,能量完全是通过磁场传递的情况下,转子与定子之间气隙的作用、气隙中的磁场、电机中的磁路都进行了分析。强调了引转差率概念在分析电动机定子与转子之间关系的重要性,并对如何利用已经拥有变压器知识的基础上,通过折算的方法,将感应电动机转子等效折算至定子一侧,使之成为一个等同于变压器的静止电机,从而得到电动机的等效电路、相量图和能流图,将抽象的电动机形象地展示在人们面前。同时,也分析了电动机的等效电路与变压器等效电路的差异。

通过这些不同的描述方法,人们很容易建立起各种物理量之间的关系。如功率平衡关系、转矩平衡关系、电压平衡关系以及磁动势平衡关系等数学表达式。

本章在分析过程中本着循序渐进、由浅入深的原则,将以往教材中的内容都以分几步、更加细化的方法进行描述,使之更加便于学生理解。

思考题

6-1　异步电动机在结构上有什么特点? 为什么异步电动机的气隙必须很小? 为什么异步电机的定子铁芯和转子铁芯要用导磁性能良好的硅钢片制成? 如果定、转子铁芯用非磁性材料制成会出现什么后果? 如果用整块的导磁材料制成定、转子铁芯是否可以?

6-2　异步电动机转子有哪几种结构型式? 它们与直流电机转子的根本区别是什么?

6-3　异步电机的最高允许温升是由什么决定的? 若超过规定温升运行对电机有什么影响?

6-4 异步电动机稳定运行时,定、转子电动势以及电流的频率各为多少?转子基波磁动势切割定子的速度会不会因为转子转速的变化而变化?

6-5 试从异步电机的主要构造和电磁关系各方面与变压器作一比较;说明分析异步电机可采用与分析变压器相类似的基本方法的主要理由。它们的主要区别是什么?

6-6 同容量的异步电动机和变压器相比,哪一个的空载电流大?为什么?

6-7 求异步电动机等效电路时采用的折算法与变压器求等效电路时所采用的折算法有何异同?

6-8 为什么说定、转子磁势相对静止是异步电机能工作的必要条件?试证明无论异步电机转速 n 为多大,定、转子基波磁势总保持相对静止。

6-9 异步电机等效电路中 r_m 和 x_m 的物理意义是什么?是否可以把 r_m 和 x_m 的串联支路转变成并联支路?

6-10 绕线式异步电动机定、转子的极数与相数分别是否相等?鼠笼式异步电动机定、转子的极数与相数分别是否相等?鼠笼式转子磁极是怎样形成的?

6-11 异步电机等效电路中 r_1 和 x_{20}' 的物理意义是什么?它们大小与定、转子电流值有无关系?

习 题

6-1 某三相异步电动机 $P_N=55\text{kW},U_N=380\text{V},\cos\varphi_N=0.89,I_N=119\text{A},n_N=570$ r/min。试求:

(1)电动机的同步转速 n_1;

(2)电动机的极对数 p;

(3)电动机在额定负载时的效率 η_N。

6-2 有一台频率为 50Hz 的三相异步电动机,额定转速 $n_N=1450\text{r/min}$,空载转差率 $s=0.01$,试求该电机的磁极对数 p、同步转速 n_1、空载转速 n_0、额定负载时的转差率 s_N 和启动时的转差率 s。

6-3 一台三相、四极、50Hz 绕线转子的异步电动机,$n_N=1460\text{r/min},U_N=380\text{V}$,Y 连接,定子每相串联匝数 $W_1=240$ 匝,$k_{w1}=0.93$,已知定子每相感应电动势 E_1 为相电压的 85%。试求电机额定负载运行时转子相电势 E_2 和频率 f_2。

6-4 有一台 3000V、6 极、50Hz、Y 连接的三相异步电动机,额定转速 $n_N=975\text{r/min}$,每相参数为 $r_1=0.42\Omega,x_1=2.0\Omega,r_2'=0.45\Omega,x_2'=2.0\Omega,r_m=67\Omega,x_m=48.7\Omega$。试分别用 T 形等效电路和简化等效电路计算定子电流 I_1 和转子电流折算值 I_2',并比较两种计算结果的误差。

6-5 JO2-45-8 型三相八极鼠笼式转子异步电动机,$P_N=3\text{kW},U_N=380\text{V}$,Y 连接,$n_N=714\text{r/min}$,定子参数为:槽数 $Z_1=48$,每槽导体数 $n_1=31$,单层绕组并联支路数 $a=1$,节距 $y_1=5,r_1=1.94\Omega,x_1=1.75\Omega,r_m=7.35\Omega,x_m=93\Omega$。转子参数为:槽数 $Z_2=44,r_2=1.23\times10^{-4}\Omega,x_{20}=1.5\times10^{-4}\Omega$。试求:

(1)转子折算值 r_2'、x_{20}';

(2)用简化等效电路计算电机额定电流 I_N。

(3)额定负载时的功率因数 $\cos\varphi_N$ 和效率 η_N。

6-6　一台三相异步电机输入功率 $P_N=32.8\mathrm{kW}$,定子铜耗 $p_{\mathrm{Cua1}}=1060\mathrm{W}$,铁耗 $p_{\mathrm{Fe}}=655\mathrm{W}$,附加损耗 $p_{\mathrm{ad}}=165\mathrm{W}$,机械损耗 $p_{\mathrm{mec}}=280\mathrm{W}$,转差率 $s=0.0206$。试求电机的电磁功率 P_{em},转子铜耗 p_{Cua2},输出功率 P_2。

6-7　一台异步电动机,额定电压 $U_N=380\mathrm{V}$,△接法,$f_1=50\mathrm{Hz}$,额定功率 $P_N=7.5\mathrm{kW}$,额定转速 $n_N=960\mathrm{r/min}$,额定负载时 $\cos\varphi_N=0.824$,定子铜耗 $p_{\mathrm{Cua1}}=474\mathrm{W}$,铁耗 $p_{\mathrm{Fe}}=231\mathrm{W}$,机械损耗 $p_{\mathrm{mec}}=45\mathrm{W}$,附加损耗 $p_{\mathrm{ad}}=37.5\mathrm{W}$。试计算额定负载时,(1)转差率 s_N;(2)转子电流的频率 f_2,(3)转子铜耗 p_{Cua2},(4)效率 η_N,(5)定子电流 I_1。

6-8　有一台三相四极鼠笼式转子异步电机,$P_N=10\mathrm{kW}$,$U_N=380\mathrm{V}$,△接法,$I_N=20\mathrm{A}$。定、转子铜耗分别为:$p_{\mathrm{Cua1}}=557\mathrm{W}$,$p_{\mathrm{Cua2}}=2.314\mathrm{W}$,铁耗 $p_{\mathrm{Fe}}=276\mathrm{W}$,机械损耗 $p_{\mathrm{mec}}=77\mathrm{W}$,附加损耗 $p_{\mathrm{ad}}=200\mathrm{W}$,试求:

(1) 电动机的额定转速 n_N;

(2) 额定负载制动转矩 T_N 和空载制动转矩 T_0;

(3) 额定电磁转矩 T_{em};

(4) 电动机输出额定功率时的效率 η_N。

6-9　一台三相六极鼠笼式异步电动机 $P_N=3\mathrm{kW}$,$U_N=380\mathrm{V}$,Y 连接,$I_N=7.25\mathrm{A}$,$f_1=50\mathrm{Hz}$,$r_1=2.01\Omega$。空载试验数据为:$U_1=380\mathrm{V}$,$I_0=3.64\mathrm{A}$,$p_0=246\mathrm{W}$。$p=11\mathrm{W}$。短路试验中一点的数据为:$U_k=100\mathrm{V}$,$I_k=7.05\mathrm{A}$,$p_k=470\mathrm{W}$。忽略空载附加损耗,计算电机正常运行时参数 x_m、r_m、x_1、$r_2{}'$、$x_{20}{}'$(设 $x_1=x_{20}{}'$)。

6-10　一台二极电机定子上有两个绕组 a 和 b,其有效匝数各为 W_a 和 W_b,两绕组在空间相距 θ 角,设在两绕组中各送入电流 $i_a=I_{am}\cos\omega t$,$i_b=I_{bm}\cos(\omega t-90°)$。当 $I_{am}W_a$ 和 $I_{bm}W_b$ 时,试求 θ 角为多少度时可获得圆形旋转磁势。

第 7 章　三相异步电动机的电力拖动

内容提要：本章以三相异步电动机的机械特性为主要内容，分析电机的各个参数对机械的影响，以及如何利用这些影响实现对电力拖动系统的启动、调速和制动的控制。研究电动机在启动、调速和制动三个重要生产过程中的状态及运行特征，并对不同状态下的电动机的重要数据进行分析计算。

7.1　关于三相异步电动机的自然机械特性

作为机械运动系统的动力之源，电动机的外部特性表现为机械特性。要利用三相异步电动机实现对负载的拖动，达到拖得动，转得起来，转速任意可调，还能迅速停下来的目的，就必须了解和掌握三相异步电动机的外特性——机械特性。只有这样才能正确地、充分地利用好三相异步电动机。

一般来说，生产过程无非就是重复以下三个过程：启动过程、稳定运行过程和制动过程。或者说，在这三个过程之间转换，如图 7-1 所示。

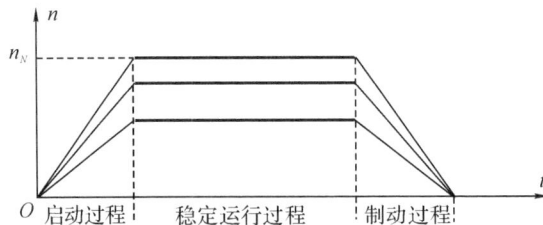

图 7-1　生产过程的三阶段

在这些过程中，机械特性作为电动机的对外等效作用的描述，将直接反映出电动机输出转矩与负载转矩之间相互作用直至达到平衡的稳态和动态过程，以及在这些过程中，电动机本身的状态。

三相异步电动机的机械特性是指电动机的轴头转速 n 与输出的电磁转矩 T_{em}、机械转矩 T 和转子电流 I_2 之间的数学描述，并用函数关系表达式或函数关系曲线表示。

所谓自然机械特性，是指电动机的各项参数没有被人为加工和改变的、按照各项额定使用要求条件下的机械特性，通常简称为机械特性。

由于自然机械特性反映出电机本身的一种固有特征，因此，人们又称自然机械特性为固有机械特性。而在人为干预下得到的特性称为人为机械特性。

对三相异步电动机机械特性的数学描述主要有：三种形式的数学表达式、常用的机械特性曲线以及 $n=f(T_{em})$ 函数关系曲线。

7.1.1　三相异步电动机机械特性的三种表达式

三相异步电动机的机械特性主要是指电动机转速与电磁转矩之间的关系。即

$$n=f(T_{em}) \tag{7-1}$$

由于三相异步电动机的转速与转差率存在一定的关系，所以也经常使用 $s=f(T_{em})$ 表示机械特性。总的来说，三相异步电动机的机械特性有以下三种表达式形式：

1. 物理表达式

在三相异步电动机的等效电路和能流图中揭示了电动机中的各个物理量之间的关系。根据各个物理量之间的关系，可以写出机械特性的物理表达式。电磁转矩的一般形式为

$$T_{em}=\frac{P_{em}}{\Omega}=\frac{m_1 E_2' I_2' \cos\varphi_2}{2\pi n_1/60}=\frac{4.44 m_1 f_1 W_1 k_{W1}\Phi_m I_2' \cos\varphi_2}{2\pi \cdot f_1/p}=C_T\Phi_m I_2'\cos\varphi_2$$

$$\tag{7-2}$$

式中：$C_T=\dfrac{4.44 m_1 p W_1 k_{W1}}{2\pi}$，为三相异步电动机的电磁转矩结构系数；$\Phi_m$ 为三相异步电动机的主磁通；I_2' 为转子电流折算至定子一侧的有效值。如果忽略空载时的励磁电流，则根据等效电路，转子的折算电流的幅值大小为

$$I_2'\approx I_1=\frac{U_1}{\sqrt{(r_1+r_2'/s)^2+(x_1+x_{20}')^2}} \tag{7-3}$$

式中：r_1 和 x_1 分别为每相定子绕组的回路电阻和漏抗；r_2' 和 x_{20}' 分别为折算至定子一侧的转子绕组回路电阻和转子静止时的漏抗，通常情况下它们都是常量，不随转差率 s 变化。

显然，I_2' 是转差率 s 的函数，当然也是转速 n 的函数。I_2' 随转差率 s 的变化规律如图 7-2 所示。

$\cos\varphi_2$ 为转子电路的功率因数，它的等式为

$$\cos\varphi_2=\frac{r_2'/s}{\sqrt{(r_2'/s)^2+(x_{20}')^2}} \tag{7-4}$$

同样，$\cos\varphi_2$ 也是转差率 s 的函数和转速 n 的函数。$\cos\varphi_2$ 随转差率 s 的变化规律如图 7-2所示。

图 7-2 表明，电机在静止时，或者说，启动的一瞬间，由于旋转磁场切割转子绕组的速度 Δn 最大，转子绕组中的频率 f_2 最大，漏抗最大，转子绕组回路电阻又小，相当于短路，转子绕组中的瞬时电流最大，但此时转子绕组 $\cos\varphi_2$ 的最小，所以得到的电磁力矩并不是最大；在转子转速接近同步转速时，$\cos\varphi_2$ 虽然达到最大，但转子绕组中的电流却很小，接近零。所以，要想获得较大的转矩，转子绕组的 $\cos\varphi_2$ 和转子中的电流 I_2' 必须同时大。于是，根据图 7-2 和物理表达式(7-2)得出如下结论：

三相异步电动机的电磁转矩与气隙磁通和转子电流的有功分量成正比，或者说，当 $C_T\Phi_m$ 为常数时，三相异步电动机的电磁转矩与转子电流 I_2' 和转子回路的功率因素 $\cos\varphi_2$ 的乘积成正比。

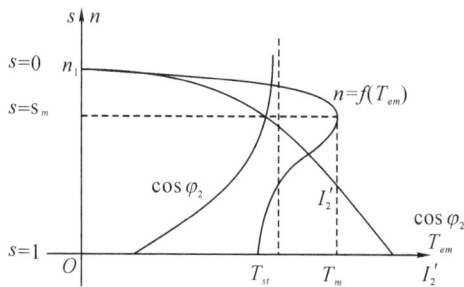

图 7-2　机械特性、功率因数和转子电流曲线

由表达式(7-3)和(7-4)可知,它们的乘积也是转差率 s 和转速 n 的函数,其乘积再与 $C_T\Phi_m$ 相乘,即可得到电磁转矩与转速的函数关系曲线——机械特性,如图 7-2 所示。

2. 参数表达式

通过异步电动机的等效电路不难看出,通过气隙传递至转子的能量传递全部都消耗在转子电阻 r_2'/s 上了。结合转子电流表达式(7-3),由此而产生的电磁转矩为

$$T_{em}=\frac{P_{em}}{\Omega_1}=\frac{m_1(I_2')^2(r_2'/s)}{2\pi f_1/p}=\frac{m_1 p(U_1)^2(r_2'/s)}{2\pi f_1\left[(r_1+r_2'/s)^2+(x_1+x_{20}')^2\right]} \tag{7-5}$$

式中:m_1 为定子的绕组相数;p 为磁极对数;U_1 为定子绕组的相电压;f_1 为电源频率。

通过画出 $s=f(T_{em})$ 的特性曲线,再利用 $n=f(s)$ 的关系,我们就能够间接地得到 $n=f(T_{em})$ 的关系——三相异步电动机的机械特性,如图 7-3 所示。

3. 实用表达式

所谓实用表达式,是指只需通过电动机铭牌上的参数即可估算出所需的力矩。工程上,对使用电机而不需对电机内部有太深入了解的工程师们是有着实际意义的。在忽略 r_1 的条件下,将 T_{em} 与 T_m 进行相比,得

$$T_{em}=\frac{2T_m}{\frac{s}{s_m}+\frac{s_m}{s}} \tag{7-6}$$

当电动机带额定负载,并考虑空载转矩时,即 $T_{em}=T_N+T_0$ 时,有

$$(T_N+T_0)=\frac{2T_m}{\frac{s}{s_m}+\frac{s_m}{s}} \tag{7-7}$$

式中的 s_m 可由下式求得

$$s_m=s_N(\lambda_m+\sqrt{\lambda_m^2-1}) \tag{7-8}$$

值得注意的是,当 $0<s<s_m$ 时,$s_m=2\lambda_m s_N$ 为线性表达式。

至此,三种不同形式的机械特性表达式分别以不同的形式,对电动机的自然机械特性进行了描述。表达式(7-2)揭示了电磁力矩与转子电流和功率因数之间的关系;特别是参数表达式(7-5)揭示了电机参数与电磁力矩之间的关系,如果人为地、有意识地去改变电动机的某个参数,就可以对电动机的机械特性施加影响,从而实现对电动机的控制,如启动、调速和制动。而实用表达式(7-6)则是工程上分析计算较为方便的一种形式。

7.1.2　三相异步电动机的自然机械特性曲线和特点

三相异步电动机的自然机械特性,顾名思义就是指电动机在铭牌上规定的额定电压、额定频率、规定的连接方式条件下得到的,能够反映电动机本身特点的机械特性曲线。

根据自然特性的特点,只要抓住该特性的几个特殊点,即可定性地画出该特性,并能够对其进行分析。以下是几个关键点。

1. 空载点 A

A 点为特性曲线与纵轴的交点,在空载点处,输出的电磁转矩为理想情况,此时,$s=0$,$T_{em}=T_0=0$,电动机转子的轴头转速 $n=n_1$,为同步转速;如果考虑空载损耗转矩的存在,即 $T_{em}=T_0$,则电动机轴头转速 $n\approx n_1$,只能近似为理论上旋转磁场的转速,情况如图 7-3 所示。

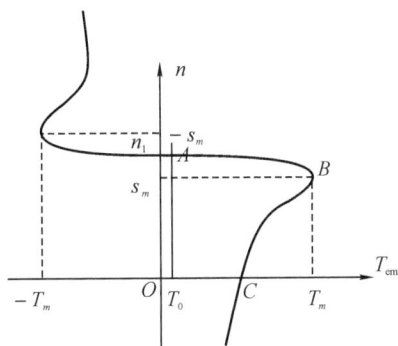

图 7-3　三相异步电动机的机械特性

2. 最大转矩点 B

在最大转矩点 B 处,输出的电磁转矩 T_{em} 为最大转矩 T_{max},其值可通过对输出的电磁转矩进行求导 $\dfrac{dT_{em}}{ds}$ 来获得。

因为在 B 点处,三相异步电动机的机械特性被分为稳定工作区和不稳定工作区,稳定工作区上的每一点都是能使电动机稳定工作的稳定工作点。这里所说的稳定工作点是指具有扰动的情况下仍然能稳定工作的点。因此,电动机稳定工作时,都工作在 A-B 这一区段上。该区段几何上可近似为一条直线。反之,不稳定工作区 B-C 上的每一点都是不能稳定工作的点,电动机在这一区段上不能稳定工作。因此,该区段只能作为电动机启动后,进入稳定工作区段的一个必经过渡区段。该区段几何上表现为一条曲线。

所以,B 点是两个工作区的临界点,最大电磁转矩 T_m 也称为临界转矩,所对应的转差率变称为临界转差率。临界转差率 s_m 为

$$s_m = \pm \frac{r_2{}'}{\sqrt{(r_1)^2+(x_1+x_{20}{}')^2}} \tag{7-9}$$

最大电磁转矩 T_m 的参数表达式为

$$T_m \approx \pm \frac{m_1 p (U_1)^2}{4\pi f_1 \left[\pm r_1 + \sqrt{(r_1)^2+(x_1+x_{20}{}')^2} \right]} \tag{7-10}$$

当三相异步电机处于电动状态时，s_m 和 T_m 都取正值；当处于发电状态时，取负值，见图 7-2。为使学生对最大电磁转矩 T_m 有比较清楚的了解，不妨在这里证明一下。

证明的思路是：由于 B 点既是最大电磁转矩 T_m 出现的点，也是数学上的函数极值点，所以，利用高等数学中求极值的方法即可计算出 s_m 和 T_{em}。

证明的方法及步骤：首先，用电磁转矩的参数表达式对转差率进行求导，并令其为零，计算出转矩的极值对应的转差率 s_m。

$$\frac{\mathrm{d}T_{em}}{\mathrm{d}s} = \frac{\mathrm{d}}{\mathrm{d}s}\left(\frac{m_1 p (U_1)^2 (r_2'/s)}{2\pi f_1 \left[(r_1 + r_2'/s)^2 + (x_1 + x_{20}')^2\right]}\right)$$

$$= \frac{m_1 p (U_1)^2 r_2'}{2\pi f_1} \times \frac{\mathrm{d}}{\mathrm{d}s} \frac{1}{s\left[(r_1 + r_2'/s)^2 + (x_1 + x_{20}')^2\right]}$$

$$= \frac{m_1 p (U_1)^2 r_2'}{2\pi f_1} \times \frac{-\left[(r_1 + r_2'/s)^2 + (x_1 + x_{20}')^2\right] + 2s(r_1 + r_2'/s)r_2'/s^2}{(s\left[(r_1 + r_2'/s)^2 + (x_1 + x_{20}')^2\right])^2} = 0$$

于是有

$$-\left[(r_1 + r_2'/s_m)^2 + (x_1 + x_{20}')^2\right] + 2s_m(r_1 + r_2'/s_m)r_2'/s_m^2 = 0$$

$$(r_1)^2 + 2r_1 r_2'/s_m + (r_2'/s_m)^2 + (x_1 + x_{20}')^2 - 2r_1 r_2/s_m - 2(r_2'/s_m)^2 = 0$$

$$(r_1)^2 + (x_1 + x_{20}')^2 - (r_2'/s_m)^2 = 0$$

$$s_m = \pm \frac{r_2'}{\sqrt{(r_1)^2 + (x_1 + x_{20}')^2}} \quad \text{或} \quad \frac{r_2'}{s_m} = \pm \sqrt{(r_1)^2 + (x_1 + x_{20}')^2}$$

然后，再令 $s = s_m$，并将 $\dfrac{r_2'}{s_m} = \sqrt{(r_1)^2 + (x_1 + x_2')^2}$ 带入电磁转矩的表达式中，求出最大电磁转矩 T_m，于是有

$$T_m = \pm \frac{m_1 p (U_1)^2 (r_2'/s_m)}{2\pi f_1 \left[(r_1 + r_2'/s_m)^2 + (x_1 + x_{20}')^2\right]}$$

$$= \pm \frac{m_1 p (U_1)^2}{2\pi f_1} \frac{\sqrt{(r_1)^2 + (x_1 + x_{20}')^2}}{(r_1 + \sqrt{(r_1)^2 + (x_1 + x_{20}')^2})^2 + (x_1 + x_{20}')^2}$$

$$= \pm \frac{m_1 p (U_1)^2}{2\pi f_1} \frac{\sqrt{(r_1)^2 + (x_1 + x_{20}')^2}}{(r_1)^2 + 2r_1 \sqrt{(r_1)^2 + (x_1 + x_{20}')^2} + (r_1)^2 + (x_1 + x_{20}')^2 + (x_1 + x_{20}')^2}$$

$$= \pm \frac{m_1 p (U_1)^2}{2\pi f_1} \frac{\sqrt{(r_1)^2 + (x_1 + x_{20}')^2}}{2(r_1 + \sqrt{(r_1)^2 + (x_1 + x_{20}')^2})\sqrt{(r_1)^2 + (x_1 + x_{20}')^2}}$$

$$= \pm \frac{m_1 p (U_1)^2}{4\pi f_1 (r_1 + \sqrt{(r_1)^2 + (x_1 + x_{20}')^2})}$$

证毕。

一般情况下，由于 $r_1 \ll (x_1' + x_{20}')$，所以临界转差率和最大转矩为

$$s_m \approx \pm \frac{r_2'}{(x_1 + x_{20}')} \tag{7-11}$$

$$T_m = \pm \frac{m_1 p (U_1)^2}{4\pi f_1 (x_1 + x_{20}')} \tag{7-12}$$

最大转矩的参数表达式(7-10)表明：

(1)最大转矩 T_m 与电动机的相电压的平方 U_1^2 成正比，而 s_m 与 U_1 无关。

(2)最大转矩 T_m 与转子回路电阻 r_2' 无关，而 s_m 与 r_2' 成正比。

（3）最大转矩 T_m 与 s_m 都近似地与 $(x_1 + x_{20}{}')$ 成反比。

为了保证电动机的正常运行，不至于因短时的过载而停机，通常要求电动机具有一定的过载能力。因此，引进一个指标参数——过载倍数 λ_m，其定义为

$$\lambda_m = \frac{T_m}{T_N} = \frac{最大电磁转矩}{额定转矩} \tag{7-13}$$

式中，λ_m 是电动机的主要技术指标，它反映了电动机的短时过载能力的大小，一般电动机的过载能力为 $\lambda_m = 1.8 \sim 2.2$，而起重冶金用的电动机的过载能力为 $\lambda_m = 2.2 \sim 2.8$。

3. 启动转矩点 C

C 点是特性曲线与横轴的交点，在 C 点处的电磁转矩称为启动转矩 T_{st}。在 C 点处，电机处于静止状态，其特点是：电动机轴头转速 $n = 0$，转差率 $s = 1$，$T_{em} = T_{st}$，根据这些特点，只需令电磁转矩表达式（7-5）中的 $s = 1$，即可求得启动转矩 T_{st} 为

$$T_{st} = \frac{m_1 p (U_1)^2 r_2{}'}{2\pi f_1 \left[(r_1 + r_2{}')^2 + (x_1 + x_2{}')^2 \right]} \tag{7-14}$$

式（7-14）表明：

（1）启动转矩与电源电压 U_1^2 成正比；

（2）启动转矩在一定范围内与 $r_2{}'$ 成正比；

（3）电抗参数 $(x_1 + x_2{}')$ 愈大，T_{st} 愈小，当 $r_2{}' \approx x_1 + x_2{}'$ 时，$s_m = 1$，启动转矩达到最大，且等于最大转矩 T_m。

综上所述，人们可以通过改变电动机参数来影响和改变电动机的自然机械特性，从而满足人们的各种要求。影响电动机机械特性的参数主要有：定子电压 U_1，电源频率 f_1，定子磁极对数 p，转差率 s，定子绕组中的绕线电阻 r_1，漏抗 x_1，转子绕组中的绕线电阻 r_2，漏抗 x_{20}。

下面就如何改变这些参数，实现人们对电动机的控制来进行分析。

7.2　三相鼠笼式异步电动机的启动

电动机的启动一直是生产过程中的一段重要过程。一般来说，在这一过程中，对电动机都要有一定的要求和限制，既要电机启动的速度快，缩短启动过程，减少启动过程所需要的时间，提高生产效率；又要避免电机的启动电流过大，以免对电网造成冲击，使电网电压瞬间下降，从而影响同一电网上的其他用户用电。同时，启动转矩也不能太大，避免对机械设备带来冲击。为了保证电动机的正常启动，避免因发生堵转而烧毁电动机，还要求电动机具有一定的启动能力。一些衡量电动机启动性能的重要指标，如启动转矩倍数和启动电流倍数，就是为了满足这些要求和限制而提出的。

启动转矩倍数定义为

$$K_{st} = \frac{T_{st}}{T_N} = \frac{电动机所能达到的最大启动转矩}{电动机的额定转矩} \tag{7-15}$$

启动电流倍数定义为

$$K_i = \frac{I_{st}}{I_N} = \frac{电动机允许的最大启动电流}{电动机的额定电流} \tag{7-16}$$

作为衡量电动机启动的主要技术指标，K_{st} 反映了电动机的启动能力的大小，只有

$T_{st} > T_N$ 时,即 $K_{st} > 1$ 时,电动机才能启动。对一般鼠笼式异步电动机有 $K_{st} = 1.0 \sim 2.0$、$K_i = 2.0 \sim 8.0$,也就是说,鼠笼式异步电动机的启动电流 I_{st} 瞬间可以达到额定电流 I_N 的 $2 \sim 8$ 倍。

三相异步电动机启动的方法也有很多,但既要考虑启动方法是否经济、可行,又要考虑启动方法是否简单、易于操作。目前,常用的启动方法有直接启动、降压启动、转子串电阻启动等。下面对启动方法进行逐一分析。

7.2.1　三相鼠笼式异步电动机的直接启动

直接启动也称全压启动,就是电动机定子绕组引出线直接接到额定电压的电网上进行启动。这是电动机启动方法中最简单的一种,控制电路如图 7-4 所示。

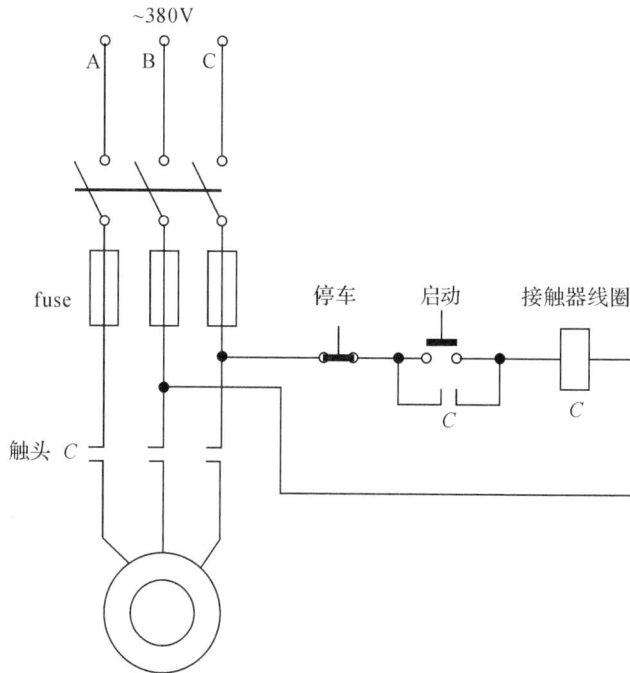

图 7-4　直接启动控制电路图

在图 7-4 中,启动按钮为常开按钮;停车按钮为常闭按钮;接触器线圈 C 与标有 C 的常开触头组成接触器。当启动按钮按下后,启动按钮下方的常开触头 C 闭合,将接触器线圈通电启动按钮短路,实现自锁,此时,即使启动按钮抬起也无妨;与此同时,主电路三个常开触头也闭合,接通主电路完成电动机直接启动。由等效电路可以看出,直接启动时,$s = 1$,每相定子绕组中的启动电流为

$$I_{st} = \frac{U_1}{z_k} = \frac{U_1}{\sqrt{(r_1 + r_2')^2 + (x_1 + x_{20}')^2}} \tag{7-17}$$

式中:z_k 为电动机的短路阻抗。

这种启动方法是利用了三相鼠笼式异步电动机启动电流瞬时过载能力强、抗冲击性好的特点。其简单易行,便于现场操作和使用。

但是,在实际使用时,要考虑到启动瞬间电流对电网的冲击,这是因为当三相鼠笼式异步电动机直接启动时,启动电流 I_{st} 瞬间可以达到额定电流的 $(2\sim8)I_N$。在某些场合下三相异步电动机的直接启动会受到所在地区电网的限制,即不允许直接启动,因此,直接启动的方法通常只适合于几千瓦的小容量电机。

为此,出现了各种各样的目的在于减小启动电流对电网冲击的启动方法,如:定子回路串电阻或串电抗的方法、自耦变压器降压启动的方法、Y-△变换启动方法。

7.2.2 三相鼠笼式异步电动机的降压启动

1. 降低定子绕组端电压启动

这种启动方法是一种通过改变电动机定子绕组两端的电源电压的启动方法。其目的是减小启动电流,减少电机在启动过程中对电网的冲击。其原理是通过降低电压来减小启动电流。这一点由三相异步电动机的等效电路和表达式(7-17)很容易看出。由于电磁转矩与绕组端电压的平方成正比,所以,电磁转矩将随着电压的下降成平方倍地下降。降压引起的机械特性变化如图 7-5 所示。

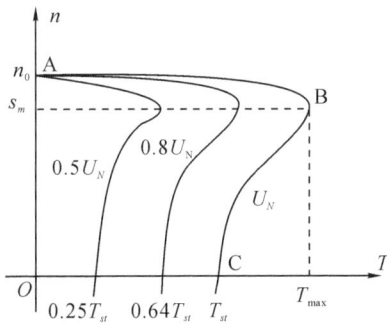

图 7-5   降压启动时的机械特性   图 7-6   定子串电阻和电抗时的机械特性

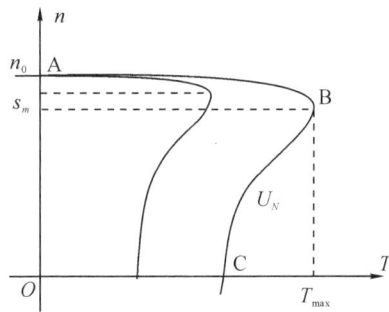

图 7-5 表明,虽然降压启动时,最大转矩、启动转矩都随着电压的下降成平方倍地下降,但是临界转差率 s_m 却保持不变,同步转速 n_1 也保持不变。这是因为两者都与电压无关。

降压启动后需不断地提高电压,直到额定电压为止,使机械特性回到自然特性上去。只有这样,电动机才能工作在额定转速上。

目前常用的是利用变压器副边绕组多抽头,输出多组不同电压,并通过开关切换等方法,或采用逆变器调压的方法实现调压。

2. 定子串电阻或电抗启动(属降低电压启动)

该方法是在电源与电动机之间串入三相对称的电阻。其目的是降低电动机两端的实际电压,减小启动电流,减少电机在启动过程中对电网的冲击。其原理是通过定子外接串联三相对称电阻与定子绕组电阻进行分压,以降低实际作用在定子绕组两端的电压,减小启动电流。具体的控制电路如图 7-7 所示。

在图 7-7 中,当串电阻启动按钮按下后,接触器线圈 D 通电,一方面通过触头 D 将串电阻按钮短路,实现自锁;另一方面,接通主电路中的触头 D,实现定子回路外串电阻启动。

当电阻串入定子回路后,电网电压的一部分降落在串入的电阻两端,而电动机定子绕组的端电压则降低。这也就实现了降压启动,减少启动电流对电网冲击的目的。

串电抗与串电阻的作用是一样的,不同的只是电抗器不消耗能量。

在图 7-7 中,当串电抗启动按钮按下后,接触器线圈 C 通电,一方面通过触头 C 将串电抗按钮短路,实现自锁;另一方面接通主电路中的触头 C,实现定子回路外串电抗启动。当电抗串入定子回路后,电网电压的一部分降落在串入的电抗两端,使电动机的定子绕组的端电压降低。在图 7-7 中,串电抗与串电阻之间的切换操作时,需要按一下停车按钮。

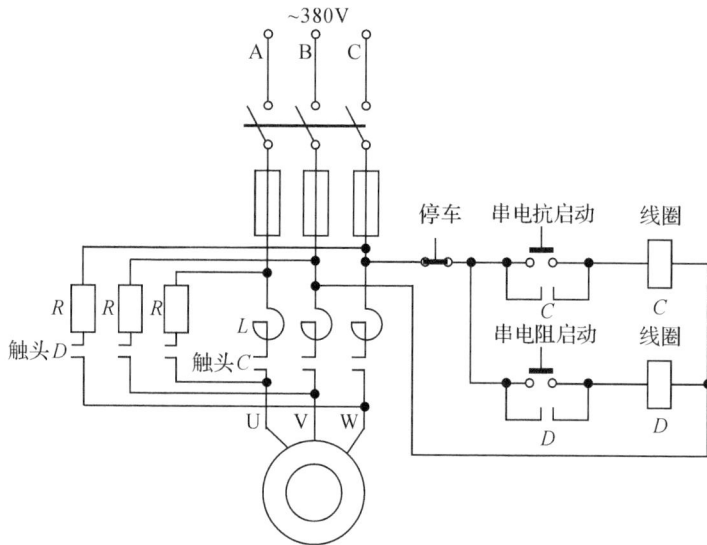

图 7-7　定子一侧串电阻或电抗启动的控制电路

当电压降低为 $U_1' = U_N/a$ 时,电动机的启动电流启动转矩为

$$I_{st}' = I_{st}'/a \tag{7-18}$$

$$T_{st}' = \frac{1}{a^2} T_{st} \tag{7-19}$$

可见,定子串电阻启动,等效为降压启动,电流将减小到原启动电流的 $1/a$,而转矩则下降到原启动转矩的 $(1/a)^2$。

由于串接的电阻要消耗大量的能量,一般不宜采用。图 7-6 中给出了定子绕组外串联电抗时的机械特性,特性表明:最大转矩和启动转矩都变小,临界转差率也变小或上移了。

3. 自耦变压器降压启动

自耦变压器降压启动原理是利用自耦变压器输出电压可调的特点进行降压启动,减少启动电流的对电网的冲击。启动的控制电路图如图 7-8 所示。

当降压启动按钮按下后,自耦变压器被接入,同时切断直接启动控制电路和主电路,电动机由变压器的二次侧电压供电。如设单相自耦变压器的变比为

$$k = \frac{U_1}{U_2} = \frac{N_1}{N_2} \tag{7-20}$$

则副边电压和电流为

$$U_1 = kU_2 \quad 和 \quad I_1 = \frac{I_2}{k} \tag{7-21}$$

副边的启动电流为

$$I_{2st} = \frac{U_2}{z_k} = \frac{U_1}{k z_k} = \frac{I_{st}}{k} \tag{7-22}$$

式中：I_{st} 为原边直接启动的电流，见表达式(7-17)；z_k 为电动机的短路阻抗。

串入自耦变压器后，原边的启动电流 I_{1st} 为

$$I_{1st} = \frac{I_{2st}}{k} = \frac{I_{st}}{k^2} \tag{7-23}$$

由于转矩与电压的平方成正比，所以有

$$\frac{T_{st}{}'}{T_{st}} = \left(\frac{U_1}{U_2}\right)^2 = k^2 \tag{7-24}$$

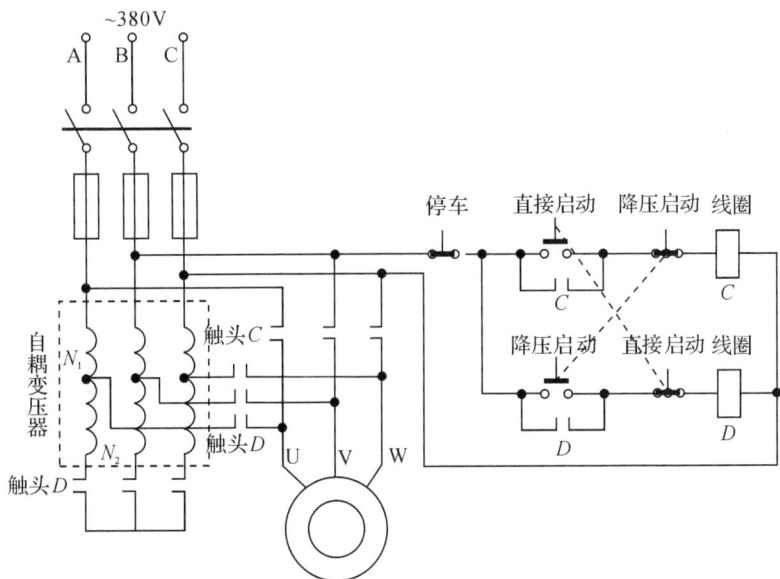

图 7-8　定子一侧串自耦变压器启动的控制电路

由于启动电流按变压器匝比的平方倍下降，达到了减小启动电流的目的。但同时，启动转矩也按变压器匝比的平方倍下降，所以自耦变压器降压启动方法只适合于小容量的低压三相异步电动机的启动。

4. Y-△变换启动

在保证能够启动的条件下，通过 Y-△变换方法启动可以大大减小对所在地区电网的冲击，不失为一种较好的方法。控制电路如图 7-9 所示。

在图 7-9 中，当 Y 启动按钮按下后，接触器线圈 C_Y 通电，常开触头 C_Y 闭合，在实现按钮自锁和互锁的同时，实现主电路的 Y 接启动。启动后，待电动机转速达到一定转速时，再通过△启动按钮实现△接完成启动过程。

根据 Y 接和△接两种接法的特点可知，△接时，线电压就是绕组的相电压，线电流是绕组相电流的$\sqrt{3}$倍；Y 接时，线电压是绕组相电压的$\sqrt{3}$倍，绕组相电流等于线电流，于是有

$$I_\triangle = \sqrt{3} \times \frac{U_\triangle}{Z_{ab}} = \sqrt{3} \times \frac{\sqrt{3} U_Y}{Z_{ab}} = 3 I_Y$$

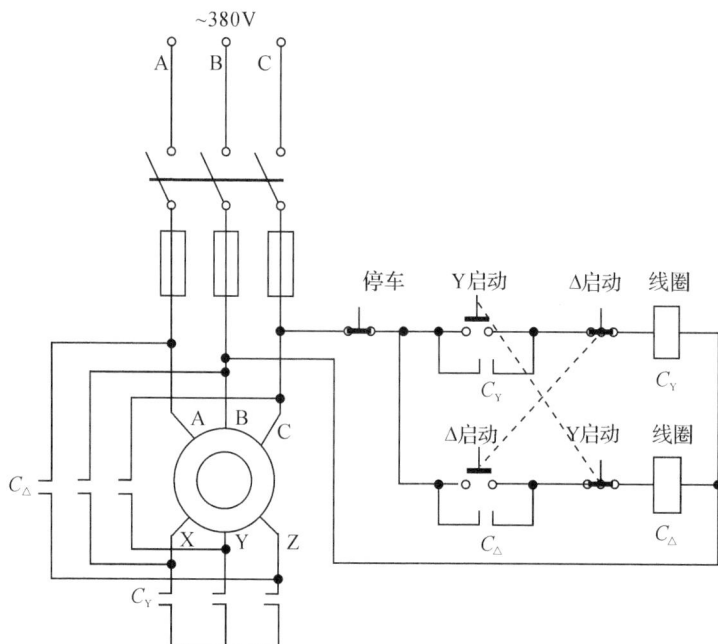

图 7-9 Y-△变换启动控制电路

或

$$\frac{I_Y}{I_\triangle} = \frac{1}{3}\tag{7-25}$$

由于电磁力矩与电压的平方成正比例,因此有

$$\frac{T_Y}{T_\triangle} = \left(\frac{U_Y}{U_\triangle}\right)^2 = \left(\frac{1}{\sqrt{3}}\right)^2 = \frac{1}{3}$$

或

$$T_Y = \left(\frac{1}{\sqrt{3}}\right)^2 T_\triangle = \frac{1}{3} T_\triangle\tag{7-26}$$

由于 Y-△变换启动控制比较简单,容易实现,而且目前容量大于 4 千瓦以上的三相异步电动机都设计为△接,所以比较便于采用 Y-△变换启动。但是,也必须注意到,电磁力矩在这个过程中按电压的下降的平方倍减少,因此,在采用 Y-△变换启动时必须首先对 Y 接时电机能否启动进行预先分析,最后还需进行验算。

例 7-1 一台鼠笼式三相异步电动机,定子绕组为△接法,过载能力 $\lambda_m = 2.3$,$P_N = 28$kW,$U_N = 380$V,$I_{1N} = 58$A,$n_N = 1455$r/min,启动转矩倍数 $k_{st} = 1.1$,启动电流倍数 $k_i = 6$,启动转矩为 50N·m 的恒转矩负载,启动时的负载转矩为 50.5N·m,供电变压器要求启动电流不大于 150A。问:是否可以采用 Y-△启动。

解 根据已知条件,首先,确定△接条件下的额定转矩、启动转矩和启动电流。

$$T_N = 9550 \frac{P_N}{n_N} = 9550 \times \frac{28}{1455} = 183.78 (\text{N·m})$$

$$T_{st\triangle} = 1.1 T_N = 1.1 \times 183.78 = 202.158 (\text{N·m})$$

$$I_{st\triangle}=k_iI_N=6\times58=348(\text{A})$$

然后,根据 Y 接与 Y 接△之间的关系,计算 Y 接条件下的启动电流和转矩。

$$T_{stY}=\frac{1}{3}T_{st\triangle}=\frac{1.1T_N}{3}=\frac{1.1\times183.78}{3}=67.39(\text{N·m})$$

$$I_{stY}=\frac{I_{st\triangle}}{3}=\frac{k_iI_N}{3}=\frac{6\times58}{3}=116(\text{A})$$

显然,$I_{stY}<150\text{A}$,$T_{stY}>50.5\text{N·m}$,结论是可以利用 Y-△启动。

7.3　三相绕线式异步电动机的启动方法

根据三相绕线式异步电动机特点,转子绕阻可直接短路,也可外串电阻。所以,三相绕线式异步电动机不仅可以采用上述的各种启动方法,而且还有它自身特有的启动方法。

由表达式(7-9)可知,如果能连续平滑地改变和调整转子回路的等效电阻 r_2 和电抗 x_{20},就可以改变临界转差率的值和机械特性中的最大转矩或临界转矩出现的位置,可以明显地改变和提高启动转矩,大大提高和改善电机的启动能力。

显然,转子串电阻和电抗的启动方法只适用于转子绕组为绕线式三相异步电动机。因为绕线式电机转子便于外串电阻或电抗。

7.3.1　转子串电阻或电抗启动

1. 三相异步电动机转子串电阻的控制电路图和机械特性

三相异步电动机转子串电阻的启动方法主要是针对绕线式异步电动机的。当转子回路串电阻时,特性有如下特点:

(1)最大电磁转矩 T_{em} 保持不变,这是因为最大转矩与转子电阻 r_2 的大小无关。

(2)最大转矩所对应的转差率 s_m 随转子电阻呈线性变化。这是因为它们之间成正比例关系。

通过调节转子回路所串入的电阻,可以改变启动转矩,并通过对转子外串电阻逐级次地切换,逐渐过渡到自然特性的稳定工作区段。转子串电阻启动的电路如图 7-10 所示,图中忽略了控制部分。以图 7-10 为例,启动过程描述如下:

在定子一侧通电后,在所有触头 $C_1\sim C_4$ 都未闭合时,转子处于开路状态,转子不转,可以测得转子绕组引出端的开路线电势 E_{20}。

当常开触头 C_1 闭合时,转子回路串入的电阻最大为 $R_3=R_{st1}+R_{st2}+R_{st3}+r_2$,$s_m$ 最大,启动转矩也最大。此时,电动机的转速将由静止开始,沿着特性 3 上升。

待转速上升到 b 点时,C_2 闭合,C_1 断开,切除 R_{st3}。此时,转子回路串入的电阻为 $R_2=R_{st1}+R_{st2}+r_2$,由于能量不能跃变,电动机的转速将由 n_b 平移至特性 2 的 n_c 点处,并沿着特性 2 上升。

同样,待转速上升到 d 点时,C_3 闭合,C_2 断开,切除 R_{st2}。此时,转子回路串入的电阻为 $R_1=R_{st1}+r_2$,由于能量不能跃变,电动机的转速将由 n_d 平移至特性 2 的 n_e 点处,并沿着特性 1 上升。

待转速上升到 f 点时,C_4 闭合,C_3 断开,切除 R_{st1}。此时,除 C_4 闭合外,其余触点 C_1、

C_2、C_3 都已断开,转子回路的电阻为 r_2,电动机的转速将由 n_f 平移自然特性上的 n_g 点处,并沿着自然特性上升至稳定运行的平衡点 h 处。至此,整个启动过程经 3 次切换后结束。

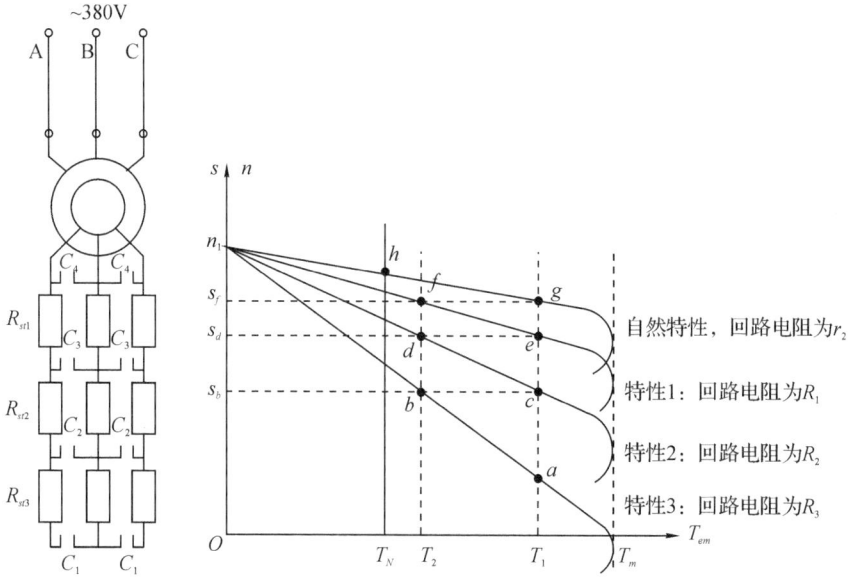

图 7-10　绕线式异步电动转子串电阻启动电路和机械特性

2. 转子外串电阻的分析与计算

通常情况下,转子回路的外串电阻是分极串入或切除的,因此,分析计算之前,首先需要对转子回路中所串电阻分极切换点 T_1 和 T_2 进行确定,从而确定每次串入或切除的电阻大小。

确定电阻切换点 T_1 的依据是要尽可能早一些,即要选得大,以提高启动速度,缩短启动时间;而确定电阻切换点 T_2 的要求是尽可能晚一些,即 T_2 要选得小,以减小切换瞬间的电流与转矩冲击;同时,又要尽量减少切换的次数和频率,但这是相互矛盾的。实际操作中,通常采取折中的方法。就经验而言,一般按下式选取:

$$T_1 = (0.8 \sim 0.85)T_{\max}$$
$$T_2 \geqslant (1.1 \sim 1.2)T_{LN} \text{ 或 } T_2 \geqslant (1.1 \sim 1.2)T_{L\max} \tag{7-27}$$

同时,认为在同步转速点到最大转矩点的特性线段可以近似为直线,且切换点处的转差率 $s/s_m \ll s_m/s$。于是有

$$T_{em} = \frac{2\lambda_m T_N}{\dfrac{s}{s_m} + \dfrac{s_m}{s}} \approx \frac{2\lambda_m T_N}{s_m} \times s \tag{7-28}$$

式(7-28)中,在忽略了 s/s_m 项后,电磁转矩与相对应的转差率为一线性关系。

由表达式(7-28)可以得出如下一系列关系式:

$$T_b \approx \frac{2\lambda_m T_N}{s_{mb}} \times s_b, \quad T_c \approx \frac{2\lambda_m T_N}{s_{mc}} \times s_c, \quad T_d \approx \frac{2\lambda_m T_N}{s_{md}} \times s_d, \cdots \tag{7-29}$$

在这些表达式中,我们注意到:在各个切换点处,$s_b = s_c$,$s_d = s_e$,$s_f = s_g$,只要将以上表达式两两相除,即可得

$$\frac{T_2}{T_1}=\frac{T_b}{T_c}=\frac{s_{mc}}{s_{mb}}, \quad \frac{T_2}{T_1}=\frac{T_d}{T_e}=\frac{s_{me}}{s_{md}}, \quad \frac{T_2}{T_1}=\frac{T_f}{T_g}=\frac{s_{mg}}{s_{mf}}, \cdots \tag{7-30}$$

又因为临界转差率与转子回路电阻成正经比,即

$$s_{mb}=\frac{R_3}{\sqrt{r_1^2+(x_1+x_{20}{}')^2}}, \quad s_{mc}=\frac{R_2}{\sqrt{r_1^2+(x_1+x_{20}{}')^2}}, \quad s_{me}=\frac{R_1}{\sqrt{r_1^2+(x_1+x_{20}{}')^2}}, \cdots$$

于是有

$$\frac{T_2}{T_1}=\frac{s_{mc}}{s_{mb}}=\frac{R_2}{R_3}, \frac{T_2}{T_1}=\frac{s_{me}}{s_{md}}=\frac{R_1}{R_2}, \frac{T_2}{T_1}=\frac{s_{mg}}{s_{mf}}=\frac{r_2}{R_1}, \cdots \tag{7-31}$$

根据以上各式,可以求得不同特性的转子回路总电阻:

$$\left.\begin{aligned}
R_1&=\left(\frac{T_1}{T_2}\right)\times r_2=R_{st1}+r_2\\
R_2&=\left(\frac{T_1}{T_2}\right)\times R_1=\left(\frac{T_1}{T_2}\right)^2\times r_2=R_{st1}+R_{st2}+r_2\\
R_3&=\left(\frac{T_1}{T_2}\right)\times R_2=\left(\frac{T_1}{T_2}\right)^3\times r_2=R_{st1}+R_{st2}+R_{st3}+r_2\\
&\quad\vdots\\
R_m&=\left(\frac{T_1}{T_2}\right)\times R_{n-1}=\left(\frac{T_1}{T_2}\right)^m\times r_2=\sum_{i=1}^m R_{sti}+r_2
\end{aligned}\right\} \tag{7-32}$$

至此,不难看出,只要知道启动时两个切换点处的转矩 T_1 与 T_2 的比值,无论启动的级数 m 是多少,各级特性所对应的转子回路电阻都可确定,即转子回路应串入的各级电阻 R_{sti} 也就能确定。

$$\left.\begin{aligned}
R_{st1}&=R_1-r_2=\left(\frac{T_1}{T_2}\right)\times r_2-r_2=\left(\frac{T_1-T_2}{T_2}\right)\times r_2\\
R_{st2}&=R_2-R_{st1}-r_2=\left(\frac{T_1}{T_2}\right)^2\times r_2-\left(\frac{T_1}{T_2}\right)\times r_2\\
&=\left(\frac{T_1-T_2}{T_2}\right)\left(\frac{T_1}{T_2}\right)\times r_2=\left(\frac{T_1}{T_2}\right)\times R_{st1}\\
R_{st3}&=R_3-R_{st2}-R_{st1}-r_2=\left(\frac{T_1}{T_2}\right)^3\times r_2-\left(\frac{T_1}{T_2}\right)^2\times r_2+\left(\frac{T_1}{T_2}\right)\times r_2-\left(\frac{T_1}{T_2}\right)\times r_2+r_2-r_2\\
&=\left(\frac{T_1}{T_2}\right)^3\times r_2-\left(\frac{T_1}{T_2}\right)^2\times r_2\\
&=\left(\frac{T_1-T_2}{T_2}\right)\left(\frac{T_1}{T_2}\right)^2\times r_2=\left(\frac{T_1}{T_2}\right)\times R_{st2}\\
&\quad\vdots\\
R_{stm}&=\left(\frac{T_1}{T_2}\right)^m\times r_2-\sum_{i=1}^{m-1}R_{sti}-r_2=\left(\frac{T_1-T_2}{T_2}\right)\left(\frac{T_1}{T_2}\right)^{m-1}\times r_2=\left(\frac{T_1}{T_2}\right)\times R_{stm-1}
\end{aligned}\right\}$$

$$\tag{7-33}$$

其中,r_2 可以通过下式计算:

$$r_2=\frac{E_{2N}}{\sqrt{3}\,I_{2N}}=\frac{s_N E_{20}}{\sqrt{3}\,I_{2N}}(此时,认为绕组为 \text{Y} 接) \tag{7-34}$$

若令 a 点处的转差率为 1,即 $s_a=1$ 时,根据表达式(7-28)可知:

$$T_N \approx \frac{2\lambda_m T_N}{s_{mN}} \times s_N \quad \text{和} \quad T_1 \approx \frac{2\lambda_m T_N}{s_{ma}} \times s_a$$

$$\frac{T_N}{T_1} \approx \frac{s_{ma}}{s_{mN}} \times s_N = \frac{R_m}{r_2} \times s_N = \left(\frac{T_1}{T_2}\right)^m \times s_N$$

将上述两式相比,启动级数最少可以划分为

$$m = \log\left|\frac{T_N}{T_1 s_N}\right| / \log\left|\frac{T_1}{T_2}\right| \tag{7-35}$$

最少启动级数时,T_1/T_2 的比值应为

$$\left(\frac{T_1}{T_2}\right) = \sqrt[m]{\frac{T_N}{T_1 s_N}} \tag{7-36}$$

总之,只要确定 T_1/T_2 的比值和启动级数 m,就可以计算出各级启动电阻。

例 7-2　一台绕线式三相异步电动机,定子和转子绕组均为 Y 接,$\lambda_m = 2.26$,$P_N = 28\text{kW}$,$I_{1N} = 96\text{A}$,$n_N = 965\text{r/min}$,$E_{20} = 197\text{V}$,$I_{2N} = 71\text{A}$,拖动 $T_L = 230\text{N} \cdot \text{m}$ 的恒转矩负载。试问:若分 4 级启动,计算各级启动电阻。

解　首先,根据已知条件,算出 s_N 和 T_N。

$$s_N = \frac{n_1 - n_N}{n_N} = \frac{100 - 965}{1000} = 0.035$$

初步确定,切换点处的转矩 T_1、T_2 和 T_1/T_2 的比值。

$$T_N = 9550 \frac{P_N}{n_N} = 9550 \times \frac{28}{965} = 277.1(\text{N} \cdot \text{m})$$

$$T_2 = 1.1 T_L = 1.1 \times 230 = 253(\text{N} \cdot \text{m})$$

$$T_1 = 0.85 T_m = 0.85 \lambda_m T_N = 0.85 \times 2.26 \times 277.1 = 532.3(\text{N} \cdot \text{m})$$

$$\frac{T_1}{T_2} = \frac{532.3}{253} = 2.1$$

$$r_2 = \frac{E_{2N}}{\sqrt{3} I_{2N}} = \frac{s_N \times E_{20}}{\sqrt{3} I_{2N}} = \frac{0.035 \times 197}{\sqrt{3} \times 71} = 0.056(\Omega)$$

$$R_{st1} = R_1 - r_2 = \left[\left(\frac{T_1}{T_2}\right) - 1\right] r_2 = 1.1 \times 0.056 = 0.061675(\Omega)$$

$$R_{st2} = \left(\frac{T_1}{T_2}\right) \times R_{st1} = 2.1 \times 0.061675 = 0.1295(\Omega)$$

$$R_{st3} = \left(\frac{T_1}{T_2}\right) \times R_{st2} = 2.1 \times 0.1295 = 0.272(\Omega)$$

$$R_{st4} = \left(\frac{T_1}{T_2}\right) \times R_{st3} = 2.1 \times 0.272 = 0.571(\Omega)$$

若使 a 点处的转差率为 1,最少的启动级数可由下式计算:

$$m = \log\left|\frac{T_N}{T_1 s_N}\right| / \log\left|\frac{T_1}{T_2}\right| = \frac{\log\dfrac{T_N}{0.035 \times 1.92 \times T_N}}{\log 2.1} = 3.64$$

取整数 $m = 4$,则最少启动级数时的 T_1/T_2 的比值应为

$$\left(\frac{T_1}{T_2}\right) = \sqrt[m]{\frac{T_N}{T_1 s_N}} = \sqrt[4]{\frac{T_N}{0.035 \times 1.921 \times T_N}} = 1.964$$

根据最少启动级数时的 T_1/T_2 的比值可以重新计算串入的各级电阻。

7.3.2　转子回路串频敏变阻器的启动方法

上一节介绍了转子串电阻的启动,是一种分级启动,整个启动过程需要操作人员介入完成启动电阻的切换。此外,这种方法存在的问题也不少,如:在切换瞬间瞬时启动电流和启动转矩容易引起对电网和机械装置的冲击。随着启动级数的增多,启动过程愈加平滑,但是触点也随之成倍增加,故障率也随着增加,可靠性下降,特别是电阻的切换顺序,否则会出现严重错误。为此,人们在转子回路中串入一个频敏电阻,非常有效地解决了以上问题。

频敏电阻启动的原理来源于人们对交流异步电动机的细心观察和研究。人们观察发现,在整个启动过程中转子的频率 f_2 是连续变化的,f_2 为 $f_1 \to 0$。而铁芯的涡流损耗恰好与频率变化的平方成正比,频率越高,铁芯损耗越大,等效为大电阻;频率越低,铁芯损耗越小,等效为小电阻。绕线式三相异步串频敏电阻启动正是利用了这个原理。电路如图 7-11 所示。

图 7-11 中的频敏电阻是用几片或几十片较厚的钢板或铁板叠制而成,而不用矽钢片,目的就是要使绕在其上的线圈通电后引起较大的损耗。

启动时,$s=1$,$f_2=sf_1$ 最大,铁芯损耗 r_m 最大,相当于串入一个大电阻;启动后,铁芯损耗 r_m 随着转子频率 f_2 的减小而减小,相当于在启动过程中逐级切除电阻,待转速接近额定转速后,切除频敏电阻,过渡到自然特性上直到平衡点处稳定工作,整个启动过程结束。

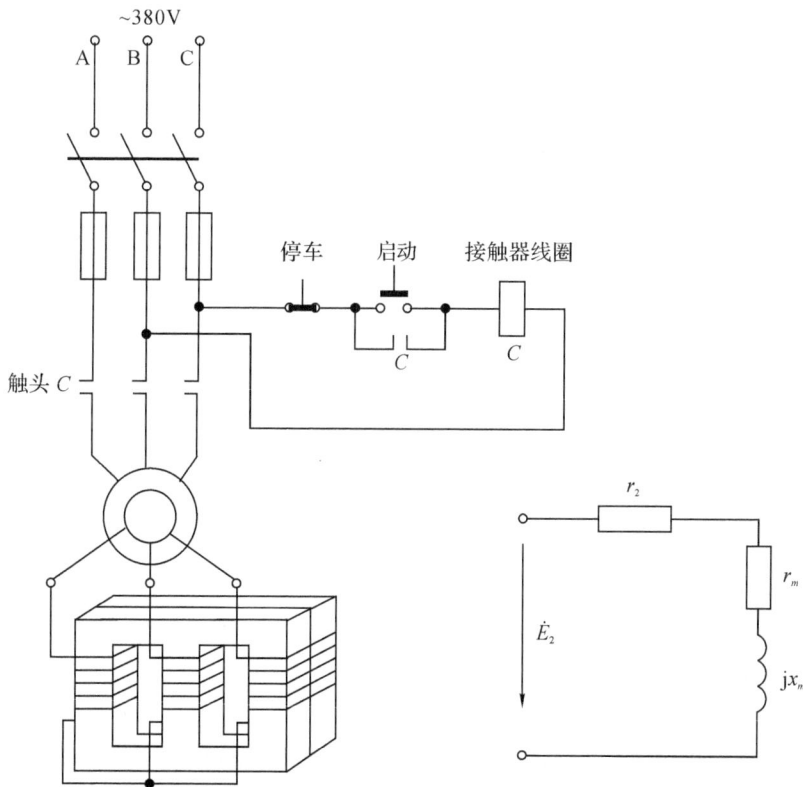

图 7-11　绕线式异步电动机转子串频敏变阻器的启动电路

7.4 三相异步电动机的调速方法

所谓调速是指机械设备在电动机的拖动下,不仅要拖得起,起得动,而且要能够通过人为地调整电动机的某一物理量,使得电动机动得好,能够随心所欲地使电动机以不同的转速稳定地工作。实现调速的方法也比较多,如变磁极对数调速、降压调速和变频调速等。

7.4.1 变极对数调速

1. 变极原理

在图 7-12 中显示了两个相绕组通过串联组成一个相绕组的情况。由于磁场的分布和磁场效应是由线圈有效边中的电流方向决定的,所以当两个线圈组首尾相连时,在 A 相绕组中,a_1 为相绕组的首端 A,a_1x_1 线圈组的尾端 x_1 与 a_2x_2 线圈组的首端 a_2 相连,x_2 作为相绕组的尾端称为顺串 X,形成串联连接。如果线圈中的电流方向如图 7-12(a)所示,则根据磁场的分布,电机为 4 极机,即 $2p=4$。如果设磁力线流出定子铁芯处为 N 极,流入定子铁芯处为 S 极,则根据图 7-12(b)中显示的电流流经绕组的电流方向也可以很容易地判定出 N、S 极的位置。

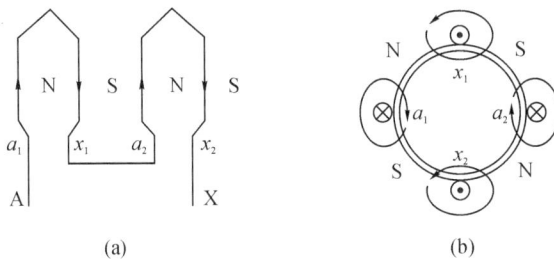

图 7-12 2 个线圈组首尾串联组成一相绕组的连线与磁场分布图

如果改变线圈有效边中的电流方向,则相应的磁场分布和磁场效应也将改变。甚至可以由 4 极机变为 2 极机,如图 7-13 所示。

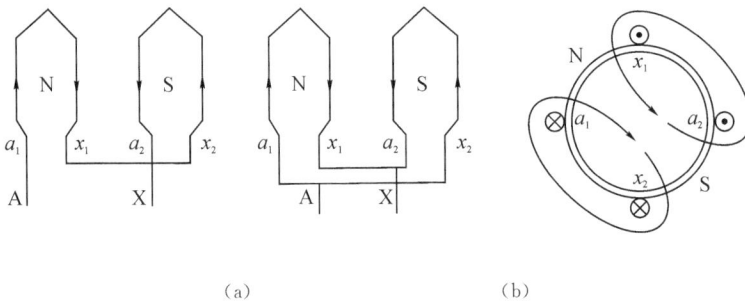

图 7-13 2 个线圈组反向串联与并联的一相绕组的连线与磁场分布图

在图 7-13 中,展示了两种线圈组的连接形式:一种是串联,在串联过程中,a_1 端作为相绕组的首端 A,a_2x_2 线圈组颠倒了,a_1x_1 线圈组的尾端 x_1 与 a_2x_2 线圈组的尾端 x_2 相连,a_2

端作为相绕组的尾端 X,称为顺串;另一种是并联,在并联的过程中,$a_2 x_2$ 线圈组也颠倒了,$a_1 x_1$ 线圈组的首端 a_1 与 $a_2 x_2$ 线圈组的尾端 x_2 相连,并作为相绕组的首端 A,而 $a_1 x_1$ 线圈组的尾端 x_1 与 $a_2 x_2$ 线圈组的首端 a_2 相连,作为相绕组的尾端 X,称为反并。由于 $a_2 x_2$ 线圈组中电流方向的改变,磁场分布和磁场效应也发生了变化,由 4 极机变为 2 极机,即 $2p$ =2。

由此得出结论:

在 2 个线圈组组成的相绕组中,无论是串联还是并联,只需改变其中一个线圈组有效边中的电流方向,就能够改变磁场分布和磁场效应,使电机的极对数在 2 极机与 4 极机之间变化。

可以设想,如果一相绕组包含 3 个线圈组或 4 个线圈组,甚至更多的线圈组,如何改变连接才能改变磁极对数? 同学们不妨尝试一下,做一做。

磁极对数通过改变线圈组之间的连接方法可以改变,但磁极对数的变化对电动机的机械特性又有哪些影响呢? 关于这个问题,我们不妨通过两种常用的变极连接线方法进行考察。

2. 2 种常用的改变磁极对数的接线方法

为了便于比较,首先,假设每半相绕组的参数分别为 $r_1/2$、$r_2/2$、$x_1/2$、$x_2/2$。Y 接时,将两个半相绕组首尾相连进行串联连接,则每相绕组的参数为 r_1、r_2、x_1、x_2,极对数为 $2p=4$,此时,电机的各项指标参数如下:

轴头输出功率为 $\quad P_Y = 3 U_1 I_1 \cos\varphi_1 \cdot \eta$

其中,U_1、I_1 皆为相电压、相电流。

轴头输出转矩为 $\quad T_Y = 9550 \dfrac{P_Y}{n_Y}$

Y 接时的电磁力矩为 $\quad T_{mY} = \dfrac{m_1 2 U_1^2}{4\pi f_1 \left[r_1 + \sqrt{(r_1)^2 + (x_1 + x_2')^2} \right]}$

Y 接时的最大转差率为 $\quad s_{mY} = \dfrac{r_2}{\sqrt{(r_1)^2 + (x_1 + x_2')^2}}$

Y 接时的启动转矩为 $\quad T_{qY} = \dfrac{m_2 2 U_1^2 r_2'}{2\pi f_1 \left[(r_1 + r_2')^2 + (x_2 + x_2')^2 \right]}$

(1) 由 Y 接变为 YY 接

由前面变极绕组的连接方法可知:只要将图 7-14(a) 中的 A、B、C 三个接线端相互进行短接,并作为 YY 接的另一个公共点,将每相绕组的中间抽头分别作为新的并联绕组的引出端,与外部三相电源相连接,即可实现改变磁极对数,变极后的连线图如图 7-14(b) 所示。

根据图 7-14(b) 中的连接线形状,称为 YY 接法。YY 接法中,同相绕组中的半相绕组两两反相并联,所以等效的绕组阻抗分别为 $r_1/4$、$r_2'/4$、$x_1/4$、$x_2'/4$。磁极对数为 $p=1$,轴头输出功率和转矩、最大电磁力矩、最大转差率以及启动转矩分别如下:

YY 接时的最大电磁力矩为

$$T_{mYY} = \dfrac{m_1 U_1^2}{4\pi f_1 \left[\pm \dfrac{r_1}{4} + \sqrt{\left(\dfrac{r_1}{4} \right)^2 + \left(\dfrac{x_1}{4} + \dfrac{x_2'}{4} \right)^2} \right]} = 2 T_{mY} \tag{7-37}$$

YY 接时的最大转差率为

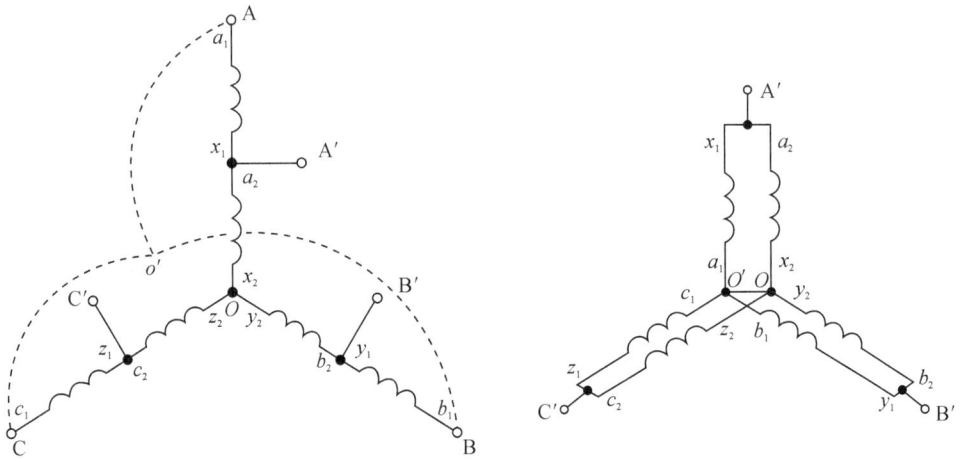

图 7-14 2 个线圈组串联的 Y 形接法变为并联的 YY 接法

$$s_{mYY} = \frac{r_2'/4}{\sqrt{(r_1/4)^2 + (x_1/4 + x_2'/4)^2}} = s_{mY} \tag{7-38}$$

YY 接时的启动转矩为

$$T_{stYY} = \frac{m_1 U_1^2 r_2'/4}{2\pi f_1 \left[(r_1/4 + r_2'/4)^2 + (x_1/4 + x_2'/4)^2 \right]} = 2T_{stY} \tag{7-39}$$

轴头输出功率为

$$P_{YY} = 3U_1(2I_N)\cos\varphi_1\eta = 2P_Y$$

轴头输出转矩为

$$T_{YY} = 9550 \frac{P_{YY}}{n_{YY}} = 9550 \frac{2P_Y}{2n_Y} = T_Y \tag{7-41}$$

由上分析可以看出,由 Y 接变为 YY 接时,最大临界转差率不变,最大转矩为 Y 接时的 2 倍,同步转速为原 Y 接时的 2 倍。由于变极前后输出转矩不变,所以 Y/YY 接变极调速属恒转矩调速。据此,可以画出极对数变化前后的机械特性,如图 7-15 所示。

(2) 由△接变为 YY 接

当每半相绕组的参数分别为 $r_1/2$、$r_2/2$、$x_1/2$、$x_2/2$ 时,将两个半相绕组首尾相连串联

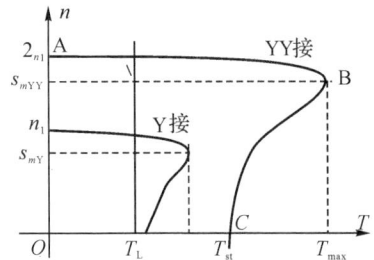

图 7-15 Y/YY 接法磁极对数变化前后的机械特性曲线

连接,每相绕组之间采取△形连接,构成每相绕组回路的电阻和漏抗为 r_1、r_2、x_1、x_2,极对数为 $2P=4$。连接电路如图 7-16 所示。

△形连接时的最大转矩为

$$T_{m\triangle} = \frac{m_1 p(\sqrt{3}U_1)^2}{4\pi f_1 \left[\pm r_1 + \sqrt{(r_1)^2 + (x_1 + x_2')^2} \right]} = 3T_{mY} = \frac{3}{2}T_{mYY} \tag{7-42}$$

△形连接时的启动转矩为

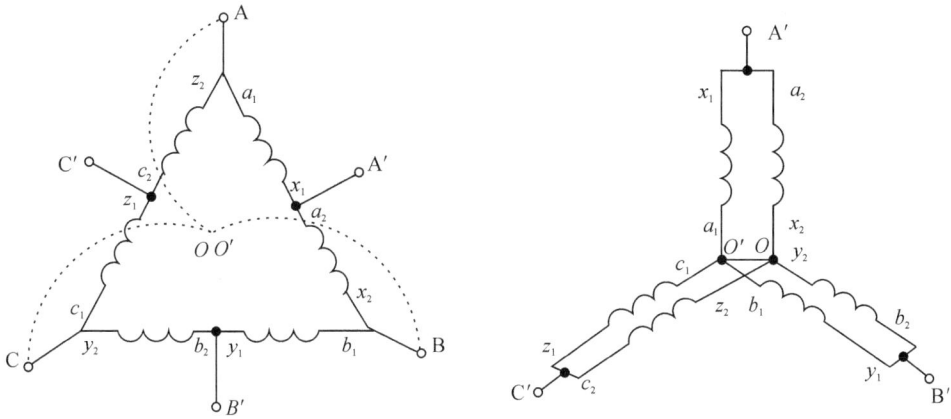

图 7-16　2 个线圈组串联的△形接法变为并联的 YY 接法

$$T_{m\triangle}=\frac{m_1 p(\sqrt{3}U_1)^2 r_2{}'}{2\pi f_1\left[(r_1+r_2{}')^2+(x_1+x_2{}')^2\right]}=3T_{stY}=\frac{3}{2}T_{stYY} \tag{7-43}$$

△形连接时的轴头输出功率和转矩为

$$P_{\triangle}=3U_N(\frac{I_N}{\sqrt{3}})\eta_N\cos\varphi_N=\sqrt{3}\,P_Y=\frac{\sqrt{3}}{2}P_{YY} \tag{7-44}$$

$$T_{\triangle}=9550\,\frac{P_{N\triangle}}{n_{N\triangle}}=9550\,\frac{\frac{\sqrt{3}}{2}P_{YY}}{\frac{n_{NYY}}{2}}=\sqrt{3}\,T_{YY} \tag{7-45}$$

由上分析可以看出,由△接变为 YY 接时,最大临界转差率不变,最大转矩为△接时的 $\frac{2}{3}$ 倍,同步转速为△接时的 2 倍。由于变极前后的功率近似不变,所以变极调速可近似地认为属恒功率调速。

根据以上结果,不难画出前后的机械特性,如图 7-17 所示。

综上所述,变极调速是通过改变三相异步电动机定子绕组的连接方法,改变电动机中的等效磁极对数,影响空间旋转磁场的旋转速度

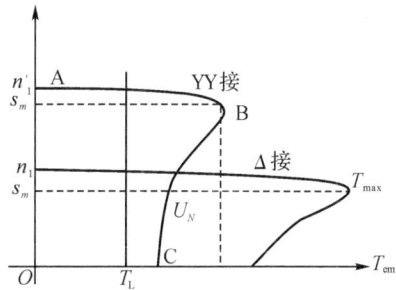

图 7-17　△/YY 接法磁极对数变化前后的机械特性曲线

来改变电动机轴头转速,从而实现调速的。通过以上分析,不难发现 Y/YY 变极调速具有以下特点:

①磁极对数增加一对,同步转速则下降一半,反之亦然。此时,电动机的实际转速也将大幅度变化。因此,通过改变磁极对数可以实现调速。

②根据电磁转矩表达式(7-5),磁极对数增加一对,电动机的最大转矩、启动转矩和轴头输出功率增加一倍。反之,减小一半。

③根据转矩表达式(7-41),轴头输出转矩在变极调速前后保持不变,因而,电动机

Y/YY变极调速属于恒转矩调速。

④变极调速过程中,临界转差率不变。

⑤改变磁极对数后,电动机的效率和功率因数近似不变。

同样,△/YY变极调速也具有以下特点:

①磁极对数增加一对,同步转速则下降一半,反之亦然。通过改变磁极对数可以实现调速。

②△接时的电动机的最大转矩和启动转矩是 YY 接时的 3/2 倍。

③△接时的功率为 YY 接时的 0.86603 倍,基本上变化不大。因此可以认为△/YY变极调速为恒功率调速。

④变极调速过程中,临界转差率不变。

⑤△接时的轴头输出转矩是 YY 接时的 $\sqrt{3}$ 倍。

尽管如此,两个线圈组只能得到两级调速,且是一种有极调速。如果能适当地增加定子线圈组,并将△接与 Y 接两种方法相结合时,则还可以得到更多的调速级数。同学不妨试想一下。

变磁极对数调速通常只适合于鼠笼异步电动机。

7.4.2 变频调速

1. 三相异步电动机的变频调速原理分析

由表达式 $n_1=60f_1/p$ 可知,定子绕组中的电流频率与旋转磁场的转速成正比。因此,通过调节电动机的电源频率可以改变电动机旋转磁场的转速,从而改变电动机转子的转速,实现对电动机的调速是显而易见的,且是可行的。频率 f_1 上升,磁场转速 n_1 上升,从而带动转子转速上升;反之,频率 f_1 下降,磁场转速 n_1 也下降,从而带动转子转速下降。

特别值得一提的是,在理想情况下,随着频率 f_1 的变化,电动机特性中的额定转速降 $\Delta n_N=n_1-n_N$ 几乎不发生变化,表现为硬度很好,在同步转速 n_1 到最大转矩点这段特性几乎是平行移动,而不会因频率的改变而变软。如果频率 f_1 能够连续平滑地变化,则三相异步电动机的机械特性也会像直流电动机降压调速一样,实现连续、平滑的无级调速。因此,变频调速是一种非常理想的调速方法。

但是从另一个角度看,当电动机正常运行时,定子的绕组电阻与漏抗很小,可以近似地认为

$$U_1 \approx E_1 = 4.44f_1W_1k_{w1}\Phi_m \tag{7-46}$$

在电源电压保持不变的情况下(通常电源电压是不变的),若频率升高,则磁通量下降,它们成反比;反之,频率下降,磁通量增加。

从电磁转矩的物理表达式和参数表达式来看,频率变化也直接影响电磁转矩的大小,频率上升,主磁通下降,电磁转矩变小;频率下降,主磁通上升,电磁转矩增大。

综上所述,频率的升高和降低都将直接影响电动机的主磁通和电磁转矩的大小。因为我国的工业用电频率标准为 $f_1=50Hz$,所以,这里的频率升高通常是指在 50Hz 以上的频率范围;而下降是指在 50Hz 以下的范围。

然而,在国内人们在设计电动机时,都是以 50Hz 频率为基准,而且为了充分地利用导磁材料,磁通量的选择已接近饱和,若通过简单地降低频率增加磁通量,只会使磁路过分地饱和,励磁电流猛增,磁损耗增加,发热,功率因数变坏,电动机带负载能力降低。

若频率升高,则磁通量下降,电动机的电磁转矩和允许输出的机械转矩将会下降,过载能力下降,电机的利用率下降,在一定负载下有闷车的危险。

因此,在实际应用中,频率这一参数不宜单独进行调整。

由电磁转矩的物理表达式可知:只要电动机的主磁通保持恒定不变,电磁转矩就始终与转子电流的有功分量成正比。只有主磁通保持不变,才能够在保持"硬度"不变的情况下,实现连续、平滑地调速。为了提高电动机的性能,通常在调整频率的同时,也调整电源电压,而且使 U_1/f_1 的比值为一常数,即成比例变化。其目的就是要保证磁通不变,即

$$\Phi_m \propto \frac{U_1}{f_1} = C(常数) \tag{7-47}$$

2. $U_1/f_1 = C$ 条件下的变频调速与机械特性

下面分析一下,在 $U_1/f_1 = C$ 的条件下,变频调速的特点如下:

(1)从额定频率向下调

当电动机定子的频率下调,且 U_1/f_1 的比值不变时,由物理表达式 $T_{em}=C_T\Phi_m I_2'\cos\varphi_2$ 可知,变频调速为恒转矩调速。

(2)从额定频率向上调

由于电网电压的限制,电动机两端的电压不能超过电网的额定电压,所以当频率上调时,U_1 与 f_1 不能成比例调整。随着频率的上升,将使得电动机的主磁通减小,呈现出弱磁现象,是一种弱磁升速,属恒功率调速。

(3)变频调速的机械特性

分析过程中为了方便,忽略了定子与转子绕组回路电阻 r_1 和 r_2 的影响,且认为漏抗为线性电抗,即 $x_1=2\pi f_1 L_1$、$x_{20}=2\pi f_1 L_2$,于是有

最大电磁转矩:

$$T_m \approx \frac{m_1 p U_1^2}{4\pi f_1(x_1+x_2')} = \frac{m_1 p}{8\pi^2(L_1+L_2')}\left(\frac{U_1}{f_1}\right)^2 \tag{7-48}$$

启动转矩:

$$T_{st} \approx \frac{m_1 p U_1^2 r_2'}{4\pi f_1(x_1+x_2')^2} = \frac{m_1 p}{8\pi^2(L_1+L_2')}\left(\frac{U_1}{f_1}\right)^2 \frac{1}{f_1} \tag{7-49}$$

临界点的转速降:

$$\Delta n_m = s_m n_1 = \frac{r_2'}{2\pi f_1(L_1+L_2')}\frac{60 f_1}{p} = \frac{30 r_2'}{\pi p(L_1+L_2')} \tag{7-50}$$

通过上述分析可以看出,在 U_1/f_1 比值不变的情况下进行变频调速时,三相异步电动机的机械特性呈现出以下特点:

① 特性的硬度不变,表明带负载能力特别强;

② 最大转矩保持不变,特性中的最大转矩点将沿着最大转矩线上下移动;

③ 启动转矩随着频率的下调而增加。

变频调速的机械特性如图 7-18 所示。

但是,实际上,当频率很低时电动机定子回路的

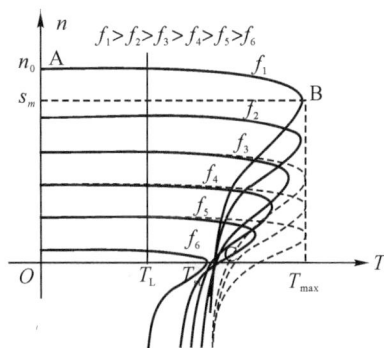

图 7-18　变频调速机械特性曲线

漏阻抗对 E_1 影响很大，主磁通下降很大，使得电动机的最大转矩和启动转矩明显减小，性能变差。情况如图 7-18 中的实线所示。

在频率较低时出现的电磁转矩变小、性能变差的现象，可以通过其他措施来进行补偿。如采用在电力电子技术课程中学过的恒流变频调速系统进行补偿。

3. 变频调速的分析计算

对变频调速的分析主要是指三相异步电动机在不同频率条件下对电动机状态的分析和计算。分析时应掌握以下几点：

①根据电机铭牌参数 n_N，确定电机的额定频率 f_1、同步转速 n_1，并利用转矩实用表达式或题中给出的其他条件，计算出当前负载条件下的转差率 s 和转速降 Δn。

②根据变频调速转速降不变的特点，根据以下表达式：

$$n_1' = n' + \Delta n \tag{7-51}$$

确定（当前负载条件下）当前转速 n' 对应的同步转速 n_1'。

③确定（当前负载条件下）当前转速 n' 下的频率 f_1'。由同步转速 n_1 与频率 f_1 和磁极对数 p 之间的关系，得出如下关系表达式：

$$\frac{n_1'}{n_1} = \frac{\dfrac{60 f_1'}{p}}{\dfrac{60 f_1}{p}} = \frac{f_1'}{f_1} \quad \text{或} \quad \frac{n_1'}{n_1} = \frac{f_1'}{f_1} \tag{7-52}$$

并由此导出：

$$n_1' = \frac{f_1'}{f_1} \times n_1 \quad \text{或} \quad f_1' = \frac{n_1'}{n_1} \times f_1 \tag{7-53}$$

利用以上表达式，根据习题的具体要求，可分别计算出当前的频率 f_1' 和当前的同步转速 n_1'。

例 7-3 已知三相异步电动机铭牌数据如下：$U_N = 380\text{V}$，$n_N = 1455\text{r/min}$，△接法。若采用变频调速拖动恒转矩负载 $T_L = 0.8T_N$，当前电动机转速 $n = 900\text{r/min}$。要求在 $U_1/f_1 = C$ 的条件下，试求当前变频电源输出的线电压 U_1 和 f_1 各为多少？

解 由铭牌给出的轴头额定转速可知，电机同步转速为 1500r/min，磁极对数 $p = 2$，为 4 极电机。首先作图，画出电动机在机械特性上的工作点，确定其当前的工作状态。通过作图可知，当前电动机工作于 B 点，转速为 $n' = 900\text{r/min}$。

然后，按照先 A 点后 B 点的顺序计算出额定转差率 s_N 和当前负载为 $0.8T_N$ 处的转速降 Δn 和转差率 s：

$$s_N = \frac{\Delta n_N}{n_1} = \frac{n_1 - n}{n_1} = \frac{1500 - 1455}{1500} = 0.03$$

因为最大转矩和额定转矩未知，转矩实用表达式不能用来计算当前负载下 A 点处的 s。但由于电机工作在自然特性上，实际负载又小于额定负载，特性在这段区间上接近于直线，因此，可以根据相似三角形的对边成比例的原理求得当前负载下 A 点的转差率 s。计算 s 的目的是为了求得在当前负载下 A 点处的转速降 Δn。计算过程如下：

$$\frac{s_A}{s_N} = \frac{T}{T_N} \quad \text{或} \quad s_A = \frac{T}{T_N} \times s_N = 0.8 \times 0.03 = 0.024$$

$$\Delta n_A = s_A n_1 = 0.024 \times 1500 = 36(\text{r/min})$$

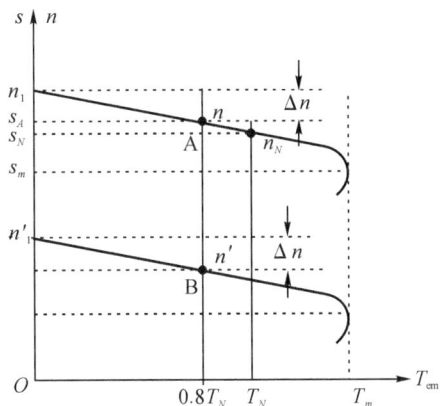

图 7-19 $U/f=C$ 时的变频调速机械特性曲线

由同一负载下变频调速转速降不变的特点可知，$\Delta n_A = \Delta n_B$，在当前负载下和当前速度（B 点的速度）下所对应的同步转速 n_1' 为

$$n_1' = n + \Delta n_A = 900 + 36 = 936(\text{r/min})$$

当前时刻定子绕组中的电流频率，由 $n_1' = \dfrac{60 f_1'}{p}$ 得

$$f_1' = \frac{pn}{60} = \frac{2 \times 936}{60} = 31.2(\text{Hz})$$

当前时刻定子两端的相电压，由 $\dfrac{U_1'}{f_1'} = \dfrac{U_1}{f_1} = C$ 得

$$U_1' = \frac{f_1'}{f_1} \times U_1 = \frac{31.2}{50} \times 380 = 237.12(\text{V})$$

归纳起来，解题思路是：由转速 $n \to$ 同步转速 $n_1 \to s_N \to s_A(T_L = 0.8T_N) \to \Delta n(T_L = 0.8T_N) \to n_1'(n' + \Delta n) \to f_1' \to U_1$。

7.4.3 降压调速

1.降压调速的特点

降压调速就是通过改变三相异步电动机定子绕组的端电压，影响电动机的机械特性实现调速。也就是说，改变三相异步电动机定子绕组的端电压，不仅可以用来启动，而且还能用来调速。特别是在逆变器技术成熟后，降压调速后的电机机械特性如图 7-20 所示。

从图 7-20 可以看出，降压后，机械特性发生了变化，其特点是：启动转矩与最大转矩都按电压变化的平方倍减小，但同步转速和临界转差率仍保持不变。电动机也将由原来的平衡点

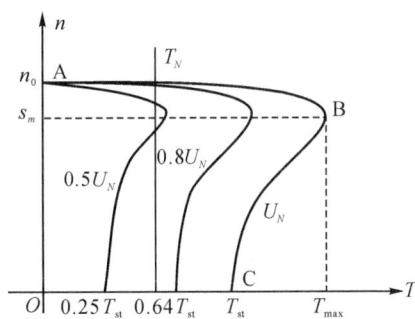

图 7-20 降压调速的机械特性曲线

过渡到降压后的新的特性上，最终稳定地工作在新的平衡点上。

2. 降压调速的分析与计算

在降压后,电动机工作在一个新的平衡点上,此时,电动机的转速是多少? 转差率是多少? 这些都需要知道,下面就降压调速进行分析。

分析方法与步骤:

首先,根据题意,画出正确的机械特性,确定当前工作点和分析路径,确定电动机在额定条件下的额定转差率 s_N、临界转差率 s_m 和临界转矩 T_m。

然后,计算出当前负载条件下的转差率,根据同步转速不变的特点,求出当前的转速。

例 7-4 某 3 相 4 极鼠笼式异步电动机,其定子为 Y 接法,该电动机的技术数据为 $P_N=11\mathrm{kW}$, $n_N=1430\mathrm{r/min}$, $U_N=380\mathrm{V}$, $\lambda_m=2.2$,用它来拖动 $T_L=0.8T_N$ 的恒转矩负载,稳定运行。求:

(1)电动机的当前转速;

(2)电源电压降低到 $0.8U_N$ 时,电动机的转速。

解 额定转差率为

$$s_N=\frac{n_1-n}{n_1}=\frac{1500-1430}{1500}=0.0467$$

临界转差率为

$$s_m=s_N(\lambda_m\pm\sqrt{\lambda_m^2-1})=0.0467\times(2.2\pm\sqrt{2.2^2-1})=\begin{cases}0.19425 & 保留\\0.01123 & 舍去\end{cases}$$

(1)当 $T_L=0.8T_N$ 时,在固有机械特性上 D 点处(见图 7-21)运行的转差率 s_D,可用机械特性实用表达式求得

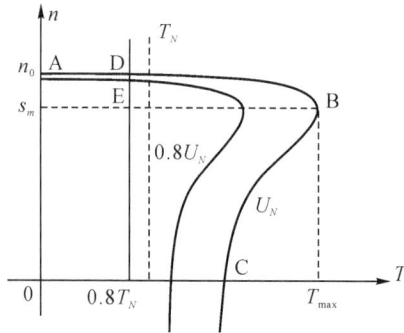

图 7-21 降压调速的机械特性

$$T_L=\frac{2\lambda_m T_N}{\dfrac{s_D}{s_m}+\dfrac{s_m}{s_D}}$$

$$0.8T_N=\frac{2\times2.2T_N}{\dfrac{s_D}{0.19425}+\dfrac{0.19425}{s_D}}$$

得 $s_D=0.0366$(其中另一个值 $s_D=1.0318$ 不合理,故舍去)。

于是,电动机在 D 点的转速为

$$n_D = (1-s_D)n_1 = (1-0.0366) \times 1500 = 1445(\text{r/min})$$

（2）降压后，电动机的最大转矩 $T_{\max} = 0.8^2\lambda_m T_N = 0.8^2 \times 2.2 \times T_N = 1.408 T_N$。同步转速未变，设降压后的转差率为 s_E（见图 7-21），则

$$0.8 T_N = \frac{2 \times 1.408 T_N}{\dfrac{s_E}{s_m} + \dfrac{s_m}{s_E}}$$

即

$$0.8 = \frac{2 \times 1.408}{\dfrac{s_E}{0.19425} + \dfrac{0.19425}{s_E}}$$

得　　$s_E = 0.0605$（或 $s_E = 0.6232$，不合理，舍去）

于是，工作在降压后的特性上 E 点的转速为

$$n_E = (1-s_E)n_1 = (1-0.0605) \times 1500 = 1410(\text{r/min})$$

该例题的解题思路可由同学自己总结。

7.4.4　变转差率调速

通过前面的分析可知，$n = (1-s)n_1$，$n_1 = 60f_1/p$，即通过改变转差率 s 影响转速，同时旋转磁场的转速不变。人为地通过改变转差率 s 来控制电动机的转速的方法称为变转差率调速。

这种方法是通过改变转速 n 来实现变转差率的，而改变转差率只能通过改变转子一侧的参数来实现，因此此种方法也只适合于绕线式交流异步电动机。改变转差率 s 来控制电动机的转速的方法有以下几种：

1. 绕线式交流异步电动机转子串电阻的转速方法

由前面的分析可知：

$$s_m = \frac{r_{2\Sigma}'}{\sqrt{(r_1)^2 + (x_1 + x_2')^2}} = \frac{R_2' + r_2'}{\sqrt{(r_1)^2 + (x_1 + x_2')^2}} \tag{7-54}$$

式中：$r_{2\Sigma}'$ 为转子回路的总电阻；R_2' 为转子回路中串入的电阻。

$$T_m = \frac{m_1 p(U_1)^2}{4\pi f_1\left[\pm r_1 + \sqrt{(r_1)^2 + (x_1 + x_2')^2}\right]} \tag{7-55}$$

转子回路中电阻 r_2 的大小与转差率 s 的大小成正比例，而最大转矩却与转子回路中电阻 r_2 的大小无关。这样我们就能够通过在转子回路中串接电阻来实现控制最大转差率 s_m，改变电动机机械特性，从而实现调速的目的，同时又不影响转速变化的动态稳定范围。

这种调速方法的优点是：设备简单，容易实现。其缺点是：它仍是属于有级调速，调速过程不够平滑，低速时转差率太大，转差功率损耗也随着增大，运行效率低，机械特性变软。这种调速方法适合于精度要求不高的恒转矩负载的调速上。

2. 绕线式交流异步电动机的串级调速

上述调速方法存在着随转速降低功率功耗大，且很大一部分能量都消耗在转子回路中外串的电阻上了；转子转速越低，转子绕组中的电流越大，消耗越大，而且效率低，特性软等问题。若采用串级调速的方法，不仅克服了这些问题，而且将低速时的功率损耗加以回收利用，如图 7-22 所示。该方法的工作原理是：利用电力电子技术中的逆变技术，在转子回路中串入一个附加交流逆变电动势 E_{ad}，若其频率与转子电动势的频率相同、极性相反，则有

$$I_2 = \frac{sE_{20} - E_{ad}}{\sqrt{(r_2)^2 + (sx_{20})^2}} \tag{7-56}$$

式(7-56)表明,通过改变E_{ad}的幅度值和相位来改变转子中的电流,可以实现控制转差率,从而达到调速的目的。特别是在电动机低速运行时(即s变大时),为了保持稳定运行,即保持I_2不变,则E_{ad}就得变大,附加电动势将吸收更多的能量,并实时地将吸收的能量回馈电网。

若其频率与转子电动势相同、极性亦相同,则有

$$I_2 = \frac{sE_{20} + E_{ad}}{\sqrt{(r_2)^2 + (sx_{20})^2}} \tag{7-57}$$

通常情况下,随着转速的提高,s变小,转子回路中的电流变小,虽然此时$\cos\varphi$变大,电动机的电磁转矩也将变小。式(7-57)表明,这种情况可以通过提高附加电动势的幅度值,改变附加电动势的极性来进行补偿。在s变小、$\cos\varphi$变大的同时,提高转子电流I_2的值,使电磁转矩$T_{em} = C_T\Phi_m I_2 \cos\varphi$变大,从而提高电动机的转速。随着$E_{ad}$的增加,甚至可以高于电动机的同步转速进行调速。此时,电源通过逆变器向电动机转子提供能量。

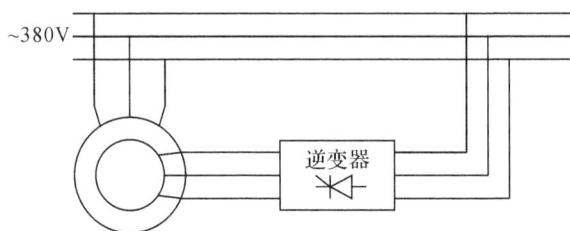

图 7-22   绕线式交流异步电动机的串级调速原理图

串级调速的性能比较好,可以做到无级调速。但其逆变器的控制比较复杂,成本也较高,一般适用于大功率调节系统中。

7.5   三相异步电动机的制动方法

整个电动机的运行过程为:启动过程—稳定运行过程—制动过程。制动过程就是这整个过程的最后一个动态过程。三相异步电动机的制动方法主要有能耗制动、反接制动和回馈制动三种。

7.5.1   能耗制动

三相异步电动机的能耗制动与直流电动机的原理相同,都是通过换路将存储在转子中的巨大动能释放出来,从而使电动机迅速地停下来。但两者方法不同。三相异步电动机的能耗制动方法如下:

首先切断正在正常运行的电动机定子一侧的三相交流电源,然后利用原定子三相绕组中的任意两相通入直流电,目的是建立一个恒定不变的磁场(相当于他励直流电动机的励磁电流产生的磁场)。由于能量不能跃变,即电动机转速大小、方向不会立即改变,所以转子线圈中的有效边将会切割直流电流所产生的磁场中的磁力线,产生感生电动势,从而产生感生

电流,产生电磁力矩,其方向与电动机转子的旋转方向相反,最终将使电动机停下来。若电动机转子线圈处于短路状态,如鼠笼式三相异步电动机或绕线式三相异步电动机转子没有外串电阻的情况,当能耗制动时,巨大的动能大部分都将转化为巨大的转子短路电流消耗在电阻 r_2 上,并以热能的形式释放出来。能耗制动时的控制电路如图 7-23 所示。

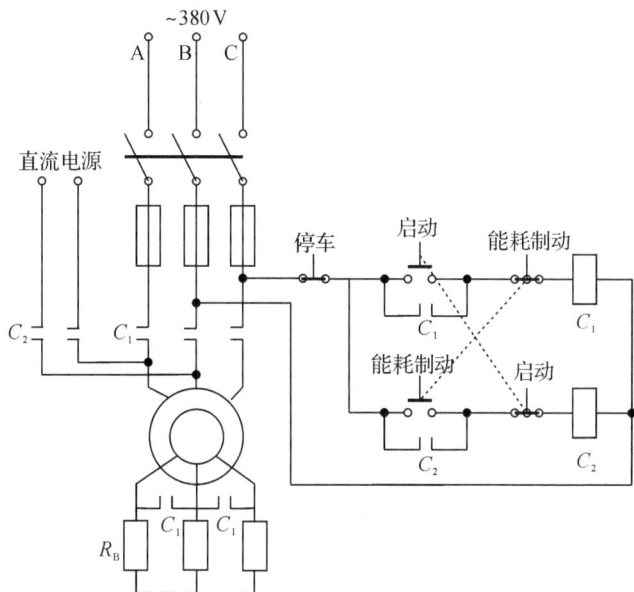

图 7-23　能耗制动时的控制电路

对于绕线式三相异步电动机而言,由于转子可以外串电阻,通过调节外串电阻的阻值来限定能耗制动时的转子电流,从而实现人为地控制制动过程的目的。图 7-24 中就显示了转子回路串入不同电阻时的情况。图 7-24 中的特性曲线表明,选择合适的串入电阻可以得到较大的制动电流、制动转矩和较好的制动效果。如果能够做到随着转子中的能量下降、感生电动势的降低,不断地调整或减小串入电阻,则可以使制动效果更好。

由于通入直流电流的作用仅仅限于建立一个磁场的目的,磁场越强,制动电流就越大,制动转矩也就越大,制动过程就越短,但同时电动机又受到最大制动转矩的限制。所以根据要求:

$$I_f = (2 \sim 3)I_0 \tag{7-58}$$
$$T_B = (1.5 \sim 2.2)T_N \tag{7-59}$$

可以计算出定子绕组的直流励磁电流 I_f 和转子应串电阻 R_B 的大小。

$$R_B = (0.2 \sim 0.4)\frac{E_{20N}}{\sqrt{3}\,I_{2N}} - r_2 \tag{7-60}$$

式(7-58)和(7-60)中,I_0 为异步电动机定子绕组中的空载电流,E_{20N} 是指转子在电动机处于额定转速情况下的开路线电动势,I_{2N} 是转子绕组中的额定电流。

当然,能耗制动也适用于位能负载的情况。当能耗制动结束后,转子中的动能消耗完,转子并不能停车,而是在位能负载力矩的作用下,向反方向加速旋转,产生反向转矩,从而起制动减速作用,最终达到转矩平衡,稳定在特性的某一点上,如 D 点,作匀速转动,见图 7-24。

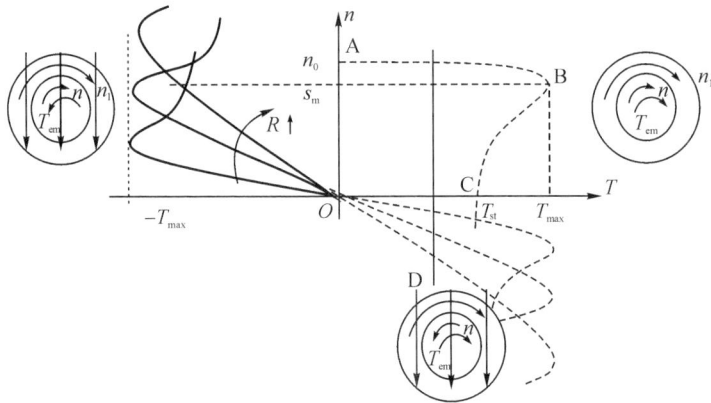

图 7-24　电动机能耗制动的机械特性和位于不同象限的状态图

7.5.2　三相异步电动机的反接制动

三相异步电动机的反接制动分两种：一种是电源反接制动；一种是倒拉反接制动。

1. 电源反接制动

交流无所谓极性反接，这里的反接是指三相电源的相序反接，由于反接改变了三相交流电动机电源接入的相序，使得电动机内的旋转磁场的旋转方向相反，产生制动作用，如图 7-25所示。

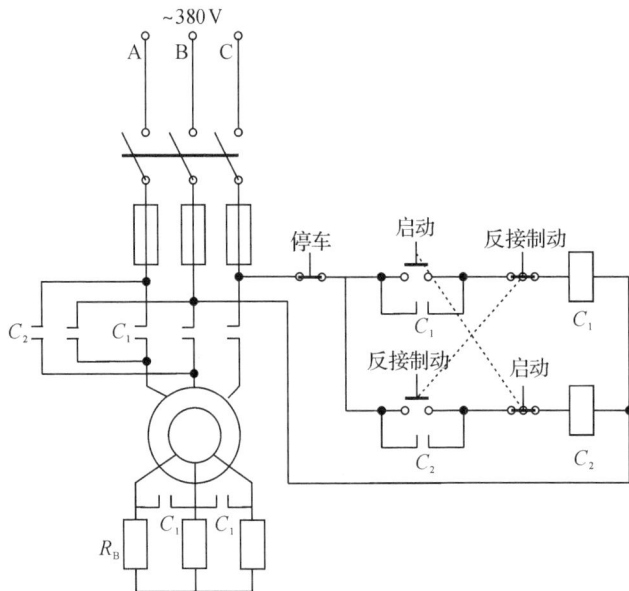

图 7-25　电源反接制动控制电路

如图 7-26 所示，对于反抗性负载，在反接制动的状态下，当在电动机轴转速 $n=0$ 时，必须断开电源，同时用机械的方法(如用抱闸)抱住电机轴，否则电动机将进入反向电动状态。

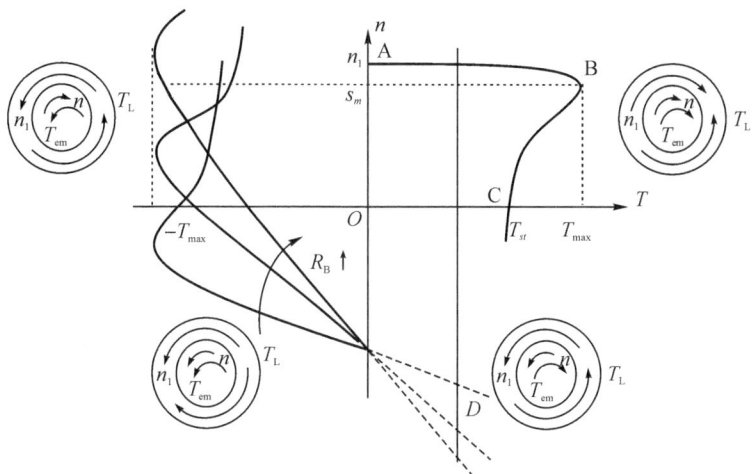

图 7-26 电源反接制动的机械特性和位于不同象限的状态图

2. 倒拉反转制动

这种制动通常是在电动机带位能负载的条件下,由于转子串入较大的电阻,电动机虽然处于电动状态,但输出的电磁力矩 T_A 不足以带动负载按照旋转磁场的方向旋转,反而在位能负载力矩的作用下,转速下降,直至为零,最后反方向旋转,最终达到平衡状态,负载反向匀速旋转,如图 7-27 所示。

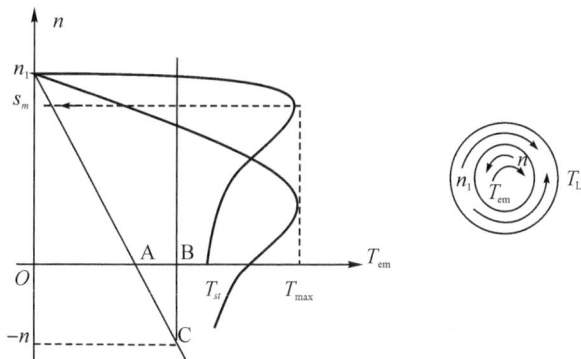

图 7-27 倒拉反转制动的机械特性

在平衡点 C 处,电动机处于倒拉反转制动状态,电动机不仅从电网获取能量,产生电磁转矩 T_A,同时也从负载那里吸收能量,产生反抗转矩 T_{AB},且方向与定子向转子传送的电磁转矩方向一致。两个转矩共同作用于电动机轴,与负载转矩之间达到平衡,稳定地工作在 C 点。电动机轴的旋转方向与负载转矩方向一致。

因此,电动机接收来自电网的能量,通过定子向转子传递的电磁功率,同时也通过电机轴接收来自机械位能负载拖动转矩产生的制动转矩所形成的电磁功率。两种能量汇合起来全部用于转子回路的电阻上了,形成转子损耗。所以,反接制动的能量损失是很大的。

在这一过程中,来自电网的电磁转矩与制动转矩两个转矩相加之和与位能负载的机械转矩实现平衡。

7.5.3 回馈制动

回馈制动是指电动机在电动状态下,其转轴受到原动机的驱动使转子的转速增加,直至 $n>n_1$,电动机逐渐进入了发电状态,成为一台发电机。在电动机带一位能负载进行反接制动时和变频调速的动态过程中都会出现此现象。在这种情况下,有:

(1) 转差率由正变为负,即

$$s=\frac{n_1-n}{n_1}<0 \tag{7-61}$$

(2) 能量传送的方向由电动机吸收电网的电能,经定子向转子传输,最后转化为机械能,变为由转子吸收机械能,向定子传输能量,最后经定子回馈入电网。其根据是

$$P_{em}=m_1 I'^2_2 \frac{r_2'}{s}<0 \tag{7-62}$$

$$P_{mec}=m_1 I'^2_2 \frac{(1-s)r_2'}{s}<0 \tag{7-63}$$

$P_{mec}<0$ 和 $P_{em}<0$ 都表明,电动机转子不是在吸收能量,而是在发出能量。此时对应的功率因数为

$$\cos\varphi_2=\frac{r_2'/s}{\sqrt{(r_2'/s)^2+x'^2_2}}<0 \tag{7-64}$$

根据功率因数确定的相位角 $\varphi_2>90°$ 这一特点画矢量图,如图 7-28 所示。可以进一步看出,$\cos\varphi_1>90°$,$P_1=3U_1 I_1\cos\varphi_1<0$,发出功率。

这种由转子经定子向电网反馈能量的过程,也是电动机轴在原动机带动下旋转时所产生的电磁力矩为制动力矩,最终达到平衡稳定在某一平衡点上匀速运转的过程,称为再生发电制动过程。

回馈制动有两种:一种是电动机带位能负载进行反接制动;另一种就是在电动机变极调速和变频调速过程中,当新的同步转速 n_1 瞬间小于当前的电动机轴头转速时,就会出现此种回馈制动现象。

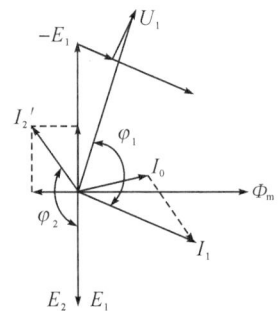

图 7-28 回馈制动的矢量关系图

小 结

本章主要介绍了三相异步电动机的三种机械特性表达式,可以根据分析问题的需要,采用不同的表达式形式。分析了机械特性的主要特征和特点,以及改变各个参数对特性的影响,特别是对启动转矩、最大转矩和同步转速的影响,其变化规律,从而形成各种形式的人为机械特性。

因为机械特性是三相异步电动机对外等效作用的描述,所以掌握参数对机械特性的影响非常重要。可以通过参数对机械特性的影响,改善电动机的启动过程和方法,如直接启动、降压启动、定子串电阻或电抗启动、Y-△启动等;对电动机进行各种调速控制,如变磁极

对数、降压调速、变频调速;以及各种制动控制,如能耗制动、回馈制动反接制动。

　　对各种启动方法、调速方法和制动方法的应用范围、应用条件和特点都进行了分析。就启动而言,三相鼠笼式异步电动机的特点是:适应环境的能力强,可以采用直接启动、降压启动、定子串电阻或电抗启动、Y-Δ 启动等启动方法。而三相绕线式异步电动机特点是:不仅可以采用上述方法启动,还可以采用转子串电阻或电抗启动方法以及串频敏电阻的方法启动。就调速而言,有变磁极对数、降压调速、变频调速、变转差率调速等方法。其中,变磁极对数是一种分级调速,而变频调速,变转差率调速可以实现无级调速。特别是变频调速,无论是在平滑性、调速范围,还是在工作效率等方面,都表现出与直流电机降压调速相似的优良特性。

思考题

　　7-1　异步电机的机械特性表达公式有几种? 它们之间有何内在联系?

　　7-2　异步电动机的机械特性方程式有哪几种表达式? 它们各有什么用途?

　　7-3　异步电机机械特性参数式是否仅适用于 50Hz 条件下的计算? 若使用于其他频率,公式需要做哪些修正?

　　7-4　异步电动机的最大电磁转矩 T_{max} 受哪个参数变化的影响最大? 试从物理意义上解释其原因。

　　7-5　异步电机机械特性参数式对应异步电机的哪一种等效电路? 它的主要误差是什么? 异步电机机械特性的工程实用式是在什么条件下导出的,使用该式时应注意什么?

　　7-6　试分析异步电动机定子绕组串电抗器的人工机械特性与降低电源电压的人工机械特性有何异同?

　　7-7　什么条件下异步电动机的电磁转矩与转差率存在近似正比例关系?

　　7-8　鼠笼式异步电动机采用直接启动有何优缺点?

　　7-9　三相异步电动机的最大转矩和临界转差率与电机的哪些参数有关? 在给定参数及电源频率条件下,如电压降到额定电压的 80% ,最大转矩如何变化? 对临界转差率有什么影响?

　　7-10　鼠笼式和绕线式异步电动机有哪几种间接启动方法? 各有何优缺点?

习　题

　　7-1　有一台鼠笼式异步电动机技术数据为 $P_N = 5.5kW, U_N = 380V, I_N = 11.3A, n_N = 1440r/min, \lambda_m = 2.0$ 。试求:(1)电动机的临界转差率 s_m 和最大转矩 T_m ;(2)用实用表达式绘出其自然机械特性。

　　7-2　有一绕线式异步电动机, $P_N = 75kW, U_N = 380V, Y$ 连接, $I_N = 145A, \cos\varphi_{1N} = 0.82, U_{2N} = 140V, I_{2N} = 348A, n_N = 960r/min, \lambda_m = 2.2$,试求:

　　(1)用工程方法计算 r_1 、 r_2' 、 r_1 、 $x_1 + x_{20}'$ 、 I_0 和 x_m' ;

　　(2)直接启动时的启动电流 I_{st} 。

　　7-3　电机参数同上,转子串电阻启动,启动电阻 $R_q = 0.3\Omega$,已知拖动系统 $GD^2 = 19.8$

kg·m。试求：

（1）启动电流与启动力矩；

（2）为了尽可能地缩短启动时间，算出切除启动电阻的最佳时间。

7-4　一台三相、50Hz异步电动机，$P_N=10kW$，$n_N=1455r/min$，$\lambda_m=2$。试计算这台电机的额定转矩、最大转矩和启动转矩。

7-5　题6-4中的电动机采用倒拉反转制动的方法下放重物，负载转矩等于额定转矩时，若使下放速度为150r/min，问应串入多大的电阻？

7-6　有一台J2-82-4型鼠笼式转子异步电动机，$P_N=55kW$，$U_N=380V$，$I_{1N}=100A$，$n_N=1475r/min$，过载能力$\lambda_m=2.0$，启动电流倍数$K_i=6.06$，启动转矩倍数$K_m=1.1$。试求：

（1）全压直接启动时的I_{stN}和T_{stN}；（2）为了限制启动电流，采用定子串电阻启动，但要保证$T_{st}=0.8I_{stN}$，试求所串电阻值和I_{st}；（3）如果采用自耦变压器降压启动，仍保证$T_{st}=0.8T_{stN}$，试求变压器变比和I_{st}；（4）如果采用Y-△启动，能否满足$T_{st}\geqslant T_{stN}$的要求？

7-7　一台三相绕线式异步电动机数据为$P_N=11kW$，$U_N=380V$，$I_N=30.8A$，$I_{2N}=46.7A$，$n_N=715r/min$，$\lambda_m=2.9$。用它来拖动一台绞车，在下放重物时采用发电反馈制动，负载转矩为额定转矩的0.8倍。求：

（1）电机在固有机械特性上的稳定转速。

（2）如果在转子回路串入其值为转子电阻值3倍的附加电阻，稳定转速为多少？

7-8　某绕线式异步电动机数据为$P_N=55kW$，$U_N=380V$，$I_N=121.1A$，$n_N=580r/min$，$U_{2N}=212V$，$I_{2N}=159A$，$\lambda_m=2.3$，最大允许启动转矩$T_1=1.8T_{stN}$，启动切换转矩$T_2=0.8T_{stN}$。试用解析法求启动电阻的级数和每级的电阻值。

7-9　电机参数同上，带一位能性负载，当负载下降时，电动机处于再生发电制动状态，已知$T_L=0.9T_N$，试求：（1）启动电阻全部切除时的电动机转速；（2）启动电阻全部串入时的电动机转速；（3）为了快速停车，采用电源反接制动，启动电阻全部串入，试求刚进入制动状态时的制动转矩（假设制动前电机工作在$n=520r/min$的电动状态）。

7-10　一台Y(1P23)160M—6异步电动机，额定电压$U_N=380V$，△接法，$f=50Hz$，$P_N=7.5kW$，额定转速$n_N=960r/min$，额定负载时$\cos\varphi=0.824$，定子铜耗$p_{Cua1}=474W$，铁耗$p_{Fe}=231W$，机械损耗$p_{mec}=45W$，附加损耗$p_{ad}=37.5W$。试计算：（1）额定转差率s_N；（2）额定运行时转子铜耗p_{Cua2}；（3）额定定子电流I_{1N}；（4）效率η_N；（5）最大转矩T_m；（6）启动转矩T_{st}；（7）临界转差率s_m。

第 8 章　单相异步电动机

内容提要:本章主要介绍单相异步电动机工作原理、磁场和力矩特点以及存在的问题,根据双旋转磁场的理论,对脉振磁场进行分析,并推导单相异步电机的机械特性,从力矩的角度提示单脉振磁场不能使电机转子转动的内在原因。提出单相启动的方法,介绍几种常用的单相异步电动机,并分析它们各自的结构、启动方法、工作原理以及具体应用情况。

8.1　单相异步电动机

8.1.1　概述

单相异步电动机是用单相交流电源供电的电机,具有结构简单、成本低廉、运行可靠、噪声小、对无线电系统干扰小以及维修方便等一系列优点。所以,在各行各业得到了广泛运用,成为各类工农业生产工具、日用电器、仪器仪表、商业服务、办公用具和文教卫生设备中的动力源。

随着经济的发展,冰箱、空调和风扇等各种各样的家用电器不断地进入人们的日常生活,单相异步电动机与人们的工作、学习和生活有着越来越密切的关系。掌握单相异步电动机的工作原理,了解其工作特点是非常有必要的。

8.1.2　单相异步电动机的脉振磁场

通过在第 5 章的分析知道,当一线圈或绕组通入一个按正弦规律变化的电流时,在电机气隙中所产生的基波磁场将是一个脉振磁场,其基波磁动势为

$$f_{\phi 1}(x,t)=F_{\phi 1}\cos\frac{\pi}{\tau}x\sin\omega t \qquad (8\text{-}1)$$

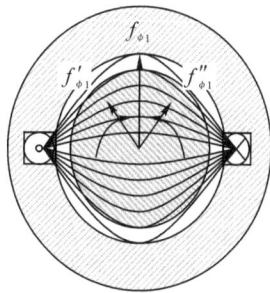

图 8-1　单相异步电动机的脉振磁场

脉振磁场的特点是:在电流强度一定的条件下,基波磁动势的振幅是位置 x 的函数,即在不同位置处,振幅是不同的,并按余弦规律分布;基波磁动势的瞬时值是时间的函数,即在不同时刻瞬时值是不同的,并按正弦规律变化。磁场的强弱和方向像脉搏一样在原地上下移动。当电流方向相反时,磁场方向也跟着反过来,如图 8-1 所示。

从工作原理上看,在脉振磁场作用下,电机转子是不能旋转的。其原因很简单,因为单

相电机中的脉振磁场不是旋转磁场。

8.1.3 双旋转磁场理论

由图 8-1 可知,单相交流电产生的基波磁场实际上是一个只能在原地上下移动的脉振磁场,电机的转子在这样的磁场中是不可能转动起来的,似乎单相异步电动机不存在旋转磁场。

但是,如果换一个角度来看,就会得出不同的结论:单相异步电动机存在旋转磁场,单相电机仍是可以转动起来的。其理论基础就是双旋转磁场理论。下面以基波磁动势为例进行分析。

根据表达式(8-1),利用三角函数的积化和差的公式,得

$$f_{\phi 1}(x,t) = F_{\phi 1}\cos\frac{\pi}{\tau}x\sin\omega t = \frac{1}{2}F_{\phi 1}\sin\left(\omega t - \frac{\pi}{\tau}x\right) + \frac{1}{2}F_{\phi 1}\sin\left(\omega t + \frac{\pi}{\tau}x\right)$$

$$f_{\phi 1}(x,t) = f_{\phi 1}'(x,t) + f_{\phi 1}''(x,t) \tag{8-2}$$

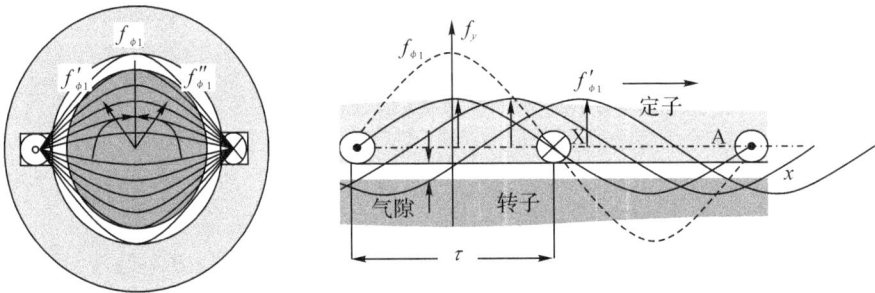

图 8-2 等效旋转磁动势 $f_{\phi 1}'(x,t)$ 在空间移动的示意图

式(8-2)表明:

(1)脉振磁场可以分解成两个旋转磁场 $f_{\phi 1}'(x,t)$ 与 $f_{\phi 1}''(x,t)$。这两个磁场大小相同,旋转速度一致,但旋转方向相反。每个旋转磁场的磁动势的幅值等于脉振磁场的磁动势幅值的一半。或者说,脉振磁动势 $f_{\phi 1}(x,t)$ 是由 2 个幅度相同、旋转速度一致、旋转方向相反的旋转磁动势 $f_{\phi 1}'(x,t)$ 与 $f_{\phi 1}''(x,t)$ 叠加而成的。

(2)式中 $f_{\phi 1}'(x,t)$ 与 $f_{\phi 1}''(x,t)$ 的最大值所处的位置是随时间的变化可移动的。图 8-2 描述了 2 个旋转磁动势之一的 $f_{\phi 1}'(x,t)$ 在气隙中移动时的情景。2 个磁动势的最大值在转子表面上的气隙中移动时的情景,就像体育场中的"人浪"沿着看台移动一样。

(3)在气隙中,$f_{\phi 1}'(x,t)$ 与 $f_{\phi 1}''(x,t)$ 的最大值出现的位置随时间移动规律是

$$\omega t \pm \frac{\pi}{\tau}x = (2k+1)\frac{\pi}{2} \quad k=0,1,2,\cdots$$

或

$$x = \pm\left[(2k+1)\frac{\pi}{2} - \omega t\right]\frac{\tau}{\pi} \tag{8-3}$$

表 8-1　$f_{\phi 1}{'}(x,t)$ 与 $f_{\phi 1}{''}(x,t)$ 的最大值随时间的变化出现的位置

ωt	$0°$	$\pi/4$	$\pi/2$	$3\pi/4$	π	$5\pi/4$	$6\pi/4$	$7\pi/4$	2π
$f_{\phi 1}{'}(x,t)$	$-\pi/2$	$-\pi/4$	0	$\pi/4$	$\pi/2$	$3\pi/4$	π	$5\pi/4$	$6\pi/4$
$f_{\phi 1}{''}(x,t)$	$\pi/2$	$\pi/4$	0	$-\pi/4$	$-\pi/2$	$-3\pi/4$	$-\pi$	$-5\pi/4$	$-6\pi/4$

（4）两个旋转磁场旋转或移动的方向

图 8-3 所示中的磁动势的旋转情况表明：$f_{\phi 1}{'}(x,t)$ 与 $f_{\phi 1}{''}(x,t)$ 相向而行。如果 $f_{\phi 1}{'}(x,t)$ 按顺时针方向旋转，$f_{\phi 1}{''}(x,t)$ 则按逆时针方向旋转。表 8-1 中的数据反映了旋转磁动势在不同时刻所处的位置。

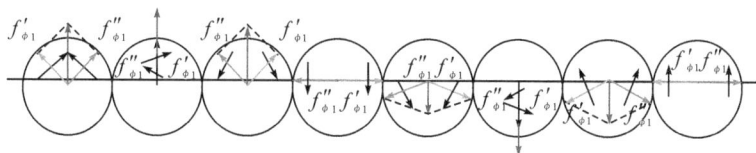

图 8-3　2 个等效的旋转磁动势的旋转示意图

（5）旋转或移动的速度是

$$\frac{\mathrm{d}x}{\mathrm{d}t} = \pm \frac{\tau}{\pi}\omega = 2f_1\tau = \frac{2p\tau \cdot n_1}{60} \tag{8-4}$$

整理得

$$n_1 = \pm \frac{60f_1}{p} \tag{8-5}$$

对于 $f_{\phi 1}{''}(x,t)$ 表示的反向旋转磁场也是一样的，不同的只是旋转方向相反而已。

表达式（8-5）说明，磁动势 $f_{\phi 1}{'}(x,t)$ 或 $f_{\phi 1}{''}(x,t)$ 表示的旋转磁场与三相异步电机中的旋转磁场具有相同的转速。

8.2　单相异步电动机的机械特性

人们不禁要问，既然有了旋转磁场，单相电机为什么不会自己启动旋转呢？要回答这个问题，首先要对单相异步电动机的机械特性进行分析。

8.2.1　单相异步电动机的机械特性

通过上一节学习，我们知道一个脉振磁动势可以分解为两个幅值相等、大小等于脉振磁动势幅值的一半、旋转速度相同、旋转方向相反的磁动势。称 $f_{\phi 1}{'}$ 为正转磁动势，称另一个 $f_{\phi 1}{''}(x,t)$ 为反转磁动势。与之对应的磁场也分别称为正向旋转磁场和反向旋转磁场。正反向旋转磁场同时在转子绕组中分别感应产生相应的电动势和电流，从而产生能够使电动机正转或反转的电磁转矩 $T_{\mathrm{em}+}$ 和 $T_{\mathrm{em}-}$。这两个力矩都试图拖动转子沿各自旋转磁场的方向转动。这里不妨首先考虑正向旋转磁场的情况。

在正向旋转磁场作用下产生的电磁转矩将拖动转子沿着正向旋转磁场的方向旋转，这时的情况与三相异步电机的情况是一样的。

也就是说,在正向电磁转矩 T_{em+} 作用下的机械特性和三相异步电动机正向转动时的情况类似,如图 8-4 所示中的曲线 1;而在反向电磁转矩 T_{em-} 作用下的机械特性则和三相异步电动机电源相序反接,电机转子反转时的情况类似,如图 8-4 所示中的曲线 2。单相异步电动机的机械特性正是这两个旋转磁场所产生的机械特性叠加的结果。叠加后合成的单相异步电动机的机械特性如图 8-4 中的曲线 3。

在图 8-4 中,当电机沿正向转动时,即 $n > 0$,电动机的正向转差率为

$$s_+ = \frac{n_0 - n}{n_0} \tag{8-6}$$

此时,电动机的反向转差率为

$$s_- = \frac{-n_0 - n}{-n_0} = \frac{n_0 + n}{n_0} \tag{8-7}$$

如果用正转差率来表示时,有

$$s_- = \frac{-n_0 - n}{-n_0} = \frac{n_0 + n}{n_0} = \frac{2n_0 - (n_0 - n)}{n_0} = 2 - s_+ \tag{8-8}$$

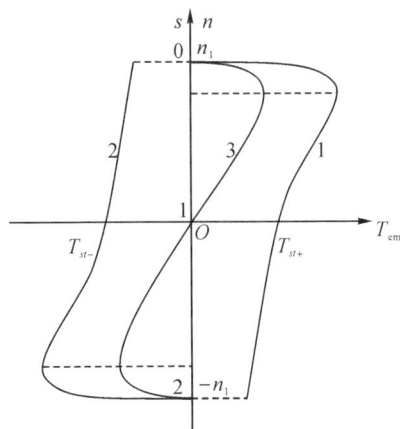

图 8-4　单相异步电动机的机械特性

从图 8-4 所示的单相异步电动机机械特性 $n = f(T_{em})$ 曲线 3 可以看出:

(1)电动机静止时,$n = 0$,即 $s_+ = s_- = 1$,合成的启动转矩 $T_{st} = T_{st+} + T_{st-} = 0$,电动机无启动转矩。也就是说,单相异步电机是不能自行启动的。

(2)但是,如果施加外力拨动一下转子,克服负载力矩,使电动机转子能够朝正方向或朝反方向转动起来,由于合成电磁转矩时不等于零,电动机将会逐渐启动加速,直至被加速到接近同步转速 n_1 或到达平衡状态为止。

如果外力拨动电动机转子向反方向转动,情况和正方向转动完全一样。换句话说,单相异步电动机虽无启动转矩,但一经拨动,就会转动直到达到平衡为止。

(3)不加任何启动措施的单相异步电动机旋转方向可以是任意的。转动方向取决于外力朝哪个方向拨动。

(4)施加的外力只需拨动一下转子,仍需要克服阻力矩,一旦转子转动起来,外力即可以除去。施加的外力只是起到启动的作用。

因此,如何解决启动问题是单相异步电动机付诸实用的关键问题。

8.2.2　单相异步电动机的启动

从前面分析我们知道,单相异步电动机不能自行启动,必须依靠外力拨动一下电机的转子,使其转起来,在正向或反向旋转磁场牵引下,转子就会沿着旋转磁场的方向继续转动下去,直至达到平衡状态为止。

由此不难看出,在静止状态下,拨动一下电机的转子作用就是要破坏正反两个旋转磁场作用在转子上的力矩平衡关系,使其启动转矩失衡,让电机的转子在起主导作用的正向或反向旋转磁场拖动下转动起来。那么,如何才能使单相电动机的启动转矩失衡呢?谁来拨动电机转子的最初一下呢?

为此,人们想出了很多办法,创造出了很多启动方法,如罩极式启动方法、分相式启动方法和电容式启动方法。根据启动方法的不同,单相异步电动机可以分为许多不同的类型。常用的有:罩极式电动机;分相式电动机;电容式电动机(又分为电容启动式,电容运转式,电容启动、运转式三种)。本章节将对这些电机的特性及其启动方法进行分析。

8.3　不同启动方式的电动机

8.3.1　罩极式电动机

1. 罩极式电动机的结构

罩极式电动机的结构如图 8-5 所示。在图 8-5 中,定子上有凸出的磁极,主绕组就安置在这个磁极上。在磁极表面约 1/3 处开有一个凹槽,将磁极分为大小两部分,在磁极小的部分套着一个短路铜环,将磁极的一部分罩了起来,称为罩极。它的作用相当于一个副绕组,转子为笼型结构。

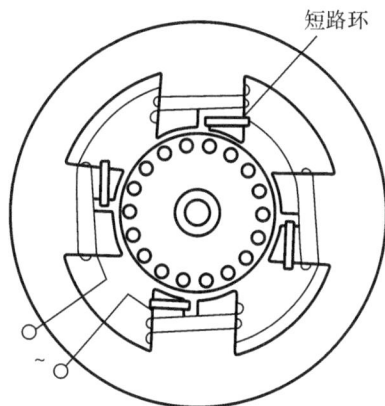

图 8-5　单相罩极电动机结构示意图

2. 罩极式电动机的工作原理

当定子绕组中接入单相交流电源后,磁极中将产生交变磁通,穿过短路铜环的磁通,在铜环内产生一个相位上滞后的感应电流。由于这个感应电流的作用,磁极被罩部分的磁通不但在数量上和未罩部分不同,而且在相位上也滞后于未罩部分的磁通。这两个在空间位置上不一致而在时间上又有一定相位差的交变磁通,就在电机气隙中构成脉动变化近似的旋转磁场。这个旋转磁场切割转子后,就使转子绕组中产生感应电流。载有电流的转子绕组与定子旋转磁场相互作用,转子得到启动转矩,从而使转子由磁极未罩部分向被罩部分的方向旋转。

罩极式电动机也有将定子铁芯做成隐极式的,槽内除主绕组外,还嵌有一个匝数较少、与主绕组错开一个电角度且自行短路的辅助绕组。

罩极电动机具有结构简单、制造方便、造价低廉、使用可靠、故障率低的特点。其主要缺点是效率低、启动转矩小、反转困难等。罩极电动机多用于轻载启动的负荷。凸极式集中绕组罩极电动机常用于电风扇、电唱机等。隐极式分布绕组罩极电动机则用于小型鼓风机、油泵等。

8.3.2 分相式电动机

1. 单相分相式电动机的结构

单相分相式电动机又称为电阻启动异步电动机,它构造简单,主要由定子、转子、离心开关三部分组成。转子为笼型结构,定子采用齿槽式,如图 8-6 所示。定子铁芯上面布置有两套绕组,运行用的主绕组使用较粗的导线绕制,启动用的副绕组用较细的导线绕制。一般主绕组占定子总槽数的 2/3,辅助绕组占定子总槽数的 1/3。辅助绕组只在启动过程中接入电路,当电动机达到额定转速的 70%～80%时,离心开关就将辅助绕组与电源电路断开,这时电动机进入正常运行状况。分相式电动机的接线图见图 8-7。

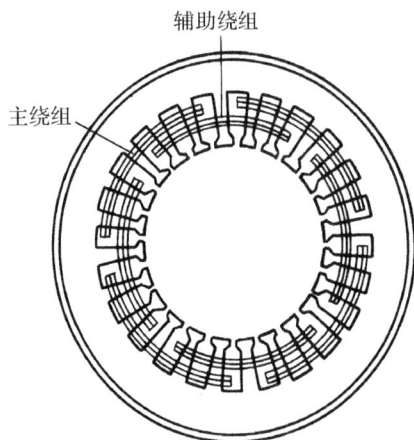

图 8-6 分相式电动机的定子示意图

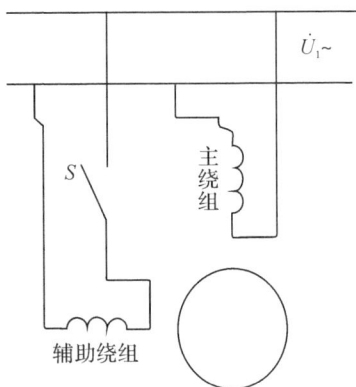

图 8-7 分相式电动机的接线图

2. 单相分相式电动机的原理

单相分相式电动机的定子铁芯上布置有两套绕组,即主绕组和辅助绕组。这两套绕组在空间位置上相差 90°电角度,在启动时为了使启动用辅助绕组电流与运行用主绕组电流在时间上产生相位差,通常用增大辅助绕组本身的电阻(如采用细导线),或在辅助绕组回路中串联电阻的方法来达到,即采用电阻分相式。

由于这两套绕组中的电阻与电抗分量不同,故电阻大、电抗小的辅助绕组中的电流,比主绕组中的电流先期达到最大值。因而在两套绕组之间出现了一定的相位差,形成了两相电流,结果就建立起了一个旋转磁场,使转子就因电磁感应作用而旋转。

由上述可知,单相分相式电动机的启动依赖于定子铁芯上相差 90°电角度的主、辅助绕组来完成。由于要使主、辅助绕组间的相位差足够大,就要求辅助绕组选用细导线来增加电阻。因而辅助绕组导线的电流密度比主绕组大,故只能短时工作。启动完毕后辅助绕组必须立即与电源切断,一旦超过一定时间,辅助绕组就可能因发热而烧毁。

单相分相式电动机的启动可以用离心开关或多种类型的启动继电器去完成。图 8-7 所示的是用离心开关启动的分相式电动机接线图。

分相电动机具有构造简单、价格低廉、故障率低、使用方便的特点。分相式电动机的启动转矩一般是满载转矩的两倍,因此它的应用范围很广,如电冰箱、空调机的配套电动机。单相分相式电动机具有中等启动转矩和过载能力,适用于低惯量负载、不经常启动、负载可变而要求转速基本不变的场合,如小型车床、鼓风机、电冰箱压缩机、医疗器械等。

8.3.3　电容式电动机

单相电容式电动机具有三种型式:电容启动式,电容运转式,电容启动、运转式。电容电动机和同样功率的分相电动机的外形尺寸、定子铁芯、转子铁芯、绕组、机械结构等都基本相同,只是添加了 1~2 个电容器而已。

1. 电容式电动机的工作原理

在单相异步电动机中,它的定子有两套绕组,一个叫主绕组,另一个叫副绕组或辅助绕组。两个绕组在空间位置上相隔 90° 电角度。因此,在启动时,只要在两个绕组中分别通入相位相差 90° 的电流后,就会产生一个旋转磁场,从而使电动机转动。尽管每套绕组的电阻和电抗不可能完全减少为零,两套绕组中电流相位差也不可能是 90°,而在实际上,只要相位差足够大时,就能产生一个圆形或椭圆形的两相旋转磁场,从而使转子转动起来。电容启动式电动机的工作原理图和相量图见图 8-8。

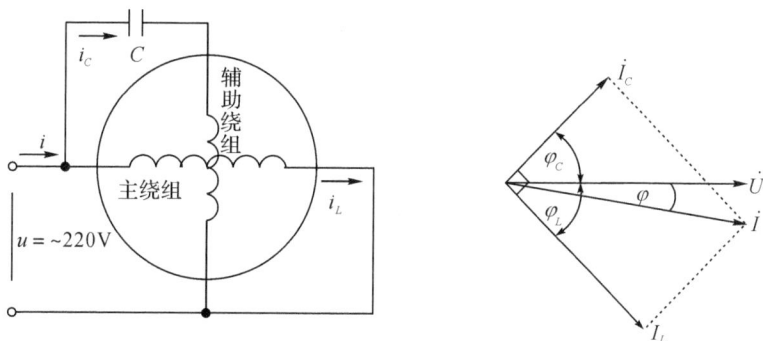

图 8-8　电容启动式电动机工作原理图和相量图

在分相式电动机中,主绕组电阻较小而电抗较大,电流滞后端电压近 90°;辅助绕组则电阻较大而电抗较小,电流与端电压相位相近,使得主、辅绕组中的电流相位差近 90°,得到椭圆形旋转磁场。分相式电动机也就是利用这个原理使电机转动的。

如果在电容式电动机的辅助绕组中串联一只电容器,可使辅助绕组中的电流超前线路电压一个角度,而没有串电容而呈感性的主绕组中的电流将滞后线路电压一个角度,因此,适当地选择电容器的容量可以使两套线圈中的电流相位差达到 90°,从而产生一个近乎圆形的旋转磁场。但在实际中,启动时定子中的电流关系还随转子的转速而改变。因此,要使它们在这段时间内仍有 90° 的相位差,则电容器电容量的大小就必须随转速和负载而改变,显然这种办法在实际中是做不到的。由于这个原因,根据电动机所拖动的负载特性将电动机做适当设计,就有了下面所说的三种型式的电容电动机。

2. 电容启动式电动机

电容启动式电动机连线图如图 8-9 所示,电容器经过离心开关接入到启动用辅助绕组,主、辅助绕组的出线端为 U_1、U_2、V_1、V_2。接通电源,电动机就会产生旋转磁场,拖动转子运转,工作在双相电机的机械特性上,如图 8-10 所示中的特性曲线 1。当转速达到额定转速的 70%～80% 时,即电机转速到达 K 点时(见图 8-10),离心开关动作,切断辅助绕组的电源,使电机工作在单相电机的机械特性上,如图 8-10 所示中的特性曲线 2。

在这种电动机中,电容器一般装在机座顶上。由于电容器在极短的几秒钟启动时间内开始工作,故可采用电容量较大、价格较便宜的电解电容器。为了加大启动转矩,其电容量可适当选大些。例如,目前家用洗衣机中的驱动电动就是采用这一种启动方式的。

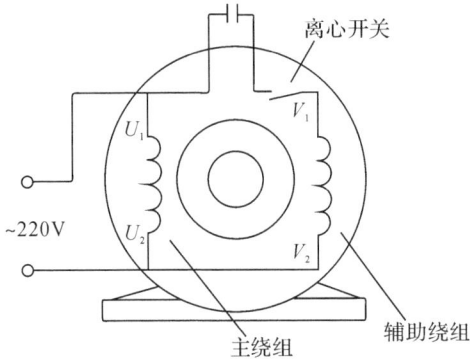

图 8-9 电容启动式电动机绕组接线图   图 8-10 启动过程中的机械特性转换图

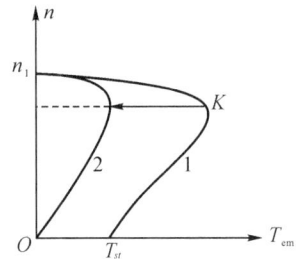

3. 电容运转式电动机

电容运转式电动机的连线图如图 8-11 所示,电容器与启动用辅助绕组中没有串接启动切换装置,因此,电容器与辅助绕组将和主绕组一起长期运行在电源线路上。也就是说,电机始终工作在两相电流所产生的单向旋转磁场中,或工作在图 8-12 所示中的机械特性上。

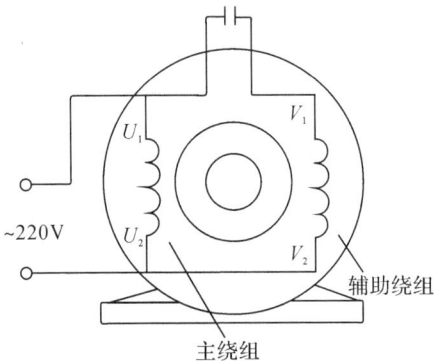

图 8-11 电容运转式电动机接线图   图 8-12 电容运转式电动机机械特性

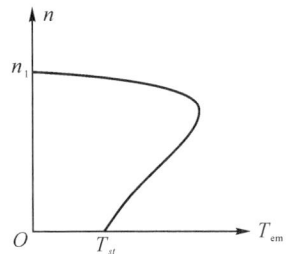

在这类电动机中,要求电容器能长期承受较高的电压,故必须使用价格较贵的纸介质或油浸纸介质电容器,而绝不能采用电解电容器。例如,目前家用排油烟机中的单相电机的启动方法就采用这一种。

电容运转式电动机省去了启动装置,从而简化了电动机的整体结构,降低了成本,提高了运行的可靠性。同时,由于辅助绕组也参与运行,这样就实际增加了电动机的输出功率。

4. 电容启动与运转式电动机

电容启动与运转式电动机的接线如图 8-13 所示,这种电动机兼有电容启动和电容运转两种电动机的特点。启动用辅助绕组经过运行电容 C_1 与电源接通,并经过离心开关与容量较大的启动电容 C_2 并联。接通电源时,电容器 C_1 和 C_2 都串接在启动绕组回路中。这时电动机开始启动,当转速达到额定转速的 $70\% \sim 80\%$ 时,离心开关 S 动作,使将启动电容 C_2 从电源线路切除,而运行电容 C_1 则仍留在电路中运行。

显然,这种电动机需要使用两个电容器,又要装启动装置,因而结构复杂,并且增加了成本,这是它的缺点。

在电容启动与运转式电动机中,也可以不用两个电容量不同的电容器,而用一只自耦变压器,如图 8-13 所示。启动时跨接电容器两端的电压增高,使电容器的有效容量比运转时大 $4 \sim 5$ 倍。这种电动机用的离心开关是双掷式的,电动机启动后,离心开关接至 S 点,降低了电容器的电压和等效电容量,以适应运行的需要。

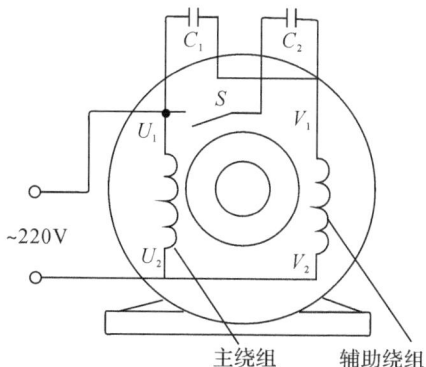

图 8-13　单相电容启动与运转式电动机接线图

单相电容电动机三种类型的特性及用途如下:

单相电容启动式电动机具有较高的启动转矩,一般达到满载转矩的 $3 \sim 5$ 倍,故能适用于满载启动的场合。由于它的电容器和辅绕组只在启动时接入电路,所以它的运转都与同样大小并有相同设计的分相式电动机基本相同。单相电容启动式电动机多用于电冰箱、水泵、小型空气压缩机及其他需要满载启动的电器和机械中。

单相电容运转式电动机的启动转矩较低,但功率因数和效率均比较高。它体积小、重量轻、运行平稳、振动与噪声小、可反转、能调速,适用于直接与负载连接的场合,如电风扇、通风机、录音机及各种空载或轻载启动的机械,但不适用于空载或轻载运行的负载。

单相电容启动与运转式电动机具有较好的启动性能,较高的功率因数、效率和过载能力,可以调速。适用于带负载启动和要求低噪声的场合,如小型机床、泵、家用电器等。

小　结

单相异步电动机的工作原理是建立在脉振磁动势可以分解为两个幅值相等、转速相同、转向相反的两个旋转磁动势理论的基础上的。电动机的固有特性是不能自行启动,但一经启动即可连续地旋转,因此,设法加强正向旋转磁动势,削弱反向旋转磁动势,使磁动势变为椭圆形旋转磁场,从而可以解决启动问题。按启动方法和相应结构的不同,单相异步电动机有罩极式电动机、分相式电动机、电容式电动机等三大类。单相异步电动机理论复杂,性能较三相异步电动机差,但应用非常广泛。

思考题

8-1 三相异步电动机断了一根电源线后是成为单相还是两相？为什么？

8-2 罩极式电动机的转子转向能否改变？

8-3 有人安装一台吊扇,安装完毕通电后,发现扇叶是旋转的但没有风,试想一下是什么原因,怎么解决。

8-4 有人安装一台吊扇,安装完毕通电后,发现扇叶不旋转,用手去转动一下扇叶后,扇叶就逐渐加速旋转起来。断电后,扇叶停止,再通电,扇叶又不动,用手反方向转动一下扇叶,风扇就反方向旋转起来,问是什么原因及怎么解决？

8-5 三相异步电动机的3根电源线断了一根,为什么不能启动？而在电动机运行过程中断了一根电源线,为什么能继续转动？考虑这两种情况各对电动机有什么影响？

8-6 现在只有单相电源,考虑如何使一个三相异步电动机工作起来？

习 题

8-1 如何改变电容分相式单相异步电动机的转向？

8-2 试比较单相异步电动机和三相异步电动机的转矩—转差率曲线,着重就以下各点比较：

(1) 当 $S=0$ 时的转矩；

(2) 当 $S=1$ 时的转矩；

(3) 最大转矩；

(4) 在有相同转矩时的转差率；

(5) 当时的转矩。

8-3 单相异步电动机主要分为哪几种类型？简述罩极电动机的工作原理。

8-4 试画出单相电阻启动异步电动机的电路图和相量图。

第9章 微控电机

内容提要： 本章主要针对几款微控电机展开讨论。随着现代工业、交通等领域的发展，出现了一些新型电机或对已有电机新的开发应用，考虑到华东地区产业特点，重点介绍了无刷直流电动机、步进电动机、伺服电动机等几种微控电机。

实际上，无刷直流电动机在应用特点上属于伺服电动机系列，但因其与直流电动机在结构与工作原理上的渊源，单独作为一节讨论；步进电动机主要以典型的反应式步进电动机为例讲解；伺服电动机除直流电动机作简要介绍外，重点讨论当前比较流行的交流永磁同步型的电动机，而一般其他课本中作为重点的两相异步伺服电动机在这里不作详细介绍。最后本章节简要介绍自整角机、旋转变压器、测速发电机三种控制电机。

9.1 无刷直流电动机

无刷直流电动机(Brushless DC Motor, BLDCM)是随着电子技术发展而出现的新型机电一体化电动机。它是电子技术和电动机技术结合的产物，由电动机和电子驱动器两大部分组成。如图 9-1 所示为典型实际电动机与其驱动器。

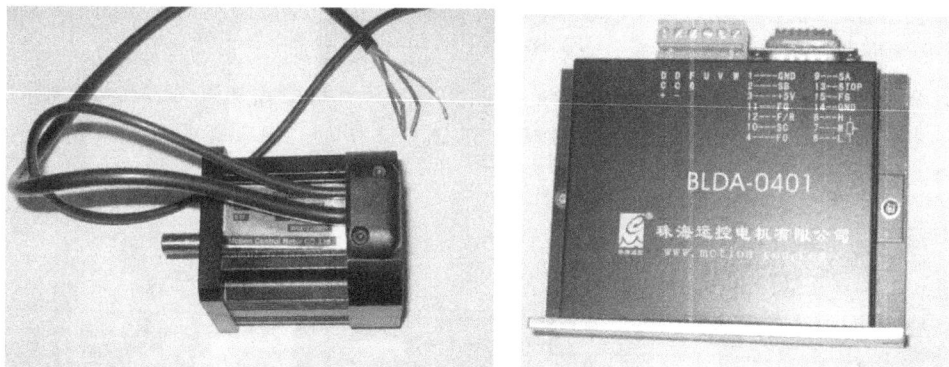

(a) 实际电动机   (b) 实际驱动器图

图 9-1 无刷直流电动机与其驱动器

无刷直流电动机的定子上有多相绕组，转子上镶有永磁体。由于运行原理的需要，通常还有转子位置传感器。位置传感器检测出转子磁轴线和定子相绕组轴线的相对位置，决定任意时刻相绕组的通电状态。从这点看,一方面,无刷直流电动机可以看成是交流同步电动机;另一方面,它又可看成是一个定、转子倒置的普通永磁直流电动机。普通有刷永磁直流电动机的电枢绕组在转子上,永磁体则在定子上。有刷直流电动机的所谓换向,实际上是其相绕组的换向过程,它是借助于电刷和换向器来完成的。而无刷直流电动机的相绕组的换向过程则是借助于位置传感器和逆变器的功率开关器件来完成的。无刷直流电动机以电子换向代替了普通直流电动机的机械换向,从而无刷直流电动机具有与普通直流电动机相似的线性机械特性和线性转矩/电流特性,因而被称为无刷直流电动机。

9.1.1　无刷直流电动机的组成

无刷直流电动机由电动机和驱动器两大部分组成,具体来说无刷直流电动机由电动机本体、位置检测器、逆变器和控制器组成,如图 9-2 所示。位置检测器检测转子磁极的位置信号,控制器对转子位置信号进行逻辑处理并产生相应的开关信号,开关信号以一定的顺序触发逆变器中的功率开关器件,将电源功率以一定的逻辑关系分配给电动机定子的各相绕组,使电动机产生持续不断的转矩。

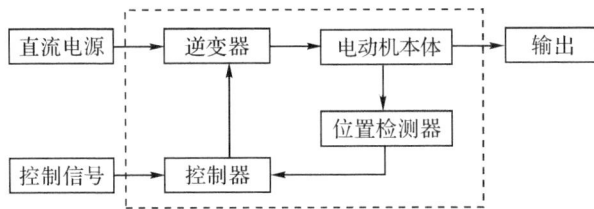

图 9-2　无刷直流电动机系统的组成

下面介绍无刷直流电动机各部分的基本结构。

1. 电机本体

无刷直流电动机最初的设计思想来自普通的有刷直流电动机,不同的是将直流电动机的定、转子位置进行了互换,其转子为永磁结构,产生气隙磁通;定子为电枢,有多相对称绕组。原直流电动机的电刷和机械换向被逆变器和转子位置检测器所代替。所以无刷直流电动机的电机本体实际上是一种永磁同步电机,如图 9-3 所示。由于无刷直流电动机的电机

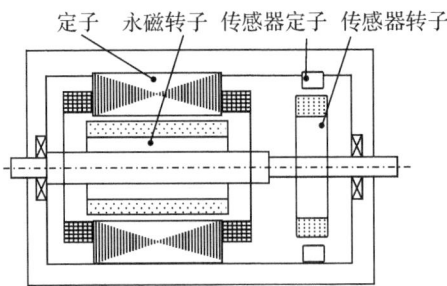

（a）结构示意图　　　　（b）定转子实际结构

图 9-3　无刷直流电动机结构

本体为永磁电机,所以无刷直流电动机也称为永磁无刷直流电动机。

定子的结构与普通同步电动机或异步电动机相同,铁芯中嵌有多相对称绕组。绕组可以接成星形或三角形,并分别与逆变器中的各开关管相连。三相无刷直流电动机最为常见,以下我们以三相无刷直流电动机为例进行分析。

除了普通的内转子无刷直流电动机之外,在电动车驱动中还常常采用外转子结构,将无刷直流电动机装在轮毂之内,直接驱动电动车辆。外转子无刷直流电动机的结构如图 9-4 所示,其定子绕组出线和位置传感器引线都从电机的轴引出。

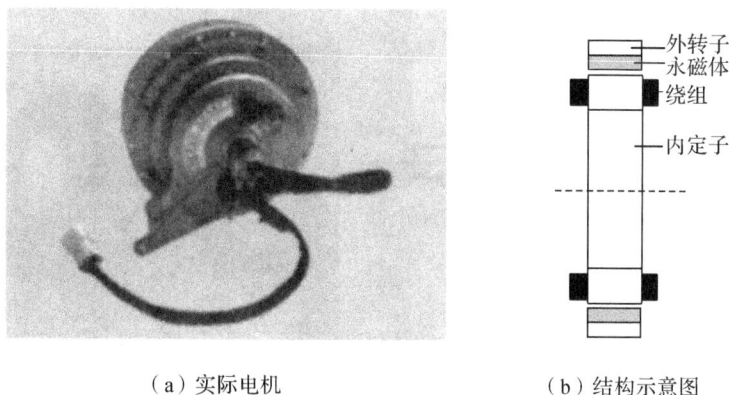

（a）实际电机　　　　　　（b）结构示意图

图 9-4　外转子无刷直流电动机

2. 逆变器

逆变器将直流电转换成交流电向电机供电。与一般逆变器不同,它的输出频率不是独立调节的,而是受控于转子位置信号,是一个"自控式逆变器"。由于采用自控式逆变器,无刷直流电动机输入电流的频率和电机转速始终保持同步,电机和逆变器不会产生振荡和失步,这也是无刷直流电动机的重要优点之一。

图 9-5 所示为三相无刷直流电动机逆变器主电路,以星形连接三相半桥式主电路为例。

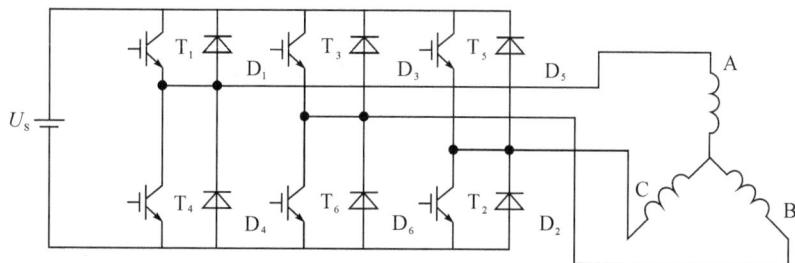

图 9-5　三相无刷直流电动机逆变器主电路

目前,无刷直流电动机的逆变器主开关一般采用 IGBT 或功率 MOSFET 等全控型器件,有些主电路已有集成的功率模块(PIC)和智能功率模块(IPM),选用这些模块可以提高系统的可靠性。

3. 位置检测器

位置检测器的作用是检测转子磁极相对于定子绕组的位置信号,为逆变器提供正确的换相信息。位置检测包括有位置传感器检测和无位置传感器检测两种方式。

转子位置传感器也由定子和转子两部分组成(见图 9-3),其转子与电机本体同轴,以跟踪电机本体转子磁极的位置;其定子固定在电机本体定子或端盖上,以检测和输出转子位置信号。转子位置传感器的种类包括磁敏式、电磁式、光电式、接近开关式、正余弦旋转变压器式以及编码器等。

在无刷直流电动机系统中安装机械式位置传感器解决了电机转子位置的检测问题。但是位置传感器的存在增加了系统的成本和体积,降低了系统的可靠性,限制了无刷直流电动机的应用范围,对电机的制造工艺也带来了不利的影响。因此,国内外对无刷直流电动机的无转子位置传感器的运行方式给予了高度重视。

无机械式位置传感器转子位置检测是通过检测和计算与转子位置有关的物理量间接地获得转子位置信息的,主要有反电动势检测法、续流二极管工作状态检测法、定子三次谐波检测法和瞬时电压方程法等。

4. 控制器

控制器是无刷直流电动机正常运行并实现各种调速伺服功能的指挥中心,它主要完成以下功能:

(1)对转子位置检测器输出的信号、PWM 调制信号、正反转和停车信号进行逻辑综合,为驱动电路提供各开关管的斩波信号和选通信号,实现电机的正反转及停车控制。

(2)产生 PWM 调制信号,使电机的电压随给定速度信号而自动变化,实现电机开环调速。

(3)对电动机进行速度闭环调节和电流闭环调节,使系统具有较好的动态和静态性能。

(4)实现短路、过流、过电压和欠电压等故障保护功能。

控制器的主要形式有:分立元件加少量集成电路构成的模拟控制系统、基于专用集成电路的控制系统、数模混合控制系统和全数字控制系统。在一些中小型的无刷直流电动机系统应用中多采用低成本、可靠性也较好的基于专用集成电路的控制系统方案,如电动车驱动系统中。

9.1.2   无刷直流电动机的基本工作原理

图 9-6 所示为典型无刷直流电动机的系统图。定子由三相对称绕组构成,PS 为与电动机转子同轴连接的转子位置检测器。整流器的作用是把 50Hz 的交流电转换成直流电,然后由转子位置检测器得到的信号控制逆变器的各功率开关管,从而控制电动机各相绕组按一定的顺序与逻辑规律导通,在电机气隙中产生跃进式旋转磁场,带动转子旋转。下面以如图 9-7 所示的两相导通星形三相六状态无刷直流电动机为例说明其工作原理。

当转子永磁体位于图 9-7(a)所示位置时,根据转子位置检测器发出的转子位置信号,经过控制电路使逆变器功率开关管 D_1、D_6 导通,即绕组 A、B 相通电。这时 A 相电流为正向流进,B 相电流为反向流出,电枢绕组在空间合成磁动势 F_a,磁动势 F_a 与励磁磁动势 F_f 之间的夹角为 120°电角度,如图 9-7(a)所示。在定、转子磁场相互作用下产生顺时针方向的电磁转矩,该转矩拖动转子沿顺时针方向转动。电流流通的路径为:电源正极→D_1 管→

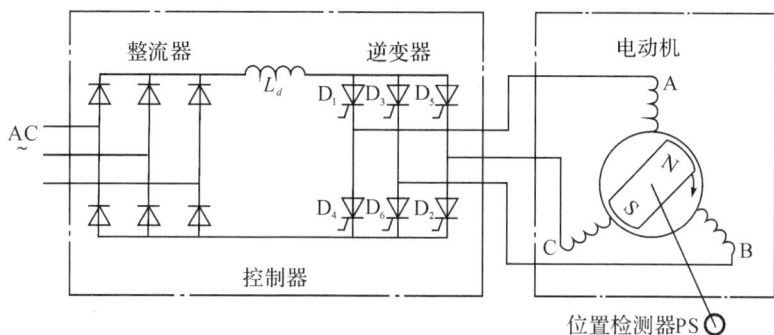

图 9-6　无刷直流电动机系统图

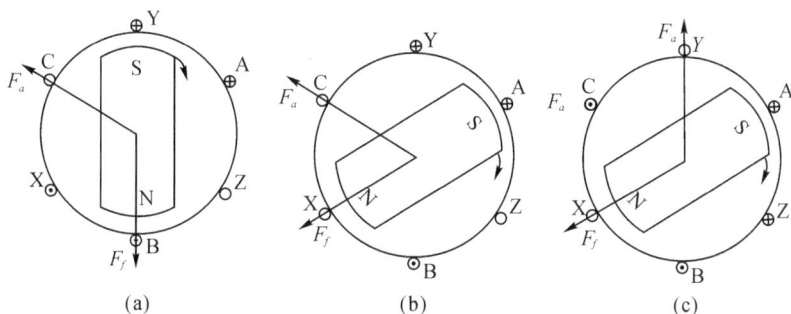

图 9-7　无刷直流电动机工作原理示意图

A 相绕组→B 相绕组→D_6 管→电源负极。当转子转过 60°电角度,到达图 9-7(b)的位置,此时,磁动势 F_a 与 F_f 之间的夹角为 60°电角度,位置检测器输出信号,经过控制电路使功率开关管 D_6 截止,D_2 导通,此时 D_1 仍导通。绕组 A、C 相通电,A 相电流仍为正向流过,C 相电流为反向流过,电枢绕组在空间的合成磁动势 F_a 又与 F_f 之间的夹角为 120°电角度,如图 9-7(c)所示。此时在定、转子磁场相互作用下转子继续沿顺时针方向旋转。电流流通路径为:电源正极→D_1 管→A 相绕组→C 相绕组→D_2 管→电源负极,以此类推。当转子沿顺时针方向每转过 60°电角度时,在一对极的范围内,功率开关管的导通逻辑为:D_1D_6→D_1D_2→D_3D_2→D_3D_4→D_5D_4→D_5D_6→D_1D_6⋯⋯以后按此逻辑关系周而复始地导通开关管,两相轮流接通电源,则转子磁场始终受到定子合成磁场的作用并沿顺时针方向连续旋转。在图 9-7(a)到(b)的 60°电角度范围内,转子沿顺时针方向连续转动,而定子合成磁动势在空间静止不动,位置保持不变。只有当转子转过 60°电角度,到达图 9-7(b)F_f 的位置时,定子合成磁动势 F_a 才从图 9-7(b)的位置顺时针跃进至图 9-7(c)的位置。可见定子合成磁动势在空间不是连续旋转的磁动势,而是一种跃进式的旋转磁动势,每次跃进的角度为 60°电角度。

当转子每转过 60°电角度时,逆变器开关管之间就进行一次换流,定子磁状态就改变一次。可见,电机有 6 个磁状态,每一状态都是两相导通,每相绕组中流过电流时间为 120°电角度。电枢绕组相电流波形如图 9-8 所示。

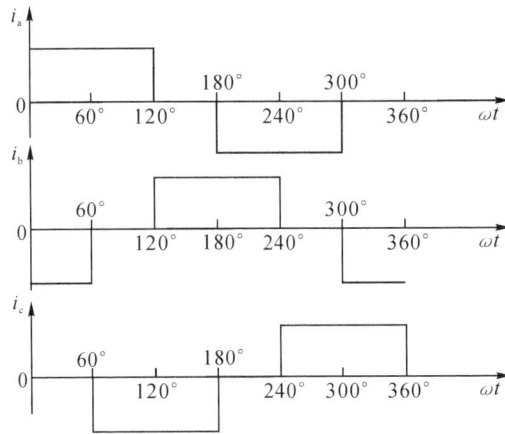

图 9-8　电枢绕组相电流波形

9.1.3　无刷直流电动机基本公式与特性

　　无刷直流电动机的基本物理量有电枢绕组的感应电动势、电枢电流、电磁转矩和转速等。这些物理量的表达式与电机气隙磁场分布、电枢电流波形、绕组形式有密切的关系。对于均匀气隙,空载气隙磁场波形获得近似的梯形波,梯形波的平顶宽度应大于电角度,以获得较大的电磁转矩。其磁场波形如图 9-9 所示。定子绕组常采用整距绕组,当绕组每极每相槽数 $q=1$ 时,电枢绕组即为集中整距绕组,其中的感应电动势亦为梯形波。对于两相导通星形三相六状态无刷直流电动机,通常采用方波驱动,即为电角度的方波电流。电枢电流与电动势的关系如图 9-10 所示。

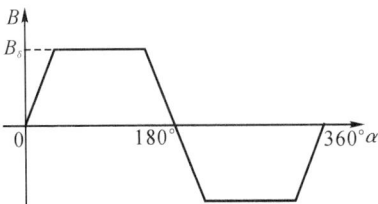

图 9-9　空载气隙磁场分布

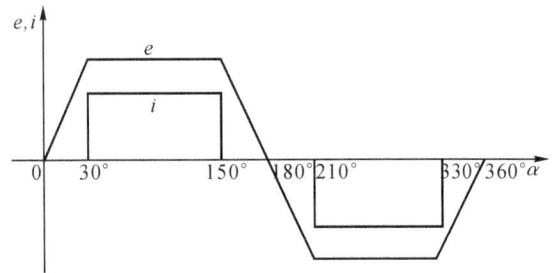

图 9-10　A 相绕组电动势与电流波形

　　下面以两相导通星形三相六状态电流型永磁无刷直流电动机为例,推导出无刷直流电动机的基本公式及其机械特性。

　　为分析方便,做如下假设:

　　气隙磁密沿电枢圆周表面按梯形分布,平顶部分宽度大于 $120°$ 电角度;

　　电枢绕组采用整距,每极每相槽数 $q=1$,不计电枢反应的影响;

　　开关管饱和电压降 ΔU 为恒值;

　　三相绕组及其对应电路是一致并对称的。

1. 电枢绕组感应电动势

单根导体在气隙磁场中感应电动势的瞬时值为

$$e = Blv \tag{9-1}$$

式中：B 为导体所处电枢表面位置的气隙磁密值；l 为导体的有效长度；v 为导体相对于磁场运动的线速度。

$$v = \pi D \frac{n}{60} = 2p\tau \frac{n}{60} \tag{9-2}$$

式中：D 为电枢内径；n 为电机转速；τ 为极距；p 为磁极对数。

单根导体感应电动势的波形与气隙磁密沿电枢表面分布的波形相同，当 B 的波形为梯形时，电动势波形亦为梯形波。

设电枢绕组每相串联匝数为 W_ϕ，则每相绕组的感应电动势的瞬时值为

$$e_\phi = 2W_\phi e \tag{9-3}$$

将式(9-2)和(9-1)代入式(9-3)得

$$e_\phi = 4W_\phi Bl\tau \frac{pn}{60} \tag{9-4}$$

气隙磁场对应的每极磁通为

$$\Phi_\delta = \alpha_i \tau l B_\delta \tag{9-5}$$

式中：α_i 为计算极弧系数；B_δ 为气隙磁通密度最大值。

将式(9-4)中的 B 改为最大值 B_δ，并考虑式(9-5)可得到每相绕组感应电动势梯形波的最大值为

$$E_\phi = \frac{p}{15\alpha_i} W_\phi n \Phi_\delta \tag{9-6}$$

则两相串联后的线电动势最大值为

$$E = 2E_\phi = \frac{2p}{15\alpha_i} W_\phi n \Phi_\delta = C_e n \Phi_\delta \tag{9-7}$$

式中：$C_e = \frac{2p}{15\alpha_i} W_\phi$。

当电枢绕组不是整距、且 $q \neq 1$ 时，可以将每相串联匝数 W_ϕ 近似地改为 $k_{dq1} W_\phi$，k_{dq1} 为相绕组的基波绕组系数，此时电动势波形是若干个在时间轴上有位移梯形波的合成，其波顶的平顶宽度将会减少。

2. 电枢电流

在每个导通时间内有以下电压平衡方程式：

$$U - 2\Delta U = E + 2Ir \tag{9-8}$$

式中：U 为直流电源电压；ΔU 为开关管饱和管压降；I 为相绕组电流；r 为相绕组电阻。

由式(9-8)可得出相绕组电流：

$$I = \frac{U - 2\Delta U - E}{2r} \tag{9-9}$$

3. 电磁转矩

对于气隙磁通密度分布为梯形波，其平顶波宽度大于 120°电角度，且电枢绕组为整距，当 $q = 1$ 时，其电磁转矩为

$$T_{\mathrm{em}} = \frac{EI}{\Omega} \tag{9-10}$$

式中：$\Omega = \frac{2\pi n}{60}$，为电机的机械角速度。将式(9-7)代入，并考虑到 Ω 的值可得到

$$T_{\mathrm{em}} = \frac{\frac{2p}{15\alpha_i}W_\phi n\Phi_\delta I}{\frac{2\pi n}{60}} = \frac{4p}{\pi\alpha_i}W_\phi\Phi_\delta I = C_T\Phi_\delta I \tag{9-11}$$

式中：$C_T = \frac{4p}{\pi\alpha_i}W_\phi$，为转矩常数。

当电枢绕组不是整距、且 $q \neq 1$ 时，可以将每相串联匝数 W_ϕ 近似地改为 $k_{dq1}W_\phi$。

4. 转速

将式(9-7)代入式(9-8)，并经整理后得到转速

$$n = \frac{U - 2\Delta U - 2Ir}{C_e\Phi_\delta} \tag{9-12}$$

理想空载转速为

$$n_0 = \frac{U - 2\Delta U}{C_e\Phi_\delta} = \frac{7.5\alpha_i(U - 2\Delta U)}{pW_\phi\Phi_\delta} \tag{9-13}$$

5. 机械特性

机械特性就是指电动机端电压在额定电压不变的情况下，转速 n 和电磁转矩 T_{em} 之间的关系曲线。可由式(9-11)与式(9-12)得出

$$n = \frac{U - 2\Delta U}{C_e\Phi_\delta} - \frac{2r}{C_eC_T\Phi_\delta^2}T_{\mathrm{em}} = n_0 - \Delta n \tag{9-14}$$

式中：$\Delta n = \frac{2r}{C_eC_T\Phi_\delta^2}T_{\mathrm{em}}$，为转速降落，其特性曲线 $n = f(T_{\mathrm{em}})$ 与普通并励直流电动机的机械特性相似。

9.1.4 无刷直流电动机的特点与应用

综上所述，我们可以总结出无刷直流电动机有如下主要特点：本质上是多相交流电动机，但经控制获得类似直流电动机的特性；需要多相逆变器驱动；由于没有电刷和换向器，即使在很高的转速下，也可得到较高的可靠性；有较高的效率；总系统成本比直流电动机高。

可以看出，无刷直流电动机有显著的优点，虽然其系统成本较高的缺点限制了它在大中型功率方向的应用，但小功率方向尤其是如下领域得到越来越广泛的应用：

①在计算机外设和办公自动化设备中的应用，例如打印机、硬盘驱动器、传真机、复印机等。

②在家用电器中的应用，如音像设备、洗衣机、电冰箱、空调等。

③在工业驱动、伺服控制中的应用，如数控机床、纺织机械、印刷包装机械、冶金机械、自动化流水线、各种专用设备等的应用。

④在汽车、电动汽车、电动摩托车、电动自行车等交通工具中的应用。

⑤在医用领域中的应用，例如牙科和骨科手术用高速器具、心脏泵等的应用。

此外，在特殊环境条件下，如潮湿、真空、有害物质的场所，为提高系统的可靠性采用无

刷直流电动机。其中,军用和航天领域是无刷直流电动机最先得到应用的领域。

下面举例介绍无刷直流电动机的典型应用。

1. 无刷直流电动机在电动自行车中的应用

随着人们生活节奏的加快、活动范围的不断扩大,人们希望获得一种轻便快捷、简单安全的交通工具。电动自行车因为轻便、快捷,适应了现代人追求环保、效率、安全的需要,所以受到了广大工薪阶层消费者的普遍欢迎。近年来,电动自行车在我国尤其是以浙江为代表的华东地区获得了广泛的推广使用,产销量以几何级数增长。

电动自行车并不是简单地在自行车上加上电池和电动机,而是包括电池、控制系统、传动系统、电动机四大块,并且采用了很多的新技术和新材料。单从其驱动装置——电动机来看就有很高的技术含量。电动自行车的电动机经过十多年的发展,曾经有变频电动机、开关磁阻电动机、有刷直流电动机、无刷电动机等多种驱动方案。经过市场验证,目前较为成熟的有两大类:一类是带减速齿轮的有刷电动机,有盘式结构和圆柱结构两种;另一类是不带减速齿轮的直接驱动的无刷直流电动机。无刷直流电动机之所以被广泛应用于电动自行车,是因为它与传统的有刷直流电动机相比具有以下两方面的优势:

一方面,寿命长、免维护、可靠性高。在有刷直流电动机中,由于电机转速较高,电刷和换向器磨损较快,一般工作 1000 小时左右就需更换电刷。另外,其减速齿轮箱的技术难度较大,特别是传动齿轮的润滑问题,是目前有刷方案中比较大的难题。所以有刷电动机就存在噪声大、效率低、易产生故障等问题。因此无刷直流电动机的优势很明显。

另一方面,效率高、节能。一般而言,因无刷直流电动机没有机械换向的摩擦损耗及齿轮箱的消耗,以及调速电路损耗,效率通常可高于 85%,但考虑到实际设计中的最高性价比,为减少材料消耗,效率一般设计为 76%。而有刷直流电动机的效率由于齿轮箱和超越离合器的消耗,通常在 70% 左右。目前,直接驱动的无刷直流电动机发展为电动自行车驱动电机中的主流。

电动自行车目前常用无刷直流电动机系统结构原理与本书介绍的基本相同,下面仅就其特殊的部分作一阐述。

电动车所用的电机结构目前一般为外转子形式,如图 9-4 所示。另外,由于电动自行车的电机受体积和成本的限制,通常制成盘式电动机结构形式,安装在车轮的轮毂内,轮毂由辐条与车圈连接,直接带动车轮转动。由于电机安装在轮毂内,对位置传感器体积的要求都比较高,考虑传感器的体积和性能,通常采用的传感器是磁敏式开关式传感器,目前使用最广泛的是霍尔元件集成电路。霍尔元件是根据霍尔效应制成的,即当有电流流过和有磁场穿过霍尔元件时,元件内会产生霍尔电势,在磁场位置变化时霍尔电势会完全反映磁场的变化,这样就可起到传感位置的作用,根据转子磁极的位置来产生位置信号。为提高霍尔元件的驱动功率和工作可靠性,通常将霍尔元件与其他集成电路相结合构成一个开关型霍尔集成电路,在不增加电路封装体积的情况下,其输出信号可直接驱动功率管。目前,还出现了利用电机定子绕组的反电动势作为转子磁钢的位置信号,经数字电路处理,并送给逻辑开关电路去控制电机的换向,由于它省去了位置传感器,使得电机的结构更加紧凑,近年来的应用日趋广泛。在控制器方面电动自行车目前常用无刷直流电动机专用集成电路。

我国有关政府部门为解决能源和环保问题,鼓励电动自行车项目的开发和研制,为使电动车的开发和生产纳入标准化、法制化管理,1997 年 6 月,中国轻工总会发布了《电动自行车安全通用技术条件》行业标准；1999 年 5 月，国家质量技术监督局发布了《电动自行车通用技术条件》国家标准，这为电机技术的进步和规模化生产提供了条件。同时，无刷直流电动机以其优越的性能在电动自行车设计中被广泛应用，无刷直流电动机的发展也将成为一个不可逆转的趋势。

2. 无刷直流电动机在医用牙钻中的应用

在牙科手术中，牙钻是一种重要工具，要求有很高的速度，一般在每分钟 3 万转以上，而无刷直流电动机以其高速下的高可靠性博得青睐。以下介绍的是一种采用无刷直流电动机专用控制集成电路 MC33035/MC33039 控制无刷直流电动机作为医用牙钻的原理。

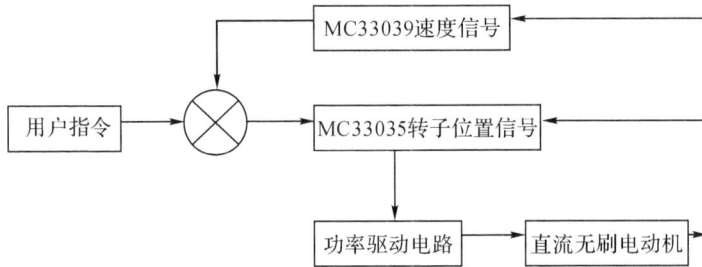

图 9-11　无刷直流电动机控制系统原理

如图 9-11 所示为系统原理组成，系统为闭环控制，特别增加了电机运行的可靠性。另外，由于牙钻要求尽量能有较小的体积易于操作，采用了无刷直流电动机的专用控制集成电路，MC33035 是 ON Semiconductor 公司开发的专门用于无刷直流电动机控制的芯片，MC33039 是配套的专用闭环速度控制适配器，体积小，功能集成齐全。

9.2　伺服电动机

"伺服"一词源于希腊语"奴隶"的意思。人们想把"伺服机构"当个得心应手的驯服工具，服从控制信号的要求而动作。在信号来到之前，转子静止不动；信号来到之后，转子立即转动；当信号消失，转子能即时自行停转。由于它的"伺服"性能，因此而得名——伺服系统。

伺服系统是使物体的位置、方位、状态等输出被控量，能够跟随输入目标值（或给定值）的任意变化的自动控制系统。伺服的主要任务是按控制命令的要求，对功率进行放大、变换与调控等处理，使驱动装置输出的力矩、速度和位置控制得非常灵活方便。伺服系统是具有反馈的闭环自动控制系统。它由位置检测部分、误差放大部分、执行部分及被控对象组成。

伺服系统必须具备可控性好、稳定性高和速应性强等基本性能。可控性好是指信号消失以后，能立即自行停转；稳定性高是指转速随转矩的增加而均匀下降；速应性强是指反应快、灵敏、响态品质好。

通常根据伺服驱动机的种类来分类，有电气式、油压式或电气—油压式三种。伺服系统若按功能来分，则有计量伺服和功率伺服系统；模拟伺服和功率伺服系统；位置伺服和加速度伺服系统等。

伺服驱动系统能够忠实地跟随控制命令而动作，例如数控机床和工业机器人，伺服驱动技术对产品的性能有重要影响，甚至起关键作用。

电气伺服技术应用最广,主要原因是控制方便、灵活,容易获得驱动能源,没有公害污染,维护也比较容易。特别是随着电子技术和计算机软件技术的发展,它为电气伺服技术的发展提供了广阔的前景。电气式伺服系统根据电气信号可分为 DC 伺服系统和 AC 伺服系统两大类。AC 伺服系统又有异步电机伺服系统和同步电机伺服系统两种。

早在 20 世纪 70 年代,小惯量的伺服直流电动机已经实用化了。到了 70 年代末期,交流伺服系统开始发展,逐步实用化,AC 伺服电动机的应用越来越广,并且还有取代 DC 伺服系统的趋势,成为电气伺服系统的主流。

永磁转子的同步伺服电动机由于永磁材料性能不断提高,价格不断下降,控制又比异步电机简单,容易实现高性能的缘故,所以永磁同步电机的 AC 伺服系统应用更为广泛。

目前,在交流同步伺服驱动系统中,普通应用的交流永磁同步伺服电动机有两大类:一类称为无刷直流电动机,它要求将方波电流输入定子绕组,这种电机已在前面作了介绍。另一类称为三相永磁同步电动机(简称 PMSM 电机),或叫作三相正旋波永磁同步电动机,它要求输入定子绕组的电源仍然是三相正弦波形。

本章主要针对三相永磁同步电动机(PMSM)展开讲解。

9.2.1　PMSM 的结构与工作原理

如图 9-12 所示,PMSM 的结构和无刷直流电机结构基本上是一样的,只是转子表面呈抛物线形,其电枢反电动势通常是正弦波,因而又称正弦波电机,通常工作在他控式变频调速方式下。在无刷直流电机的功率主回路中,三相桥的 6 个开关器件的通断由电机的转子位置决定,使得电机中的电磁场类似于直流电机中的电磁场。而同步电机的运行是交流电机即普通三相同步电动机的原理,电机定子端输入的是三相对称正弦波,转子与定子在运行时保持同步。由于三相绕组通入对称三相交流电,电枢磁场为圆形旋转磁场,方向连续变化,可使电机电磁转矩平稳,具有良好的低速特性;定子采用无槽形式,可以有效地消除齿槽效应产生的转矩脉动,改善低速性能;电枢绕组采用正弦绕组,使绕组感应电动势波形呈正弦波分布,以获得尽可能小的转矩脉动。

9.2.2　PMSM 数学模型与控制分析

正弦波永磁同步电动机(PMSM)反电动势是正弦波,其定子电压、电流也应为正弦波。假设电动机是线性的,参数不随温度等变化,忽略磁滞和涡流损耗,而且转子没有阻尼绕组,那么基于转子坐标系($d\text{-}q$ 系)中的永磁同步电动机定子磁链方程为

$$\begin{aligned}\psi_d &= L_d i_d + \psi \\ \psi_q &= L_q i_q\end{aligned} \tag{9-15}$$

式中:ψ 为转子磁钢在定子上的耦合磁链;L_d、L_q 为永磁同步电动机的直、交轴主电感;i_d、i_q 为定子电流矢量的直、交轴分量。

PMSM 的定子电压方程为

$$\begin{aligned}u_d &= r_s i_d + p\psi_d - \omega\psi_q \\ u_q &= r_s i_q + p\psi_q + \omega\psi_d\end{aligned} \tag{9-16}$$

式中:u_d、u_q 为定子电压矢量的 d、q 轴分量;p 为微分算子;ω 为转子角频率。

因此,PMSM 的电磁转矩方程为

图 9-12　PMSM 实物照片

$$T_d = p_m(\psi_d i_q - \psi_q i_d) = p_m[\psi i_q + (L_d - L_q)i_d i_q] \tag{9-17}$$

式中：p_m 为极对数。

从式(9-17)可以看出，永磁同步电动机的电磁转矩基本上取决于定子交轴电流分量和直轴电流分量，在永磁同步电动机中，由于转子磁链恒定不变，故均采用转子磁链定向方式来控制。

在恒转矩运行时，采用转子磁链定向的正弦波永磁同步电动机调速系统的定子电流矢量位于 q 轴，无 d 轴分量($i_d=0$)，即定子电流全部用来产生转矩，此时 PMSM 的电压方程可写为

$$u_d = -\omega L_q i$$
$$u_q = r_s i + L_q p i + \omega \psi \tag{9-18}$$

PMSM 的电磁转矩方程可写为

$$T_d = p_m \psi i \tag{9-19}$$

在这种控制方式下，只要能准确地检测出转子空间位置(d 轴)，通过控制逆变器使三相定子的合成电流(磁动势)位于 q 轴上，那么，永磁同步电动机的电磁转矩只与定子电流的幅值成正比。即控制定子电流的幅值，就能很好地控制电磁转矩，这也和永磁直流电动机的原理类似。

9.2.3　PMSM 的特点与应用

电动机在生产领域、公用设施、服务行业和家用电气设备中起着关键的驱动和伺服控制作用，但也几乎消耗了许多国家用电量的 2/3。出于节约能源和环保的考虑，包括我国在内的世界上许多国家对电动机系统的节能均给予了高度重视。以美国为例，其提出的电动机挑战计划，通过采用高效率电动机系列(在美国称为实施 EPACT 指令)和超高效率电动机系列(NEMA Premium)以及采用电子调速装置来代替传统的用机械方法改变流量的方式，节省电能达 15%。然而若采用 PMSM，因其无需从电网吸取无功电流建立气隙磁场，无激磁损耗，从而显著提高了效率和功率因数，比异步电机具有更显著的综合节能效果。PMSM

也具备十分优良的低速性能,可以实现弱磁高速控制,调速范围宽广、动态特性很高,成为伺服系统的发展与应用的主流是毋庸置疑的。

相对而言,两相异步伺服电机虽然结构坚固、制造简单、价格低廉,但是在特性上和效率上与 PMSM 存在差距,只是在大功率场合还是暂时得到重视的。

当前,在我国,三相永磁同步电动机(PMSM)已经不仅仅限于国防工业中的应用,其优良的特点使其已在众多中小型电机伺服领域广泛使用,在浙江已形成一个制造—应用的产业群,以横店联谊等为代表的一大批制造企业遍布全省。在电梯、工业缝纫机、数控机床等领域 PMSM 已作为应用主流。

9.3　步进电动机

步进电动机是一种非常重要的控制电机。它是一种将脉冲电信号转换为角位移的执行装置,所以又叫作脉冲电动机。步进电动机主要应用在对位置控制精度要求比较高的场合,例如绘图仪器、打印机、精密机床等的驱动控制上。输出转矩也比较大,可以直接带动负载运行。与普通电动机不同,步进电动机不能接入电网或电源直接启动运行,这点与无刷直流电动机和 PMSM 相似,但步进电动机控制系统一般无需闭环控制也能达到较高的精度,驱动系统相对简单。如图 9-13 所示为一种典型的三相步进电动机及其驱动器实物。

（a）步进电动机外形　　　　　　　　　　　（b）驱动器

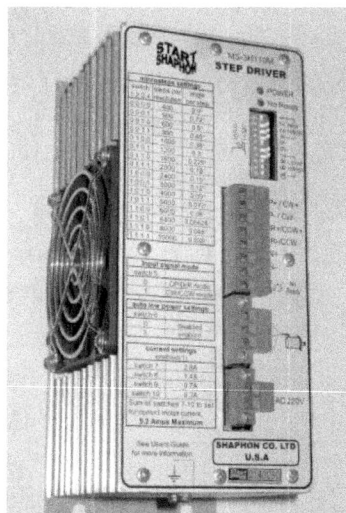

图 9-13　步进电动机及其驱动器实物

9.3.1　步进电动机的结构与基本工作原理

从励磁的方法上来分,步进电动机分为反应式、永磁式和感应子式三种。其中,反应式步进电动机是结构原理上最简单的一种,应用面也很大,本节重点介绍这种电动机的结构、工作原理以及相关的运行原理和控制方法。

　　反应式步进电动机的结构如图 9-14 所示,这是一台三相反应式步进电动机切面图。与其他电动机一样,步进电动机由定子和转子构成。步进电动机的定子铁芯由硅钢片叠成,定子上磁极突出,并绕有定子绕组,分为几相,用来控制步进电动机的运行。转子也由硅钢片叠成,转子的磁极情况类似于凸极式同步电动机的转子,叫作转子的齿。另外,根据不同的要求,有的电机转子上还有小齿。

　　步进电动机的工作原理有些类似于同步电机的工作原理,所以在有些电机的教材上也把它放在同步电机的大范畴内来进行介绍。下面仍以三相反应式步进电动机为例来说明其工作原理。如图 9-15 所示,定子上共有 6 个磁极,这些磁极平均分布于定子的圆周上,相对的磁极作为一相,共有三相;转子上有 4 个齿。

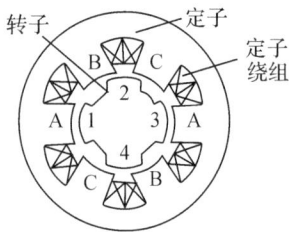

图 9-14　步进电动机结构　　　　　　图 9-15　步进电动机工作原理

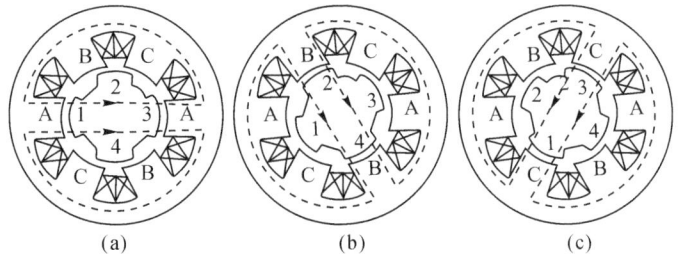

　　其工作原理如下:当电动机开始运行时,首先给 A 相施加一定宽度的脉冲电压,B 相、C 相均不通电,这时,A 相就形成了一个磁场。根据磁通要走最小路径的特点,电磁力矩就会将转子旋转到和 A 相轴线一致的地方,如图 9-15(a)所示。在下一时刻,将 A 相断电,C 相保持不通电的状态,同时在 B 相施加与前一时刻 A 相脉冲宽度相同的脉冲电压,这时电磁力矩就将转子驱动到与 B 相轴线一致的地方,电机转子旋转过一个角度,如图 9-15(b)所示。随之将 B 相断电,A 相保持前一时刻的不通电状态,C 相加脉冲,电机转子又转过一个角度。如此循环往复,就可以使电机不停地旋转,这也是步进一词的来历。

　　永磁式步进电动机的定子结构与反应式步进电动机的定子结构大致相同,也是硅钢片的铁芯,在上面有控制绕组。转子是永磁磁钢,由一定数目的磁极构成。

　　感应子式步进电动机的定子结构与反应式步进电动机的定子结构也大致相同,转子的结构与电磁减速式同步电动机相同,铁芯上开有小槽,齿距与定子小齿相同。

　　另外,将反应式与永磁式步进电动机的特点结合,就是混合式步进电动机。

9.3.2　步进电动机的运行特性

　　当定子的控制脉冲不断地送入,电动机就不停地运转。当电动机定子中的某相一直通电时,电动机转子就在此相的轴线上维持不动,这是电动机的静止状态。定、转子之间齿的轴线夹角称为步进电动机的失调角,用 θ_a 表示。当电动机处于静止状态时,失调角为零。当失调角不为零时,电动机就会产生电磁转矩,迫使转子向失调角为零的方向转动。由此,可以得出,步进电动机的转矩与失调角之间的关系为

$$T = -C\sin\theta_a$$

式中:C 为一个常数,与控制脉冲的电流、气隙磁组以及控制绕组有关。将这个关系式画在

以失调角为 θ_a 横坐标、转矩 T 为纵坐标的坐标系中,所形成的关系曲线就叫作步进电动机的矩角特性,如图 9-16 所示。

从图 9-16 中可以看出,当电动机的失调角在 $[-\pi,\pi]$ 的区间内时,电动机所产生的电磁转矩就会将电动机转子拉回到其平衡位置 α 处,从而使失调角归零。当电动机的转子接近平衡位置 α 时,由于惯性的作用会使电机的转子在平衡位置附近做振荡,直至有摩擦的作用使其最终稳定在平衡点上。因此将 $[-\pi,\pi]$ 的区间称为步进电动机的静稳定区。同理,如果采用三相步进电动机,则三相相隔 $\frac{2\pi}{3}$ 角度。因此,另外两相的静稳定区为 $\left[-\pi+\dfrac{2\pi}{3},\pi+\dfrac{2\pi}{3}\right]$ 和 $\left[-\pi+\dfrac{4\pi}{3},\pi+\dfrac{4\pi}{3}\right]$。

在空载运行时,若忽略空载转矩,则电动机转子的平衡位置将会在 $T=0$ 的静平衡点上。当电动机加载以后,其静平衡点需落在 $T=T_L$ 的点上。这样一来,与空载时相比,都要落后一个电角度,如图 9-17 所示。

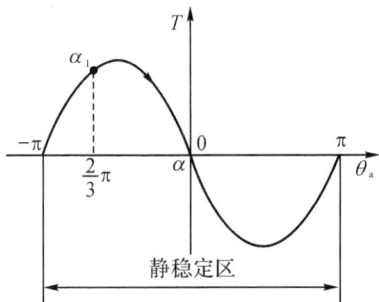

图 9-16　步进电动机的矩角特性　　　　　　图 9-17　步进电动机的运行情况

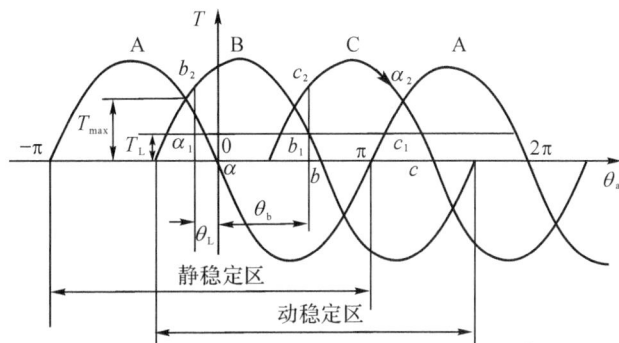

电机在 A 相的平衡点由空载时的 α 点移到了 α_1 点,在角度上落后了 θ_L。其余两相的平衡点也相应地移到了点 b_1 和 c_1 点。此外,电动机在步进运行时,转子每旋转一步,转子的位置必须落在了下一相的静稳定区中,这样才可能使电动机连续不断地运行起来,我们把下一相的静稳定区叫作动稳定区,静稳定区与动稳定区必须有所重叠。除了满足此条件外,还要使电动机的电磁转矩大于负载转矩。

步进电动机每改变一次通电方式,电动机就旋转过一个角度,称为一拍。经过一拍转子旋转的角度称为步距角,用 θ_b 表示。电机一个通电周期的循环拍数 N 与步距角的乘积叫作齿距角,用 θ_t 表示。因此,步距角、齿距角和拍数之间的关系可以表示为

$$Z_t=\frac{360°}{\theta_t}=\frac{360°}{N\theta_b} \tag{9-20}$$

式中:Z_t 为电机的转子齿数,步距角又可以表示为

$$\theta_b=\frac{360°}{NZ_t}=\frac{2\pi}{NZ_t} \tag{9-21}$$

在连续运转时,步进电动机的定子绕组中输入连续脉冲,电动机连续不断地旋转,脉冲给得快,电动机旋转得就快;反之,电动机转得就慢,其速度与脉冲的频率成正比。由式(9-21)可得,每输入一个脉冲,电动机将转过一个步距角度,当电动机定子中脉冲的频率为

时,可以推知步进电动机转速为

$$n=\frac{60f}{NZ_t} \tag{9-22}$$

当然,转速也可以用步距角的形式来表示,即

$$n=\frac{60f}{NZ_t}=\frac{60f\times360°}{2\pi NZ_t}=\frac{f\theta_b}{6°}\quad（当步距角为角度时） \tag{9-23}$$

或

$$n=\frac{60f}{NZ_t}=\frac{60f\times2\pi}{2\pi NZ_t}=\frac{30f\theta_b}{\pi}\quad（当步距角为弧度时） \tag{9-24}$$

9.3.3　步进电动机的控制与应用

　　控制步进电动机的方法有很多钟,而且目前还在不断发展。首先,来看一下步进电动机的通电方式。前面说过对于三相步进电动机可以在 A、B、C 三相轮流通电,这样一个通电周期结束,电机转子就旋转一圈,经过三拍,这种通电方式叫作三相单三拍。相数和拍数前面已经介绍过了,所谓的"单"是指在每次通电时只有一相绕组得电。与之相对应的还有三相双三拍,这是指在每次通电时,三相定子绕组中有两相绕组得电,经过三拍转子旋转一周。其通电的相序为 AB－BC－CA－AB。在双三拍通电方式下,每次通电时电机转子将与两相绕组构成的合成磁场轴线相重合。

　　三相步进电动机除了三拍的运行方式外,还有三相单双六拍的通电方式。其通电方式为 A－AB－B－BC－C－CA－A。这样一来,旋转一周将经过六拍。

　　如欲使电机反转,则将电机的通电相序改变即可,对于三相单三拍反转时的通电相序为 A－C－B－A;三相双三拍反转时的通电相序为 AC－CB－BA－AC;三相单双六拍的通电相序为 A－AC－C－CB－B－BA－A。更多相的步进电动机的通电方式与三相时的通电方式大同小异。

　　由于步进电动机定子中输入的是脉冲信号,因此非常适合于使用计算机来进行控制。近年来,关于使用单片微型计算机对步进电动机进行控制的方法在工程上已经有了很多的讨论和应用。这里需要特别提到的是步进电动机的细分步数驱动控制。

　　步进电动机的细分步数控制是在每次输入步进脉冲时,不是将绕组电流全部通入或关断,而是只改变相应绕组中额定电流的一部分,绕组电流有多个稳定的中间状态,相应的磁场矢量存在多个中间状态,相邻的两相或多相的合成磁场的方向有多个中间状态。转子相应的每步转动原步距角 θ_b 的一部分,额定电流分成多少次切换,转子就以多少步来完成一个原有的步距角,这就称为细分驱动。细分驱动时的步距角一般称为微步角,记做 θ_m。

　　步进电动机细分驱动的本质是绕组的传统矩形电流供电改为阶梯形电流供电。理论上要求绕组中的电流以若干个等幅等宽的阶梯上升到额定值,或以同样的阶梯从额定值下降到零。如图 9-18 所示,是三相双三拍细分控制各绕组电流波形。

　　在步进电动机细分驱动方面,除以上介绍的通过电机外部驱动装置实现之外,目前更常用的是在电机的定、转子齿极基础上细分成小齿,则在驱动控制装置上可以简化,同样达到细化步距角的目的。

　　步进电动机因其结构特点,使用开环控制也能达到其要求的精度,所以控制系统简单、成本低,在工业控制、公共设施等领域有广泛的应用。如图 9-19 所示为一典型步进电动机

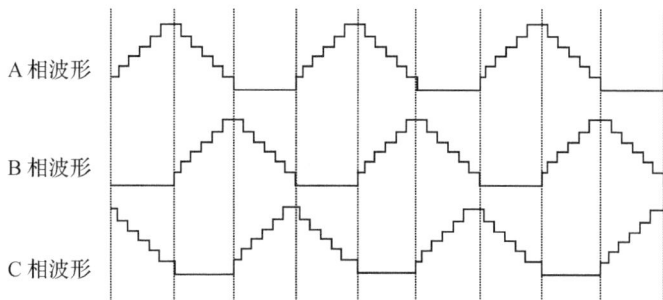

图 9-18 三相双三拍细分控制各绕组电流波形

控制的原理图,经过一信号逻辑电路后再经功率电路放大供给步进电动机绕组。

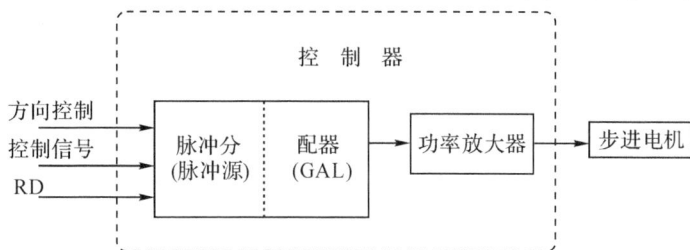

图 9-19 步进电动机控制原理图

如图 9-20 所示,为一种用于夜间喷泉或酒吧间灯光体驱动变换位置的四相步进电动机驱动控制系统电路。如图 9-21 所示为其实物照片所示。

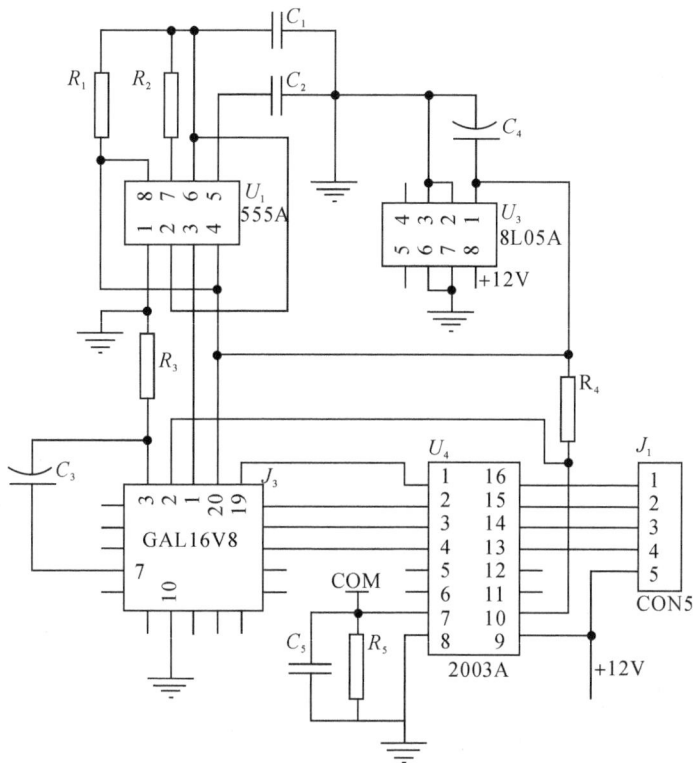

图 9-20 四相步进电动机驱动电路

图 9-21　四相步进电动机驱动电路实物

*9.4　其他各种微控电动机

9.4.1　自整角机

顾名思义,自整角机就是一种能够对角度进行自动整步的电机。在伺服或随动系统中有着广泛应用和重要地位。我们知道,在伺服或随动系统中必须要检测角度或位移,自整角机就是这样一种检测器件。在系统中自整角机一般成对使用,一个是发送机,一个是接收机,用来检测发送机和接收机之间的角度差值,由接收机输出与差值成正比的信号去控制伺服电动机的转动。尽管目前已经有了光电编码盘等测角装置,自整角机仍然有其不可替代的作用。

同其他电机一样,自整角机的结构也分为定子和转子两部分。定子铁芯由冲片叠成,在其槽内安放定子绕组,一般为三相绕组,空间相差 120°为对称绕组。转子有凸极和隐极之分,转子绕组一般只有一相,这相绕组两个出线端通过滑环引出,结构上与普通同步电机相近。

当发送机转子绕组通单相交流电后,其电压为 U_1,在绕组中会产生一个脉振磁动势。在工作时,由外界的转动设备带动发送机转子在不断旋转,因此在定子电枢绕组中会产生一个感应的电动势,而且定子电枢为三相交流绕组,所以产生了三相对称的感应电动势,即

$$E_{D1} = E\cos\theta_1$$
$$E_{D2} = E\cos(\theta_1 + 120°) \qquad\qquad (9\text{-}25)$$
$$E_{D1} = E\cos(\theta_1 + 240°)$$

式中:E 为感应电动势的幅值。

在定子端,发送机与接收机的定子三相接线相互连接,发送机与接收机的定子中就会有电流流过。设定子绕组的阻抗为 Z,且发送接收机的绕组阻抗完全相等,则在发送机与接收机的定子绕组(整步绕组)中流过的电流为

$$I_{D1} = \frac{E}{2Z}\cos\theta_1 = I\cos\theta_1$$

$$I_{D2} = I\cos(\theta_1 + 120°) \tag{9-26}$$

$$I_{D1} = I\cos(\theta_1 + 240°)$$

这样,在接收机中由于有三相对称电流流过,在接收机中也会产生一个圆形旋转磁场,由感应电动机分析其旋转磁动势大小为每相脉振磁动势的 1.5 倍,即

$$F = \frac{3}{2}F_1 \tag{9-27}$$

接收机中产生了磁动势,这样在其转子励磁中也会产生感应电动势 E_2。根据不同的应用要求我们可以将这个电动势适当处理,制成控制式或力矩式自整角机提供给控制系统。

9.4.2　旋转变压器

顾名思义,旋转变压器就是能够旋转的变压器,其原、副边分别安置在电机的定、转子上,用来测量角度。工程上也常常将它简称为旋变。根据其输出电压与输入角度信号的函数关系不同,可以分为正、余弦旋转变压器和线性旋转变压器等。

1. 旋转变压器的结构与工作原理

旋转变压器的机构与普通电机类似,也可分为定子和转子两部分。定、转子的铁芯由硅钢片叠成,其上分布有齿槽,在齿槽上安放有相互正交的、结构相同的两个绕组。定子绕组的接线引出到接线盒,转子绕组经由滑环引出到接线盒上。

如图 9-22 所示,是旋转变压器示意图。定子绕组为 D_1-D_2 和 D_3-D_4,转子绕组为 Z_1-Z_2 和 Z_3-Z_4。设在定子一相中加交流电压 U_1,则定子中产生一个励磁的脉振磁场 B_D。若转子绕组与定子绕组的轴线夹角为 θ,则转子上会产生感应电动势,其为

$$E_{12} = E_r\cos\theta$$

$$E_{34} = E_r\cos(\theta + 90°) \tag{9-28}$$

式中:E_r 为定转子绕组轴线重合时的感应电动势。

若原、副边(定、转子绕组)的变比为 k,又设定子端的感应电动势为 E_s,则有

$$E_{12} = E_s\cos\theta$$

$$E_{34} = kE_s\cos(\theta + 90°) = -kE_s\sin\theta \tag{9-29}$$

同普通变压器一样,如果忽略定子阻抗则定子电动势与定子电压可以认为近似相等,则

$$E_{12} = kU_1\cos\theta$$

$$E_{34} = -kU_1\sin\theta \tag{9-30}$$

从式(9-30)可以看出,当定子端的电压维持恒定时,输出的电动势与定子电压保持正弦与余弦关系,因此叫作正弦与余弦旋转变压器。

在旋转变压器带上负载以后,输出的电压就不再与定子电压保持正弦与余弦关系,电压波形就会发生畸变。为了消除这种畸变就要进行补偿,补偿方法有原边(定子)补偿和副边(转子)补偿两种。

原边补偿主要是在原边的另一相绕组中接上一定的电阻,用以对交轴起到去磁作用,从而达到补偿波形畸变的目的;也有将原边的另一相绕组直接短接,进行补偿的。

副边补偿是在转子输出端再接一个与负载阻抗相等的阻抗,使交轴方向的磁通减弱或

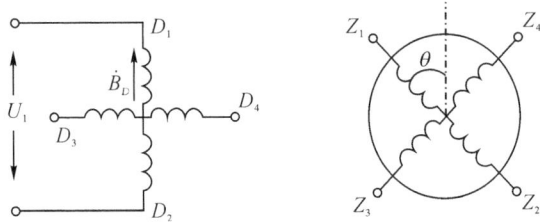

图 9-22　旋转变压器工作原理示意图

者消失,实现补偿。

　　线性旋转变压器是在正弦与余弦旋转变压器的基础上,经过一定的补偿和特殊连接方式,在一定角度范围内构成的一种测角装置。

　　2. 旋转变压器在检测中的应用

　　旋转变压器在测量角度时也经常成对使用,如图 9-23 所示,是使用一对旋转变压器进行角度测量的原理图。图中左端是用于发送的旋转变压器,右端是用于接收的旋转变压器,在实际使用中常常将定转子互换使用。发送机的转子绕组加励磁,另一相进行短路补偿,发送机的定子与接收机定子各相相互连接。当发送机和接收机的轴线出现一个角度差($\theta_2 - \theta_1$)时,绕组 $Z_3'Z_4'$ 就会输出一个与差角的正弦与余弦函数成比例的电动势。在角度差不大的情况下,其输出的电动势与角度差近似成正比。其工作原理与自整角机的测角原理大致相同,读者可以自行分析加以证明。

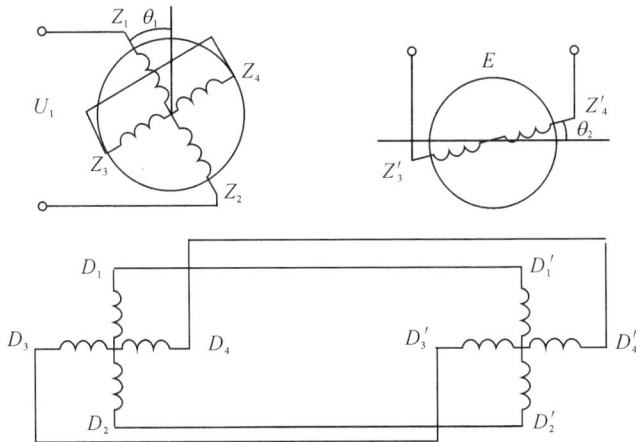

图 9-23　成对使用旋转变压器测量角度的原理图

　　旋转变压器除了可以作为角度检测元件外,还可以用做控制系统的解算装置,用以进行三角函数或反三角函数的运算。

　　旋转变压器是一种测量精度较高的控制电机,其精度比自整角机的精度高,如果制成差动测角装置精度还会进一步提高。但是如果采用成对测角的旋转变压器进行检测,必须有四条接线,比自整角机的接线多。因此,在精度要求一般的情况下,常常只使用自整角机进行测角,只有在高精度的控制系统中才使用旋转变压器或差动式旋转变压器进行测角工作。

9.4.3 测速发电机

测速发电机是一种测量旋转机械装置的速度的电磁元件,一般用于控制系统中作为反馈回路的检测元件。它有直流测速发电机和交流测速发电机两种。

1. 直流测速发电机

直流测速发电机又有两种形式:一种是微型的他励直流发电机,也叫作电磁式直流发电机了;另一种是永磁式直流发电机。其结构类型与直流发电机大致相同。我们知道在他励直流发电机中电枢反电动势为

$$E_a = C_e \Phi n \tag{9-31}$$

式中:C_e 为电动势系数;Φ 为磁通;n 为旋转机械的转动速度。

当电枢端外接其他负载时,有

$$U = E_{a1} - I_a R_a = E_a - \frac{U}{R_L} R_a$$

移项整理有

$$U = \frac{E_a}{1 + \frac{R_a}{R_L}} = \frac{C_e \Phi n}{1 + \frac{R_a}{R_L}} = Kn \tag{9-32}$$

式中:K 为测速发电机的电压系数。即

$$K = \frac{C_e \Phi}{1 + \frac{R_a}{R_L}} \tag{9-33}$$

由式(9-33)可以看出,测速发电机的输出电压与转速成正比,从理论上来讲,这是非常好的线性特性。直流测速发电机在外界温度、电枢反应等的影响下,其输出特性尚不能保持严格的线性关系,会产生一定的误差。对于这些误差,可以根据其产生原因的不同,分别采用电路网络、结构改进和最高限速等方法对误差进行补偿。

2. 交流测速发电机

交流测速发电机的结构与交流异步伺服电动机的结构类似,在定子端有两相绕组,转子既有空心杯式转子,也有鼠笼式转子。鼠笼式转子的特性比较差,精度不高,应用受到一定的局限;空心杯式转子精度较高,惯量小,应用较为广泛。

交流测速发电机的定子上安放有相互正交的两相绕组,如图 9-24 所示。图中,N_1 为励磁绕组,N_2 为输出绕组。当转子静止不动时,给励磁绕组上加单相励磁电压 U_1,绕组中有电流流过,其定、转子气隙中就产生一个脉振磁场,其磁通为 Φ_{10}。磁通变化会产生感应电动势,电动势大小与磁通成正比,此时电机转子静止,因此在输出绕组 N_2 上没有电压输出。

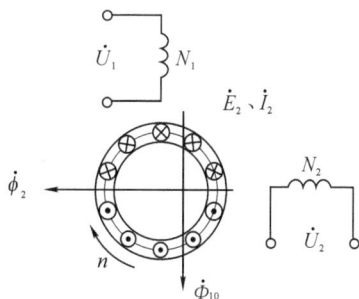

图 9-24 交流测速发电机工作原理示意图

当外界机械拖动电机转子转动时,转子中的导体就会做切割磁力线运动,产生感应电动势 E_2 和感应电流 I_2,这部分感应电流不断变化又产生了磁场,其磁通为 Φ_2,磁通的大小又与电流 I_2 的大小成正比,也是一个交变的磁通。

由电磁感应的基本原理可知,这个磁通与磁通 Φ_{10} 正交。电机转子在不断转动,则在输出绕组 N_2 中又会产生一个感应电动势。这个感应电动势与磁通 Φ_2 成正比,而磁通又与转速和电流成正比,这样根据正比的传递关系,就可以得到,在输出绕组 N_2 上会产生一个与电机转速成线性关系的电动势,将这个电动势引出,就得到了与速度相对应的电动势信号。

这是交流发电机的理想工作情况,在实际的应用中还有各种误差。这些误差主要包括非线性误差和相位误差。

非线性误差主要是指:在理想情况下,交流测速发电机的输出电压与转子的转速应该保持正比线性关系,但在实际的交流测速发电机的输出特性中并不能保持这样的关系,而是与线性关系的直线之间有一个误差,这个误差就叫作非线性误差。交流测速发电机的非线性误差主要是由于在电机运行过程中,不能保证磁通 Φ_{10} 不变,从而影响输出电压与转子转速之间的线性关系。要减小交流测速发电机的非线性误差就必须减小励磁绕组的漏阻抗,并选用高电阻率材料制作电机的转子。

一般来讲,希望交流测速发电机的输出电压与励磁电压同相位,但在实际应用中输出电压与励磁电压的相位却是有一定的相位差。相位误差就是在一定的转速范围内,输出电压与励磁电压之间的相位差值。要减小交流测速发电机相位误差主要通过在励磁绕组上串接一定的电容来进行补偿的。此外,在交流发电机带上一定的负载后,其输出的幅值与相位还会有一定的影响,而且转速也不能超过一定的限度,否则输出的线性度也会受到一定的影响。

与直流测速发电机相比,交流测速发电机的结构简单、稳定性较好,而且不需要电刷和换向器,从而避免了换向带来的一系列问题;但是也存在一定的相位误差和剩余电压,输出特性与负载的性质还有很大关系。可以根据在工程中的实际需要选择不同的测速电机以满足系统的需要。另外交流测速发电动机还可测加速度,如何测,同学不妨思考一下。

小　结

随着工业控制、航空航天、交通物流等的发展,对于控制电机、微型电机、特种电机等需求与应用越来越多。在许多领域微控、特种电机大有取代原传统电机的趋势与现实。

无刷直流电动机在我国最先应用始于国防领域,如导弹踪机、尾翼控制等。随着其控制器及其电力电子技术的发展,其安全、可靠等优点的日益凸显,在许多民用领域已开始大量应用并取代大量普通直流电动机,比如新型的电动自行车的驱动、医疗上高速手术装置、工业现场伺服控制装置等,无刷直流电动机一般来说是有永磁式转子,因此也就存在转子位置传感器,增加了控制的复杂性,但电机的运行与控制精度一般来说可以做得很高。该电机相对普通直流电动机有两大优点,一是运行可靠性高,无需考虑机械电刷的问题;二是可以做到很高的速度。步进电动机结构简单,控制上因一般是开环控制故也显得简单,步进电动机目前在一些对精度要求不是特别高的场合应用很广泛,步进电动机从结构与原理上分为反应式、永磁式、混合式等几种形式,本章主要从反应式入手讲解,其实目前在应用中把反应式与永磁式特点综合后的混合式步进电动机比较普遍,其电机与驱动器已能做到系列化。伺服电动机中,直流伺服电动机即他励直流电动机,固然有其调速好等的优点,但取代不了交流伺服作为主流的趋势,永磁同步伺服电动机近些年来在工业控制、建筑电气、航天等领域大量应用,他结构上就是交流永磁同步电动机,效率较高、控制精度优良是其很大的优点,所以比如在数控机床、机器人、卫星天线伺服、现代电梯、纺织机械、印刷包装机械等领域大量得到应用。

自整角机、旋转变压器、测速发电机等在一定范围内还是必须要使用的,它们都属于具有专门功能的特殊电机。

思考题

9-1　无刷直流电动机定子绕组中的电流是直流的吗? 为什么?

9-2　请谈谈当前为何在大功率场合无刷直流电动机应用上受到一定限制。

9-3　如何改变永磁同步电动机的转向?

9-4　步进电动机转速的高低与负载大小有关系吗?

9-5　下列电动机中哪些必须检测转子位置才能控制运行:

(1)永磁同步伺服电动机;

(2)步进电动机;

(3)三相鼠笼式异步电动机;

(4)永磁无刷直流电动机;

(5)直流伺服电动机;

(6)旋转变压器。

9-6　三相反应式步进电动机为 A—B—C—A 通电方式时,电动机顺时针旋转,步距角为 1.5°,请填入正确答案:

(1) 顺时针转,步距角为 0.75°,通电方式为 _____;

(2) 逆时针转,步距角为 0.75°,通电方式为 _____;

逆时针转,步距角为 1.5°,通电方式可以是 _____;也可以是 _____。

9-7　五相十极反应式步进电动机的通电方式为 A—B—C—D—E—A 时,电动机顺时针转,步距角 1°,若通电方式为 A—AB—B—BC—C—CD—D—DE—E—EA—A,其转向及步距角怎样?

9-8　下列哪些电机结构上必须要有滑环:

(1)永磁无刷直流电动机;

(2)普通同步发电机;

(3)永磁同步电动机;

(4)绕线式异步电动机;

(5)自整角机;

(6)普通直流电动机;

(7)旋转变压器。

9-9　旋转变压器中,若定、转子绕组轴线间夹角为零,旋转变压器有没有可能会动起来?

9-10　交流测速发电机的输出绕组移到与励磁绕组相同的位置上,输出电压与转速有什么关系?

习　题

9-1　步距角为 $1.5°/0.75°$ 的反应式三相六极步进电动机转子有多少齿？若频率为 $1000\mathrm{Hz}$，电动机转速是多少？

9-2　一台五相步进电动机，当采用五相十拍运行方式时，步距角为 $1.5°$，若脉冲频率为 $2000\mathrm{Hz}$，试问转速是多少？

第10章　电动机的容量选择

内容提要：要使电力拖动系统经济且可靠地运行，必须正确地选择电动机，包括电动机的种类、型式、额定电压、额定转速以及额定功率等的确定。本章重点在电动机额定功率的选择上。所讨论涉及的电动机主要限于电力拖动系统中的通用交、直流电动机，不涉及微控电机。

10.1　电力拖动系统电动机的一般选择

10.1.1　电动机种类的选择

1. 电动机主要种类

电动机包括直流电动机和交流电动机两大类。电动机的主要种类如表 10-1 所列。

表 10-1　电动机的主要种类

直流电动机			他励直流电动机
			并励直流电动机
			串励直流电动机
			复励直流电动机
交流电动机	异步电动机	三相异步电动机	鼠笼式	普通鼠笼式
			高启动转矩式(含高转差率式、深槽式、双鼠笼式)
			多速电动机
			绕线式
	单相异步电动机		
	同步电动机	凸极式	
		隐极式	
	永磁同步电动机		

各种电动机具有的特点包括性能方面、所需电源、维修方便与否、价格高低等各项，这是选择电动机种类的基本知识。当然生产机械即拖动对象特点是选择电动机的先决条件。这两方面都了解了，便能为特定的生产机械选择合适的电动机。表 10-2 所示为各种电动机最主要的性能特点。

表 10-2　电动机的主要性能特点

电机种类		最主要的性能特点
直流电动机	他励、并励	机械特性硬，启动转矩大，调速性能好
	串励	机械特性软，启动转矩大，调速方便
	复励	机械特性软硬适中，启动转矩大，调速方便
三相异步电动机	普通鼠笼	机械特性硬，启动转矩不太大，可以调速
	高启动转矩	启动转矩大
	多速	多速(2～4速)
	绕线式	机械特性硬，启动转矩大，调速方法多，调速性能好
三相同步电动机		转速不随负载变化，功率因数可调
单相异步电动机		功率小，机械特性硬
单相同步电动机		功率小，转速恒定

2. 电动机种类选择时考虑的主要内容

(1)电动机的机械特性

生产机械具有不同的转矩转速关系，要求电动机的机械特性与之相适应。例如，负载变化时要求转速恒定不变的，就应选择同步电动机；要求启动转矩大及特性软的，如电车、电力机车等，就应选用串励或复励直流电动机。

(2)电动机的调速性能

电动机的调速性能包括调速范围、调速的平滑性、调速系统的经济性(设备成本、运行效率等)等诸方面，都应该满足生产机械的要求。例如，调速性能要求不高的各种机床、水泵、通风机多选用普通三相鼠笼式异步电动机；功率不大、有级调速的电梯及某些机床可选用多速电动机；而调速范围大、调速要求平滑的龙门刨床、高精度车床、可逆轧钢机等选用变频调速同步电动机或异步电动机。

(3)电动机的启动性能

一些启动转矩要求不高的，例如机床可以选用普通鼠笼式三相异步电动机；但启动、制动频繁，且启动、制动转矩要求比较大的生产机械就可选用绕线式三相异步电动机，如矿井提升机、起重机、不可逆轧钢机、压缩机等。

(4)电源

交流电源比较方便，直流电源则一般需要有整流设备。

采用交流电机时，还应注意，异步电动机从电网吸收滞后性无功功率使电网功率因数下降，而同步电动机则可吸收领先性无功功率。要求改善功率因数情况下，不调速的大功率电机应选择同步电动机。

(5)经济性

满足了生产机械对于电动机启动、调速、各种运行状态运行性能等方面要求的前提下，优先选用结构简单、价格便宜、运行可靠、维护方便的电动机。一般来说，在这方面交流电动机优于直流电动机，鼠笼异步电动机优于绕线式异步电动机。除电机本身外，启动设备、调速设备等都应考虑经济性。

最后应着重强调的是综合的观点。所谓综合，是指以上各方面内容在选择电动机时都必须考虑到，都得到满足后才能选定。能同时满足以上条件的电动机可能不是一种，还应综合其他情况,诸如节能、货源等加以确定。

10.1.2　电动机类型的选择

电动机按防护方式分,有开启式、防护式、封闭式和防爆式几种。

开启式电动机的定子两侧和端盖上都有很大的通风口,它散热好,价格便宜,但容易进灰尘、水滴和铁屑等杂物,只能在清洁、干燥的环境中使用。

防护式电动机的机座下面有通风口,它散热好,能防止水滴、沙粒和铁屑等杂物溅入或落入电机内,但不能防止潮气和灰尘侵入,适用于比较干燥、没有腐蚀性和爆炸性气体的环境。

封闭式电动机的机座和端盖上均无通风孔,完全封闭。封闭式又分为自冷式、自扇冷式、他扇冷式、管道通风式及密封式等。前四种,电机外的潮气及灰尘不易进入电机,适用于尘土多,特别潮湿,有腐蚀性气体,易受风雨,易引起火灾等较恶劣的环境。密封式可以浸在液体中使用,如潜水泵。

防爆式电动机是在封闭式基础上制成隔爆形式机壳,有足够的强度,适用于有易燃易爆气体的场所,如矿井、油库、煤气站等。

10.2　电动机的额定功率

10.2.1　电动机的温升

电动机负载运行时,电机内的功率损耗最终都将变成热能,这就会使电动机温度升高,超过周围的环境温度。电动机温度比环境温度高出的值称为温升。一旦有了温升,电动机就要向周围散热,温升越高、散热越快。当电动机在单位时间内发出的热量等于散发出去的热量时,电动机的温度不再增加,而保持在一个稳定不变的温升,即处于发热与散热平衡的状态。

电动机负载运行时,从尽量发挥它的作用出发,所带负载输出功率越大越好(若不考虑机械强度)。但是输出功率越大、损耗越大,温升越高。电动机内耐温最薄弱的是绝缘材料。绝缘材料耐温有个限度,在这个限度内,绝缘材料在物理、化学、机械、电气等方面的性能比较稳定,其工作寿命一般约为 20 年。超过了这个限度,绝缘材料的寿命就急剧缩短,甚至会很快烧毁。这个温度限度,称为绝缘材料的允许温度。绝缘材料的允许温度,就是电动机的允许温度;绝缘材料的寿命,一般也就是电动机的寿命。

环境温度随时间、地点而异,设计电机时规定取 40℃ 为我国的标准环境温度。因此,绝缘材料或电动机的允许温度减去 40℃ 即为允许温升,用 τ_{max} 表示,单位为 K。

不同绝缘材料的允许温度不一样,按照允许温度的高低,电机常用的绝缘材料分为 A、E、B、F、H 五种。按环境温度为 40℃ 计算,这五种绝缘材料及其允许温度和允许温升如表 10-3 所示。

表 10-3　绝缘材料的允许温度和允许温升

等级	绝缘材料	允许温度/℃	允许温升/℃
A	经过浸渍处理的棉、丝、纸板、木材等，普通绝缘漆	105	65
E	环氧树脂、聚酯薄膜、青壳纸、三醋酸纤维薄膜、高强度绝缘漆	120	80
B	用提高了耐热性能的有机漆作黏合剂的云母、石棉和玻璃纤维组合物	130	90
F	用耐热优良的环氧树脂黏合或浸渍的云母、石棉和玻璃纤维组合物	155	115
H	用有机硅树脂黏合或浸渍的云母、石棉和玻璃纤维组合物，有机硅橡胶	180	140

10.2.2　电动机的工作方式

为了使用方便，我国把电动机分成三种工作方式或工作制。

1. 连续工作方式

连续工作方式是指电动机工作时间 $t_r > (3\sim4)T_\theta$，温升可以达到稳态值 τ_L，也称为长期工作制。其中 T_θ 为发热时间常数，其大小对于小电机约为十几分钟到几十分钟，对于大电机的 T_θ 则很大。热容量越大，时间常数越大；散热越快，达到热平衡状态就越快，时间常数则越小。τ_L 是当电动机处于发热与散热平衡状态时的温升值。电动机铭牌上对工作方式没有特别标注的电动机都属于连续工作方式。通风机、水泵、纺织机、造纸机等很多连续工作方式的生产机械，都应使用连续工作方式电动机。

2. 短时工作方式

短时工作方式是指电动机的工作时间 $t_r < (3\sim4)T_\theta$，而停歇时间 $t_0 > (3\sim4)T_\theta$，这样工作时温升达不到 τ_L，而停歇后温升降为零。短时工作的水闸闸门启闭机等应该使用短时工作方式电动机。我国短时工作方式的标准工作时间有 15min、30min、60min 和 90min 四种。

3. 周期性断续工作方式

周期性断续工作方式是指电动机工作与停歇交替进行，时间都比较短，即 $t_r < (3\sim4)T_\theta, t_0 < (3\sim4)T_\theta$。工作时温升达不到稳态值，停歇时温升降不到零。按国家标准规定，每个工作与停歇的周期 $t_t = t_r + t_0 \leqslant 10min$。周期性断续工作方式又称为重复短时工作制。

每个周期内工作时间占的百分数叫作负载持续率（又称暂载率），用 $FS\%$ 表示，为

$$FS\% = \frac{t_r}{t_r + t_0} \times 100\%$$

我国规定的标准负载持续率有 15%、25%、40% 和 60% 四种。

周期性断续工作方式的电动机频繁启动、制动，其过载倍数强、GD^2 值小、机械强度好。

起重机械、电梯、自动机床等具有周期性断续工作方式的生产机械应使用周期性断续工作方式电动机。但许多生产机械周期断续工作的周期并不是很严格，这时负载持续率只具有统计性质。

10.2.3　连续工作方式下电动机的额定功率

连续工作方式下,电动机输出功率以后,电动机温升达到一个与负载大小相对应的稳态值,如图 10-1 所示。图中纵坐标有两个量,一个是输出的功率,另一个是温升;横坐标是时间。该图表示当电动机输出功率是一个长期内大小恒定不变的 P 时,则电动机温升必然达到由 P 决定的稳态值 τ_L。若 P 的大小不同,则 τ_L 也随之变化。

从出力和寿命综合考虑,要最充分地使用电动机,就要使其长期负载运行时达到的稳态温升等于允许温升,因此,就取使稳态温升 τ_L 等于(或接近于)允许温升 τ_{max} 时的输出功率 P 作为电动机的额定功率(P_N)。

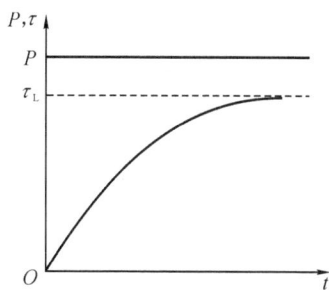

图 10-1　连续工作方式下电动机
的负载与温升

下面推导连续工作方式下,电动机额定负载运行时,额定功率与温升的关系。

额定负载时,电动机温升的稳态值为

$$\tau_L = \frac{Q_N}{A} = \frac{0.24 \sum P_N}{A} \qquad (10\text{-}1)$$

式中:Q_N 为电动机单位时间产生的热量;A 为散热系数,它表示温升为 $1\,℃$ 时,每秒钟的散热量。

又知

$$\sum P_N = P_{1N} - P_N = \frac{P_N}{\eta_N} - P_N = \left(\frac{1-\eta_N}{\eta_N}\right)P_N$$

式中:P_{1N} 为电动机输入额定电功率;η_N 为额定效率。

代入式(10-1),得

$$\tau_L = \frac{0.24}{A}\left(\frac{1-\eta_N}{\eta_N}\right)P_N$$

额定负载运行时,τ_L 应为电动机的允许温升 τ_{max},因此上式整理后变为

$$P_N = \frac{A\eta_N\tau_{max}}{0.24(1-\eta_N)} \qquad (10\text{-}2)$$

式(10-2)说明,当 A 与 η_N 均为常数时,电动机额定功率 P_N 与允许温升 τ_{max} 成正比关系,绝缘材料的等级越高,电动机额定功率越大。该式还表明,一台电动机允许温升不变时,若设法提高效率,提高散热能力,都可以增大它的额定功率。

10.2.4　短时工作方式下电动机的额定功率

短时工作方式下,电动机每次负载运行时,其温升都达不到稳态值 τ_L,而停下来后,温升却都下降到零。负载运行时,电动机的温升与输出功率之间的关系如图 10-2 所示。从该图中看出,在工作时间 t_r 内,电动机实际达到的最高温升 τ_m 低于稳态温升 τ_L。

短时工作方式下的电动机,由于 $\tau_m < \tau_L$,其额定功率的大小当然要依据实际达到的最

高温升 τ_m 来确定,即在规定的工作时间内,电
动机负载运行达到的实际最高温升恰好等于
(或接近于)允许温升 $\tau_m = \tau_{\max}$ 时,电动机的输
出功率则定为额定功率 P_N。

　　短时工作方式电动机的额定功率 P_N 是与
规定的工作时间 t_r 相对应的。这一点需要注
意,与连续工作方式的情况不完全一样。这是
因为,若电动机输出同样大小的功率,工作时间
短的,实际达到的最高温升 τ_m 低;工作时间长
的,τ_m 则高。因此,只有在规定的工作时间内,
输出额定功率时,其 τ_m 才正好等于允许温升 $\tau_{\max}$。

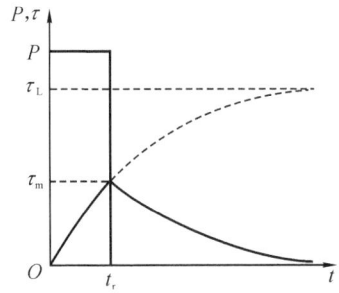

图 10-2　短时工作方式下电动机的负载与温升

10.2.5　周期性断续工作方式下电动机的额定功率

　　周期性断续工作方式的电动机,负载时温度升高,但还达不到稳态温升;停歇时,温度下
降,但也降不到环境温度。那么每经一个周期,电动机的温升都升一次降一次。经过足够的
周期以后,当每周期时间内的发热量等于散热量时,温升就将在一个稳定的小范围内波动,
如图 10-3 所示。电动机实际达到的最高温升为 τ_m。当 τ_m 等于(或接近于)电动机允许温升
$\tau_{\max}$ 时,相应的输出功率则规定为电动机的额定功率。

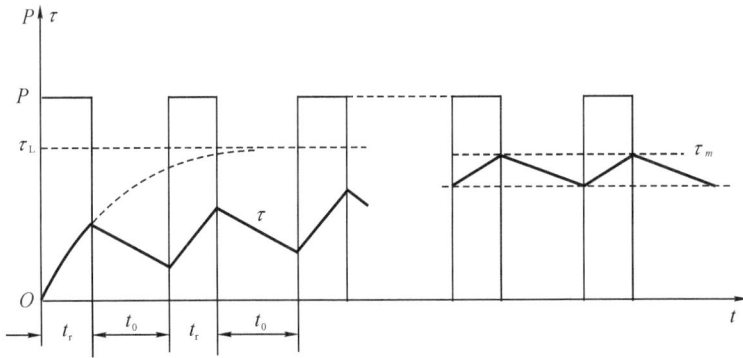

图 10-3　周期性断续工作方式电动机的负载与温升

　　显然,与短时工作方式的情况相似,周期性断续工作方式下电动机额定功率是对应于某
一负载持续率 $FS\%$ 的。因为电机在同一个输出功率情况下,负载持续率大的,τ_m 高;负载
持续率小的,τ_m 低;只有在规定的负载持续率上,τ_m 才恰好等于电动机的允许温升 $\tau_{\max}$。

　　同一台电动机,当负载持续率不同时,其额定功率大小也不同。只是在各自的负载持续
率上,输出各自不同的额定功率,其最后达到的温升都等于电动机的允许温升。$FS\%$ 值大
的,额定功率小;$FS\%$ 值小的,额定功率大。

10.3　电动机额定功率的选择

电动机额定功率的选择是一个既很重要又很复杂的问题。当拖动生产机械时,电动机额定功率过大,经常处于轻载运行,使电动机运行效率低、性能不好(异步电动机功率因数也低了)。反过来,电动机额定功率比生产机械要求的小,电动机电流超过额定电流,电机内损耗加大,影响了电机的寿命,即使过载不多,电动机的寿命也会减少较多,而过载较多时,可能会烧毁电机。

10.3.1　电动机额定功率选择的步骤

电动机额定功率选择一般分成三步:

第一步,计算负载功率 P_L;

第二步,根据负载功率,预选电动机的额定功率及其他参数;

第三步,校核预选电动机。一般先校核温升,再校核过载倍数,必要时校核启动能力。两者都通过,预选的电动机便选定;通不过,从第二步重新开始,直到通过为止。

在满足生产机械要求的前提下,电动机额定功率越小越经济。

10.3.2　负载功率计算

负载功率要针对具体生产机械的负载及效率进行计算,这是选择电动机额定功率的依据。例如,离心式水泵负载功率(单位为 kW)为

$$P_L = \frac{QH\rho g}{\eta_b \eta} \tag{10-3}$$

式中:Q 为泵的流量,单位为 m^3/s;H 为水的扬程,单位为 m;ρ 为水的密度,单位为 kg/m^3;g 为重力加速度,单位为 m/s^2;η_b 为水泵的效率;η 为传动机构的效率。

在很多情况下,负载功率具有周期性变化的特点,在一个周期 T 内的平均负载功率为

$$P_L = \frac{1}{T} \sum_{i=1}^{n} P_{Li} t_i \tag{10-4}$$

式中:P_{Li} 为第 i 段负载功率;t_i 为第 i 段的时间,一周期共有 n 段。

生产机械的工作机构形式多样,千变万化,因此负载功率的计算也没有统一的公式。尽管如此,它仍是选择电动机额定功率的前提。选择时,只能根据具体的生产机械工作机构的实际情况进行计算。

10.3.3　电动机额定功率的选择

下面介绍电动机在工作时间内负载大小不变(包括连续、短时两种工作方式在内)条件下额定功率的选择方法。

1. 标准工作时间

生产机械工作机构(负载)与电动机的工作方式和工作时间是一回事。所谓标准工作时间,是指电动机三种工作方式中所规定的有关时间。例如,连续工作方式标准工作时间是 3～4 倍以上的发热时间常数,短时工作方式是 15min、30min、60min 或 90min。

　　在环境温度为 40℃、电动机不调速的前提下，按照工作方式及工作时间选择该类型电动机，那么电动机的额定功率应满足

$$P_{\mathrm{N}} \geqslant P_{\mathrm{L}} \tag{10-5}$$

　　这个条件本身是从发热温升的角度考虑的，因此不必再校核电动机发热问题，只需校核过载倍数和启动能力。

2. 非标准工作时间

　　例如：短时工作时间为 20min 的属非标准工作时间。预选电动机额定功率时，按发热和温升等效的观点先把负载功率由非标准工作时间变成标准工作时间，即折算，然后按标准工作时间预选额定功率。折算推导过程从略，只给出结果如下。

　　短时工作方式负载工作时间为 t_r，最接近的标准工作时间为 t_{rb}，预选电动机额定功率应满足

$$P_{\mathrm{N}} \geqslant P_{\mathrm{L}} \sqrt{\frac{t_r}{t_{rb}}} \tag{10-6}$$

式中：t_{rb} 应尽量接近 t_r 的标准工作时间。而 $\sqrt{\dfrac{t_r}{t_{rb}}}$ 则为折算系数，当 $t_r > t_{rb}$ 时，折算系数大于 1；当 $t_r < t_{rb}$ 时，折算系数小于 1。

　　由于折算系数本身就是从发热和温升等效观点推导出来的，因此经过向标准工作时间折算后，预选电动机肯定通过温升，不必再校核。

3. 短时工作方式负载选连续工作方式电动机

　　从发热与温升的角度考虑，电动机在短时工作方式下，应该输出功率比连续工作方式时大才能充分发挥电动机的能力。或者说，预选电动机时也要把短时工作的负载功率折算到连续工作方式上去。

　　设电动机中不变损耗（空载损耗）为 p_0，额定负载运行时可变损耗为 p_{Cu}，前者与后者比值为 α，预选电动机额定功率应满足

$$P_{\mathrm{N}} \geqslant P_{\mathrm{L}} \sqrt{\frac{1 - \mathrm{e}^{-\frac{t_r}{T_\theta}}}{1 + \alpha \mathrm{e}^{-\frac{t_r}{T_\theta}}}} \tag{10-7}$$

式中：T_θ 为发热时间常数，t_r 为短时工作时间，两者单位均为 s；α 数值因电动机而异。

　　一般来说，普通直流电动机 α 为 $1 \sim 1.5$，冶金专用直流电动机 α 为 $0.5 \sim 0.9$，冶金专用中、小型三相绕线式异步电动机 α 为 $0.45 \sim 0.6$，冶金专用大型三相绕线式异步电动机 α 为 $0.9 \sim 1.0$，普通鼠笼式三相异步电动机 α 为 $0.5 \sim 0.7$。对于具体电动机来说，T_θ 和 α 可以从技术数据中找出或估算。

　　若实际工作时间极短，$t_r < (0.3 \sim 0.4) T_\theta$，只需从过载倍数及启动能力选电动机连续工作方式的额定功率，发热温升不是主要矛盾。

　　短时工作方式折算到连续工作方式预选电动机额定功率后，也不需要再进行温升校核了。

4. 过载倍数校核

　　过载倍数是指电动机负载运行时，可以在短时间内出现的电流或转矩过载的允许倍数，对不同类型电动机不完全一样。

对直流电动机而言,限制其过载倍数的是换向问题,因此它的过载倍数就是电枢允许电流的倍数 λ。λI_N 为允许电流,应比可能出现的最大电流大。

异步电动机和同步电动机的过载倍数即最大转矩倍数 λ,但校核过载倍数时要考虑到交流电网电压可能向下波动 10%～15%,因此最大转矩按 $(0.81\sim0.72)\lambda T_N$ 来校核,它应比负载可能出现的最大转矩大。

若预选的电动机过载倍数通不过,则要重选电动机及其额定功率,直到通过。

5. 启动能力校核

若电动机为鼠笼式三相异步电动机,最后还要校核启动能力是否通过。若通不过,也应重选电动机及其额定功率,直至通过。

发热、过载倍数及启动能力都通过后,电动机额定功率便确定。

6. 温度修正

以上关于额定功率选择都是在国家标准环境温度为 40℃前提下进行的。若环境温度长年都比较低或比较高,为了充分利用电动机的容量,应对电动机的额定功率进行修正。例如常年温度偏低,电动机实际额定功率应比标准规定的 P_N 高;相反,如果常年温度偏高的,应降低额定功率使用。电机允许输出功率为

$$P \approx P_N \sqrt{1+\frac{40-\theta}{\tau_{\max}}(\alpha+1)} \tag{10-8}$$

式中:$\tau_{\max}$ 为电动机环境温度为 40℃时的允许温升。

小　结

电动机的选择涉及的面较广,本章首先对电动机的种类、型式、额定电压、额定转速等进行了简要介绍,对种类的选择作了重点阐述,尤其是电动机的机械特性以及调速性能两点对电动机种类选择是非常关键的。例如:负载经常变化同时又要求恒速的场合,一般来说不会去选择串励或复励直流电动机等软机械特性的电动机。

温升是电动机运行中的重要指标,也是电动机进行容量计算、额定功率选择中重要的参考指标。另外,也要根据电动机的工作方式,国家标准中电动机的工作方式有 9 种。这里我们选取了典型的三种工作方式作了讲解,分别是连续、短时和周期性断续,在这三种工作方式下,分别对功率的选择作了详细讲解。

思考题

10-1　在电力拖动系统中,电动机的选择主要包括哪些内容?

10-2　电动机种类的选择主要应考虑哪些内容?电动机外壳防护方式有哪几种,各有何特点和应用场合?

10-3　电动机的工作制共分为几类?请说出常用的三种工作制。

10-4　一台电动机原绝缘材料等级为 B 级,额定功率为 P_N,若把绝缘材料改为 E 级,其额定功率如何变化?

10-5　一台连续工作方式的电动机额定功率为 P_N,在短时工作方式下运行时额定功率如何变化?

附录　电机实验

实验环节是提高学生动手能力的主要组成部分。通过实验,可以帮助学生更好地加深对理论的理解,提高实践动手的能力,培养学生分析和解决问题的工作能力。本章主要列出电气控制技术课程应完成的 5 个主要实验。实验指导中提到的实验设备是浙江求是科技公司的 MEL-Ⅱ系列电气控制实验教学平台,如使用不同的实验装置,可按照相应的设备说明书来进行,在实验方法上基本是一致的。

实验一　直流并励电动机

一、实验目的

1. 掌握用实验方法测取直流并励电动机的工作特性和机械特性。
2. 掌握直流并励电动机的调速方法。

二、预习要点

1. 什么是直流电动机的工作特性和机械特性? 对于不同的特性在实验中哪些物理量应保持不变? 而哪些物理量应测取?
2. 直流电动机调速原理和方法是什么?

三、实验项目

1. 工作特性和机械特性

保持 $U = U_N$ 和 $I_f = I_{fN}$ 不变,测取 I_a、n、T_2,绘制 $n = f(I_a)$、$T_2 = f(I_a)$、$\eta = f(I_a)$ 以及自然机械特性 $n = f(T_2)$。

2. 调速特性

(1)改变电枢电压调速

保持 $U = U_N =$ 常值、$I_f = I_{fN} =$ 常值、$T_2 =$ 常值,测取电动机的转速 n 与电枢端电压 U_a,即可得 $n = f(U_a)$。

(2)改变励磁电流调速

保持 $U = U_N =$ 常值、$T_2 =$ 常值、电枢调节电阻 $R_1 = 0$,测取电动机的转速 n 与励磁电流 I_f,即可得 $n = f(I_f)$。

四、实验设备及仪器

1. MEL 系列电机教学实验台的主控制屏(MEL-Ⅱ)
2. 电机导轨及涡流测功机、转矩转速测量(MEL-13)
3. 可调直流稳压电源(含直流电压表、电流表、毫安表)(位于电机教学实验台主控制屏上)
4. 直流并励电动机(M03)

记录电机铭牌上的相关数据:

$P_N = $____ W、$U_N = $____ V、$I_N = $____ A、$n_N = $____(r/min)

5. 电机启动箱(MEL-09)
6. 万用表

五、实验方法

实验线路如附图 1-1 所示,图中 M 为直流并励电动机(M03),涡流测功机 G 作为电动机的负载,电动机与涡流测功机之间用联轴器直接连接。直流电动机的电枢电压和励磁电压均取自实验台主控制屏上的可调直流稳压电源。

图中:V_1、A、mA:直流电压表、电流表、毫安表(位于实验台主控制屏上)

R_1、R_f:电枢调节电阻和磁场调节电阻(位于 MEL-09 实验挂箱上)

V_2:万用表

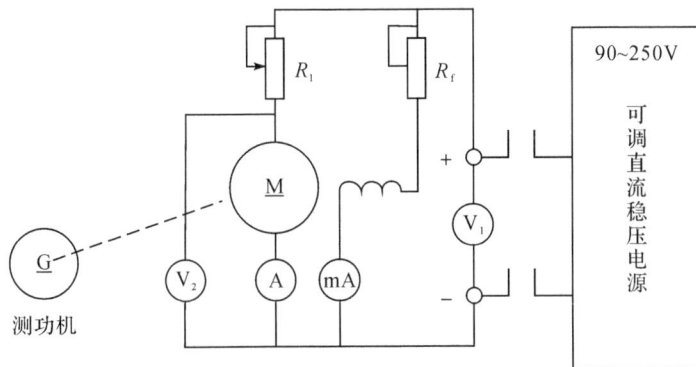

附图 1-1　直流并励电动机实验接线图

1. 并励电动机的工作特性和机械特性
a. 接通电源前
①按附图 1-1 所示实验线路接线;
②检查涡流测功机与 MEL-13 挂箱(见附录"MEL-13 说明")是否相连,船形电源开关打到 ON 档,将 MEL-13 挂箱上的"转速控制"和"转矩控制"选择开关扳向"转矩控制",开关 3A 下扳,将涡流测功机的加载旋钮调至零位(即将"转矩设定"电位器逆时针旋到底);
③将 MEL-09 挂箱上的电枢调节电阻 R_1 调至最大,磁场调节电阻 R_f 调至最小;
④万用表 V_2 的量程为 1000V 档;

⑤复查实验线路接线是否正确。

b. 接通电源

在教学实验台主控制屏左下方,扭动钥匙旋钮打开"总电源","指示选择"扳到"调压输出",按下绿色"闭合"按钮、可调直流稳压电源的船形开关以及复位开关,建立直流电源;

电机启动旋转后,检查"转速显示"(位于 MEL-13 挂箱上)是否显示正值,即电动机是否正转;使电动机正转(调换电动机电枢电压接线或调换励磁电压接线,可以调整电动机的旋转方向)。

c. 直流电动机正常启动后,将 MEL-09 挂箱上的电动机电枢调节电阻 R_1 调至零,调节可调直流稳压电源的输出至 $U_N = 220\text{V}$;调节 MEL-13 挂箱上的"调零"旋钮进行调零(转矩显示为 $0.00\text{N}\cdot\text{m}$),将加载开关"3A"往上扳,再分别调节磁场调节电阻 R_f 和"转矩设定"电位器,使电动机达到额定值:$U = U_N = 220\text{V}$,$I_a = I_N = \underline{\qquad}$ A(查看电机铭牌)、$n = n_N = 1600\text{r/min}$,此时直流电机的励磁电流 $I_f = I_{fN}$(额定励磁电流),记录该励磁电流值 $I_f = I_{fN} = \underline{\qquad}$ mA,并填入附表 1-1 中。

d. 在电枢调节电阻 $R_1 = 0$、$U = U_N$ 和 $I_f = I_{fN}$ 不变的条件下,逐次减小电动机的负载,即逆时针调节 MEL-13 挂箱上的"转矩设定"电位器,从额定负载降至空载的调节范围内,测取电动机电枢电流 I_a、转速 n 和转矩 T_2,共测取 7～8 组数据填入附表 1-1 中(注意测量点的均匀分布,保证每次测量时 $U = U_N$ 和 $I_f = I_{fN}$ 不变的条件)。

附表 1-1 　$U = U_N = 220\text{V}$　　　$I_f = I_{fN} = \underline{\qquad}$ mA

实验数据	$I_a(\text{A})$							
	$n(\text{r/min})$							
	$T_2(\text{N}\cdot\text{m})$							
计算数据	$P_2(\text{W})$							
	$I(\text{A})$							
	$P_1(\text{W})$							
	$\eta(\%)$							
	$\Delta n(\%)$							

e. 将可调直流稳压电源的输出降至零,然后断开电源(即按下教学实验台主控制屏左下方的红色"断开"按钮),使电动机停转。

2. 调速特性

(1)改变电枢端电压的调速

a. 将 MEL-13 挂箱上涡流测功机的加载旋钮调至零位(即将"转矩设定"电位器逆时针旋到底),MEL-09 挂箱上的电枢调节电阻 R_1 调至最大,磁场调节电阻 R_f 调至最小,启动直流电动机。

b. 将电枢调节电阻 R_1 调至零,并同时调节负载(即"转矩设定"电位器)、电枢电压和磁场调节电阻 R_f,使电机的 $U = U_N = 220\text{V}$、$I_a = 0.5I_N = \underline{\qquad}$ A(查看电机铭牌)、$I_f = I_{fN} = \underline{\qquad}$ mA,记录此时的 $T_2 = \underline{\qquad}$ N·m,并填入附表 1-2 中。

c. 保持 T_2 和 $I_f = I_{fN}$ 不变,逐次增加电枢调节电阻 R_1 的阻值,即降低电枢端电压 U_a,在 R_1 从零增大至最大值的调节范围内,每次测取电动机的端电压 U_a、转速 n 和电枢电流 I_a,共测取 7～8 组数据填入附表 1-2 中(注意测量点的均匀分布,保证每次测量时 T_2 和

$I_f = I_{fN}$ 保持不变的条件）。

附表 1-2　$I_f = I_{fN}$ ＿＿＿＿＿ mA　$T_2 =$ ＿＿＿＿＿ N·m

U_a(V)							
n(r/min)							
I_a(A)							

d. 将"转矩设定"电位器逆时针旋到底后，将可调直流稳压电源的输出降至零，断开电源，使电动机停转。

（2）改变励磁电流的调速

a. 启动直流电动机后，将电枢调节电阻 R_1 和磁场调节电阻 R_f 调至零，调节可调直流电源的输出为 220V，调节"转矩设定"电位器，使电动机的 $U = U_N = 220$V、$I_a = 0.5I_N =$ ＿＿＿ A（查看电机铭牌），记录此时的 $T_2 =$ ＿＿＿＿ N·m，并填写到附表 1-3 中。

b. 保持 T_2 和 $U = U_N$ 不变，逐次增加磁场调节电阻 R_f 的阻值，使转速 n 上升，直至 $n = 1.2n_N$，每次测取电动机的 n、I_f 和 I_a，共测取 7～8 组数据填写入附表 1-3 中（注意测量点的均匀分布，保证每次测量时 T_2 和 $U = U_N$ 保持不变的条件）。

附表 1-3　$U = U_N = 220$V　　$T_2 =$ ＿＿＿＿ N·m

n(r/min)							
I_f(mA)							
I_a(A)							

c. 将"转矩设定"电位器逆时针旋到底后，将可调直流稳压电源的输出降至零，断开电源，使电动机停转。

六、实验报告

1. 由附表 1-1 计算出 P_2 和 η，并绘制 $n = f(I_a)$、$T_2 = f(I_a)$、$\eta = f(I_a)$ 以及 $n = f(T_2)$ 的特性曲线。

其中：

电动机输出功率　　　$P_2 = 0.105nT_2$，单位为 W

式中输出转矩 T_2 的单位为 N·m，转速 n 的单位为 r/min

电动机输入功率　　　$P_1 = UI$

电动机效率　　　　　$\eta = \dfrac{P_2}{P_1} \times 100\%$

电动机输入电流　　　$I = I_a + I_{fN}$

由工作特性求出转速变化率　　　$\Delta n = \dfrac{n_0 - n_N}{n_N} \times 100\%$

2. 绘出并励电动机调速特性曲线 $n = f(U_a)$ 和 $n = f(I_f)$，并分析在恒转矩负载时，两种调速方法的电枢电流的变化规律以及这两种调速方法的优缺点。

七、思考题

1. 当电动机的负载转矩和励磁电流不变时，减小电枢端电压，为什么会引起电动机转速降低？

2. 当电动机的负载转矩和电枢端电压不变时,减小励磁电流,为什么会引起电动机转速的升高？

3. 并励电动机在负载运行中,当磁场回路断线时是否一定会出现"飞车"？ 为什么？

实验二　　变压器电压调整率及连接组

一、实验目的

1. 掌握用实验方法测定三相变压器的极性。
2. 掌握用实验方法判别变压器的连接组。
3. 研究三相变压器不对称电路。
4. 观察三相变压器不同绕组连接法和不同铁芯结构对空载电流和电动势波形的影响。

二、预习要点

1. 连接组的定义。为什么要研究连接组？国家规定的标准连接组有哪几种？
2. 如何把 Y/Y-12 连接组改成 Y/Y-6 连接组以及把 Y/△-11 改为 Y/△-5 连接组。
3. 在不对称短路情况下,哪种连接的三相变压器电压中点偏移较大。
4. 三相变压器绕组的连接法和磁路系统对空载电流和电动势波形的影响。

三、实验项目

1. 测定极性
2. 连接并判定以下连接组
(1) Y/Y-12
(2) Y/Y-6
(3) Y/△-11
(4) Y/△-5

四、实验设备及仪器

1. MEL 系列电机教学实验台主控制屏(含交流电压表和交流电流表)
2. 功率及功率因数表(MEL-20 或含在主控制屏内)
3. 三相组式变压器(MEL-01)
4. 三相芯式变压器(MEL-02)
5. 波形测试及开关板(MEL-05)
6. 示波器

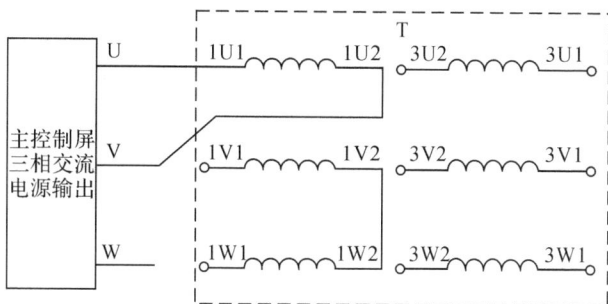

附图 2-1　测定相间极性接线图

五、实验方法

1. 测定极性

（1）测定相间极性

被试变压器选用 MEL-02 三相芯式变压器，用其中高压和低压两组绕组，额定容量 $P_N=152/152\text{W}$，$U_N=220/55\text{V}$，$I_N=0.4/1.6\text{A}$，Y/Y 接法。阻值大为高压绕组，用 1U1、1V1、1W1、1U2、1V2、1W2 标记。低压绕组标记用 3U1、3V1、3W1、3U2、3V2、3W2。

a. 按照附图 2-1 接线，将 1U1、1U2 和电源 U、V 相连，1V2、1W1 两端点用导线相联。

b. 合上交流电源开关，即按下绿色"闭合"开关，顺时针调节调压器旋钮，在 U、V 间施加约 $50\%U_N$ 的电压。

c. 测出电压 $U_{1V1.1V2}$、$U_{1W1.1W2}$、$U_{1V1.1W1}$，若 $U_{1V1.1W1}=|U_{1V1.1V2}-U_{1W1.1W2}|$，则首末端标记正确；若 $U_{1V1.1W1}=|U_{1V1.1V2}+U_{1W1.1W2}|$，则标记不对。须将 V，W 两相任一相绕组的首末端标记对调。然后用同样方法，将 V、W 两相中的任一相施加电压，另外两相末端相联，定出每相首、末端正确的标记。

（2）测定原、副绕组极性

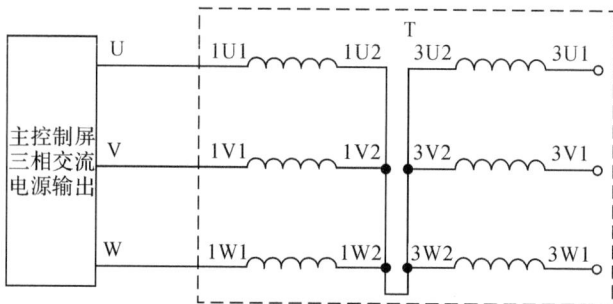

附图 2-2　测定原副方极性接线图

a. 暂时标出三相低压绕组的标记 3U1、3V1、3W1、3U2、3V2、3W2，然后按照附图 2-2 接线。原、副放中点用导线相连。

b. 高压三相绕组施加约 50% 的额定电压，测出电压 $U_{1U1.1U2}$、$U_{1V1.1V2}$、$U_{1W1.1W2}$、$U_{3U1.3U2}$、

$U_{3V1.3V2}$、$U_{3W1.3W2}$、$U_{1U1.3U1}$、$U_{1V1.3V1}$、$U_{3W1.3W1}$，若 $U_{1U1.3U1}=U_{1U1.1U2}-U_{3U1.3U2}$，则 U 相高、低压绕组的同柱，并且首端 1U1、3U1 点为同极性；若 $U_{1U1.3U1}=U_{1U1.1U2}+U_{3U1.3U2}$，则 1U1、3U1 端点为异极性。

c. 用同样的方法判别出 1V1、1W1 两相原、副方的极性。高低压三相绕组的极性确定后，根据要求连接出不同的连接组。

2. 检验连接组

(1) Y/Y-12

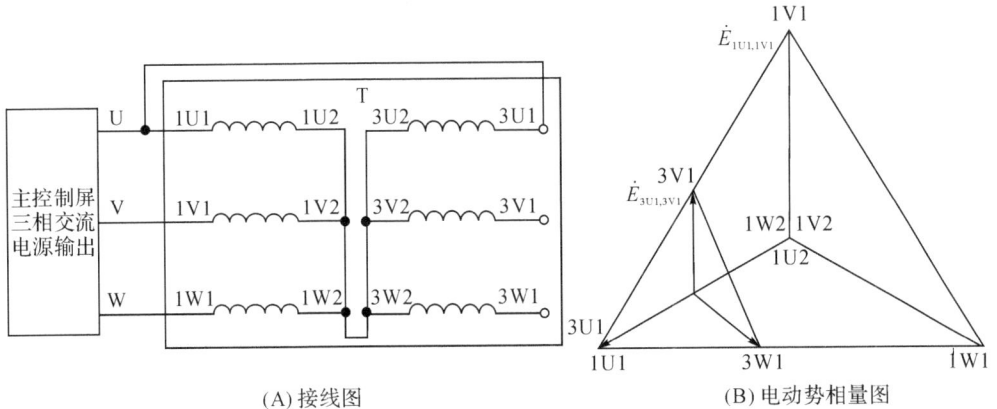

附图 2-3　Y/Y-12 连接组

按照附图 2-3 接线。1U1、3U1 两端点用导线连接，在高压方施加三相对称的额定电压，测出 $U_{1U1.1V1}$、$U_{3U1.3V1}$、$U_{1V1.3V1}$、$U_{1W1.3W1}$ 及 $U_{1V1.3W1}$，将数字记录于附表 2-1 中。

附表 2-1

实验数据					计算数据			
$U_{1U1.1V1}$	$U_{3U1.3V1}$	$U_{1V1.3V1}$	$U_{1W1.3W1}$	$U_{1V1.3W1}$	K_L	$U_{1V1.3V1}$	$U_{1W1.3W1}$	$U_{1V1.3W1}$
(V)	(V)	(V)	(V)	(V)	(V)	(V)	(V)	(V)

根据 Y/Y-12 连接组的电动势相量图可知：

$$U_{1V1.3V1}=U_{1W1.3W1}=(K_L-1)U_{3U1.3V1}$$

$$U_{1V1.3V1}=U_{3U1.3V1}\sqrt{K_L^2-K_L+1}$$

$$K_L=\frac{U_{1U1.1V1}}{U_{3U1.3V1}}$$

若用两式计算出的电压 $U_{1V1.3V1}$，$U_{1W1.3W1}$，$U_{1V1.3W1}$ 的数据与实验测取的数据相同，则表示线图连接正常，属 Y/Y-12 连接组。

(2) Y/Y-6

将 Y/Y-12 连接组的副方绕组首、末端标记对调，1U1、3U1 两点用导线相联，如附图 2-4 所示。

按前面方法测出电压 $U_{1U1.1V1}$、$U_{3U1.3V1}$、$U_{1V1.3V1}$、$U_{1W1.3W1}$ 及 $U_{1V1.3W1}$，将数据记录于附表

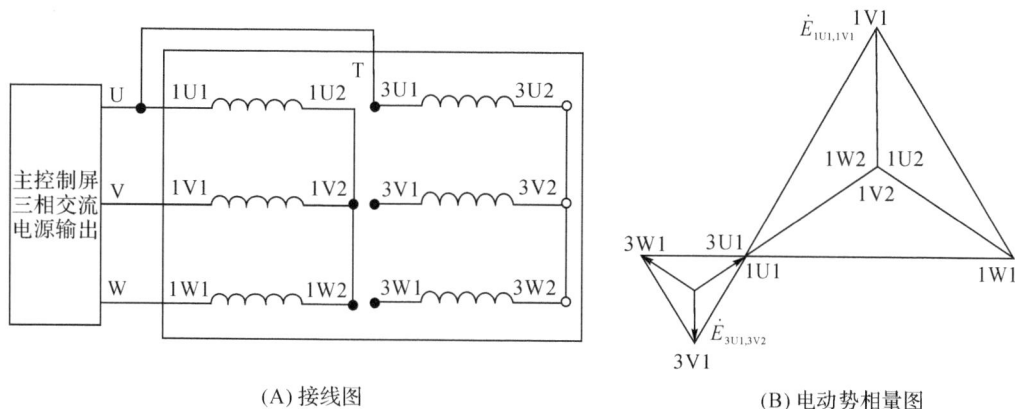

(A) 接线图   (B) 电动势相量图

附图 2-4   Y/Y-6 连接组

2-2 中。

根据 Y/Y-6 连接组的电动势相量图可得

$$U_{1V1,3V1} = U_{1W1,3W1} = (K_L+1)U_{3U1,3V1}$$

$$U_{1V1,3W1} = U_{3U1,3V1}\sqrt{(K_L^2 - K_L + 1)}$$

若由上两式计算出电压 $U_{1V1,3V1}$、$U_{1W1,3W1}$、$U_{1V1,3W1}$ 的数据与实测相同,则线圈连接正确,属于 Y/Y-6 连接组。

附表 2-2

实验数据					计算数据			
$U_{1U1,1V1}$ (V)	$U_{3U1,3V1}$ (V)	$U_{1V1,3V1}$ (V)	$U_{1W1,3W1}$ (V)	$U_{1V1,3W1}$ (V)	K_L	$U_{1V1,3V1}$ (V)	$U_{1W1,3W1}$ (V)	$U_{1V1,3W1}$ (V)

(3) Y/△-11

按附图 2-5 接线。1U1、3U1 两端点用导线相连,高压方施加对称额定电压,测取 $U_{1U1,1V1}$、$U_{3U1,3V1}$、$U_{1V1,3V1}$、$U_{1W1,3W1}$ 及 $U_{1V1,3W1}$,将数据记录于附表 2-3 中。

附表 2-3

实验数据					计算数据			
$U_{1U1,1V1}$ (V)	$U_{3U1,3V1}$ (V)	$U_{1V1,3V1}$ (V)	$U_{1W1,3W1}$ (V)	$U_{1V1,3W1}$ (V)	K_L	$U_{1V1,3V1}$ (V)	$U_{1W1,3W1}$ (V)	$U_{1V1,3W1}$ (V)

根据 Y/△-11 连接组的电动势相量可得

$$U_{1U1,3V1} = U_{1W1,3W1} = U_{1V1,3W1} = U_{3U1,3V1}\sqrt{K_L^2 + \sqrt{3}K_L + 1}$$

若由上式计算出的电压 $U_{1V1,3V1}$、$U_{1W1,3W1}$、$U_{1V1,3W1}$ 的数据与实测值相同,则线圈连接正确,属 Y/△-11 连接组。

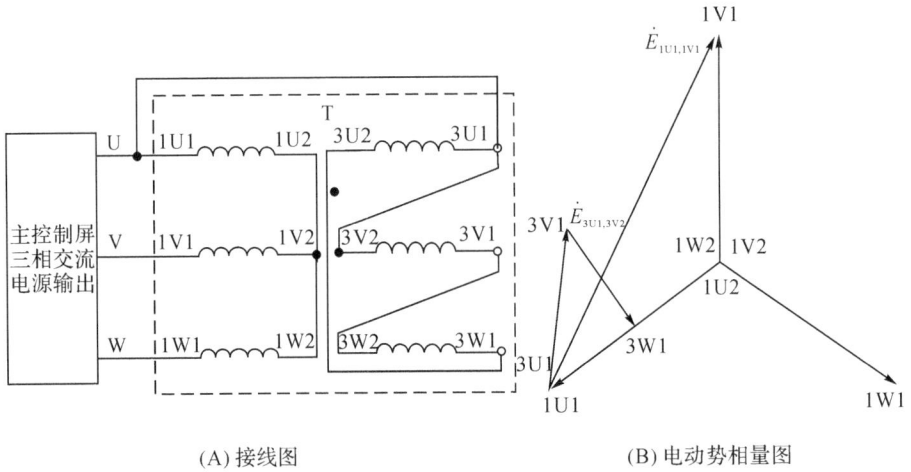

(A) 接线图　　　　　　　　　　　(B) 电动势相量图

附图 2-5　Y/△-11 连接组

(4) Y/△-5

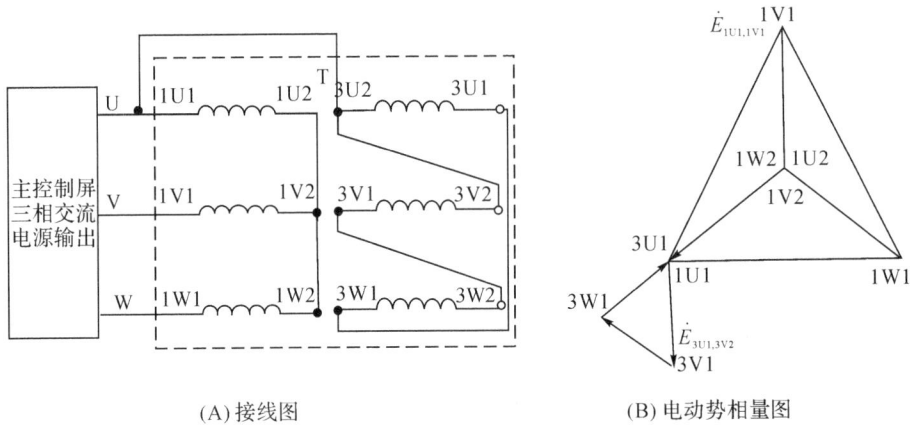

(A) 接线图　　　　　　　　　　　(B) 电动势相量图

附图 2-6　Y/△-5 连接组

将 Y/△-11 连接组的副方线圈首、末端的标记对调，如附图 2-6 所示。实验方法同前，测取 $U_{1U1,1V1}$、$U_{3U1,3V1}$、$U_{1V1,3V1}$、$U_{1W1,3W1}$、$U_{1V1,3W1}$，将数据记录于附表 2-4 中。

附表 2-4

实验数据					计算数据			
$U_{1U1,1V1}$	$U_{3U1,3V1}$	$U_{1V1,3V1}$	$U_{1W1,3W1}$	$U_{1V1,3W1}$	K_L	$U_{1V1,3V1}$	$U_{1W1,3W1}$	$U_{1V1,3W1}$
(V)	(V)	(V)	(V)	(V)		(V)	(V)	(V)

根据 Y/△-5 连接组的电动势相量图可得

$$U_{1V1,3V1} = U_{1W1,3W1} = U_{1V1,3W1} = U_{3U1,3V1}\sqrt{K_L^2 + \sqrt{3}\,K_L + 1}$$

若由上式计算出的电压 $U_{1V1,3V1}$、$U_{1W1,3W1}$、$U_{1V1,3W1}$的数据与实测值相同,则线圈连接正确,属于 Y/△-5 连接组。

六、实验报告

1. 计算出不同连接组时的 $U_{1V1,3V1}$、$U_{1W1,3W1}$、$U_{1V1,3W1}$的数值与实测值进行比较,判别绕组连接是否正确。

2. 计算零序阻抗

Y/Y₀ 三相心式变压器的零序参数由下式求得

$$Z_0 = \frac{U_0}{3I_0}, r_0 = \frac{P_0}{3I_0^2}, X_0 = \sqrt{Z_0^2 - r_0^2}$$

分别计算出 $I_0 = 0.25I_N$ 和 $I_0 = 0.5I_N$ 时的 Z_0、R_0、X_0,取其平均值作为零序阻抗、零序电阻和零序电抗。

七、思考题

1. 分析不同连接法和不同铁芯结构对三相变压器空载电流和电动势波形的影响。

2. 由实验数据计算出 Y/Y₀ 和 Y/△接法时的原方 $U_{1U1,1V1}/U_{1U1}$ 的比值,分析产生差别的原因。

实验三　三相异步电动机的启动与调速

一、实验目的

通过实验掌握三相异步电动机的启动和调速方法。

二、预习要点

1. 复习三相异步电动机有哪些启动方法,各有什么启动技术指标,并比较它们的优缺点;

2. 复习三相异步电动机有哪几种主要的调速方法,并比较它们的优缺点。

三、实验项目

1. 三相鼠笼式异步电动机的直接启动;

2. 自耦变压器启动;

3. 三相异步电动机星形—三角形(Y-△)换接启动。

四、实验设备及仪器

1. MEL 系列电机系统教学实验台主控制屏(含交流电压表)

2. 指针式交流电流表(MEL-17)代之以数字式交流电流表。(位于电机教学实验台主

控制屏上）

3. 电机导轨及测功机、转矩转速测量（MEL-13）

4. 电机启动箱（MEL-09）

5. 三相鼠笼式异步电动机（M04）

记录电机铭牌上的相关数据：$P_N=$ _____ W、$U_N=$ _____ V、$I_N=$ _____
A、$n_N=$ _____（r/min）

6. 二极管及开关板、三刀双置开关（位于电机教学实验台主控制屏上）

五、实验方法

1. 三相鼠笼式异步电动机直接启动

被测试的三相鼠笼式异步电动机（M04）的额定数据为：

$P_N=$ ___ W $U_N=$ ____ V（△） $I_N=$ ___ A $n_N=$ ___（r/min）

按附图 3-1 接线，电动机绕组为△接法。

启动前，把转矩转速测量实验箱（MEL-13）中"转矩设定"电位器旋钮逆时针调到底，"转速控制"、"转矩控制"选择开关扳向"转矩控制"，检查电机导轨和 MEL-13 的连接是否良好。

仪表的选择：交流电压表为数字式或指针式均可，交流电流表则为指针式。代之以数字式交流电流表。

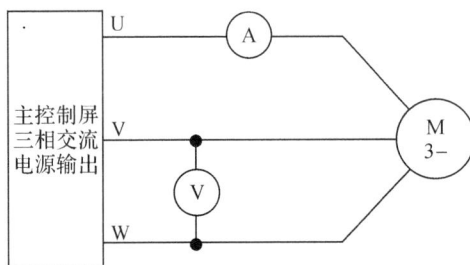

附图 3-1　异步电机直接启动实验接线图

a. 把三相交流电源调节旋钮逆时针调到底，合上绿色"闭合"按钮开关。调节调压器，逐渐升高输出电压，使电机启动旋转。（电机启动后，观察 MEL-13 中的转速表，如出现电机转向不符合要求，则须切断电源，调整次序，再重新启动电机），直至输出电压达电机额定电压 220V。

b. 保持 $U=U_N=220$V 不变，断开三相交流电源，待电动机完全停止旋转后，接通三相交流电源，使电动机在额定电压下启动，观察电机启动瞬间电流值，并读取电流表显示的最大电流值 $I_{st}=$ _____ A。

注：按指针式电流表偏转的最大位置所对应的读数值计量。电流表受启动电流冲击，电流表显示的最大值虽不能完全代表启动电流的读数，但用它可和下面几种启动方法的启动电流作定性的比较。

c. 将调压器退到零位，断开三相交流电源。用十字螺丝刀插入测功机堵转孔中，将测功机定转子堵住。

d. 合上三相交流电源,调节调压器,观察电流表,使电动机定子电流达 2 倍额定电流 $(2I_N = \underline{\hspace{2cm}} A)$,读取此时的电压值 U_K、电流值 I_K、转矩值 T_K,并填入表中,以便计算在额定电压时的启动电流 I_{st} 和启动转矩 T_{st}。

注意实验时,动作要迅速,通电时间不应超过 10 秒,以免电动机绕组过热。

为简单起见,认为漏磁路饱和影响不大,则额定电压时的启动电流 I_{st} 和启动转矩 T_{st} 可按下式计算:

$$I_{st} = \left(\frac{U_N}{U_K}\right) I_K$$

式中 U_K:启动实验时的电压值,单位 V;U_N:电机额定电压,单位 V;

$$T_{st} = \left(\frac{I_{st}}{I_K}\right)^2 T_K$$

式中 I_K:启动实验时的电流值,单位 A;T_K:启动实验时的转矩值,单位 N·m;

附表 3-1

测量值			计算值	
$U_K(V)$	$I_K(A)$	$T_K(N \cdot m)$	$I_{st}(A)$	$T_{st}(N \cdot m)$

e. 将调压器输出电压降到零,断开三相交流电源,拔出测功机定转子之间的十字螺丝刀(起子)。

2. 自耦变压器降压启动

按附图 3-1 接线。电机定子绕组为△接法。

a. 先把调压器退到零位,合上电源开关,调节调压器旋钮,使输出电压达 110V,断开电源开关,等待电机停转。

b. 待电机完全停转后,再合上电源开关,使电动机就自耦变压器,降压启动,观察启动瞬间的电流,读取启动时冲击电流的最大值 $I_{st} = \underline{\hspace{1.5cm}} A$,与其他启动方法作定性比较。

c. 经一定时间后,调节调压器,使输出达电机额定电压 $U_N = 220V$,整个启动过程结束。

d. 将调压器输出电压降到零,断开电源开关,等待电机停转。

3. 星形—三角形(Y-△)启动

按附图 3-2 接线,电压表、电流表的选择同前,三刀双掷开关 S(MEL-05)位于电机教学实验台主控制屏上。

a. 启动前,把三相调压器退到零位,三刀双掷开关 S 合向右边(Y 接法)。合上电源开关,调节调压器,使输出电压逐渐升高,启动电动机,直至电动机额定电压 $U_N = 220V$,断开电源开关,等待电机停转。

b. 待电机完全停转后,保持 Y 接法不变,合上电源开关,使电动机接成 Y 接法启动,观察启动瞬间的电流,读取启动时冲击电流的最大值 $I_{st} = \underline{\hspace{1.5cm}} A$,并与其他启动方法作定性比较。

c. 待电动机转速升高后,再将三刀双掷开关 S 合向左边(△接法),使电动机切换成△接法正常运行,至此整个启动过程结束。

d. 将调压器输出电压降到零,断开电源开关,等待电机停转。

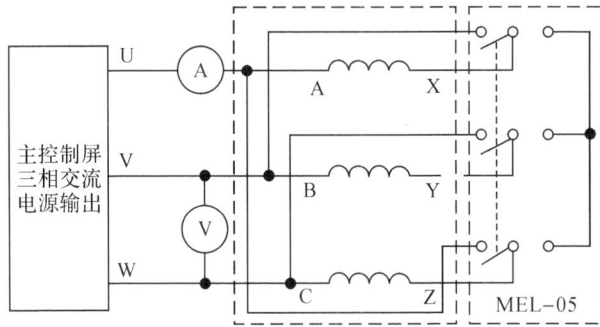

附图 3-2　异步电机星形—三角形启动

六、实验报告

1. 比较异步电动机不同启动方法的优缺点。

2. 由启动试验数据求下述三种情况下的启动电流和启动转矩：

(1)外施额定电压 $U_N=220$。（直接法启动）

(2)外施电压为 $\dfrac{U_N}{\sqrt{3}}$。（Y-△启动）

(3)外施电压为 $\dfrac{U_N}{K_A}$，式中 K_A 为启动用自耦变压器的变比。（自耦变压器启动）。

七、思考题

1. 启动电流和外施电压成正比,启动转矩和外施电压的平方成正比在什么情况下才能成立?

2. 启动时的实际情况和上述假定是否相符,不相符的主要因素是什么?

实验四　三相绕线式异步电动机转绕组串入可变电阻器启动

一、实验目的

通过实验掌握三相绕线式异步电动机的启动和调速方法。

二、预习要点

1. 复习三相绕线式异步电动机有哪些启动方法,各有什么启动技术指标,并比较它们的优缺点;

2. 复习三相异步电动机有哪几种主要的调速方法,并比较它们的优缺点。

三、实验项目

1. 三相绕线式异步电动机转子绕组串入可变电阻器启动；
2. 三相绕线式异步电动机转子绕组串入可变电阻器调速。

四、实验设备及仪器

1. MEL 系列电机系统教学实验台主控制屏(含交流电压表)
2. 指针式交流电流表(MEL-17)代之以数字式交流电流表。(位于电机教学实验台主控制屏上)
3. 电机导轨及测功机、转矩转速测量(MEL-13)
4. 电机启动箱(MEL-09)
5. 被测试的三相绕线式异步电动机(M09)的额定数据为：

$P_N=$＿＿＿W $U_N=$＿＿V(Y) $I_N=$＿＿＿A $n_N=$＿＿＿(r/min)

五、实验方法

1. 定转子绕组均为 Y 形接法

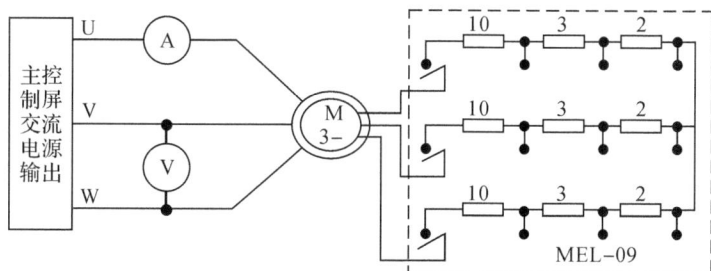

附图 4-1   绕线式异步电机转子绕组串电阻启动实验接线图

实验线路如附图 4-1,电机定子绕组 Y 形接法。转子串入的电阻由刷形开关来调节,调节电阻采用 MEL-09 的绕线电机启动电阻(分 0,2,5,15,∞五档),MEL-13 中"转矩控制"和"转速控制"开关扳向"转速控制",开关"3A"往上扳,MEL-09 上的绕线电机启动电阻调节为零。

a. 启动电源前,把调压器退至零位,"转速设定"电位器旋钮顺时针调节到底。

b. 合上交流电源,调节交流电源使电动机启动。注意电动机的转向是否符合要求,否则应切断电源停机,调整电源相序,使电动机的转向符合测功机的要求,即"转速显示"为正值。

c. 升高定子电压到 180V,调节 MEL-13 挂箱上的"调零"旋钮进行调零(转矩显示为 0.00N·m)。

d. 逆时针调节"转速设定"电位器到底,绕线式电动机转动缓慢(只有几十转),读取此时的转矩值 T_{st} 和 I_{st}。

e. 将调压器输出电压降到零,断开电源开关,等待电机停转。

f. 用刷形开关切换启动电阻,重复步骤 a、b、c、d、e,分别读出启动电阻为 2Ω、5Ω、15Ω

的启动转矩 T_{st} 和启动电流 I_{st}，填入附表 4-1 中。

注意：实验时，通电时间不应超过 20 秒，以免电动机绕组过热。每次切换启动电阻，都应先断开电源开关，待电机停转。

附表 4-1　　$U = 180\text{V}$

$R_{st}(\Omega)$	0	2	5	15
$T_{st}(\text{N}\cdot\text{m})$				
$I_{st}(\text{A})$				

f. 将调压器输出电压降到零，断开电源开关，使电机停转。

2. 三相绕线式异步电动机绕组串入可变电阻器调速

实验线路如附图 4-2 所示。

定转子绕组均为 Y 形接法

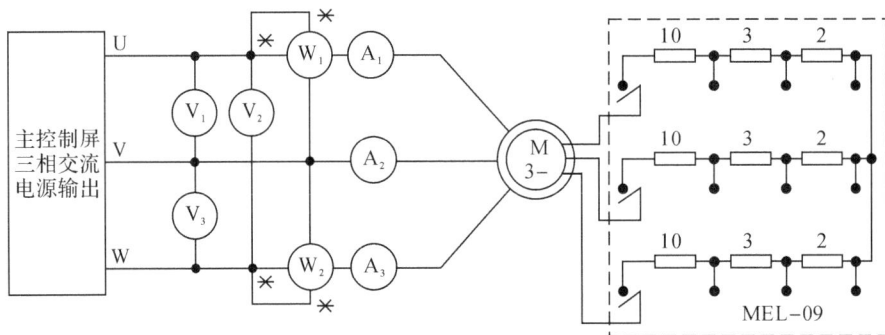

附图 4-2　绕线式异步电机转子串电阻调速实验接线图

MEL-13 中"转矩控制"和"转速控制"选择开关扳向"转矩控制"，"转矩设定"电位器逆时针到底，"转速设定"电位器顺时针到底。MEL-09"绕线电机启动电阻"调节到零。

a. 合上电源开关，调节调压器输出电压至 $U_N = 220\text{V}$，使电机空载启动。

b. 调节"转矩设定"电位器调节旋钮，使电动机输出功率（两个功率表显示值之和）接近额定功率并保持输出转矩 T_2 不变，改变转子附加电阻，分别测出对应的转速，记录于附表 4-2 中。

附表 4-2　　$U_N = 220\text{V}$　$T_2 = $ ＿＿＿＿＿ N · m

$R_{st}(\Omega)$	0	2	5	15
$n(\text{r/min})$				

c. 将调压器输出电压降到零，断开电源开关，使电机停转。

六、实验报告

1. 三相绕线式异步电动机转子绕组串入电阻对启动电流和启动转矩的影响。

2. 绕线式异步电动机转子绕组串入电阻对电机转速的影响。

七、思考题

1. 三相绕线式异步电动机启动电流和外施电压成正比,启动转矩和外施电压的平方成正比在什么情况下才能成立?

2. 启动时的实际情况和上述假定是否相符,不相符的主要因素是什么?

实验五　单相异步电动机

一、实验目的

1. 用实验方法测定单相电阻启动异步电动机的技术指标和参数。

2. 用实验方法测定单相电容启动异步电动机的技术指标和参数。

3. 用实验方法测定单相电容运转异步电动机的技术指标和参数。

二、预习要点

1. 单相电阻启动异步电动机有哪些技术指标和参数? 这些指标该如何确定? 参数该如何测定?

2. 单相电容启动异步电动机有哪些技术指标和参数? 这些指标该如何确定? 参数该如何测定?

3. 单相电容运转异步电动机有哪些技术指标和参数? 这些指标该如何确定? 参数该如何测定?

三、实验项目

1. 测量定子主、副绕组的实际冷态电阻

2. 空载实验、短路实验、负载实验

四、实验设备及仪器

1. MEL 系列电机系统教学实验台主控制屏

2. 交流功率表、功率因数表

3. 电机导轨及测功机、转矩转速测量

4. 三相可调电阻器

5. 单相电阻启动异步电动机 M07

6. 单相电容启动异步电动机 M05

7. 单相电容运转异步电动机 M06

8. 电机启动电容

五、实验方法

1. 测定单相电阻启动异步电动机的技术指标和参数

(1)伏安法分别测量定子主、副绕组的实际冷态电阻

准备：将电机在室温下放置一段时间，用温度计测量电机绕组的端部或铁芯的温度。当所测温度与冷动介质温度之差不超过 2K 时，即为实际冷态。记录此时的温度和测量定子绕组的直流电阻，此阻值即为冷态直流电阻。

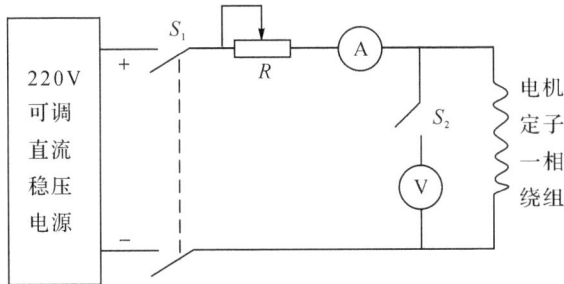

图 5-1 三相交流绕组电阻的测定

测量线路如附图 5-1 所示。

S_1、S_2：双刀双掷和单刀双掷开关

R：四只 900Ω 和 900Ω 电阻相串联

A、V：交流毫安表和直流电压表

量程的选择：测量时，通过的测量电流约为电机额定电流的 10%，即为 50mA，因而直流毫安表的量程用 200mA 档。三相异步电动机(M07)定子一相绕组的电阻约为 50Ω，因而当流过 50mA 时电压约为 2.5V，所以电流电压表量程选为 20V 档，实验开始前，合上 S_1，断开 S_2，调节电阻 R 至最大(3600Ω)。

分别合上绿色"闭合"按钮开关和 220V 直流可调电源的船形开关，按下复位按钮，调节直流可调电阻 R，使实验电机电流不超过电机额定电流的 10%，以防止因试验电流过大而引起绕组的温度上升，读取电流值，再接通开关 S_2 读取电压值。读完后，先断开 S_2，再断开开关 S_1。

调节 R 使电流表分别为 50mA、40mA、30mA 测取三次，取其平均值，测量定子绕组的电阻值，记录于附表 5-1 中。

附表 5-1   室温_____℃

	绕组Ⅰ			绕组Ⅱ			绕组Ⅲ		
I(mA)									
U(V)									
R(Ω)									

注意：

1. 在测量时，电动机的转子绕组须静止不动；

2. 测量通电时间不应超过 1min。

（2）空载实验

电机选用单相电阻启动异步电动机（M07），接线图如附图 5-2 所示。电机不同测功机同轴连接。

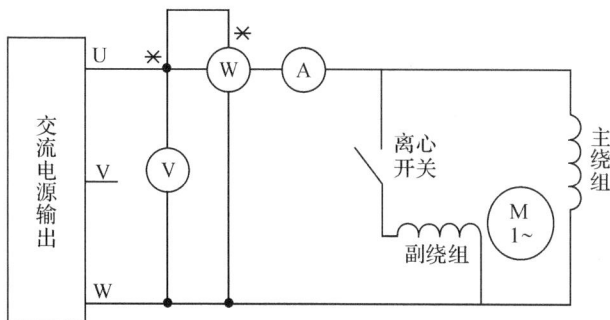

附图 5-2 单相电阻启动异步电动机实验接线图

a. 启动电机前，把交流电压调节旋钮退到零，然后接通电源，逐渐升高电压，使电机启动旋转，观察电机旋转方向，并使电机旋转方向符合要求。

b. 保持电动机在额定电压下空载运行 15min，使电机损耗达到稳定后再进行实验。

c. 从 1.1 倍额定电压开始逐步降低至可能达到的最低电压值（即功率和电流出现回升时为止），期间测取 7～9 组数据，记录每组的电压 U_0、电流 I_0 和功率 P_0 于附表 5-2 中。

附表 5-2

序号									
U_0(V)									
I_0(A)									
P_0(W)									

由空载实验数据计算激磁电抗 X_m：

空载阻抗 $Z_0 = U_0 / I_0$

式中，U_0 对应于额定电压值时的空载试验电压（V）；I_0 对应于额定电压时的空载试验电流（A）

空载电抗 $Z_0 = \sin \phi_0$

式中，ϕ_0 为空载试验时电压和电流的相位差（对应于额定电压）

可由 $\cos \phi_0 = P_0 / (U_0 I_0)$，求得 ϕ_0

于是 $X_m = 2(X_0 - X_{1\delta} - 0.5 X'_{2\delta})$

式中，$X_{1\delta}$ 为定子漏抗（可由短路试验测得，单位为 Ω）；$X'_{2\delta}$ 为转子漏抗（可由短路试验测得，单位为 Ω）

（3）短路试验

将测功机和电机同轴连接。

a. 将起子插入测功机堵转孔中，使测功机定转子堵住。将三相调压器退至零位，把功率表电流线圈短接。

b. 合上电源开关,升高电压约为 0.5 倍额定电压值开始(注意电流表不超过 3A)逐步降低电压至短路电流接近额定电流开始,其间测取 5～7 组数据。

c. 测取短路电压 U_K、短路电流 I_K 及短路力矩 T_K,记录于附表 5-3 中,做完实验后,注意取出测功机堵转孔中的起子。

附表 5-3

序号	1	2	3	4	5	6	7	8	9
$U_K(V)$									
$I_K(A)$									
$T_K(N \cdot m)$									

注意:取每组读数时,通电时间不要超过 5 秒。

转子绕组等值电阻的测定:副绕组脱开,主绕组加低电压使绕组中的电流等于或接近额定值,测取电压 U_{K0},电流 I_{K0} 和功率 P_{K0},记录于下表中。

$U_{K0}(V)$	$I_{K0}(A)$	$P_{K0}(W)$

短路阻抗 $Z_0 = U_{K0}/I_{K0}$

转子绕组等效电阻 $r_2' = P_{1K0}/I_{K0}^2 - r_1$

式中,r_1 为定子主绕组电阻

定、转子漏抗 $X_{1\delta} \approx X_{2\delta}' \approx 0.5 Z_{K0} \sin \phi_{K0}$

式中,ϕ_{K0} 为试验电压 U_{K0} 和电流 I_{K0} 的相位差

由 $\cos \phi_{K0} = P_{1K0}/(U_{K0} I_{K0})$,可求得 ϕ_{K0}。

(4)负载试验

实验开始前,MEL-3 中的"转速控制"和"转矩控制"选择开关扳向"转矩控制",并逆时针调节到底,至最小。

a. 合上交流电源,调节调压器使之逐渐升压至额定电压,并在试验中保持此额定电压不变

b. 调节测功机"转矩设定"旋钮使之加载,使电动机在 1.1～0.25 倍额定功率范围内测取 6～8 组数据。在这范围内读取异步电动机的定子电流、输入功率,转速、转矩等数据,记录于附表 5-4 中。

附表 5-4

序号	1	2	3	4	5	6	7	8	9
$I(A)$									
$P_1(W)$									
$T_2(N \cdot m)$									
$n(r/min)$									

2. 用实验方法测定单相电容启动异步电动机的技术指标和参数

换被试电动机为单相电容启动异步电动机 M05

(1)分别测量定子主、副绕组的实际冷态电阻

测量方法见 1 中(1)，记录当时室温，记录于附表 5-5 中。

附表 5-5　室温＿＿＿＿＿℃

	绕组Ⅰ			绕组Ⅱ			绕组Ⅲ		
I(mA)									
U(V)									
$R(\Omega)$									

（2）空载试验、短路试验、负载试验

按附图 5-3 接线，启动电容为 $35\mu F$

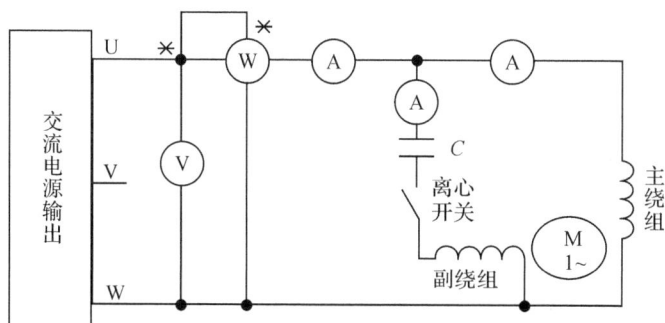

附图 5-3　单相电容启动异步电动机实验接线图

电机不同测功机同轴连接，不带测功机。

a. 启动电压前，把交流电压调节旋钮退至零位，然后接通电源，逐渐升高电压，使电机启动旋转，观察电机旋转方向，并使电机旋转方向符合要求。

b. 保持电动机在额定电压下空载运行 15min，使机械损耗达到稳定后再进行试验。调节调压器让电机降压空载启动，在额定电压下空载运转使机械损耗达到稳定。

c. 从 1.1 倍额定电压开始逐步降低直至可能达到的最低电流值，即功率和电流出现回升时为止，其间测取 7～9 组数据，记录每组的电压 U_0、电流 I_0 和功率 P_0 于附表 5-6 中。

附表 5-6

序号									
U_0(V)									
I_0(A)									
P_0(W)									

由空载试验数据计算电机参数见 1 中(2)。

将测功机和电机同轴连接。

d. 将起子插入测功机堵转孔中，使测功机定转子堵住。将三相调压器退至零位，把功率表电流线圈短接。

e. 在短路试验时，升压约 $0.95U_N$～$1.02U_N$，再逐次降压至短路电流接近额定电流为止，其间测取 5～7 组短路电压 U_K、短路电流 I_K 及短路力矩 T_K 等，数据记录于附表 5-7 中。

附表 5-7

序号	1	2	3	4	5	6	7	8	9
U_K(V)									
I_K(A)									
T_K(W)									

注意：做完实验后，注意取出测功机堵转孔中的起子，并断开电源。测取每组数据时，通电时间不超过 5 秒，以避免绕组过热。

转子绕组等值电阻的测定及由短路试验数据计算电机的参数见 1 中(3)。

f. MEL-3 中的"转速控制"和"转矩控制"选择开关扳向"转矩控制"，并逆时针调节到底，至最小。

g. 合上交流电源，调节调压器使之逐渐升压至额定电压，并在试验中保持此额定电压不变。

h. 调节测功机"转矩设定"旋钮使之加载，使电动机在 1.1～0.25 倍额定功率范围内测取 6～8 组数据。在这范围内读取异步电动机的定子电流、输入功率，转速、转矩等数据，记录于附表 5-8 中。

附表 5-8

序号	1	2	3	4	5	6	7	8	9
I(A)									
T_2(N·m)									
n(r/min)									

3. 用实验方法测定单相电容运转异步电动机的技术指标和参数

被测电机换为单相电容运转电动机 M06

(1)测量定子主、副绕组的实际冷态电阻

测量方法见 1 中(1)，记录当时室温，数据记录于附表 5-9 中。

附表 5-9　室温_____℃

	绕组Ⅰ			绕组Ⅱ			绕组Ⅲ		
I(mA)									
U(V)									
R(Ω)									

(2)有效匝数比的测定

按附图 5-4 接线，外配电容为 4μF。

电机不同测功机同轴连接，不带测功机。

a. 降压空载启动，将副绕组开路(打开开关 S_1)，主绕组加额定电压 220V，测量副绕组的感应电动势 E_a。

b. 将 U_a 施加于副绕组，使 $U_a = 1.25 \times E_a$，主绕组开路(打开开关 S_2)，测量主绕组的感应电动势 E_m。

c. 主、副绕组的有效匝数比为：$K = \sqrt{\dfrac{U_a \times E_a}{E_m \times 220}}$

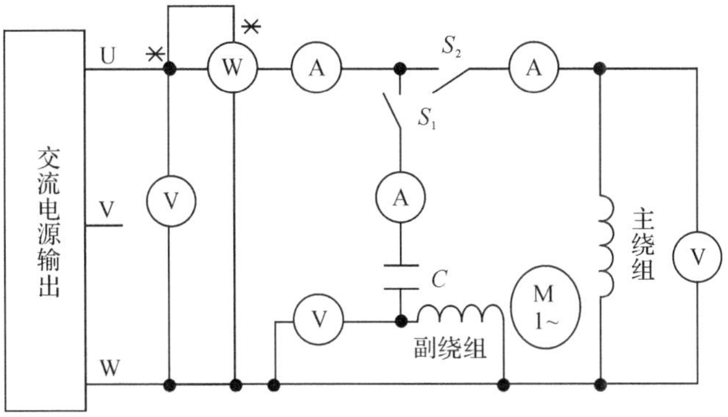

附图 5-4　单相电容运转异步电动机实验接线图

（3）空载试验

降压空载启动，将副绕组开路（打开开关 S_1），主绕组加额定电压空载运转 15min，使机械损耗达到稳定。

从 $1.1 \sim 1.2$ 倍额定电压开始逐步降低到可能达到的最低电压值，即功率和电流出现回升时为止，其间测取 $7 \sim 9$ 组数据，测取电压、电流、功率。记录于附表 5-10 中。

附表 5-10

序号									
$U_0(V)$									
$I_0(A)$									
$P_0(W)$									

参数的计算方法见 1 中（2）。

（4）短路试验、负载试验

测量和参数的计算方法见 1 中（3）和（4），在短路试验时可升压到 $0.95U_N \sim 1.05U_N$，再逐步降压至短路电流接近额定电流为止，其间测取 $5 \sim 7$ 组短路电压 U_K、短路电流 I_K 及短路力矩 T_K 等数据。

将短路试验、负载试验的数据记录于附表 5-11 和附表 5-12 中。

附表 5-11

序号	1	2	3	4	5	6	7	8	9
$U_K(V)$									
$I_K(A)$									
$T_K(N \cdot m)$									

附表 5-12

序号	1	2	3	4	5	6	7	8	9
$I(A)$									
$P_1(W)$									
$T_2(N \cdot m)$									
$n(r/min)$									

六、实验报告

1. 由实验数据计算出电机参数。

2. 由负载试验数据计算并绘制惦记工作特性曲线：P_1、I_1、η、$\cos\phi$、转差率 $S=f(P_2)$。

3. 算出电动机的启动技术数据。

4. 确定电容参数的选择。

七、思考题

1. 由电机参数计算出电机工作特性和实验数据是否有差异？是由哪些因素造成的？

2. 电容参数该如何确定？电容怎么样选择？

参考文献

[1] 林瑞光.电机与拖动基础.杭州:浙江大学出版社,2002.

[2] 章名涛.电机学上册、电机学下册.北京:科学出版社,1964.

[3] 许晓峰主编.电机及拖动.北京:高等教育出版社,2000.

[4] 刘锦波,张承德.电机与拖动.北京:清华大学出版社,2006.

[5] 刘启新.电机与拖动基础.2版.北京:中国电力出版社,2007.

[6] 祁强,张广溢.电机学学习指导及习题解答.重庆:重庆大学.出版社,2006.

[7] 刘子林.电机与电气控制.北京:电子工业出版社,2003.

[8] 康晓明.电机与拖动.北京:国防工业出版社,2005.

[9] 李明.电机与电力拖动.北京:电子工业出版社,2003.

[10] 赵影.电机与电力拖动.北京:国防工业出版社,2005.

[11] 唐介.电机与拖动学习辅导与习题全解.北京:高等教育出版社,2004.

[12] 王岩,曹李民.电机与拖动基础习题解答.北京:清华大学出版社,2006.

[13] 刘宗富.电机学.北京:冶金工业出版社,1980.

[14] 宋银宾.电机与拖动基础.北京:冶金工业出版社,1984.

[15] 焦留成.电机学习题集.徐州:中国矿业大学出版社,1995.

[16] 章名涛.电机学.北京:科学出版社,1964.

[17] 顾绳谷.电机及拖动基础.3版.北京:机械工业出版社,2005.

[18] 金续曾.单相异步电动机绕组修理.北京:机械工业出版社,2001.

[19] 孙建忠,白凤仙.特种电机及其控制.北京:中国水利水电出版社,2005.

[20] GIORGIO RIZZONI.电气工程原理与应用.4版.郭福田,王仲奕译.北京:电子工业出版社,2004.

[21] 谭建成.新编电机控制专用集成电路与应用.北京:机械工业出版社,2005.

[22] A. E. FITXGERALD, CHARLES KINSLEY, JR,STEPHEN D. UMANS 等.电机学(第六版).刘新正,苏少平,高琳等译.北京:电子工业出版社,2004.

[22] 史敬灼.步进电动机伺服控制技术.北京:科学出版社,2006.

[23] 黄国治,傅丰礼.中小型电机设计手册.北京:中国电力出版社,2007.

[24] 李发海,王岩.电机与拖动基础.北京:清华大学出版社,2005.

[25] 徐德淦.电机学.北京:机械工业出版社,2006.

[26] 胡崇岳.现代交流调速技术.北京:机械工业出版社,1999.

[27] 邱阿瑞.电机与电力拖动.北京:电子工业出版社,2002.